不加班的秘密！

用Python助力Excel

玩转数据分析

U0261360

多孟琦　谭人豪◎编著

中国铁道出版社有限公司
CHINA RAILWAY PUBLISHING HOUSE CO., LTD.

内 容 简 介

本书以Python分析处理Excel数据的实战案例为主来讲解自动化办公及大数据分析的方法。通过根据实际工作场景设计的实战案例，结合通俗易懂的代码分析，可帮助读者轻松掌握如何处理实际工作中的办公自动化问题及对大数据进行统计分析处理的方法。书中第1~4章主要讲解编程基础，涉及Python程序及其模块的下载安装方法、Python编程环境IDLE的使用方法、Python基本语法、Pandas模块和xlwings模块的用法等；第5~9章为实战案例，讲解批量处理Excel文件、客户数据、财务数据，以及批量处理分析运营数据和连锁超市数据等内容。

本书适合财务人员、数据分析人员以及各种重复工作量大或需要处理大量数据的职场人士阅读学习，也可作为Python编程爱好者的参考书。

图书在版编目（CIP）数据

不加班的秘密：用Python助力Excel玩转数据分析/多孟琦，
谭人豪编著. —北京：中国铁道出版社有限公司，2023.6
ISBN 978-7-113-30062-3

①不… Ⅱ.①多…②谭… Ⅲ.①办公自动化-应用软件
TP317.1

国家版本馆CIP数据核字（2023）第047407号

不加班的秘密——用 Python 助力 Excel 玩转数据分析
BU JIABAN DE MIMI YONG Python ZHULI Excel WANZHUAN SHUJU FENXI

多孟琦　谭人豪

先军　　　编辑部电话：(010) 51873026　　　　电子邮箱：46768089@qq.com
萌
海燕
星辰

铁道出版社有限公司（100054，北京市西城区右安门西街 8 号）
盛通印刷股份有限公司
年 6 月第 1 版　2023 年 6 月第 1 次印刷
mm×1 092 mm　1/16　**印张**：18.25　**字数**：438 千
78-7-113-30062-3

配套资源下载网址：
http://www.m.crphdm.com/2023/0412/14576.shtml

前 言

如果让 Python 程序帮你自动完成大量重复性的工作，实现办公自动化，让你自己掌控自己的时间，你是否愿意？如果让 Python 程序自动帮你填写表单、自动合并拆分表格、批量分类汇总、批量统计分析，让你的工作变得轻松简单，你是否愿意？如果让 Python 程序实时监测竞品动态、挖掘分析海量运营数据，及时掌握畅销产品、重要客户及运营问题，你是否愿意？

随着人工智能、大数据的发展，智能化、自动化办公逐渐成为办公的发展趋势。工作中通过 Python 编程不但可以自动完成大量重复性的工作，大大提高工作效率，实现工作时间自由掌控，还可以利用 Python 编程对繁杂无序的海量数据进行分析，找出规律，分析出竞品特点、客户喜好、客户来源等。总之，自动化办公及大数据分析将是未来发展的趋势，是大家都应掌握的一项技能。

书中以 Python 分析处理 Excel 数据的实战案例为主来进行讲解，具体内容如下：第 1 章主要讲解 Python 程序与其模块的下载安装方法，另外还讲解了 Python 编程环境 IDLE 的使用方法；第 2 章讲解了 Python 基本语法的使用方法；第 3 章讲解了 Pandas 模块的用法；第 4 章讲解了 xlwings 模块的使用方法；第 5 章讲解了批量处理 Excel 文件的实战案例；第 6 章讲解了批量处理客户数据的实战案例；第 7 章讲解了批量处理财务数据的实战案例；第 8 章讲解了批量分析处理运营数据的实战案例；第 9 章讲解了批量处理连锁超市数据的实战案例。

本书适合财务人员、数据分析人员以及各种重复工作量大或需要处理大量数据的职场人士阅读学习，也可作为 Python 编程爱好者的参考书。

本书由多孟琦、谭人豪等人共同编写。由于作者水平有限，书中难免有疏漏和不足之处，恳请广大读者朋友提出宝贵意见。

多孟琦

2023 年 5 月

目　录

I

Python 及其模块的下载与安装

　　　　Python 是跨平台、开源的、免费的解释型高级编程语言。它在大数据分析方面有着得天独厚的优势，能够提高工作效率。在本章，将学习 Python 批量处理 Excel 数据、对大数据进行分析等方面的知识。

　　　　本章主要讲解 Python 的下载和安装方法、Python 模块的下载安装方法和 IDLE 编程环境使用方法。

1.1　为什么用 Python 处理 Excel 数据

　　为什么要用 Python 处理 Excel 数据呢？在工作中，大家经常会使用 Excel 来处理数据，但是如果结合 Python 程序，可以达到高效解决问题的效果。比如用 Python 按一定规则处理 Excel 中的数据，然后写入到新的 Excel 文件中；将多个工作簿文件的内容汇总到一个新的工作簿中等。

　　工作中的比较烦琐的数据需要写入到 Excel 中，平时需要一天或几天完成的工作，若结合 Python 来进行处理，则会将费事费力的工作简单化，且很快处理完。

　　Python 是非常好的数据分析工具，在处理数据方面有很多优势。比如 Python 能处理较大的数据集，能够更容易地实现自动分析以及建立复杂的机器学习模型。总之，结合 Python 来处理 Excel 数据可实现工作的自动化和高效。

　　在 Python 中操作 Excel 的模块有很多，包括 Pandas 模块、xlwings 模块、xlrd 模块、xlwt 模块、xlutils 模块、openpyxl 模块、xlsxwriter 模块、win32com 模块等。在本书中，主要选用 Pandas 模块和 xlwings 模块进行讲解，是因为这两个模块有如下特点：

　　（1）Pandas 模块。Pandas 模块是 Python 的一个开源数据分析模块，可用于数据挖掘和数据分析，同时也提供数据清洗功能。可以说它是目前 Python 数据分析必备的工具之一。Pandas 模块能够处理类似电子表格的数据，用于快速数据加载、操作、对齐、合并、数据预处理等。

　　Pandas 模块通过对 Excel 文件的读/写实现数据的输入/输出，Pandas 模块支持 .xls 和 .xlsx 格式文件的读/写，支持只加载每个表的单一工作页。

　　（2）xlwings 模块。xlwings 模块可以实现从 Python 中调用 Excel，也可从 Excel 中调用 Python。xlwings 模块支持 .xls 和 .xlsx 格式文件的读/写，支持 Excel 操作，支持 VBA，强大的转换器可以处理大部分数据类型。

　　xlwings 模块可以在程序运行时实时在打开的 Excel 文件中进行操作，实现过程的可视化。

另外，xlwings 模块的数据结构转换器使其可以快速地为 Excel 文件添加二维数据结构，而不需要在 Excel 文件中重定位数据的行和列。

1.2 下载与安装 Python

这一节将通过具体操作介绍 Python 的下载与安装。

1.2.1 从官网下载 Python

Python 是免费的，大家可以通过 Python 的官网下载。Python 官网为 www. Python.org（以 Windows 10 系统为例），具体操作如下：

（1）首先查看计算机操作系统的类型。以 Windows 10 系统为例，右击桌面上的"此电脑"图标。在打开的"系统"窗口中，可以看到操作系统的类型。这里显示为 32 位操作系统，如图 1-1 所示。

（2）在浏览器的地址栏输入"www.Python.org"并按回车键，如图 1-2 所示。

图 1-1 查看操作系统类型

图 1-2 输入网址

（3）如果你的计算机操作系统是 Windows 32 位系统，在打开的网页中，单击"Downloads"菜单。然后从弹出的菜单中选择"Python3.9.1"选项。

（4）如果你的计算机操作系统是 Windows 64 位的，就选择"Downloads"菜单中的"Windows"选项按钮。然后在打开的页面中，单击"Download Windows installer (64-bit)"选项按钮开始下载如图 1-4 所示。注意：如果你的计算机是苹果计算机，操作系统是 OS 系统，就选择图 1-3 中"Downloads"菜单中的"Mac OS X"选项进行下载。

图 1-3 选择 32 位的版本

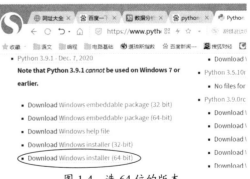

图 1-4 选 64 位的版本

（5）打开下载对话框，单击"浏览"按钮可以设置下载文件保存的位置。设置好之后，单击"下载"按钮（见图 1-5）开始下载。

下载完成后的安装文件如图 1-6 所示。

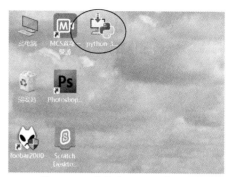

图 1-5　设置下载文件的保存位置　　　　图 1-6　下载完成后的安装文件

1.2.2　安装 Python

下载完 Python 安装文件后，双击它开始安装 Python 程序（以 Windows 10 系统为例），具体操作如下：

（1）双击 Python 安装文件，弹出"你要允许此应用对你的设备进行更改吗？"对话框，单击"是"按钮即可。然后选择"Add Python 3.9 to PATH"复选框，单击"Install Now"链接开始安装，如图 1-7 所示。

（2）安装程序开始复制程序文件。最后单击"Close"按钮完成，安装，如图 1-8 所示。

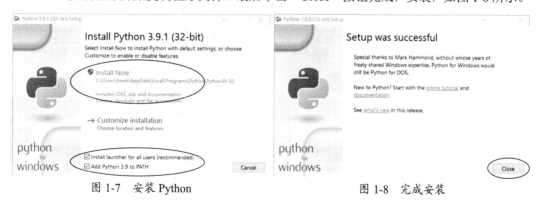

图 1-7　安装 Python　　　　　　　　　图 1-8　完成安装

1.3　安装 Pandas、xlwings 和 openpyxl 模块

Python 最大的魅力是有很多很有特色的模块，用户在编程时，可以直接调用这些模块来实现某一个特定功能。比如 Pandas 模块有很强的数据分析功能，调用此模块可以轻松实现对数据的分析；再比如，xlwings 模块有很强的 Excel 数据处理能力，通过调用此模块，可以快速处理 Excel 数据。

不过有些模块，在调用之前需要先下载安装，之后才能调用。下面来讲解一下接下来要用到的几个模块的安装方法。

1. 安装 Pandas 模块

在 Python 中，安装模块的常用方法是用 pip 命令安装。Pandas 模块的安装方法如下：

（1）按"Win+R"组合键，打开"运行"对话框，在"打开"文本框中输入"cmd"（见图 1-9），单击"确定"按钮，打开"命令提示符"窗口。也可以通过单击"开始"菜单，再单击"Windows 系统"下的"命令提示符"来打开。

图 1-9

（2）在打开的"命令提示符"窗口中（见图 1-10）输入"pip install pandas"命令后按回车键，会开始自动安装 Pandas 模块，安装完成会提示"Successfully installed"，说明安装成功。

图 1-10

2. 安装 xlwings 模块

xlwings 模块的安装方法与 Pandas 模块的安装方法类似，差异之处是在"命令提示符"窗口中输入"pip install xlwings"命令。

3. 安装 openpyxl 模块

openpyxl 模块是一个读写 Excel 文档的 Python 库，是一个比较综合的工具，可以同时读取和修改 Excel 文档，简单易用。因此我们也需要将其进行安装，安装方法与 Pandas 和 xlwings 模块类似，差异之处是在"命令提示符"窗口中输入"pip install openpyxl"命令。

1.4 Python 开发环境使用实战

安装好 Python 程序后，接下来可以运行 Python 编程了，Python 程序需要在 Python 的集成开发环境中编写。下面讲解如何使用 Python 集成开发环境。

1.4.1　使用 IDLE 运行 Python 程序

　　IDLE（集成开发环境）是 Python 的集成开发环境，它被打包为 Python 包装的可选部分，当安装好 Python 以后，IDLE 就自动安装好了，无须再下载安装。Python 集成开发环境使用方法如下：

　　单击"开始"按钮，在打开的菜单中，选择"Python3.9"下的"IDLE（Python 3.9 64-bit）"选项，如图 1-11 所示。就可打开 IDLE 开发环境。此开发环境是一个基于命令行的环境，它的名字叫"IDLE Shell 3.9.5"，如图 1-12 所示。Shell 是一个窗口或界面，它允许用户输入命令或代码行。

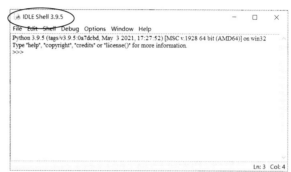

图 1-11　选择 IDLE（Python 3.9 64-bit）　　　　图 1-12　IDLE 开发环境

　　在此窗口中，可以看到有一个"＞＞＞"提示符，表示计算机准备好接收你的命令。

1.4.2　用 IDLE 编写 Python 程序

　　接下来我们尝试用 IDLE 开发环境编写第一个 Python 程序，操作如下：

　　（1）在"开始"菜单中选择"Python3.9"下的"IDLE(Python 3.9 64-bit)"选项，运行 IDLE 开发环境，如图 1-13 所示。

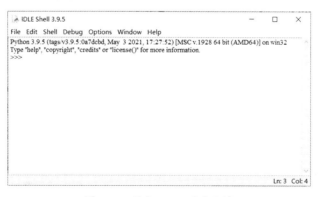

图 1-13　运行 IDLE 开发环境

　　（2）在"＞＞＞"符号右侧输入"print(' 你好，Python') "，并按回车键。接着 Python 会执行 print() 函数，输出"你好，Python"，如图 1-14 所示。

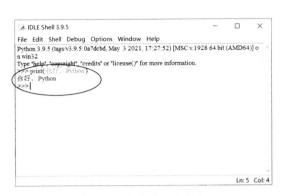

图 1-14　打印输入的内容

代码中的"print()"是函数，表示打印输出的意思。它会直接输出引号中的内容，这里的引号可以是单引号，也可以是双引号。在输入的时候须注意：() 和 '' （也可以用双引号）都必须是半角的（在英文输入法输入的默认为半角）。如果使用全角输入，就会出错。

1.4.3　编写第一个 Python 交互程序

下面我们编写一个稍微复杂一点的程序：使用"input()"函数编写一个请用户输入名字的程序，具体操作如下：

提示："input()"函数可以让用户输入字符串，并存放到一个变量中。然后使用"print()"函数输出变量的值。

（1）打开 IDLE 开发环境，执行"File"菜单下面的"New File"命令（见图 1-15），新建一个新的编辑文件。

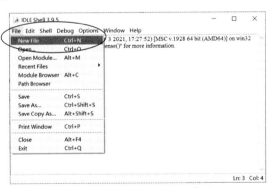

图 1-15　选择"New File"命令

（2）在新建的文件中输入如图 1-16 所示的两行代码。其中，"name"为新定义的一个变量，用来存储用户输入的名字。变量可以自己定义，比如将"name"换成"n"；"input()"为输入函数，"="表示赋予。第二行代码中的"print()"函数为输出函数，括号中为其参数，即要输出的内容，参数"name"用来调用变量"name"中存储的值，即用户输入的姓名。

（3）输入代码后，按 Ctrl+S 快捷键，打开"另存为"对话框。先设置文件保存的位置，并在"文件名"栏中输入文件的名字，最后单击"保存"按钮，将文件保存（也可以执行"File"文件下的"Save as"命令来保存），如图 1-17 所示。

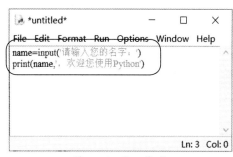

图 1-16　输入代码

图 1-17　保存文件

（4）这就可以运行刚才编写的程序了，按 F5 键（或执行"Run"菜单下的"Run Module"命令）运行程序，会自动打开 IDLE Shell 文件，并显示代码运行后的输出结果，如图 1-18 所示。

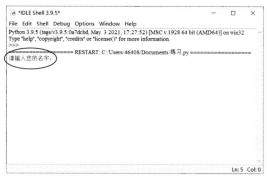

图 1-18　运行程序

（5）在"请输入您的名字："的右侧输入姓名"小唐"，然后按回车键，会输出如图 1-19 所示效果。

图 1-19　输出结果

第 2 章

掌握 Python 基本编程语法

　　学习任何一门编程语言都必须掌握其基本语法知识，为了让之后的学习更加游刃有余，本章将深入浅出地讲解 Python 的基础语法知识，包括变量、基本数据类型、运算符、**if** 条件语句、**for** 循环语句、**while** 循环语句、列表、元组、字典、函数等。

2.1 变量

　　在现实生活中，我们去超市购物的时候，往往都需要使用购物车来存储物品。在 Python 中，若要存储数据，就需要用到变量。在本节中将详细讲解变量的知识。

2.1.1 Python 中的变量有什么用

　　变量来源于数学，在编程中通常使用变量来存放计算结果或值。变量可以理解为去超市购物使用的购物车，它的类型和值在赋值的那一刻被初始化。

　　如下代码中的"name"就是一个变量：

```
name=' 小明 '
print(name)
```

　　简单地说，我们可以把变量看作是个盒子，可以将钥匙、手机、饮料等物品存放在这个盒子中，也可以随时更换想存放的新物品。并且可以根据盒子的名称（变量名）快速查找到存放物品的信息。

　　在数学课上我们也会学到变量，比如在解方程的时候，字母 x，y 就是变量。在程序里我们就需要给变量起名字，比如"name"。变量取名字的时候一定要清楚地说明其用途的名字。因为一个大的程序里面的变量成百上千个，如果名字不能清楚地表达用途，不要说别人会看不懂你的程序，恐怕连自己都看不懂。

2.1.2 如何定义变量

　　在 Python 中，不需要先声明变量名及其类型，直接赋值即可创建各种类型的变量。但是每个变量在使用前都必须赋值，变量被赋值后才会被创建。Python 中的变量不用提前创建，使用时再创建即可。定义变量时要用等号（=）来给变量赋值。等号（=）运算符左边是一个变量名，等号（=）运算符右边是存储在变量中的值。如下所示的代码"这是一个句子"就是变量 sentence 的值。

```
sentence = '这是一个句子'
print(sentence)
```

2.1.3　变量命名的规则

变量的命名并不是任意的，在 Python 中使用变量时，需要遵守一些规则，否则会引发错误。主要的规则包括如下：

（1）变量名只能包含字母、数字和下画线，但不能用数字开头。例如变量名 Name_1 是正确的变量名，变量名 1_Name 是错误的变量名。

（2）变量名不能包含空格，但可使用下画线来分隔其中的单词。如变量名 my_name 是正确的，变量名 my name 是错误的。

（3）不要将 Python 关键字和函数名作为变量名。如将 print 作为变量名就是错误的。

（4）变量名应既简单又具有描述性。如 student_name 就比 s_n 好，容易理解其用途。

（5）慎用小写字母 l 和大写字母 O。因为它们可能被人错看成数字 1 和 0。

2.2　基本数据类型与转换

Python 中提供的基本数据类型包括数字类型、字符串类型和布尔类型等。这些数据类型可以通过转换函数进行转换。

2.2.1　数字类型

在 Python 中，数字类型主要包括整数和浮点数。

1. 整数

Python 可以处理任意大小的整数，包括正整数、负整数和 0，并且它的位数是任意的。整数在程序中的表示方法和数学上的写法一模一样，例如：2，0，–20。

2. 浮点数

浮点数也就是小数，之所以称为浮点数，是因为按照科学记数法表示时，一个浮点数的小数点位置是可变的，比如，1.23×10^6 和 12.3×10^5 是完全相等的。

对于很大或很小的浮点数，必须用科学记数法表示，把 10 用 e 替代。如 1.23×10^9 表示为 1.23e9 或 12.3e8；0.000012 可以表示为 1.2e-5。

注意：在进行浮点数运算时会四舍五入，因此计算机保存的浮点数计算值会有误差。

2.2.2　字符串类型

字符串就是一系列字符，组成字符串的字符可以是数字、字母、符号、汉字等。

在 Python 中，字符串属于不可变序列，通常用单引号（''），或双引号（" "），或三引号（""" """）括起来。也就是说，用引号括起的都属于字符串类型。注意：引号必须是半角的。比如 'abc33'，"this is my sister" 等。这种灵活的表达方式让用户可以在字符串中包含引号和撇号。比如 "I'm OK"，" 我看着他说："这是我妹妹"。"。

如果在字符串中同时包含单引号和双引号怎么办？可以用转义字符（\）来标识，比如：

字符串 I'm "OK"！，可以这样写代码 'I\'m \ "OK\"！'。转义字符（\）可以转义很多字符，比如 \n 表示换行，\t 表示制表符，字符 \ 本身也要转义，所以 \\ 表示的字符就是 \ 。代码如下：

```
>>> print('languages:\n\tPython\n\tC++')
languages:
        Python
        C++
```

上面代码里的 \n 表示换行，\t 表示制表位，可以增加空白。从输出的结果中可以看到"Python"换了一行，前面增加了空白。同样"C++"也换行了，前面也增加了空白。

案例 1：输出唐诗《春晓》

在 IDEL 中创建一个名为唐诗 .py 的文件，然后在该文件中，输出一首唐诗的字符串，由于该唐诗有多行，所以需要使用三引号作为字符串的定界符。代码如下：

```
print('''
        春晓
                [唐]孟浩然

    春眠不觉晓，
    处处闻啼鸟。
    夜来风雨声，
    花落知多少。
''')
```

代码运行结果如下：

```
        春晓
                [唐]孟浩然

    春眠不觉晓，
    处处闻啼鸟。
    夜来风雨声，
    花落知多少。
```

2.2.3　布尔类型

布尔类型主要用来表示真值或假值。在 Python 中，标识符 True 和 False 被解释为布尔值。Python 中的布尔值可以转化为数值，True 表示 1，False 表示 0。

2.2.4　数据类型转换方法

数据类型转换就是将数据从一种类型转换为另一种类型，比如从整数类型转换为字符串，或从字符串转换为浮点数。在 Python 中，如果数据类型和代码要求的类型不符，就会提示出错（比如进行数学计算式，计算的数字不能是字符串类型）。

表 2-1 为 Python 中常用类型转换函数。

表 2-1　Python 中常用的类型转换函数

函　　数	功　　能
int(x)	将 x 转换成整数类型
float(x)	将 x 转换成浮点数类型
complex(real[,imag])	创建一个复数

函　　数	功　　能
str(x)	将 x 转换成字符串类型
repr(x)	将 x 转换成表达式类型
eval(str)	计算在字符串中的有效 Python 表达式，并返回一个对象
chr(x)	将整数 x 转换为一个字符
ord(x)	将一个字符 x 转换为它对应的整数值
hex(x)	将一个整数 x 转换为一个十六进制的字符串
oct(x)	将一个字符 x 转换为一个八进制的字符串

案例 2：人民币兑换美元的计算

在 IDLE 中创建一个名为"汇率 .py"的文件，然后在文件中定义两个变量，一个用于记录用户输入的金额，另一个用于记录美元金额。根据公式：人民币 /6.5= 美元。代码如下：

```
money=input(' 请输入你要兑换的人民币金额：')
amount=float(money)/6.5
print(' 你输入的金额可以兑换成：'+str(amount)+' 美元 ')
```

说明： 上面代码中的 **input()** 函数用于实现手动的输入，在函数运行时，等待用户从键盘上手动输入，用户输入的任何内容 Python 都认为是一个字符串。运行结果如下（提示输入金额时，须用手动输入金额数）。

```
请输入你要兑换的人民币金额：650
你输入的金额可以兑换成：100.0 美元
```

2.3　代码的解释——注释

在 Python 中，注释是一项很有用的功能。它用来在程序中添加说明和解释，让用户可以轻松读懂程序。注释的内容将被 Python 解释器忽视，并不会在执行结果中体现处理。

1．注释单行代码

在 Python 中，注释用 #（井号）标识，在程序运行时，注释的内容不会被运行，会被忽略。如下两种注释代码：

```
# 让用户输入名字
Name=input(' 请输入您的名字：')
print(Name,', 欢迎您使用 Python')          # 输出用户名字
```

从上面的代码中可以看出，注释可以在代码的上面，也可以在一行代码的行末。

2．注释多行代码

在 Python 中，将包含在一对三引号（'''……'''）或（"""……"""）之间，并且不属于任何语句的内容都可以视为注释，这样的代码将被解释器忽略。例如下面的代码：

```
'''
Name=input(' 请输入您的名字：')
print(Name,', 欢迎您使用 Python')          # 输出用户名字
'''
```

2.4 用户输入函数和输出函数

基本输入和输出是指从键盘上手动输入字符，然后在屏幕上显示。在本节中主要讲解两个基本的输入函数和输出函数。

2.4.1 用 input() 函数接收用户输入

在 Python 中，使用内置函数 input() 可以接收用户的键盘输入。如下为 input() 函数的基本用法：

```
money=input('请输入你要兑换的人民币金额：')
```

其中，money 为一个变量（变量名可以根据需要来命名），用于保存输入的结果，引号内的文字用于提示要输入的内容。

通过 input() 函数输入的不论是数字还是字符，都被作为字符串读取。如果想要接收数值，需要把接收到的字符串进行类型转换。下面的代码就是将输入的内容转换为整型：

```
money=int(input('请输入你要兑换的人民币金额：'))
```

案例：判断体温是否异常

在 IDLE 中创建一个名为"体温 .py"的文件，然后在文件中定义一个变量，用于记录用户手动输入的温度，然后用 if 语句判断温度是否正常。代码如下：

```
temperature=float(input('请输入你测量的体温：'))
if temperature<=37:
    print('您的体温正常')
else:
    print('您的体温异常')
```

运行结果如下：

```
请输入你测量的体温：36.6
您的体温正常
```

2.4.2 用 print() 函数输出内容

在 Python 中，使用内置函数 print() 可以将结果输出到 IDLE 或控制台上。如下为 print() 函数的基本用法：

```
print(输出的内容)
```

输出的内容可以是数字和字符串。其中，字符串需要使用引号括起来，此类内容将直接输出。也可以包含运算符的表达式，此类内容将计算结果输出，例如下面的代码：

```
money=60
rate=3.5
print(10)
print(money*rate)
print('换算结果为：'+str(money*rate))
```

2.5　if 条件语句

这一节将详细介绍 if 语句的使用方法。

2.5.1　代码缩进

Python 不像其他编程语言（如 C 语言）采用大括号（{}）来分隔代码块，而是采用代码缩进和冒号（:）来控制类、函数以及其他逻辑判断。

在 Python 中，行尾的冒号和下一行的缩进表示一个代码块的开始，而缩进结束则表示一个代码块的结束，所有代码块语句必须包含相同的缩进空白数量。例如下面的代码：

```
if True:
    print ("True")
else:
    print ("False")
```

2.5.2　基本 if 语句如何运行

if 语句允许仅当某些条件成立时才运行某个区块的语句（即运行 if 语句中缩进部分的语句），否则，这个区块中的语句会被忽略，然后执行区块后的语句。

Python 在执行 if 语句时，会去检测 if 语句中的条件是真还是假。如果条件为真，就执行冒号下面缩进部分的语句；如果条件为假，就忽略缩进部分的语句，进而执行下一行未缩进的语句。

案例 1：判断您是否能坐过山车

如下代码为用于判断是否能坐过山车的简单 if 语句：

```
age=int(input('请输入您的年龄:'))
if age>=16:
    print('您可以坐过山车')
```

上述语句的第一条语句的含义是：新建一个变量"age"，然后在屏幕上打印"请输入您的年龄："等待用户输入，当用户输入后，将用户输入的内容转换为整型，赋给变量"age"。语句中"age"为新定义的变量；int() 函数用来将字符串或数字定义为整数；input() 为输入函数，将用户输入的内容赋给变量"age"。第二行和三行语句为 if 语句。它包括 if、冒号（:）及下面的缩进部分的语句。其中，if 与冒号之间的部分为条件（即 age>=16 为条件）。在程序被执行时，Python 会去判断条件为真还是假；如果条件为真（即条件成立），就接着执行下面缩进部分的语句；如果条件为假（即不成立），就忽略缩进部分的语句。

上述代码运行结果如下（用键盘手动输入 18）：

```
请输入您的年龄:18
您可以坐过山车
```

上述 if 语句是如何执行的呢？

（1）在屏幕上打印"请输入您的年龄："，然后等待；

（2）当用户输入"18"后，将"18"转换为整型，然后赋给变量"age"，这时变量的值为 18。

（3）执行 if 语句，先检测"age>=16"是真是假。由于 18>16，因此条件为真。Python

开始执行下一行缩进部分的语句，输出"您可以坐过山车"，结束程序。

如果用户输入的是"15"，程序会输出什么结果呢？程序运行，用户输入"15"后，由于条件语句的条件不成立，因此直接忽略 if 语句中缩进部分的语句，执行下面未缩进部分的语句。

2.5.3 if...else 语句如何运行

我们常常想让程序这样执行，如果一个条件为真（True），就做这件事；如果条件为假（False），就做另一件事情。对于这样的情况，可以使用 if...else 语句。if...else 语句与前面讲的 if 语句类似，但 else 语句为指定条件为假时要执行的语句，即如果 if 语句条件判断是真（True），就执行下一行缩进部分的语句，同时忽略后面的 else 部分语句；如果 if 语句条件判断是假（False），忽略下一行缩进部分的语句，去执行 else 语句及 else 下一行缩进部分的语句。

案例 2：判断您是否能坐过山车（改进版）

下面的语句为用 if...else 语句判断是否能坐过山车：

```
01  age=int(input('请输入您的年龄:'))
02  if age>=16:
03  print('您可以坐过山车')
04  else:
05      print('您太小了，还不能坐过山车')
```

上述代码中第 01 行代码的作用是新建一个变量"age"，并将用户输入的值赋给变量"age"。

第 02~05 行代码是 if...else 语句。程序被执行时，Python 会判断 if 语句中的条件（即 age>=16）为真还是假；如果条件为真（即条件成立），就接着执行下一行缩进部分的语句，并忽略 else 语句及 else 下面的缩进部分语句；如果条件为假（即不成立），就忽略下一行缩进部分的语句，执行 else 语句及 else 下一行缩进部分的语句。

上述代码运行结果如下（手动输入 15）：

```
请输入您的年龄:15
您太小了，还不能坐过山车
```

上述代码运行结果如下（手动输入 19）：

```
请输入您的年龄:19
您可以坐过山车
```

上述 if...else 程序是如何执行的呢？

（1）在屏幕上输出"请输入您的年龄："，然后等待。

（2）当用户输入"15"后，将"15"转换为整型，然后赋给变量"age"，这时变量的值为 15。

（3）执行 if 语句，先检测"age>=16"是真是假。由于 15<16，因此条件为假。Python 忽略下一行缩进部分的语句，执行 else 语句。

（4）执行 else 语句下一行缩进部分的语句，输出"您太小了，还不能坐过山车"，结束程序。

（5）再次运行程序，在屏幕上输出"请输入您的年龄："，然后等待。

（6）当用户输入"19"后，将"19"转换为整型，然后赋给变量"age"，这时变量的值为 19。

（7）接着执行 if 语句，先检测"age>=16"是真是假。由于 19>16，因此条件为真。Python 开始执行下一行缩进部分的语句，输出"您可以坐过山车"。

（8）忽略 else 语句及 else 下面缩进部分的语句，结束程序。

2.5.4　if...elif...else 语句如何运行

在编写程序时，如果需要检查超过两个条件的情况时，可以使用 if...elif...else 语句。在使用 if...elif...else 语句时，会先判断 if 语句中条件的真假；如果条件为真，就执行 if 语句下一行缩进部分的语句；如果条件为假，就忽略 if 语句下一行缩进部分的语句，去执行 elif 语句。接着会判断 elif 语句中条件的真假，如果条件为真，就执行 elif 语句下一行缩进部分的语句；如果条件为假，就忽略 elif 语句下一行缩进部分的语句，去执行 else 语句及下一行缩进部分的语句。

案例 3：哪些人能走老年通道

如下代码为用 if...elif...else 语句判断哪些人能走老年通道：

```
01  age=int(input('请输入您的年龄:'))
02  if age>=60:
03  print('请您走老年人通道')
04  elif 60>age>=18:
05  print('请您走成人通道')
06  elif 18>age>=7:
07  print('请您走青少年通道')
08  else:
09      print('您太小了，请和家长一起进入')
```

在上述代码中，第 01 行代码的作用是新建一个变量"age"，并将用户输入的值赋给变量"age"。

第 02~05 行代码是 if...elif...else 语句。在程序被执行时，Python 会按照先后顺序进行判断，若当前条件 (if 的条件或者是 elif 的条件) 为真时，就执行对应缩进部分的代码，并且后面还未执行的条件判断都跳过，不再执行了。若当前条件为假，则跳到下一个条件进行判断。

上述代码运行结果如下（用键盘手动输入 61）：

```
请输入您的年龄:61
请您走老年人通道
```

上述代码运行结果如下（用键盘手动输入 12）：

```
请输入您的年龄:12
请您走青少年通道
```

上述 if...elif...else 程序是如何执行的呢？

（1）在屏幕上打印"请输入您的年龄："，然后等待。

（2）当用户输入"61"后，将"61"转换为整型，然后赋给变量"age"，这时变量的值为 61。

（3）接着执行 if 语句，先检测"age>=60"是真是假。由于 61>60，因此条件为真。Python 开始执行下一行缩进部分的语句，输出"请您走老年人通道"。

（4）忽略所有 elif 语句及 else 语句，结束程序。

（5）再次运行程序，在屏幕上打印"请输入您的年龄："，然后等待。

（6）当用户输入"12"后，将"12"转换为整型，然后赋给变量"age"，这时变量的值为 12。

（7）执行 if 语句，先检测"age>=60"是真是假。由于 12<60，因此条件为假。Python 忽略下一行缩进部分的语句，然后执行第一个 elif 语句。

（8）接着检测"60>age>=18"是真是假。由于 12<18，因此条件为假。Python 忽略下一行缩进部分的语句，然后执行第二个 elif 语句。

（9）接着检测"18>age>=7"是真是假。由于 18>12>7，因此条件为真。Python 开始执行下一行缩进部分的语句，打印输出"请您走青少年通道"。并忽略 else 语句，结束程序。

注意：if...elif 语句中只要有一个 if 语句的条件成立，就会跳过检测其他的 elif 语句。因此，if...elif 语句只适合只有一个选项的情况。

2.5.5　if 语句的嵌套

前面介绍了三种形式的 if 条件语句，这三种形式的条件语句之间都可以相互嵌套。在最简单的 if 语句中嵌套 if...else 语句，代码如下：

```
if 表达式1:
    if 表达式2:
        语句块1
    else:
        语句块2
```

在 if...else 语句中嵌套 if...else 语句，代码如下：

```
if 表达式1:
    if 表达式2:
        语句块1
    else:
        语句块2
else:
if 表达式3:
        语句块3
    else:
        语句块4
```

2.6　for 循环语句

简单来说，for 循环是使用一个变量来遍历列表中的每一个元素，就好比让一个小朋友依次走过列表中的元素一样。for 循环可以遍历任何序列的项目，如一个列表或者一个字符串。它常用于遍历字符串、列表、元组、字典、集合等序列类型，逐个获取序列中的各个元素，并存储在变量中。

2.6.1　for 循环如何运行

在使用 for 循环遍历列表和元组时，列表或元组有几个元素，for 循环的循环体就执行几次。针对每个元素执行一次，迭代变量会依次被赋值为元素的值。

for 循环中包括 for...in、冒号（:）及循环体代码，其用法如下：

```
names=['小明','小白','小丽','小花']
```

```
for name in names:
    print(name)
```

上述代码中，names 为一个列表（列表的相关知识参考 2.8 节内容），第二和第三行代码为一个 for 循环语句，name 为循环变量，缩进部分的代码为循环体代码。执行第二行代码，开始执行 for 循环的第一次循环，此时从列表 names 中取出第一个元素（小明），并存储在循环变量 name 中，然后执行循环体部分代码（即缩进部分代码），然后 print() 语句将 "小明" 输出；接下来返回继续执行第二行代码，进行第二次 for 循环，再从列表 names 中取出第二个元素（小白），存储在循环变量 name 中，然后执行循环体部分代码，并输出 "小白"；这样一直重复执行第二和第三行代码，直到列表 names 中的元素全部被访问，并执行完循环体代码，结束 for 循环。

代码运行结果如下：

```
小明
小白
小丽
小花
```

注意：上述代码中的冒号（:）不能丢。另外，"print(name)" 语句必须缩进 4 个字节才会进行参数循环。如果忘记缩进，那么在运行程序时将会出错，Python 将会提醒你缩进。

2.6.2　for 循环的好搭档——range() 函数

range() 函数是 Python 内置的函数，用于生成一系列连续的整数，多与 for 循环配合使用。如下代码为 range() 函数的用法：

```
for N in range(1,6):
    print(N)
```

上述代码中，range(1,6) 函数参数中的第一个数字 1 为起始数，第二个数字 6 为结束数，但不包括此数。因此就生成了从 1~5 的数字。

代码运行结果如下：

```
1
2
3
4
5
```

修改 range() 函数参数后的程序代码如下：

```
for N in range(1,6,2):
    print(N)
```

在上述代码中，range(1,6,2) 函数参数中的第一个数字 1 为起始数，第二个数字 6 为结束数（不包括此数），第三个数 2 为步长，即两个数之间的间隔。因此就生成了 1，3，5 的奇数。

代码运行结果如下：

```
1
3
5
```

range() 函数只有一个参数的程序代码如下：

```
for N in range(10):
```

```
    print(N)
```

在上述代码中，如果 range(10) 函数参数中只有一个数，就表示指定的是结束数，第一个数默认从 0 开始。因此就生成了 0~9 的数字。

2.6.3 for 循环遍历字符串

使用 for 循环除了可以循环数值、列表外，还可以逐个遍历字符串，如下代码为 for 循环遍历字符串：

```
string= '归于平淡'
for x in sting:
    print(x)
```

上述代码运行后的结果如下：

```
归
于
平
淡
```

案例：用 for 循环画螺旋线

在 IDLE 中创建一个名为"螺旋线 .py"的文件，然后在文件中导入 turtle 模块，接着用 for 遍历 range() 生成整数列表，在每次循环时，让画笔画线段并旋转画笔，即可实现画螺旋线。代码如下：

```
import turtle                # 导入 turtle 模块
t=turtle.Pen()
angle=72
for x in range(100):
    t.forward(x)             # 画线条
    t.right(angle)           # 画笔旋转
```

运行效果如图 2-1 所示。

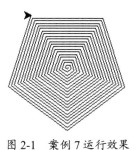

图 2-1　案例 7 运行效果

2.7　while 循环语句

前面我们学过了 for 循环，它主要针对集合中的每个元素（即遍历）。接下来要讲的 while 循环则是只要指定的条件满足，就不断地循环，直到指定的条件不满足为止。

2.7.1 while 循环如何运行

while 循环中包括 while、条件表达式、冒号（：）及循环体（缩进部分代码）。其中，条件表达式是循环执行的条件，在每次循环执行前，都要执行条件表达式，对条件进行判断。如果条件成立（即条件为真时），就执行循环体（循环体为冒号后面缩进的代码），否则退出循环；如果条件表达式在循环开始时就不成立（即条件为假），就不执行循环体部分代码，直接退出循环。

while 循环的用法如下：

```
n=1
while n<10:
    print(n)
    n=n+1
print('结束')
```

第一行代码中的 *n* 为新定义的变量，并将 1 赋给 *n*。第二～四行代码为 while 循环体部分代码。代码中，"while"与":"（冒号）之间的部分为循环中的条件表达式（即这里的"*n*<10"为条件表达式）。当程序执行时，Python 会不断地判断 while 循环中的条件表达式是否成立（即是否为真）。如果条件表达式成立，就会执行下面循环体（即缩进部分）的代码。循环体部分代码的意思：输出 *n*，然后将 *n* 加 1。之后又重复以上执行 while 循环，重新判断条件表达式是否成立。就这样一直循环，直到条件表达式不成立时，停止循环，开始执行 while 循环下面的"print('结束')"代码。注意：冒号（:）别丢掉。

代码运行结果如下：

```
1
2
3
4
5
6
7
8
9
结束
```

上面程序是如何执行的呢？

（1）Python 新建一个变量 *n*，并将 1 赋给 *n*，接着执行 while 循环。

（2）第一次循环：先判断条件表达式 *n*<10 是否成立。由于 1<10，条件表达式成立，因此执行冒号下面缩进部分的代码：先执行 print(*n*) 语句，输出 1，再执行 *n*=*n*+1（即 *n*=1+1），这时 *n* 的值就变成了 2。

（3）第二次循环：接下来重复执行 while 循环，判断条件表达式 *n*<10 是否成立。由于 2<10，条件表达式成立，接着执行循环体中缩进部分的代码：先执行 print(*n*) 语句，输出 2，再执行 *n*=*n*+1（即 *n*=2+1），这时 *n* 的值就变成了 3。

（4）就这样一直循环，直到第十次循环时，这时 n 的值为 10，条件表达式变成了 10<10，条件表达式不成立了。这时 Python 停止执行循环部分的代码，开始执行下面的代码，即执行"print('结束')"代码，输出"结束"。程序运行结束。

提示：如果 while 循环中的条件表达式是"True"（第一个字母必须大写），那么 while 循环将会一直循环。

案例 1：输入登录密码

在 IDLE 中创建一个名为"输密码 .py"的文件，然后在文件中定义两个变量，并赋值 0

和 True，然后用 while 循环让用户循环输入密码，指定输入正确的密码结束输入。其代码如下：

```
number=0                                    # 计数变量
none=True                                   # 将变量赋值为是
while none:                                 #while 循环
    password=int(input('请输入密码：'))       # 让用户输入密码
    number +=1                              # 计数加 1
    if password==266668:                    # 判断输入的密码是否正确
        none=False                          # 将变量的值赋值为否
    else:
        print('密码错误，请重新输入')         # 输出提示
```

运行结果如下。

```
请输入密码：123456
密码错误，请重新输入
请输入密码：266668
```

2.7.2 使用 break 退出循环

如果想从 while 循环或 for 循环中立即退出，不再运行循环中余下的代码，也不管条件表达式是否成立，可以使用 break 语句。break 语句用于控制程序的流程，可使用它来控制哪些代码将执行，哪些代码不执行，从而让 Python 执行你的想要执行的代码。

break 语句的用法如下：

```
n=1
while n<10:
if n>5:
break
print(n)
    n=n+1
print('结束')
```

上述代码中，while 及下面缩进部分语句都为 while 循环语句。while 循环中嵌套了 if 条件语句。这两句为 if 条件语句，用于检测 n 是否大于 5，如果 n>5，就执行 break 语句，退出循环。

代码运行结果如下：

```
1
2
3
4
5
结束
```

上面程序是如何执行的呢？

（1）Python 新建一个变量 n，并将 1 赋给 n，接着执行 while 循环。

（2）第一次循环：先判断条件表达式 n<10 是否成立。由于 1<10，条件表达式成立，因此执行冒号下面缩进部分的代码：先执行 "if n>5" 语句，判断 n>5 是真还是假，由于 "1>5" 不成立，因 if 条件测试的值为假，Python 程序会忽略 if 语句中缩进部分的语句（即忽略 break 语句）。接着执行 print(n) 语句，输出 1，再执行 n=n+1（即 n=1+1），这时 n 的值就变成了 2。

（3）第二次循环：接下来重复执行 while 循环，判断条件表达式 n<10 是否成立。由于 2<10，条件表达式成立，接着执行循环体中缩进部分的代码：先执行 "if n>5" 语句，由于 "2>5"

不成立，因此 if 条件测试的值为假，Python 程序会忽略 break 语句。接着执行 print(*n*) 语句，输出 2，再执行 *n*=*n*+1（即 *n*=2+1），这时 *n* 的值就变成了 3。

（4）就这样一直循环，直到第六次循环时，这时 n 的值为 6，while 循环中的条件表达式变成了 6<10，条件表达式成立。接着执行循环体中"if *n*>5"语句，由于"6>5"成立，因此 if 条件测试的值为真，之后 Python 程序执行 break 语句，退出 while 循环。执行下面的代码，即执行"print(' 结束 ')"代码，输出"结束"。程序运行结束。

注意：在任何 Python 循环中都可以使用 break 语句来退出循环。

案例 2：输入登录密码（break 版）

在 IDLE 中创建一个名为"输密码 .py"的文件，然后在文件中定义两个变量，并赋值 0 和 True，然后用 while 循环让用户循环输入密码，指定输入正确的密码结束输入，代码如下：

```
number=0                              # 计数变量
none=True                             # 将变量赋值为是
while none:                           #while 循环
    password=int(input('请输入密码：'))   # 让用户输入密码
    number +=1                        # 计数加 1
    if password==266668:              # 判断输入的密码是否正确
        break                         # 中止循环
    else:
        print(' 密码错误，请重新输入 ')    # 输出提示
```

运行结果如下：

```
请输入密码：123456
密码错误，请重新输入
请输入密码：266668
```

2.7.3　使用 continue 跳过本次循环

在循环过程中，也可以通过 continue 语句跳过当前的这次循环，直接开始下一次循环。即 continue 语句可以返回到循环开头，重新执行循环，进行条件测试。

continue 语句的使用方法如下：

```
n=1
while n<10:
    n=n+1
    if n%2==0:
        continue
print(n)
```

上述代码中，while 及下面缩进部分语句都为 while 循环语句。循环中嵌套了 if 条件语句。这两句为 if 条件语句，用于检测 *n* 除以 2 的余数是否等于 0（即判断是否为偶数）。如果求余的结果等于 0，就执行 continue 语句，跳到 while 循环开头，开始下一次循环。

代码运行结果如下：

```
1
3
5
7
9
```

上面程序是如何执行的呢？

（1）Python 新建一个变量 *n*，并将 0 赋给 *n*，接着执行 while 循环。

（2）第一次循环：先判断条件表达式 *n*<10 是否成立。由于 0<10，条件表达式成立，

因此执行冒号下面缩进部分的代码：先执行"$n=n+1$"语句，n 就变成了 1；接着执行"if n%2==0"语句，判断 n 除以 2 的余数是否等于 0（即判断 n 是否是偶数）。由于这时 n 的值变成了 1，而 1 除以 2 的余数为 1，if 条件测试的值为假，Python 程序会忽略 if 语句中缩进部分的语句（即忽略 continue 语句）。接着执行 print(n) 语句，输出 1。

（3）第二次循环：接下来重复执行 while 循环，判断条件表达式 $n<10$ 是否成立。由于 1<10，条件表达式成立，接着执行循环体中缩进部分的代码：先执行"$n=n+1$"语句，n 的值为 1+1=2；接着执行"if n%2==0"语句，判断 n 除以 2 的余数是否等于 0。由于 2 除以 2 的余数为 0，if 条件测试的值为真，Python 程序执行 continue 语句，返回到 while 循环开头，重新开始循环。

（4）第三次循环：判断条件表达式 $n<10$ 是否成立。由于 2<10，条件表达式成立，因此执行冒号下面缩进部分的代码：先执行"$n=n+1$"语句，n 的值为 2+1=3；接着执行"if n%2==0"语句，判断 n 除以 2 的余数是否等于 0。由于 3 除以 2 的余数为 1，if 条件测试的值为假，Python 程序会忽略 if 语句中缩进部分的语句（即忽略 continue 语句）。接着执行 print(n) 语句，输出 3。

（5）就这样一直循环，直到第十一次循环时，这时 n 的值为 10，条件表达式变成了 10<10，条件表达式不成立了。这时 Python 停止执行循环部分的代码，程序运行结束。

案例 3：10086 查询系统

在 IDLE 中创建一个名为"10086 查询 .py"的文件，然后在文件中定义 none 变量，并赋值 True，然后用 while 循环实现无限循环，让用户输入要查询的代码，之后判断用户输入的代码，并输出相应的值。代码如下：

```
'''----------------10086 查询功能 ----------------
查询余额请输入 1，并按回车键
查询套餐请输入 2，并按回车键 '''
none=True
while none:                                          #while 循环
    number=int(input('请输入要查询的项的代码：'))      # 输入查询代码
    if number==1:                                     # 判断是否输入 1
        print('当前余额为：88 元')
    elif number==2:                                   # 判断是否输入 2
        print('当前套餐剩余流量 1GB')
    else:
        continue                                      # 跳过当次循环进入下一次循环
```

运行结果如下：

```
请输入要查询的项的代码：1
当前余额为：88 元
请输入要查询的项的代码：2
当前套餐剩余流量 1GB
请输入要查询的项的代码：5
请输入要查询的项的代码：
```

2.8 列表

列表（List）是 Python 中使用最频繁的数据类型。它由一系列按特定顺序排列的元素组成。它的元素可以是字符、数字、字符串甚至可以包含列表（即嵌套）。在 Python 中，用方括号（[ ]）来表示列表，并用逗号（，）来分隔其中的元素。

2.8.1 如何创建和删除列表

1. 使用赋值运算符直接创建列表

同 Python 的变量一样,创建列表时,可以使用赋值运算符"="直接将一个列表赋值给变量,代码如下:

```
classmates=['Michael' , 'Bob' , 'Tracy']
```

代码中,classmates 就是一个列表。列表的名称通常用一个复数的名称。另外,Python 对列表中的元素和个数没有限制,如下代码也是一个合法的列表:

```
untitle=['Michael',26,'列表元素',['Bob' , 'Tracy']]
```

另外,一个列表的元素还可以包含另一个列表,代码如下:

```
classmates1=[' 小明 ' , ' 小花 ' , ' 小白 ']
classmates=['Michael','Bob',classmates1,'Tracy']
```

2. 创建空列表

在 Python 中,也可以创建空的列表,如下代码的 students 为一个空列表:

```
students=[]
```

3. 创建数值列表

在 Python 中,数值列表很常用。我们可以使用 list() 函数直接将 range() 函数循环出来的结果转换为列表,例如下面的代码:

```
list(range(8))
```

上面代码运行后的结果如下:

```
[0,1,2,3,4,5,6,7]
```

4. 删除列表

对于已经创建的列表,可以使用 del 语句将其删除,下面的代码为删除之前创建的 classmates 列表:

```
del classmates
```

2.8.2 如何访问列表元素

本书将详细讲解访问列表元素的方法。

1. 通过指定索引访问元素

列表中的元素是从 0 开始索引的,即第一个元素的索引为 0,第二个元素的索引为 1。下面的代码为访问列表的第一个元素:

```
classmates=['Michael' , 'Bob' , 'Tracy']
print(classmates[0])
```

上述代码中,classmates[0] 表示第一个元素,如果要访问列表的第二个元素,应该将程序的第二句修改为"print(classmates[1])"。注意列表的索引从 0 开始,所以第二个元素的索引就是 1,而不是 2。如果要访问列表最后一个元素,可以使用一个特殊语法,"print(classmates[-1])"来实现。上述代码的输出结果如下:

```
Michael
```

可以看到输出了列表的第一个元素,并且不包括方括号和引号。这就是访问列表元素的方法。

2. 通过指定两个索引访问元素

如下代码为指定两个索引作为边界来访问元素：

```
letters=['A','B','C','D','E','F']
print(letters[0:3 ])
```

上述代码中，[0:3] 说明指定了第一个索引是列表的第一个元素；第二个索引是列表的第四个元素，但第二个索引不包含在切片内，所以输出了列表的第一至第三个元素。

3. 只指定第一个索引来访问元素

只指定第一个索引作为边界来访问元素的代码如下：

```
letters=['A','B','C','D','E','F']
print(letters[2: ])
```

代码中的 [2:] 说明指定了第一个索引是列表的第三个元素；没有指定第二个索引，那么 Python 会一直提取到列表末尾的元素，所以输出了列表的第三至第六个元素。

4. 只指定第二个索引来访问元素

只指定第二个索引作为边界来访问元素的代码如下：

```
letters=['A','B','C','D','E','F']
print(letters[:4 ])
```

代码中的 [:4] 说明没有指定第一个索引，那么 Python 会从头开始提取；第二个索引是列表的第五个元素（不包含在切片内），所以输出了列表的第一至第四个元素。

5. 只指定列表倒数元素索引来访问元素

只指定列表倒数元素的索引作为边界来访问元素的代码如下：

```
letters=['A','B','C','D','E','F']
print(letters[-3: ])
```

代码中的 [-3:] 说明指定了第一个索引是列表的倒数第三个元素；没有指定第二个索引，那么 Python 会一直提取到列表末尾的元素，所以输出了列表的最后三个元素。

案例 1：画五彩圆环

在 IDLE 中创建一个名为"圆环 .py"的文件，在文件中导入 turtle 模块，创建一个颜色的列表，之后遍历 range() 生成的一个整数序列，在每次循环时分别设定画笔颜色、圆的半径、画笔旋转角度，即可画出很多圆环。代码如下：

```
import turtle                          # 导入 turtle 模块
t=turtle.Pen()                         # 设置 t 为画笔
colors=['red','yellow','blue','green'] # 创建颜色列表
for x in range(100):
    t.pencolor(colors[x%4])            # 设置画笔颜色
    t.circle(x)                        # 设置圆环半径
    t.right(90)                        # 画笔旋转
```

上述代码中，"colors[x%4]"的意思是从 colors 列表中取一个元素（比如 red）作为参数。x%4 中的 % 是求余数的符号，x%4 的意思是用 x 除以 4 得到的余数。如果 x 的值为 5，那么求得的余数为 1。然后执行 colors[1]，从列表 colors 中取第二个元素"yellow"作为画笔颜色的参数。运行效果如图 2-2 所示。

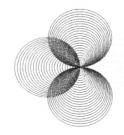

图 2-2　运行效果

2.8.3 添加、修改和删除列表元素

这一节将介绍添加、修改和删除列表元素的方法。

1. 添加列表元素

向列表中添加元素可以使用 append() 函数来实现，代码如下：

```
classmates=['Michael' , 'Bob' , 'Tracy']
classmates.append( 'Mack')
print(classmates)
```

输出结果如下：

```
['Michael', 'Bob', 'Tracy', 'Mack']
```

从输出结果可以看出，使用 append() 可以将元素"Mack"添加到列表的末尾。

我们还可以使用 insert() 函数向列表中插入元素，代码如下：

```
classmates=['Michael' , 'Bob' , 'Tracy']
classmates.insert(1, 'Mack')
print(classmates)
```

在上述代码中，insert() 函数参数中的 1 表示插到列表的第二个元素，'Mack' 表示要插入的元素。

另外，还可以使用 extend() 函数将一个列表添加到另一个列表中，代码如下：

```
classmates=['Michael' , 'Bob' , 'Tracy']
classmates2=[1,2,3,4]
classmates.extend(classmates2)
```

2. 修改列表元素

修改列表中的元素只需通过索引获得该元素，然后再为其重新赋值即可。下面的代码是将列表中的第二个元素修改为 'Mack'：

```
classmates=['Michael' , 'Bob' , 'Tracy']
classmates[1]= 'Mack'
```

3. 删除列表元素

删除元素主要有两种方法，一种根据索引删除元素，另一种是根据元素值进行删除。根据索引删除列表元素的代码如下：

```
citys=[' 北京 ' , ' 上海 ' , ' 广州 ']
del citys[2]
```

上述代码通过 del 来删除列表元素，另外，还可以通过 pop() 函数来删除列表元素，代码如下：

```
classmates=['Michael' , 'Bob' , 'Tracy']
classmates.pop(1)
```

根据元素值删除列表元素的代码如下：

```
citys=[' 北京 ' , ' 上海 ' , ' 广州 ']
citys.remove[' 上海 ']
```

2.8.4 对列表进行统计和计算

Python 的列表提供了一些内置的函数来实现统计和计算功能。

1. 获取列表的长度

如下代码为通过 len() 函数来获得列表的长度（即列表中元素的个数）：

```
>>> classmates=['Michael' , 'Bob' , 'Tracy']
>>>len(classmates)
3
```

len() 函数的用处是很广泛的，比如统计网站注册用户数、确定游戏被射杀的敌人人数等。

2．获取指定元素出现的次数

使用列表对象的 count() 函数可以获取指定元素在列表中出现的次数，代码如下：

```
>>> classmates=['Michael' , 'Bob' , 'Tracy', 'Michael']
>>> classmates.count('Michael')
2
```

3．获取指定元素首次出现的位置

使用列表对象的 index() 函数可以获取指定元素在列表中首次出现的位置（即索引）。
代码如下：

```
>>> classmates=['Michael' , 'Bob' , 'Tracy', 'Michael']
>>> classmates.index('Michael')
0
```

4．统计数值列表的元素和

使用列表对象的 sum() 函数可以统计数值列表各元素的和，代码如下：

```
>>> scores=[12 , 23 , 33, 45]
>>> s=sum(scores)
```

2.8.5　如何复制列表

要复制一个列表，可以创建一个包含整个列表的切片。方法是同时省略起始索引和终止
索引，即 [:]。代码如下：

```
letters=['A' , 'B' , 'C' , 'D' , 'E' , 'F']
b=letters[:]
print(b)
```

在上述代码中，从列表 letters[] 中提取了一个切片，创建了一个列表的副本，再将该副
本存储到变量 b 中。

**注意：这里是创建了一个列表的副本，而不是将 letters() 赋给 b（b=letters 是赋给）。它
们是有区别的。**

下面的代码为复制列表：

```
                              letters=['A' , 'B' , 'C' , 'D' , 'E' , 'F']
复制列表 letters 并存储到 b 变量中 →  b=letters[:]
    在列表 letters 末尾添加元素 G →  letters.append('G')
        打印输出列表 letters →  print(letters)
           打印输出变量 b →  print(b)
```

上述代码运行的结果如下：

```
                              ======
输出的列表 letters，多了一个 G → ['A', 'B', 'C', 'D', 'E', 'F', 'G']
        输出的变量 b → ['A', 'B', 'C', 'D', 'E', 'F']
                              >>>
```

下面的代码为将 letters 赋给 b 的情况：

```
                              letters=['A' , 'B' , 'C' , 'D' , 'E' , 'F']
    将列表 letters 赋给变量 b → b=letters
在列表 letters 末尾添加元素 G → letters.append('G')
        打印输出列表 letters → print(letters)
           打印输出变量 b → print(b)
```

上述代码运行的结果如下：

输出的列表 letters，多了一个 G →
输出的变量 b 与列表一模一样 →

```
======
['A', 'B', 'C', 'D', 'E', 'F', 'G']
['A', 'B', 'C', 'D', 'E', 'F', 'G']
>>>
```

2.8.6　操作列表——遍历列表

遍历列表中的所有元素是常用的一种操作，在遍历的过程中可以完成查询、处理等功能。

1. 使用 for 循环输出列表元素

可以使用 for 循环来遍历列表，并依次输出列表的每个元素。如下代码为遍历列表：

```
classmates=['Michael' , 'Bob' , 'Tracy', 'Michael']
for i in classmates:
    print(i)
```

上述代码运行后的结果如下：

```
Michael
Bob
Tracy
Michael
```

每循环一次输出一个列表中的元素。

2. 输出列表元素的索引值和元素

可以使用 for 循环和 enumerate() 遍历列表，实现同时输出索引值和元素内容，如下代码为遍历 classmates 列表：

```
classmates=['Michael' , 'Bob' , 'Tracy', 'Michael']
for index,x in enumerate(classmates):
    print(index,x)
```

上述代码运行后的结果如下：

```
0 Michael
1 Bob
2 Tracy
3 Michael
```

案例 2：分离红球和蓝球

在 IDLE 中创建一个名为"分球 .py"的文件，并在文件中创建一个红球和蓝球的列表，再定义两个空列表，接着遍历红、蓝球的列表，判断遍历时每个元素是否为红球，如果是，就加入红球的列表；如果是蓝球，就加入蓝球的列表，最后分别输出存放红球和蓝球的列表。其代码如下：

```
ball=['红球','蓝球','红球','蓝球','红球','蓝球','红球','红球','红球','蓝球']  #新建列表
red_ball=[]                                    #新建空列表
blue_ball=[]                                   #新建空列表
for i in ball:                                 #遍历 ball 列表
    if i=='红球':                              #判断 i 中的元素是否为红球
        red_ball.append(i)                     #将 i 加入 red_ball 列表
    elif i=='蓝球':                            #判断 i 中的元素是否为蓝球
        blue_ball.append(i)                    #将 i 加入 blue_ball 列表
print(red_ball)                                #输出 red_ball 列表
print(blue_ball)                               #输出 blue_ball 列表
```

运行结果如下：

```
['红球', '红球', '红球', '红球', '红球', '红球']
['蓝球', '蓝球', '蓝球', '蓝球']
```

2.9 元组

元组（tuple）是 Python 中另一个重要的序列结构，与列表相似，也是由一系列元素组成，但它是不可变序列。因此元组元素不能修改（也称为不可变的列表）。元组所有元素都放在一对小括号 "()" 中，两个元素间使用逗号（,）分隔。通常情况下，元组用于保存程序中不可修改的内容。

2.9.1 创建和删除元组

这一节介绍如何创建和删除元组。

1. 使用赋值运算符直接创建元组

同 Python 的变量一样，创建元组时，可以使用赋值运算符 "=" 直接将一个元组赋值给变量，代码如下：

```
tup=('Michael' , 'Bob' , 'Tracy')
```

在上述代码中，tup 就是一个元组。另外，Python 对元组中的元素和个数没有限制，如下代码也是一个合法的元组：

```
untitle=('Michael',26,'列表元素',('Bob' , 'Tracy'))
```

另外，一个元组的元素还可以包含另一个元组，代码如下：

```
verse1=['小明' , '小花' , '小白']
verse2=['Michael','Bob',verse1,'Tracy']
```

2. 创建空元组

在 Python 中，也可以创建空的元组，如下代码的 empty 为一个空元组：

```
empty=()
```

3. 创建数值元组

在 Python 中，数值元组很常用。我们可以使用 tuple() 函数直接将 range() 函数循环出来的结果转换为元组，代码如下：

```
tuple(range(2,14,2))
```

运行后的结果如下：

```
[2,4,6,8,10,12]
```

4. 删除元组

对于已经创建的元组，可以使用 del 语句将其删除。删除之前创建的 tup 元组的代码如下：

```
del tup
```

2.9.2 如何访问元组元素

访问元组元素的方式有多种，下面分别进行介绍。

1. 通过指定索引访问元组元素

与列表一样，元组中的元素是从 0 开始索引的，即第一个元素的索引为 0。如下代码为访问元组的第一个元素：

```
tup=('Michael' , 'Bob' , 'Tracy')
```

```
print(tup([1])
```

上述代码中的 tup[1] 表示第二个元素，如果要访问元组的第三个元素，应该将程序第二句修改为"print(tup[2])"。如果要访问元组最后一个元素，可以使用一个特殊语法，"print(tup[-1])"来实现。上述代码的输出结果如下：

```
Bob
```

可以看到输出了元组的第二个元素，并且不包括方括号和引号。这就是访问元组元素的方法。

2．通过指定两个索引访问元素

如下代码为指定两个索引作为边界来访问元素：

```
coffee=('蓝山','卡布奇诺','摩卡','拿铁','哥伦比亚','曼特宁')
print(coffee [0:3 ])
```

上述代码中，[0:3] 说明指定了第一个索引是元组的第一个元素；第二个索引是元组的第四个元素，但第二个索引不包含在切片内，所以输出了元组的第一至第三个元素。

3．只指定第一个索引来访问元素

如下代码为只指定第一个索引作为边界来访问元素：

```
coffee=('蓝山','卡布奇诺','摩卡','拿铁','哥伦比亚','曼特宁')
print(coffee [2: ])
```

上述代码中，[2:] 说明指定了第一个索引是元组的第三个元素；没有指定第二个索引，那么 Python 会一直提取到元组末尾的元素，所以输出了元组的第三至第六个元素。

4．只指定第二个索引来访问元素

如下代码为只指定第二个索引作为边界来访问元素：

```
coffee=('蓝山','卡布奇诺','摩卡','拿铁','哥伦比亚','曼特宁')
print(coffee [:4 ])
```

上述代码中，[:4] 说明没有指定第一个索引，那么 Python 会从头开始提取；第二个索引是元组的第五个元素（不包含在切片内），所以输出了元组的第一至第四个元素。

5．指定元组倒数元素索引来访问元素

如下代码为只指定元组倒数元素的索引作为边界来访问元素：

```
coffee=('蓝山','卡布奇诺','摩卡','拿铁','哥伦比亚','曼特宁')
print(coffee [-3: ])
```

上述代码中，[-3:] 说明指定了第一个索引是元组的倒数第三个元素；没有指定第二个索引，那么 Python 会一直提取到元组末尾的元素，所以输出了元组的最后三个元素。

案例：考试名次查询系统

在 IDLE 中创建一个名为"查考试排名 .py"的文件，然后在文件中创建一个学生总排名的元组，接着让用户用键盘输入学生姓名，再获取学生姓名在元组中对应的索引，然后输出索引 +1 既是学生名次，代码如下：

```
ranking=('王小五','小李','小米','张兰','李四','王五','韩阳','紫玉','吉阳','李牧')
                                              #创建学生考试排名元组
print('********* 考试名次查询系统 ***********')
while True:                                   #while 无限循环
    name=input('请输入学生姓名:')              #输入学生姓名
    r=ranking.index(name)                     #获取学生在元组中的索引
    print(name+' 同学的考试名次为：第 '+str(r+1)+' 名 ')   #输出考试名次
```

上述代码中，ranking.index(name) 的意思是获得元素在元组中的索引。name 为用户输入的学生姓名。由于元组索引是从 0 开始的，即第一个元素索引为 0，因此排名应该是索引 +1。

运行结果如下：

```
**********考试名次查询系统**********
请输入学生姓名：李牧
李牧同学的考试名次为：第 10 名
请输入学生姓名：
```

2.9.3　修改元组元素

修改元组元素的方式有两种，下面分别进行介绍。

1. 通过重新赋值来修改元组元素

元组是不可变序列，所以不能对它的元素进行修改，但是元组可以进行重新赋值，我们可以通过重新赋值来修改元组。其代码如下：

```
coffee=('蓝山','卡布奇诺','摩卡','拿铁','哥伦比亚','曼特宁')
coffee=('卡布奇诺','摩卡','拿铁')
print(coffee)
```

上述代码的输出结果如下：

```
('卡布奇诺','摩卡','拿铁')
```

2. 通过元组连接组合修改元组元素

虽然元组的元素不可修改，但可以通过对元组进行连接组合来实现修改元组。如下代码为通过元组连接组合实现修改元组元素：

```
coffee=('摩卡','拿铁','哥伦比亚','曼特宁')
coffee2=coffee+('蓝山','卡布奇诺')
print(coffee2)
```

上述代码的输出结果如下：

```
('蓝山','卡布奇诺','摩卡','拿铁','哥伦比亚','曼特宁')
```

注意：如果连接的元组只有一个元素，那么在元素后面必须加逗号。

2.10　字典

在 Python 中，字典是一系列键—值对。每个键都与一个值相关联，可以使用键来访问与之相关联的值。与键相关联的值可以是数字、字符串、列表乃至字典。总之，字典可以存储任何类型对象。代码如下为一个学生分数的字典：

```
fractions={'张三':520,'李明':480,'王红':548,'赵四':600,'刘前进':425}
```

在 Python 中，字典用放在花括号（{}）中的一系列键—值对表示。每个键—值对之间用逗号（,）分割。

注意：在字典中键是唯一的，不允许同一个键出现两次。在创建时，如果同一个键被赋值两次，后一个值就会被记住。键必须不可变的，所以可以用数字、字符串或元组充当，但用列表就不行。

2.10.1　如何创建字典

创建字典的方式有三种，下面分别介绍。

1．创建空字典

在 Python 中，可以直接创建空的字典，如下代码所示的 dictionary 为一个空字典。

```
dictionary={}
```

也可以通过 dict() 函数来创建一个空字典，代码如下：

```
dictionary1=dict()
```

2．通过映射函数创建字典

通过映射函数创建字典的方法如下：

```
dictionary2=dict(zip(list1,list2))
```

zip() 函数用于将多个列表或元组对应位置的元素组合为元组，并返回包含这些内容的 zip 对象。其中，list1 用于指定要生成字典的键；list2 用于指定要生成字典的值。如果 list1 和 list2 长度不同，就与最短的列表长度相同。如下代码为通过映射函数创建的字典：

```
name=['小张','小李','小米','小王']
score=[98,87,82,78]
dictionary=dict(zip(name,score))
```

程序执行后的输出结果如下：

```
{'小张': 98, '小李': 87, '小米': 82, '小王': 78}
```

字典创建成功。

3．通过给定的关键字参数创建字典

通过给定的关键字参数创建字典的语法如下：

```
dictionary=dict(key1=value1,key2=value2,…,keyn=valuen,)
```

上述代码中，key1，key2，keyn 等表示参数名，必须是唯一的；value1，value2，valuen 等表示参数值，可以是任何数据类型。

2.10.2　通过键值访问字典

在字典中要获取与键相关联的值，可依次指定字典名和放在方括号内的键。其代码如下：

```
fractions={'张三': 520,'李明':480,'王红': 548,'赵四':600,'刘前进': 425}
fractions['李明']
```

上述程序运行后，会直接输出 480。

案例 1：中考成绩查询系统

在 IDLE 中创建一个名为"中考成绩查询 .py"的文件，在文件中创建一个学生姓名与成绩的字典，然后让用户用键盘输入学生姓名，再获取字典中学生姓名对应的值，然后输出即可，代码如下：

```
rusult={'王小五':520,'小李':545,'小米':575,'张兰':495,'李四':513,
        '王五':580,'韩阳':475,'紫玉':596,'吉阳':535,'李牧':556}    #创建成绩字典
print('------------ 中考成绩查询系统 ------------')
while True:                                              # 无限循环
    name=input('请输入学生姓名：')                        # 输入学生姓名
    r=rusult[name]                                       # 访问字典的值
    print('您的中考成绩为：'+str(r)+' 分')                 # 输出分数
```

运行结果如下：

```
------------ 中考成绩查询系统 ------------
请输入学生姓名：吉阳
您的中考成绩为：535 分
请输入学生姓名：
```

2.10.3 添加、修改和删除字典

这一节介绍如何添加、修改和删除字典。

1. 向字典中添加键—值对

可随时向运行中的字典添加键—值对。添加键—值对的方法如下：

```
fractions={'张三': 520, '李明':480, '王红': 548, '赵四':600, '刘前进': 425}
fractions['韩非子']=565
```

上述代码指定了字典名、键（注意使用方括号）和相关联的值（注意使用"="）。

上述程序运行后的结果如下：

```
{'张三': 520, '李明':480, '王红': 548, '赵四':600, '刘前进': 425, '韩非子'=565}
```

2. 修改字典中的值

要修改字典中的值，可以依次指定字典名、用方括号括起的键以及与该键相关联的值。代码如下：

```
fractions={'张三': 520, '李明':480, '王红': 548, '赵四':600, '刘前进': 425}
fractions['张三']=565
```

由上述运行程序的输出结果可知，字典中的张三的分数被修改成了 565，代码如下：

```
{'张三': 565, '李明':480, '王红': 548, '赵四':600, '刘前进': 425 }
```

3. 删除字典中的键—值对

对于字典中不需要的元素，可以使用 del 语句来删除。代码如下：

```
fractions={'张三': 520, '李明':480, '王红': 548, '赵四':600, '刘前进': 425}
del fractions['张三']
```

由上述运行程序的输出结果可知，字典中的张三和 520 被删除，代码如下：

```
{ '李明':480, '王红': 548, '赵四':600, '刘前进': 425 }
```

4. 删除整个字典

可以使用 del 命令删除整个字典，代码如下：

```
fractions={'张三': 520, '李明':480, '王红': 548, '赵四':600, '刘前进': 425}
del fractions
```

5. 通过 clear() 删除字典的元素

如果想删除字典中的元素，可以使用 clear() 函数实现，代码如下：

```
fractions={'张三': 520, '李明':480, '王红': 548, '赵四':600, '刘前进': 425}
fractions.clear()
```

2.10.4 操作字典——遍历字典

字典是以键—值对的形式存储数据的，所以需要通过键—值对进行获取。Python 提供了遍历字典的方法，通过遍历可以获取字典中的全部键—值对。

使用字典对象的 items() 函数可以获取字典的键—值对的元组列表。具体语法如下：

```
fractions.items()
```

1. 分别获取键和值

要想获得具体的键—值对，可以通过 for 循环遍历该元组列表。如下代码为遍历 fractions 字典，输出键和值：

```
fractions={ '张三': 520, '李明':480, '王红': 548, '赵四':600, '刘前进':425}
for x,y in fractions.items():
    print(x)
print(y)
```

遍历字典中所有的键—值对时，需要定义两个变量（此例中定义了 x 和 y），用于存储键和值。并使用字典名和 items()。上述代码运行后输出的结果如下：

```
张三
520
李明
480
王红
548
赵四
600
刘前进
425
```

2. 只获取键

只遍历字典中的所有键时，需要定义一个变量，并使用字典名和 keys()，代码如下：

```
fractions={'张三': 520, '李明':480, '王红': 548, '赵四':600, '刘前进':425}
for x in fractions.keys():
    print(x)
```

上述代码运行后输出的结果如下：

```
张三
李明
王红
赵四
刘前进
```

3. 只获取值

只遍历字典中的所有值时，需要定义一个变量，并使用字典名和 values()，代码如下：

```
fractions={'张三': 520, '李明':480, '王红': 548, '赵四':600, '刘前进':425}
for y in fractions.values():
    print(y)
```

上述代码运行后输出的结果如下：

```
520
480
548
600
425
```

案例 2：打印客户名称和电话

在 IDLE 中创建一个名为"客户资料 .py"的文件，在文件中创建一个客户资料的字典，然后遍历字典，输出客户名称和电话，代码如下：

```
client={ '百度':'010-11111','腾讯':'010-22222',' 小米':'010-33333',
        '华为':'010-55555','蒙牛':'010-77777'}           # 创建客户资料的字典
for key,value in client.items():                         # 遍历字典
    print(key,' 公司的联系电话是：'+value)                # 输出元素的键和值
```

运行结果如下：

```
百度 公司的联系电话是：010-11111
腾讯 公司的联系电话是：010-22222
小米 公司的联系电话是：010-33333
华为 公司的联系电话是：010-55555
蒙牛 公司的联系电话是：010-77777
```

2.11 运算符及其优先级

运算符主要用于数学计算、比较大小和逻辑运算；它看似简单，但要用好，并不容易。

2.11.1 运算符的类型

Python 的运算符主要包括算术运算符、比较运算符、逻辑运算符、赋值运算符和位运算符等。使用运算符将不用的数据按照一定的规则连接起来的式子，称为表达式。使用算术运算符连接起来的式子称为算术表达式。

1. 算术运算符

算术运算符是处理四则运算的符号，在数字的处理中应用得最多。Python 支持所有的基本算术运算符，见表 2-2。

表 2-2 Python 常用算术运算符

运算符	说明	实例	结果
+	加	3.45 + 15	18.45
-	减	5.56 - 0.2	5.36
*	乘	4 * 6	24
/	除	7 / 2	3.5
%	取余，即返回除法的余数	3 % 2	1
//	整除，即返回商的整数部分	5 // 2	2
**	幂，即返回 x 的 y 次方	3 ** 2	9，即 3^2

如下为几种算术运算：

```
>>>3.45+15
18.45
>>>5.53-0.2
5.33
>>>4*6
24
>>>7 / 2
3.5
>>>3%2
1
>>>5//2
2
>>>3**2
9
```

案例 1：计算学生平均分数

在 IDLE 中创建一个名为"分数 .py"的文件，并在文件中定义三个变量，分别用于记录学生的数学、语文、英语分数，然后根据公式：平均分数 = (数学分数 + 语文分数 + 英语分数)/3 求学生的平均分数。代码如下：

```
score_s=93
score_y=87
score_e=99
score_average=(score_s+score_y+score_e)/3
print('3 门课的平均分：'+str(score_average)+' 分 ')
```

运行结果如下：

```
3 门课的平均分：93.0 分
```

2. 比较运算符

比较运算符也称为关系运算符，用于对常量、变量或表达式的结果进行大小、真假等比较，如果比较结果为真，就返回 True（真）；反之，就返回 False（假）。比较运算符通常用在条件语句中作为判断的依据。Python 支持的比较运算符见表 2-3。

表 2-3　Python 比较运算符

比较运算符	功　　能
>	大于，如果运算符前面的值大于后面的值，就返回 True；否则返回 False
>=	大于或等于，如果运算符前面的值大于或等于后面的值，就返回 True；否则返回 False
<	小于，如果运算符前面的值小于后面的值，就返回 True；否则返回 False
<=	小于或等于，如果运算符前面的值小于或等于后面的值，就返回 True；否则返回 False
==	等于，如果运算符前面的值等于后面的值，就返回 True；否则返回 False
!=	不等于，如果运算符前面的值不等于后面的值，就返回 True；否则返回 False
is	判断两个变量所引用的对象是否相同，如果相同，就返回 True
is not	判断两个变量所引用的对象是否不相同，如果不相同，就返回 True

如下为比较运算符的用法：

```
>>>3>4
False
>>>3>2
True
>>>5<=6
True
>>>2== 2
True
>>>2==3
False
>>>2!=3
True
```

案例 2：判断成绩是否优异

在 IDLE 中创建一个名为"成绩 .py"的文件，在文件中定义一个变量，用于记录学生成绩，然后用 if 语句判断成绩是否优异。代码如下：

```
score=float(input('请输入你的分数：'))
if score<60:
    print('您的成绩未及格')
else :
    print('您的成绩为优异')
```

运行结果如下：

```
请输入您的分数：71.2
您的成绩为优异
```

3. 逻辑运算符

逻辑运算符是对真和假两种布尔值进行运算（操作 bool 类型的变量、常量或表达式），逻辑运算的返回值也是 bool 类型值。

Python 中的逻辑运算符主要包括 and（逻辑与）、or（逻辑或）以及 not（逻辑非），它们的具体用法和功能见表 2-4。

表 2-4　Python 逻辑运算符及功能

逻辑运算符	含义	基本格式	功能
and	逻辑与（简称"与"）	a and b	有两个操作数 a 和 b，只有它们都是 True 时，才返回 True，否则返回 False
or	逻辑或（简称"或"）	a or b	有两个操作数 a 和 b，只有它们都是 False 时，才返回 False，否则返回 True
not	逻辑非（简称"非"）	not a	只需要一个操作数 a，如果 a 的值为 True，则返回 False；如果 a 的值为 False，则返回 True

4．赋值运算符

赋值运算符主要用来为变量（或常量）赋值，在使用时，既可以直接用基本赋值运算符"="将右侧的值赋给左侧的变量，右侧也可以在进行某些运算后再赋值给左侧的变量。

"="赋值运算符还可与其他运算符（算术运算符、位运算符等）结合，成为功能更强大的赋值运算符，见表 2-5。

表 2-5　Python 常用赋值运算符

运算符	说明	举例	展开形式
=	最基本的赋值运算	x = y	x = y
+=	加赋值	x += y	x = x + y
-=	减赋值	x -= y	x = x - y
*=	乘赋值	x *= y	x = x * y
/=	除赋值	x /= y	x = x / y
%=	取余数赋值	x %= y	x = x % y
**=	幂赋值	x **= y	x = x ** y
//=	取整数赋值	x //= y	x = x // y
&=	按位与赋值	x &= y	x = x & y
|=	按位或赋值	x |= y	x = x | y
^=	按位异或赋值	x ^= y	x = x ^ y
<<=	左移赋值	x <<= y	x = x << y，这里的 y 指的是左移的位数
>>=	右移赋值	x >>= y	x = x >> y，这里的 y 指的是右移的位数

2.11.2　运算符的优先级

所谓运算符的优先级，是指在应用中哪一个运算符先计算，哪一个后计算。Python 中的运算符的运算规则是：优先级高的运算先执行，优先级低的运算后执行，统一优先级的操作按从左到右的顺序进行。表 2-6 为按从高到低的顺序列出了运算符的优先级。

表 2-6　运算符的优先级

运算符	描述
**	指数（最高优先级）
~ + -	按位翻转，一元加号和减号（最后两个的方法名为 +@ 和 -@）
* / % //	乘，除，取模和取整除

运算符	描述
+ -	加法减法
>> <<	右移，左移运算符
&	位 'AND'
^ |	位运算符
<= < > >=	比较运算符
<> == !=	等于运算符
= %= /= //= -= += *= **=	赋值运算符
is is not	身份运算符
in not in	成员运算符
not and or	逻辑运算符

2.12　函数

函数一词来源于数学，但编程中的"函数"概念与数学中的函数有很大不同。编程中的"函数"是指将一组语句的集合通过一个名字 (函数名) 封装起来，要想执行这个函数，只需调用其函数名即可。

为什么要使用函数呢？因为函数可以简化程序，能提高应用的模块性和代码的重复利用率。

2.12.1　函数的创建和调用

创建函数也叫定义函数。之前的学习，我们了解了 Python 程序提供了许多内建函数，比如 print()。不过 Python 也允许用户创建函数，并在程序中调用它。

定义函数使用 def 关键字，后面是函数名，然后是圆括号和冒号。冒号下面缩进部分为函数的内容。代码如下：

```
def test():
    print(' 你好，我们在测试 ')
```

上面代码中定义了一个函数 test()。在定义函数时，一定不要忘了"()"和"："。第二行缩进部分的代码为函数的内容。

注意：函数名不能重复。

调用函数也就是执行函数。如果把创建的函数理解为创建一个具有某种用途的工具，那么调用函数就相当于使用该工具。调用函数时，首先运行将创建的函数程序保存，然后运行此程序，之后就可以调用了。如下为调用之前创建的 test() 函数：

```
>>>test()
你好，我们在测试
```

运行函数的程序后，在 IDLE 直接输入"test()"即可调用此函数。输出"你好，我们在测试"。

也可以在函数所在的程序中直接进行调用，代码如下：

```
def test():                    # 创建的函数
    print('你好，我们在测试')
test()                         # 调用函数
```

2.12.2　实参和形参的用法

我们在定义函数的时候，如果在括号中增加一个变量（如"name"），Python 就会在用户调用函数的时候，要求用户给变量 name 指定一个值。如下代码为在定义函数时，括号中添加了一个变量 name：

```
def test(name):              # 定义函数
    print(name+', 你好，我们在测试')
test('燕子')                 # 调用函数
```

在调用函数时，需要给括号中的变量指定一个值。如果不指定，就会提示出错。

上面实例中的变量 name 实际上是函数 test() 的一个参数，称为形参。形参在整个函数体内都可以使用，离开该函数则不能使用。

调用函数时 test(' 燕子 ') 中的 ' 燕子 ' 也是一个参数，称为实参。实参是在调用函数时，传递给函数的信息。在调用函数时，将把实参的值传送给被调函数的形参。上述程序中，Python 会将实参的值即 ' 燕子 ' 传递给形参 name。这时，name 的值变为 ' 燕子 '。因此执行"print(name+', 你好，我们在测试')"语句就会输出"燕子，你好，我们在测试"。

函数在定义时，允许包含多个形参，同样在调用时，也允许包含多个实参。代码如下：

```
def calc(x,y):               # 定义函数
    print(y)
print(x)
print(x+y)
calc(4.6)                    # 调用函数
```

上述代码中，定义了函数 calc()。它有两个参数 x 和 y，它们都是函数的形参。函数的内容是先输出 y，再输出 x，然后再输出 x+y。调用函数 calc() 时，需要按照形参的顺序提供实参。这里的第一个实参"4"会传递给 x，第二个实参"6"会传递给 y。

在有多个形参和实参的函数中，当用户调用函数时，Python 必须将函数调用中的每个实参都关联到函数定义中的一个形参。这时 Python 会按照参数的位置顺序来传递实参。

当函数运行时，会将4传递给x，将6传递给y。从输出结果来看也是这样的，分别输出了6、4 和 10。运行此程序的输出结果如下：

```
6
4
10
```

提示：实参可以是常量、变量、表达式、函数等，无论实参是何种类型，在进行函数调用时，它们都必须具有确定的值，以便把这些值传送给形参。

2.12.3　函数返回值

返回值顾名思义，就是指函数执行完毕后返回的值。为什么要有返回值呢，是因为在这个函数操作完之后，它的结果在后面的程序里面需要用到。返回值能够将程序的大部分繁重工作移到函数中去完成，从而简化程序。

在函数中，可以使用 return 语句将值返回到调用函数的代码行，return 是一个函数结束的标志，函数内可以有多个 return，但只要执行一次，整个函数就会结束运行。如下代码为定义函数 calc() 将 c，x，y 的值返回到函数调用行：

```
def calc(x,y):                          # 定义函数
    c = x*y
    return c,x,y
res = calc(5,6)                         # 调用函数
print(res)
```

上述代码中，调用返回值的函数时，需要提供一个变量，用于存储返回的值。在这里，将返回值存储在了变量 res。

每个函数都有返回值，如果没有在函数中指定返回值，Python 中的函数在执行完之后，默认会返回一个 None，函数也可以有多个返回值；如果有多个返回值，就会把返回值放到一个元组中，返回的是一个元组。

程序运行结果如下：

```
(30,5,6)
```

案例：用函数任意画圆环

在 IDLE 中创建一个名为"画圆函数 .py"的文件，并在文件中导入 turtle 模块，创建颜色列表，再定义一个 draw() 的函数。在函数体中首先移动画笔，用 for 循环遍历 range() 生成的整数序列，然后在每次循环时分别设定画笔颜色、圆的半径和画笔旋转角度。之后调用 draw() 函数，即在想要的位置画出圆环，代码如下：

```
import turtle                           # 导入 turtle 模块
t=turtle.Pen()                          # 设置 t 为画笔
colors=['red','orange','blue','green']  # 创建颜色列表
def draw(x,y):                          # 定义 draw 函数
    t.goto(x,y)                         # 移动画笔到（x, y）
    for i in range(20):
        t.pencolor(colors[i%4])         # 设置画笔颜色
        t.circle(i)                     # 设置圆环半径
        t.right(90)                     # 画笔旋转
#******************** 调用函数 ********************
draw(100,100)                           # 调用函数
draw(50,50)                             # 调用函数
```

上述代码中，colors[i%4] 的意思是从 colors 列表中取一个元素（比如 red）作为参数。其中，i%4 中的 % 是求余数的符号，i%4 的意思是用 i 除以 4 得到的余数。若 i 的值为 5，则求得的余数为 1。然后执行 colors[1]，从列表 colors 中取第二个元素"orange"作为画笔颜色的参数。

运行效果如图 2-3 所示。

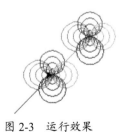

图 2-3 运行效果

第 3 章

Pandas 模块用法实战案例

Pandas 模板广泛应用在学术、金融、统计学等各个数据分析领域，它是 Python 语言的一个开源数据分析模块，可以对各种数据进行运算操作，比如归并、再成形、选择、数据清洗等。应用 Pandas 前首先要学习 Pandas 的基本用法，本章将深入浅出地讲解 Pandas 数据格式、读取和写入数据的方法、数据预处理方法、数据类型转换方法、行数据列数据选择方法、数据的排序方法、数据汇总方法、数据运算方法及数据拼接等知识。

3.1　Pandas 数据结构——Series 对象实操

Pandas 是 Python 中一个专门用于数据分析的模块，其最初被作为金融数据分析工具而开发出来。Pandas 的名称来自面板数据 (Panel Data) 和 Python 数据分析 (Data Analysis)。目前，所有使用 Python 研究和分析数据集的专业人士在做相关统计分析和决策时，Pandas 都是他们的基础工具。

Pandas 中数据结构是多维数据表，其主要有两种数据结构，分别是 Series 和 DataFrame。下面重点讲解这两种数据结构的使用方法。

在使用 Pandas 模块之前要在程序最前面写上下面的代码来导入 Pandas 模块，否则无法使用 Pandas 模块中的函数。代码如下：

```
import pandas as pd
```

代码的意思是导入 Pandas 模块，并指定模块的别名为"pd"，即在以后的程序中，"pd"就代表"Pandas"。import 函数用来导入模块，as 用来指定别名。

Series 是一种类似于一维数组的对象，它由一组数据以及一组与之相关的数据标签（即索引）组成。其中索引可以为数字或字符串。Series 的表现形式为索引在左边，值在右边。如图 3-1 所示为一个简单的 Series。

下面我们通过各个案例来进一步认识 Series 对象。

案例 1：创建一个名为 p1 的 Series 对象

如果想创建一个 Series 对象，可以利用 pd.Series() 来创建，通过给 Series() 函数传入不同的对象即可实现。

如下代码为传入一个列表来创建 Series：

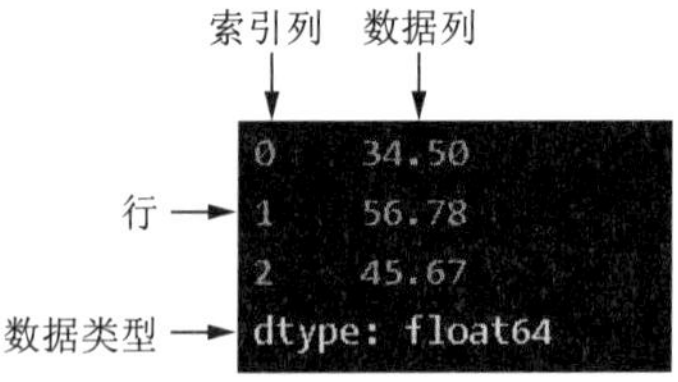

图 3-1　一个简单的 Series

```
>>> import pandas as pd
>>> p1=pd.Series(['a','b','c','d'])
>>>p1
0    a
1    b
2    c
3    d
dtype: object
```

如果只传入一个列表而不指定索引（数据标签），就会默认使用从 0 开始的数作为索引，上面的 0，1，2，3 就是默认的索引。

案例 2：创建指定索引的 Series 对象

上面提到若不指定索引，就会默认使用 0 开始的数字作为索引。如果我们通过 index 参数指定了索引，就会输出指定索引的 Series。

如下代码为创建 p2 对象时，通过 index 参数来指定索引：

```
>>> p2=pd.Series(['a','b','c','d'],index=['一','二','三','四'])
>>> p2
一    a
二    b
三    c
四    d
dtype: object
```

案例 3：通过字典创建 Series 的对象 p3

也可以将数据与索引以字典的形式传入，这样字典的键就是索引，值就是数据。如下代码为通过字典创建 Series 的对象 p3：

```
>>> p3=pd.Series({'a':'一','b':'二','c':'三','d':'四'})
>>> p3
一    a
二    b
三    c
四    d
dtype: object
```

案例 4：获取 Series 的对象 p2 的索引

如果想获取一组数据的索引，可以利用 index() 函数来获取。如下代码为获取 p2 对象的索引：

```
>>> p2.index
index(['一', '二', '三', '四'], dtype='object')
```

案例 5：获取 Series 的对象 p2 的值

可以单独获取索引，当然也可以单独获取一组数据的值，利用 values 函数来获取对象的值。如下代码为获取 p2 对象的值：

```
>>> p2.values
array(['a', 'b', 'c', 'd'], dtype=object)
```

3.2　Pandas 数据结构——DataFrame 对象实操

DataFrame 对象是 Pandas 模块中的一种数据结构，它能够与文件交互，并根据用户的需求对文件里的数据进行操作。下面本节将详细讲解 DataFrame 对象的使用与操作方法。

前面讲的 Series 是由一组数据与一组索引（行索引）组成，而下面要讲的 DataFrame 是由一组数据与一对索引（行索引与列索引）组成，如图 3-2 所示。DataFrame 数据是一个二维数据结构，数据以表格形式（与 Excel 类似）存储，有对应的行和列。

下面我们通过几个案例来进一步认识 DataFrame 对象。

图 3-2　一个简单的 DataFrame

案例 1：创建一个名为 df1 的 DataFrame 对象

如果想创建一个 DataFrame 对象，可以利用 pd.DataFrame () 来创建，通过给 DataFrame () 函数传入不同的对象即可实现。

如下代码为传入一个列表来创建 DataFrame：

```
>>> import pandas as pd
>>> df1=pd. DataFrame(['a','b','c','d'])
>>>df1
     0
0    a
1    b
2    c
3    d
dtype: object
```

如果只传入一个列表而不指定索引（数据标签），就会默认使用从 0 开始的数作为行索引和列索引。上述代码中的 0，1，2，3 就是默认的列索引；另一个 0 是默认的行索引。

案例 2：通过嵌套列表创建名为 df2 的 DataFrame 对象

如下代码为通过一个嵌套列表创建名为 df2 的 DataFrame 对象：

```
>>> df2=pd.DataFrame([['a','一'],['b','二'],['c','三'],['d','四']])
>>> df2
     0  1
0    a  一
1    b  二
2    c  三
3    d  四
```

当传入一个嵌套列表时，会根据嵌套列表数显示成多列数据，行、列索引同样是从 0 开始的默认索引。另外，列表里面嵌套的列表也可以换成元组。

案例 3：创建 df3 对象并指定行索引和列索引

如果在传入数据时，想指定行索引和列索引，可以通过 columns 定义列索引，通过 index 参数指定行索引。

如下代码为在创建 df3 对象时，通过 columns 参数来指定列索引：

```
>>> df3=pd.DataFrame([['a','一'],['b','二'],['c','三'],['d','四']],columns=['字母','数字'])
>>> df3
   字母 数字
0    a  一
1    b  二
2    c  三
3    d  四
```

如下代码为在创建 df4 对象时，通过 index 参数来指定行索引：

```
>>> df4=pd.DataFrame([['a','一'],['b','二'],['c','三'],['d','四']],index=[5,6,7,8])
```

```
>>> df4
   0  1
5  a  一
6  b  二
7  c  三
8  d  四
```

如下代码为在创建 df5 对象时，同时指定行索引和列索引：

```
>>> df5=pd.DataFrame([['a','一'],['b','二'],['c','三'],['d','四']],columns=[' 字
母 ',' 数字 '],index=[5,6,7,8])
>>> df5
   字母  数字
5  a   一
6  b   二
7  c   三
8  d   四
```

案例 4：通过字典创建名为 df6 的 DataFrame 对象

如下代码为先创建一个字典 data，再通过传入字典来创建一个名为 **df6** 的 DataFrame
对象：

```
>>> data={' 字母 ':['a','b','c','d'],' 数字 ':['一','二','三','四']}
>>> df6=pd.DataFrame(data)
>>> df6
   字母  数字
0  a   一
1  b   二
2  c   三
3  d   四
```

由上述代码可以看到，字典的键作为了列索引，字典的值作为了数据，行索引会默认为
从 0 开始的数字。传入字典时，也可以指定行索引，如下代码为在创建 df7 对象时指定了索引：

```
>>> data={' 字母 ':['a','b','c','d'],' 数字 ':['一','二','三','四']}
>>> df7=pd.DataFrame(data,index=[' 小明 ',' 小李 ',' 小米 ',' 小王 '])
>>> df7
     字母  数字
小明  a   一
小李  b   二
小米  c   三
小王  d   四
```

案例 5：获取 df7 对象的行索引和列索引

利用 columns 函数获取上一节创建的 df7 对象的列索引，代码如下：

```
>>> df7.columns
Index([' 字母 ', ' 数字 '], dtype='object')
```

利用 index() 函数获取上一节创建的 df7 对象的行索引，代码如下：

```
>>> df7.index
Index([' 小明 ', ' 小李 ', ' 小米 ', ' 小王 '], dtype='object')
```

3.3　获取数据源实操

下面通过案例的方式来讲解获取数据源的方法。

案例 1：导入 Excel 文件的数据

在 Python 中导入 Excel 工作簿的数据主要使用的是 read_excel() 函数。如下代码为导入
计算机中 E 盘下的"bank.xlsx"工作簿：

```
>>> import pandas as pd
>>> df=pd.read_excel(r'E:\bank.xlsx')                        # 读取数据
>>> df
        日期        凭证号        摘要        会计科目        金额
0    7月5日      现 -0001    购买办公用品      物资采购       250.00
1    7月8日      银 -0001     提取现金       银行存款      50,000.00
2    7月10日     现 -0002   陈江预支差旅费     应收账款       3,000.00
3    7月11日     银 -0002     提取现金       银行存款      60,000.00
4    7月11日     现 -0003   刘延预支差旅费     应收账款       2,000.00
5    7月14日     现 -0004    出售办公废品      现金          20.00
```

计算机中的文件路径默认使用 \，由于 Python 中也将 \ 用于换行等，因此需要在路径前面加 r（转义符），避免路径前面的 \ 被转义。如果不加转义符 r，就必须将 \ 改为 \\，或 /，代码如下：

```
df=pd.read_excel('E:\\bank.xlsx') 或 df=pd.read_excel('E:/bank.xlsx')
```

read_excel() 函数用来设置文件路径，它包括三个参数，见表 3-1。

表 3-1　read_excel() 函数的参数

参　　数	功　　能
sheet_name	用于指定工作表，可以是工作表名称，也可以是数字（默认为 0，即第一个工作表）
encoding	用于指定文件的编码方式，一般设置为 UTF-8 或 gbk，以避免在读取中文文件时出错，因此一般在读取中文文件时，须加入此参数（如 encoding='gbk'）
index_col	用于设置索引列

案例 2：导入 CSV 格式文件的数据

在 Python 中导入 CSV 格式的数据主要使用的是 read_csv() 函数。如下代码为导入计算机中 E 盘下"练习"文件夹中的"财务日记账 .csv"数据文件：

```
>>> import pandas as pd
>>> df=pd.read_csv('E:\\ 练习 \\ 财务日记账 .csv',encoding='gbk')        # 读取数据
>>> df
        日期        凭证号        摘要        会计科目        金额
0    7月5日      现 -0001    购买办公用品      物资采购       250.00
1    7月8日      银 -0001     提取现金       银行存款      50,000.00
2    7月10日     现 -0002   陈江预支差旅费     应收账款       3,000.00
3    7月11日     银 -0002     提取现金       银行存款      60,000.00
4    7月11日     现 -0003   刘延预支差旅费     应收账款       2,000.00
5    7月14日     现 -0004    出售办公废品      现金          20.00
```

其中，read_csv() 函数用来设置文件路径，它包括三个参数见表 3-2。

表 3-2　read_csv() 函数的参数

参　　数	功　　能
delimiter	用于指定 CSV 格式文件中数据的分隔符，默认为逗号
encoding	用于指定文件的编码方式，一般设置为 UTF-8 或 gbk，以避免在读取中文文件时出错，因此一般在读取中文文件时，须加入此参数（如 encoding='gbk'）
index_col	用于设置索引列

案例 3：将数据写入 Excel 文件

将数据写入 Excel 文件主要用 to_excel() 函数。如下代码为将数据写入 E 盘下的 bank.xlsx 工作簿：

```
>>> df.to_excel(excel_wrter='E:\\ 练习 \\ 财务日记账 .xlsx')
```

其中，to_excel() 函数的参数见表 3-3。

表 3-3　to_excel() 函数的参数

参　数	功　能
excel_writer	用于指定设置文件的路径
encoding	用于指定文件的编码方式，一般设置为 UTF-8 或 gbk，以避免读取中文文件时出错，因此一般读取中文文件时，加入此参数（如 encoding='gbk'）
index	用于指定是否写入行索引信息，默认为 True。若设置为 False，则忽略行索引信息
columns	用于指定要写入的列

案例 4：将数据写入 CSV 格式的文件

将数据写入 CSV 格式的文件中主要使用的是 to_csv() 函数。如下代码为将数据写入 E 盘的 bank.csv 文件中：

```
>>> df.to_csv(path_or_buf='E:\\ 练习 \\ 财务日记账 .csv')
```

其中，to_csv() 函数的参数见表 3-4。

表 3-4　to_csv() 函数的参数

参　数	功　能
path_to_buf	用于指定设置文件的路径
encoding	用于指定文件的编码方式，一般设置为 UTF-8 或 gbk，以避免在读取中文文件时出错，因此一般在读取中文文件时，须加入此参数（如 encoding='gbk'）
index	用于指定是否写入行索引信息，默认为 True；若设置为 False，则忽略行索引信息
columns	用于指定要写入的列
sep	用于指定要用的分隔符，常用的分隔符有逗号、空格、制表符和分号等

3.4　数据预处理实操

由于要分析的数据通常存在缺失、重复或异常等情形，而这些情况在数据分析时，会影响分析结果。因此在数据分析之前，要对数据的缺失值、重复值等进行预处理。在本节中将重点讲解如何预处理数据。

3.4.1　查看数据信息的方法

在将数据读取到 Python 后，我们先查看一下数据情况，如下代码为查看数据的方法：

```
>>> import pandas as pd
>>> df=pd.read_csv('E:\\ 练习 \\ 财务日记账 .csv',encoding='gbk')  #读取数据
>>> df.info()         #查看数据维度、列名称、数据格式、所占空间等
>>> df.shape          #查看数据行数和列数，返回行数列数元组，如（12,5）
>>> df.isnull()       #查看哪些值是缺失值，缺失值返回 True，不是返回 False
>>> df.columns        #查看列索引名称
>>> df. head()        #查看前 5 行数据
>>> df. tail ()       #查看后 5 行数据
```

3.4.2　数据缺失值处理方法（数据清理）

若要了解数据中是否有缺失值，可以用 df.isnull() 进行查看。如果有缺失，就会返回 True。在数据中有缺失值时，可以用如下的方法进行处理：

```
>>> import pandas as pd
>>> df=pd.read_csv('E:\\ 练习 \\ 财务日记账 .csv',encoding='gbk')     # 读取数据
>>> df.dropna()     # 删除含有缺失值的行，即只要某一行有缺失值就会把这一行删除
>>> df.dropna(how='all')          # 只删除整行都为缺失值的行
>>> df.fillna(0)                            # 将所有缺失值填充为 0，括号中为要填充的值
>>> df.fillna({' 会计科目 ': ' 现金 '})           # 只填充"会计科目"列缺失值，填充为"现金"
>>> df.fillna({' 会计科目 ': ' 现金 ', ' 凭证号 ': ' 现 -0001'})           # 对多列缺失值进行填充
```

3.4.3 数据重复值处理方法

数据中的重复数据会影响数据分析的结果，对于数据重复值的处理方法如下：

```
>>> import pandas as pd
>>> df=pd.read_csv('E:\\ 练习 \\ 财务日记账 .csv',encoding='gbk')             # 读取数据
>>> df.drop_duplicates()     # 对所有数据进行重复值进行判断，只保留重复的第一行。
>>> df.drop_duplicates(subset=' 会计科目 ')                       # 对指定的列进行去重复值。
>>> df.drop_duplicates(subset=[' 会计科目 ', ' 凭证号 '])        # 对指定的多列进行去重复值。
>>> df.drop_duplicates(subset=' 会计科目 ', keep=False)     # 把重复值全部删除。
```

在去重复值时，默认保留重复的第一行，若要保留重复的最后一行，则可以使用参数
"keep='last'"。

3.5　数据类型转换实操

在 Python 中主要有六种数据类型，见表 3-5。

表 3-5　Python 中的数据类型

类　　型	说　　明
int	整型数
float	浮点数，即含有小数点的数
object	Python 对象类型，用 O 表示
string	字符串类型，经常用 S 表示，如 S10 表示长度为 10 的字符串
unicode	固定长度的 unicode 类型，跟字符串定义方式一样
datetime64[ns]	表示时间格式

下面通过案例的方式来讲解数据类型转换的方法。

案例 1：查看 df 对象"年龄"列的数据类型

要想查看某一列的数据类型，可以结合 dtype() 函数来查看，代码如下：

```
>>> import pandas as pd
>>> df
   客户姓名   年龄   编号
0    小王      21    101
1    小李      31    102
2    小张      28    103
3    小韩      35    104
4    小米      41    105
>>> df[' 年龄 '].dtype                 # 查看数据类型
dtype('int64')                         # 整数型
```

案例 2：将"年龄"列数据类型转换为浮点数

不同数据类型的数据可以做的事情是不一样的，比如字符串类型不能进行各类运算。如

果数据在读取过程中读成了对象类型或字符串类型，要想进行运行，就必须先进行类型转换，将字符串类型转换为整数型或浮点型。

通常利用 astype() 函数来转换数据，如下代码为将 df 对象中的"年龄"列数据类型转换为浮点数：

```
>>> df['年龄'].dtype              # 查看数据类型
dtype('int64')                   # 整数型
>>> df['年龄'].astype('float64')  # 将数据类型转换为浮点型
0    21.0
1    31.0
2    28.0
3    35.0
4    41.0
Name: 年龄, dtype: float64
```

3.6　数据的选择和数据类型转换实操

下面通过案例的方式来讲解数据选择的方法。

案例 1：选择 df 对象中"会计科目"列的数据

在 Pandas 模块中，要想获取某列数据，只需在表 df 后面的方括号（[]）中指明要选择的列名即可。

如下代码为选择"财务日记账"数据中"会计科目"列的数据：

```
>>> import pandas as pd
>>> df=pd.read_csv('E:\\ 练习 \\ 财务日记账 .csv',encoding='gbk')   # 读取数据
>>> df['会计科目']                    # 选择"会计科目"列的数据
0    物资采购
1    银行存款
2    应收账款
3    银行存款
4    应收账款
5    现金
Name: 会计科目, dtype: object
```

案例 2：选择"会计科目"和"凭证号"两列的数据

如下代码为同时选择"财务日记账"数据中"会计科目"列和"凭证号"列的数据。

```
>>> import pandas as pd
>>> df=pd.read_csv('E:\\ 练习 \\ 财务日记账 .csv',encoding='gbk')    # 读取数据
>>> df[['会计科目', '凭证号']]        # 选择"会计科目"列和"凭证号"列的数据
会计科目    凭证号
0    物资采购    现 -0001
1    银行存款    银 -0001
2    应收账款    现 -0002
3    银行存款    银 -0002
4    应收账款    现 -0003
5    现金      现 -0004
```

案例 3：通过列号选择第一列和第三列的数据

在 Pandas 模块中，可以通过指定所选择的列的位置来选择，默认第一列为 0，第二列为 1。通过列的位置来选择列时，需要用到 iloc[] 函数。

如下代码为通过输入列号选择"财务日记账"数据中第一列和第三列的数据：

```
>>> import pandas as pd
>>> df=pd.read_csv('E:\\ 练习 \\ 财务日记账 .csv',encoding='gbk')    # 读取数据
>>> df.iloc[:,[0,2]]              # 选择第 1 列和第 3 列
```

```
        日期        摘要
0    7月5日     购买办公用品
1    7月8日      提取现金
2    7月10日    陈江预支差旅费
3    7月11日      提取现金
4    7月11日    刘延预支差旅费
5    7月14日     出售办公废品
```

在上述代码中,iloc 后的方括号中的逗号之前的部分表示要选择的行的位置,如果只输入一个冒号,就表示选择所有行。逗号之后的方括号表示要获取的列的位置。

如果想选择连续几列,就将列号间的逗号改为冒号即可。例如,df.iloc[:,0:2] 表示选择第一至第三列。

案例 4:选择 df 对象中行索引为"7月8日"的行数据

在 Pandas 模块中,要想获取某行数据,需要用到 loc[] 函数或 iloc[] 函数。

如下代码为通过行索引,选择"财务日记账"文件中行索引为"7月8日"的行数据:

```
>>> import pandas as pd
>>> df=pd.read_csv('E:\\ 练习 \\ 财务日记账 .csv',encoding='gbk' ,index_col=' 日期 ')
                            # 读取数据,并设置"日期"列为行索引
>>> df.loc['7月8日']          # 选择行索引为"7月8日"的行数据
凭证号          银 -0001
摘要          提取现金
会计科目        银行存款
金额        50,000.00
Name: 7月8日, dtype: object
```

案例 5:选择 df 对象中行索引为"7月8日"和"7月15日"两行数据

如下代码为通过行索引,选择"财务日记账"文件中行索引为"7月8日"和"7月15日"的行数据:

```
>>> import pandas as pd
>>> df=pd.read_csv('E:\\ 练习 \\ 财务日记账 .csv',encoding='gbk' ,index_col=' 日期 ')
                            # 读取数据,并设置"日期"列为行索引
>>> df.loc[['7月8日','7月15日']]    # 选择"7月8日"和"7月15日"的行数据
   日期      凭证号     摘要    会计科目      金额
7月8日     银 -0001  提取现金  银行存款   50,000.00
7月15日    银 -0003  提取现金  银行存款   20,000.00
```

案例 6:通过行号选择第一行和第三行的数据

选择数据时,可以通过指定所选择的行的位置来进行选择,默认第一行为0,第二行为1。

如下代码为通过行号选择"财务日记账"文件中的第一行的数据:

```
>>> import pandas as pd
>>> df=pd.read_csv('E:\\ 练习 \\ 财务日记账 .csv',encoding='gbk' ,index_col=' 日期 ')
                            # 读取数据,并设置"日期"列为行索引
>>> df.iloc[0]               # 选择第一行的数据
凭证号         现 -0001
摘要         购买办公用品
会计科目        物资采购
金额            250.00
Name: 7月5日, dtype: object
```

如下代码为"财务日记账"文件中的第一行和第三行的数据:

```
>>> import pandas as pd
>>> df=pd.read_csv('E:\\ 练习 \\ 财务日记账 .csv',encoding='gbk' ,index_col=' 日期 ')
                            # 读取数据,并设置"日期"列为行索引
>>> df.iloc[[0,2]]           # 选择第一行和第三行的数据
   日期      凭证号     摘要    会计科目      金额
```

```
7月5日    现-0001   购买办公用品   物资采购    250.00
7月10日   现-0002   陈江预支差旅费  应收账款  3,000.00
```

如果想选择连续的几行，就将行号间的逗号改为冒号即可。如 df.iloc[0:2] 表示选择第一至第三行的数据。

前面讲解了如何选择某一行、某一列或某几行、某几列，下面通过案例的方式来讲解如何选择满足条件的行列。

案例 7：选择 df 数据中"年龄"大于 30 岁或"客户姓名"为"小李"的行数据（按条件选择）

（1）如下代码为选择"年龄"大于 30 岁的行数据：

```
>>> import pandas as pd
>>> df
   客户姓名   年龄   编号
0   小王     21    101
1   小李     31    102
2   小张     28    103
3   小韩     35    104
4   小米     41    105
>>> df[df['年龄']>30]          # 选择"年龄"列大于 30 的行数据
   客户姓名   年龄   编号
1   小李     31    102
3   小韩     35    104
4   小米     41    105
```

（2）如下代码为选择"客户姓名"为"小李"的行数据：

```
>>> df[df['客户姓名']=='小李']
   客户姓名   年龄   编号
1   小李     31    102
```

案例 8：选择 df 数据中"年龄"大于 30 岁且小于 40 岁或"编号"小于 104 的行数据

上一个案例讲解了通过一个条件选择行数据，接下来讲解如何通过两个条件选择行数据。

（1）如下代码为选择 df 数据中"年龄"大于 30 岁且小于 40 岁的行数据：

```
>>> df[(df['年龄']>30) & (df['年龄']<40)]
   客户姓名   年龄   编号
1   小李     31    102
3   小韩     35    104
```

（2）如下代码为选择 df 数据中"年龄"大于 30 岁且"编号"小于 104 的行数据：

```
>>> df[(df['年龄']>30) & (df['编号']<104)]
   客户姓名   年龄   编号
1   小李     31    102
```

案例 9：选择 df 数据中满足多种条件的行数据和列数据

如下代码为选择 df 数据中满足"年龄"小于 30 岁且只要"姓名"和"编号"两列的数据：

```
>>> df[df['年龄']<30][['客户姓名','编号']]
   客户姓名   编号
0   小王     101
2   小张     103
```

也可以通过行号和列号来选择满足条件的行数据和列数据。如下代码为选择 df 数据中第一行和第三行且只要第一列和第三列的数据：

```
>>> df.iloc[[0,2],[0,2]]
   客户姓名   编号
0   小王     101
2   小张     103
```

在 Python 中，可以选取具体某一时间对应的数据，也可以选取某一段时间内的数据，在按日期选取数据时，要用到 datetime() 函数。此函数是 datetime 模块中的函数，因此在使用之前要调用 datetime 模块。

案例 10：选择 2021 年 3 月 1 日的所有行数据

如下代码为选择 df 数据中日期为 2020 年 3 月 1 日的行数据：

```
>>> import pandas as pd
>>>from datetime import datetime          # 导入 datetime 模块中的 datetime
>>> df
   注册日期      客户姓名   年龄    编号
0 2020-01-16   小王      21     101
1 2020-03-06   小李      28     102
2 2020-03-01   小张      28     103
3 2020-03-26   小韩      35     104
4 2020-04-13   小米      28     105
>>> df['注册日期'].dtype                    # 查看"注册日期"列类型是否为时间类型
dtype('<M8[ns]')
>>> df[df['注册日期']==datetime(2020,3,1)]   # 选择日期为 2020-3-1 的行数据
   注册日期      客户姓名   年龄    编号
2 2020-03-01   小张      28     103
```

如果"注册日期"列的数据类型不是时间类型，就需要先将数据格式转换为时间类型。

案例 11：选择 2021 年 3 月 1 日以后的所有行数据

上一案例中我们选择了某日的行数据，本案例将讲解如何选择一个时间点后的数据。如下代码为选择 df 数据中 2021 年 3 月 1 日以后的所有行数据：

```
>>> df[df['注册日期']>=datetime(2020,3,1)]
   注册日期      客户姓名   年龄    编号
2 2020-03-01   小张      28     103
3 2020-03-26   小韩      35     104
4 2020-04-13   小米      28     105
```

案例 12：选择 df 数据中一个时间段内的行数据

如果想选择某一时间段内的所有行数据，可以使用下面的方法：

```
>>> df[(df['注册日期']>=datetime(2020,3,1))&(df['注册日期']<datetime(2020,4,1))]
   注册日期      客户姓名   年龄    编号
2 2020-03-01   小张      28     103
3 2020-03-26   小韩      35     104
```

上面代码选择的是日期大于等于 2020 年 3 月 1 日，且小于 2020 年 4 月 1 日的所有行数据。

案例 13：将"日期"列数据类型由浮点数转换为时间类型

由于从数据文件导入数据后，有些数据的类型会发生变化，比如原先的日期可能导入数据后，变成了浮点数类型。而如果数据中的日期不是时间类型，而是其他类型（比如 float 类型），就不能用时间条件来选择数据。要想实现用时间条件来选择数据，就必须先将数据类型转换为时间类型。转换时间类型可以使用 pd.to_datetime() 函数。

如下代码为将 df 数据中的"日期"列数据类型转换为时间类型：

```
>>> df['日期']=pd.to_datetime(df['日期'])    # 将"日期"列数据类型转换为时间类型
```

3.7　数值排序实操

数值排序是按照具体数值的大小进行排序，有升序和降序两种。其中，升序就是数值由小到大进行的排列；降序是数值由大到小进行的排列（下面我们通过案例操作数值排序）。

按照某列进行排序，需要用到 sort_values() 函数，在函数的括号中指明要排序的列标题，以及是以升序排序还是以降序排序。

案例 1：按"编号"列对 df 数据进行升序排序

如下代码为对 df 数据中的"编号"列进行升序排序：

```
>>> import pandas as pd
>>> df
   客户姓名   年龄   编号
0   小王    21   101
1   小李    31   102
2   小张    28   103
3   小韩    35   104
4   小米    41   105
>>> df.sort_values(by=['编号'])         # 按"编号"列进行排序，默认为升序
   客户姓名   年龄   编号
0   小王    21   101
1   小李    31   102
2   小张    28   103
3   小韩    35   104
4   小米    41   105
```

上一节案例中讲解了如何进行升序排序，下面主要讲解如何进行降序排序。如果想按照降序进行排序，就要使用 ascending 参数。其中，ascending=False 表示按降序进行排序；ascending=True 表示按升序进行排序。

案例 2：按"编号"列对 df 数据进行降序排序

如下代码为对 df 数据中的"编号"列进行降序排序：

```
>>> df.sort_values(by=['编号'],ascending=False)    # 按"编号"列进行降序排列
   客户姓名   年龄   编号
4   小米    41   105
3   小韩    35   104
2   小张    28   103
1   小李    31   102
0   小王    21   101
```

在排序时，当排序的列有缺失值时，默认会将缺失值项排在最后面。如果想将缺失值项排在最前面，可以用参数 na_position 参数进行设置。如下代码为将缺失值项排在最前面：

```
df.sort_values(by=['编号'],na_position='first')
```

前面两个案例讲的是按某列数据进行排序的方法。下面主要讲解按索引列进行排序的方法。

案例 3：对 df 数据按索引列进行排序

如下代码为对 df 数据按索引进行升序排序：

```
>>> df.sort_index()                    # 按索引进行排序，默认为升序
   客户姓名   年龄   编号
0   小王    21   101
1   小李    31   102
2   小张    28   103
3   小韩    35   104
4   小米    41   105
```

案例 4：对 df 数据按"年龄"和"编号"多列进行排序

按照多列数值进行排序是指同时依据多列数据进行升序、降序排列。当第一列出现重复

值时，按照第二列进行排序；当第二列出现重复值时，按第三列进行排序。进行多列排序的方法如下：

```
>>> df.sort_values(by=['年龄','编号'],ascending=[False,True])
   客户姓名  年龄   编号
4    小米   41   105
3    小韩   35   104
1    小李   31   102
2    小张   28   103
0    小王   21   101
```

3.8 数值计数与唯一值获取实操

下面通过案例的方式进行讲解

数值计数就是指计算某个值在一系列数值中出现的次数。而唯一值的获取就是把某一系列值删除重复项以后的结果，一般可以将表中某一列认为是一系列值。

案例 1：对 df 数据中"年龄"列进行计数运算

Python 中数值计数主要使用 value_counts() 函数。如下代码为对 df 数据中"年龄"列进行计数运算：

```
>>> df
   客户姓名  年龄   编号
0    小王   21   101
1    小李   28   102
2    小张   28   103
3    小韩   35   104
4    小米   28   105
>>> df['年龄'].value_counts()              # 数值计数
28    3
35    1
21    1
Name: 年龄, dtype: int64
```

根据上述代码的统计结果显示，年龄为 28 岁的出现了 3 次，35 岁的出现了一次，年龄为 21 岁的出现了一次。value_counts() 函数还有一些参数，如 normalize=True 参数用来计算不同值的占比。

案例 2：获取 df 数据中"年龄"列的唯一值

在 Python 中唯一值可通过 unique() 函数来获取，如下代码为获取 df 数据中"年龄"列的唯一值：

```
>>> df
   客户姓名  年龄   编号
0    小王   21   101
1    小李   28   102
2    小张   28   103
3    小韩   35   104
4    小米   28   105
>>> df['年龄'].unique()
array([21, 28, 35], dtype=int64)
```

3.9 数据运算实操

数据的运算包括算术运算、比较运算、汇总运算、相关性运算等。

3.9.1　算术运算

算术运算就是基本的加减乘除，在 Python 中数值类型的任意两列可以直接进行加、减、乘、除运算。

案例 1：对"1 月销量"和"2 月销量"两列进行加法算术运算

如下代码为对"1 月销量"和"2 月销量"两列进行的加法算术运算：

```
>>> df
      1 月销量   2 月销量
部门 1    250      290
部门 2    280      260
部门 3    300      310
>>> df['1 月销量']+df['2 月销量']           # 两列进行加法运算
部门 1    540
部门 2    540
部门 3    610
dtype: int64
```

案例 2：对"1 月销量"列进行乘法算术运算

案例 1 讲解了加法运算，用同样的方法可以进行减法、乘法和除法运算。另外，还可以将某一列跟一个常数进行加减乘除运算。如下代码为对"1 月销量"列乘以 2 的算术运算：

```
>>> df['1 月销量']*2
部门 1    500
部门 2    560
部门 3    600
Name: 1 月销量 , dtype: int64
dtype: int64
```

3.9.2　比较运算

在 Python 中，列与列之间可以进行比较运算。

案例 3：对"1 月销量"和"2 月销量"两列进行比较运算

如下代码为对"1 月销量"和"2 月销量"两列进行的比较运算：

```
>>> df['1 月销量']>df['2 月销量']
部门 1    False
部门 2    True
部门 3    False
dtype: bool
```

3.9.3　汇总运算

汇总运算包括计数运算、求和运算、求平均值、求最大值、求最小值等。

1. 计数运算

非空值计算就是计算某一区域中非空单元格数值的个数。在 Python 中计算非空值，一般直接在整个数据表上调用 count() 函数即可返回每列的非空值电动个数。

案例 4：对 df 数据所有列进行计数运算（count）

如下代码为对 df 数据所有列进行非空值计数的运算：

```
>>> df
   客户姓名   年龄    编号
0   小王     21     101
1   小李     28     102
```

```
2      小张      28      103
3      小韩      35      104
4      小米      28      105
>>> df.count()                          # 求非空值个数
客户姓名      5
年龄          5
编号          5
dtype: int64
```

如果想求某一列的非空值计数，可以直接选择此列，然后再求非空值个数。如下代码为求"年龄"列的非空值个数：

```
>>> df['年龄'].count()                   # 对"年龄"列求非空值个数
5
```

上面求出来的每列的非空值都是 5。count() 函数默认求的是每一列的非空值个数，可以通过 axis 参数来求每一行的非空值个数。具体代码如下：

```
>>> df.count(axis=1)                    # 对各行求非空值个数
0      3
1      3
2      3
3      3
4      3
dtype: int64
```

如果相求某一行的非空值个数，同样先选择此行，然后直接用 count() 函数求即可。

2．求和运算

求和就是对某一区域中的所有数值进行加和操作。在 Python 中若直接使用 sum() 函数来求和，则返回的是每一列数值的求和结果。

案例 5：对 df 数据中各列进行求和运算（sum）

如下代码为对"1 月销售"和"2 月销售"列进行的求和运算：

```
>>> df
        1 月销量    2 月销量
部门 1    250         290
部门 2    280         260
部门 3    300         310
>>> df.sum()                            # 对各列进行求和
1 月销量    830
2 月销量    860
dtype: int64
```

如果想对某一列进行求和，先选择要求和的列，然后用 sum() 函数即可求和，代码如下：

```
>>> df['2 月销量'].sum()                  # 对"2 月销量"列进行求和
860
```

案例 6：对 df 数据中各行进行求和运算（sum）

如果在求和时使用 axis 参数，就可以对各行进行求和。如下代码为对 df 数据中各行进行的求和运算：

```
>>> df.sum(axis=1)                      # 对各行进行求和
部门 1    540
部门 2    540
部门 3    610
dtype: int64
```

3．求平均值

求平均值是针对某一区域中的所有值进行的求算术平均值运算。在 Python 中，直接使用 mean() 函数即可对数据求平均值。

案例 7：对 df 数据求平均值（mean）

代码如下：

```
>>> df.mean()                  # 对各列求均值
>>> df['2 月销量'].mean()      # 对 "2 月销量" 列进行求均值
>>> df.mean(axis=1)            # 对各行进行求均值
```

4．求最大值

求最大值就是比较一组数据中所有数值的大小，然后返回一个最大值。在 Python 中，使用 max() 函数即可直接求出最大值。

案例 8：对 df 数据求最大值（max）

代码如下：

```
>>> df.max()                   # 对各列求最大值
>>> df['2 月销量'].max()       # 对 "2 月销量" 列进行求最大值
>>> df.max(axis=1)             # 对各行进行求最大值
```

5．求最小值

求最小值就是比较一组数据中所有数值的大小，然后返回一个最小值。在 Python 中，使用 min() 函数即可直接求出最小值。

案例 9：对 df 数据求最小值（min）

代码如下：

```
>>> df.min()                   # 对各列求最小值
>>> df['2 月销量'].min()       # 对 "2 月销量" 列进行求最小值
>>> df.min(axis=1)             # 对各行进行求最小值
```

6．求中位数

中位数就是将一组含有 n 个数据的序列 X 按从小到大排列，位于中间位置的那个数。在 Python 中，可使用 median() 函数即可直接求出中位数。

案例 10：对 df 数据求中位数（median）

代码如下：

```
>>> df.median()                # 对各列求中位数
>>> df['2 月销量'].median()    # 对 "2 月销量" 列进行求中位数
>>> df.median(axis=1)          # 对各行进行求中位数
```

7．求众数

求众数就是求一组数据中出现次数最多的数，通常可以用众数来计算顾客的复购率。在 Python 中，使用 mode() 函数即可直接求出众数。

案例 11：对 df 数据求众数（mode）

代码如下：

```
>>> df.mode()                  # 对各列求众数
>>> df['2 月销量'].mode()      # 对 "2 月销量" 列进行求众数
>>> df.mode(axis=1)            # 对各行进行求众数
```

注意： 如果是求某一列的众数，那么返回的会是一个元组，如（0，280）。其中，0 为索引；280 为众数。

8．求方差

方差是用来衡量一组数据的离散程度，在 Python 中，使用 var() 函数即可直接求出方差。

案例 12：对 df 数据求方差（var）

代码如下：

```
>>> df.var()                # 对各列求方差
>>> df['2月销量'].var()      # 对"2月销量"列进行求方差
>>> df.var(axis=1)          # 对各行进行求方差
```

9．求标准差

标准差是方差的平方根，二者都是用来表示数据的离散程度的。在 Python 中，使用 std() 函数即可直接求出标准差。

案例 13：对 df 数据求标准差（std）

代码如下：

```
>>> df.std()                # 对各列求标准差
>>> df['2月销量'].std()      # 对"2月销量"列进行求标准差
>>> df.std(axis=1)          # 对各行进行求标准差
```

10．求分位数

分位数是比中位数更加详细的基于位置的指标，分位数主要有 1/4 分位数、2/4 分位数和 3/4 分位数。其中，2/4 分位数就是中位数。在 Python 中，使用 percentile() 函数即可直接求出分位数。

案例 14：对 df 数据求分位数（quantile）

代码如下：

```
>>> df. percentile (0.25)            # 求各列 1/4 分位数
>>> df. percentile (0.75)            # 求各列 3/4 分位数
>>> df['2月销量']. percentile (0.25)  # 对"2月销量"列进行求 1/4 分位数
>>> df. percentile (0.25, axis=1)    # 对各行进行求 1/4 分位数
```

3.9.4 相关性运算

相关性用来衡量两个事物之间的相关程度。通常用相关系数来衡量两者的相关程度，所以相关性计算其实就是计算相关系数。比较常用的是皮尔逊相关系数。

案例 15：对 df 数据进行相关性运算

在 Python 中，使用 correl() 函数即可直接求出相关系数，代码如下：

```
>>> df.correl()                          # 求整个表中各字段两两之间的相关性
>>> df['1月销量'].correl(df['2月销量'])   # 求"1月销量"列和"2月销量"列的相关系数
```

3.10 数据分组（分类汇总）实操

数据分组就是根据一个或多个键将数据分成若干组，然后对分组后的数据分别进行汇总计算，并将汇总计算后的结果进行合并。

在 Python 中，对数据分组利用的是 groupby() 函数。接下来对其进行详细讲解。

案例 1：按"店名"列进行分组并对所有列进行计数运算

按某一列对所有的列进行计数将会直接将某一列（如"店名"列）的列名传给 groupby()

函数，groupby() 函数就会按照这一列进行分组。

如下代码为将按"店名"列进行分组，然后对分组后的数据分别进行计数运算，最后进行合并：

```
>>> df
    店名    品种   数量   销售金额
0   1店    毛衣    10     1800
1   总店    西裤    23     2944
2   2店    休闲裤  45     5760
3   3店    西服    23     2944
4   2店    T恤    45     5760
5   1店    西裤    23     2944
>>> df.groupby('店名').count()          # 按"店名"列分组，并进行计数运算
        品种   数量   销售金额
店名
1店      2      2      2
2店      2      2      2
3店      1      1      1
总店      1      1      1
```

案例 2：按"店名"列进行分组并对所有列进行求和运算

如下代码为将按"店名"列进行分组，然后对分组后的数据分别进行求和运算，最后进行合并：

```
>>> df.groupby('店名').sum()
        数量   销售金额
店名
1店      33     4744
2店      90     11520
3店      23     2944
总店      23     2944
```

案例 3：按"店名"和"品种"多列进行分组并求和运算

如下代码为将按"店名"列和"品种"列进行分组，然后对分组后的数据分别进行求和运算，最后进行合并：

```
>>> df.groupby(['店名','品种']).sum()
            数量   销售金额
店名 品种
1店  毛衣    10     1800
    西裤    23     2944
2店  T恤    45     5760
    休闲裤  45     5760
3店  西服    23     2944
总店  西裤    23     2944
```

无论是按一列还是多列分组，只要在分组后的数据上进行汇总计算，就是对所有可以计算的列进行计算。

案例 4：按"店名"列进行分组并对指定的"数量"列求和运算

如下代码为将按"店名"列进行分组，然后对分组后的数据中的"数量"列进行求和运算汇总：

```
>>> df.groupby('店名')['数量'].sum()
店名
1店      33
2店      90
3店      23
总店      23
Name: 数量, dtype: int64
```

上述的代码分别对各个店的销售数量进行了求和汇总。

案例 5：按"店名"列进行分组并对所有列分别进行求和和计数运算

如果想按一列进行分组，然后分别对剩下的所有列进行求和和计数运算汇总，需要结合 aggregate() 函数进行，代码如下：

```
>>> df.groupby(' 店名 ').aggregate(['count','sum'])
       品种              数量          销售金额
    count sum       count  sum   count  sum
店名
1 店    2  毛衣西裤      2   33      2   4744
2 店    2  休闲裤 T 恤    2   90      2   11520
3 店    1  西服          1   23      1   2944
总店   1  西裤          1   23      1   2944
```

案例 6：按"店名"列进行分组并对"品种"和"销售金额"列分别进行不同的运算

如下代码为先按"店名"列进行分组，然后分别对"品种"列计数，对"销售金额"列求和运算汇总：

```
>>> df.groupby(' 店名 ').aggregate({' 品种 ':'count',' 销售金额 ':'sum'})
       品种     销售金额
店名
1 店    2       4744
2 店    2       11520
3 店    1       2944
总店   1       2944
```

案例 7：按"店名"列分组后重置索引

如下代码为经过分组前和分组后的数据形式：

```
>>> df                                 # 标准的 DataFrame 形式数据
     店名    品种    数量   销售金额
0   1 店    毛衣    10    1800
1   总店    西裤    23    2944
2   2 店    休闲裤  45    5760
3   3 店    西服    23    2944
>>> df.groupby(' 店名 ').sum()            # 非标准的 DataFrame 形式数据
     数量    销售金额
店名
1 店    33    4744
2 店    90    11520
3 店    23    2944
总店   23    2944
```

可以看出，分组后的 DataFrame 形式并不是标准的 DataFrame 形式，这样的非标准 DataFrame 形式数据会对后面进一步的数据分析造成影响。这时，就需要将非标准形式数据转换为标准的 DataFrame 数据。

要转换为标准的 DataFrame 形式的数据需要结合 reset_index() 函数来实现。代码如下：

```
>>> df.groupby(' 店名 ').sum().reset_index()
     店名    数量    销售金额
0   1 店    33    4744
1   2 店    90    11520
2   3 店    23    2944
3   总店    23    2944
```

3.11 数据拼接实操

在大多数情况下，用 Python 分析处理数据时，数据会分成多个文件来存放。因此在分析数据时，就需要将所有数据读成 DataFrame 形式数据，然后合并或者链接在一起来分析数据集。

在 Python 中用来拼接（连接）数据的函数主要有 merge() 函数、concat() 函数和 append() 函数等。接下来，通过案例进行详解。

这类似于关系型数据库的连接方式，即可以根据一个或多个键将不同的 DataFrame 连接起来。

案例 1：以"编号"公共列为连接键将 df1 和 df2 数据横向拼接

如果事先没有指定要按哪个列进行拼接，pd.merge() 函数会默认寻找两个表中的公共列，然后以这个公共列作为连接键进行连接。如下代码为两个准备拼接的数据：

```
>>> df1
   注册日期      客户姓名   年龄    编号
0  2020-01-16   小王     21    101
1  2020-03-06   小李     28    102
2  2020-03-01   小张     28    103
3  2020-03-26   小韩     35    104
4  2020-04-13   小米     28    105
>>> df2
   编号   部门
0  101   一部
1  102   二部
2  103   三部
3  104   四部
4  105   五部
```

上面两个 DataFrame 数据 df1 和 df2 中有一个公共的"编号"列，将它们拼接后，变为如下代码的数据：

```
>>> pd.merge(df1,df2)
   注册日期      客户姓名   年龄    编号    部门
0  2020-01-16   小王     21    101   一部
1  2020-03-06   小李     28    102   二部
2  2020-03-01   小张     28    103   三部
3  2020-03-26   小韩     35    104   四部
4  2020-04-13   小米     28    105   五部
```

案例 2：以"编号"和"客户姓名"为连接键将 df1 和 df3 数据横向拼接

merge() 函数允许在拼接时指定连接键（可以是一个或多个）。指定连接键可以用 on 参数来指定。如下代码为指定"编号"和"客户姓名"为连接键将两个数据拼接：

```
>>> df1
   注册日期      客户姓名   年龄    编号
0  2020-01-16   小王     21    101
1  2020-03-06   小李     28    102
2  2020-03-01   小张     28    103
3  2020-03-26   小韩     35    104
4  2020-04-13   小米     28    105
>>> df3
   客户姓名   编号    部门
0  小王     101   一部
1  小李     102   二部
2  小张     103   三部
3  小韩     104   四部
4  小米     105   五部
```

上述代码中，DataFrame 数据 df1 和 df3 中有两个公共的列——"编号"列和"客户姓名"列，将它们拼接后，变为如下代码的数据：

```
>>> pd.merge(df1,df3,on=['客户姓名','编号'])
     注册日期    客户姓名   年龄    编号   部门
0   2020-01-16    小王     21    101    一部
1   2020-03-06    小李     28    102    二部
2   2020-03-01    小张     28    103    三部
3   2020-03-26    小韩     35    104    四部
4   2020-04-13    小米     28    105    五部
```

案例 3："编号"列和"代号"列为左表右表连接键横向拼接 df1 和 df4

当两个数据表中没有公共列时，这里指的是实际值一样，但列标题不同。代码如下：

```
>>> df1
     注册日期    客户姓名   年龄    编号
0   2020-01-16    小王     21    101
1   2020-03-06    小李     28    102
2   2020-03-01    小张     28    103
3   2020-03-26    小韩     35    104
4   2020-04-13    小米     28    105
>>> df4
    代号   部门
0   101   一部
1   102   二部
2   103   三部
3   104   四部
4   105   五部
```

这时须分别指定左表和右表的连接键。指定时须使用参数 left_on（指明左表用做连接键的列名）和 right_on（指明右表用做连接键的列名）。代码如下：

```
>>> pd.merge(df1,df4,left_on='编号',right_on='代号')
     注册日期    客户姓名   年龄    编号   代号   部门
0   2020-01-16    小王     21    101    101    一部
1   2020-03-06    小李     28    102    102    二部
2   2020-03-01    小张     28    103    103    三部
3   2020-03-26    小韩     35    104    104    四部
4   2020-04-13    小米     28    105    105    五部
```

案例 4：在横向拼接时出现重复列名的处理方法

当两个数据表进行连接时，经常会遇到列名重复的情况。在遇到列名重复时（但列中的值不同），merge() 方法会自动给这些重复列名添加后缀 _x、_y，而且会根据表中已有的列名自行调整。代码如下：

```
>>> df1
     注册日期    客户姓名   年龄    编号
0   2020-01-16    小王     21    101
1   2020-03-06    小李     28    102
2   2020-03-01    小张     28    103
3   2020-03-26    小韩     35    104
4   2020-04-13    小米     28    105
>>> df5
   客户姓名   编号   部门
0    小王     101   一部
1    小李     102   二部
2    小张     103   三部
3    小米     105   五部
4    小豆     106   六部
>>> pd.merge(df1,df5,on='编号',how='inner')    #重复列名处理
     注册日期    客户姓名_x  年龄    编号   客户姓名_y   部门
0  2020-01-16    小王       21    101    小王        一部
1  2020-03-06    小李       28    102    小李        二部
2  2020-03-01    小张       28    103    小张        三部
3  2020-04-13    小米       28    105    小米        五部
```

使用不同的参数会实现不同的功能，merge() 函数有 12 个参数，见表 3-6。

表 3-6　merge() 函数的参数

参　　数	功　　能
left	在左边的 DataFrame 形式数据
right	在右边的 DataFrame 形式数据
how	连接方式，有 inner、left、right、outer，默认为 inner
on	指的是用于连接的列索引名称，必须存在于左右两个 DataFrame 中，如果没有指定且其他参数也没有指定，就以两个 DataFrame 列名的交集作为连接键
left_on	左侧 DataFrame 中用于连接键的列名，这个参数左右列名不同但代表的含义相同时非常的有用
right_on	右侧 DataFrame 中用于连接键的列名
left_index	使用左侧 DataFrame 中的行索引作为连接键
right_index	使用右侧 DataFrame 中的行索引作为连接键
sort	默认为 True，将合并的数据进行排序，设置为 False 可以提高性能
suffixes	字符串值组成的元组，用于指定当左右 DataFrame 存在相同列名时在列名后面附加的后缀名称，默认为 ('_x', '_y')
copy	默认为 True，总是将数据复制到数据结构中，设置为 False 可以提高性能
indicator	显示合并数据中数据的来源情况

数据的纵向拼接与横向拼接是相对应的，横向拼接是两个数据表依据公共列在水平方向上进行拼接，而纵向拼接是在垂直方向进行拼接。一般几个结构相同的数据表合并成一个数据表时，用纵向拼接。

案例 5：将 df1 和 df2 数据进行纵向拼接

如下代码为两个结构相同的数据表：

```
>>> df1
   客户姓名  编号  部门
0   小王    101   一部
1   小李    102   二部
2   小张    103   三部
3   小韩    104   四部
4   小米    105   五部
>>> df2
   客户姓名  编号  部门
0   小豆    106   一部
1   小球    107   二部
```

如下代码为两个数据表的纵向拼接：

```
>>> pd.concat([df1,df2])          # 数据纵向拼接
   客户姓名  编号  部门
0   小王    101   一部
1   小李    102   二部
2   小张    103   三部
3   小韩    104   四部
4   小米    105   五部
0   小豆    106   一部
1   小球    107   二部
```

上面拼接后的新数据表中，索引还是用的原先的索引，如果想用新的索引，就在数据拼接函数中加入 ignore_index=True 参数，即可用新的索引替换原先的索引。

对于拼接后的新数据表中，如果出现重复值，可以使用参数 drop_duplicates() 将重复值删除。

使用不同的参数会实现不同的功能。concat() 函数有 10 个参数，见表 3-7。

concat() 函数的参数很多，其语法格式为：

concat(objs, axis=0, join='outer', join_axes=None,ignore_index=False,keys=None,
levels=None,names=None,verify_integrity=False, copy=True)

表 3-7　concat() 函数的参数功能

参　　数	功　　能
objs	要拼接的数据对象
axis	拼接时所依据的轴。如果 axis =0，就沿行拼接；如果 axis =1，就沿列拼接
join	默认为 outer。如何处理其他上的索引，那么 outer 为联合，inner 为交集
join_axes	index 对象列表。用于其他 *n*−1 轴的特定索引，而不是执行内部 / 外部设置逻辑
ignore_index	默认为 False，使用轴上的索引。如果为 True，就忽略原有索引，并生成新的数字序列索引
keys	序列，默认值为 None（无）。使用传递的键作为最外层构建层次索引，如果为多索引，应该使用元组
levels	序列列表，默认值为 None（无）。用于构建唯一值
names	用于创建分层级别的名称，默认值为 None（无）
verify_integrity	默认值为 False。检查新连接的轴是否包含重复项
copy	默认值为 True。如果为 False，就不执行非必要的数据复制

案例 6：使用 append() 函数实现 df1 和 df2 数据的纵向拼接

append() 函数可以看成 concat() 函数的简化版，运行效果与 pd.concat() 类似，实现的也是纵向拼接。如下代码为使用 append() 函数实现的拼接：

```
>>> df1
  客户姓名  编号  部门
0   小王   101   一部
1   小李   102   二部
2   小张   103   三部
3   小韩   104   四部
4   小米   105   五部
>>> df2
  客户姓名  编号  部门
0   小豆   106   一部
1   小球   107   二部
>>> df3=df1.append(df2)          # 使用 append() 函数拼接数据表，并存在 df3 中
>>> df3
  客户姓名  编号  部门
0   小王   101   一部
1   小李   102   二部
2   小张   103   三部
3   小韩   104   四部
4   小米   105   五部
0   小豆   106   一部
1   小球   107   二部
```

此函数还可以实现向数据表中新增元素。拼接后，索引还是用的原先的索引，如果想用新的索引，就在append()函数中加入ignore_index=True参数，即可用新的索引替换原先的索引。

第 4 章

xlwings 模块在 Excel 中的用法详解

> xlwings 是一款操作 Excel 程序的 Python 模块，它可以很容易地从 Excel 调用 Python，也可从 Python 中调用 Excel 数据。xlwings 模块有很好的读 / 写性能，可以在程序运行时实时在打开的 Excel 文件中进行操作。与学习其他 Python 模块一样，在使用 xlwings 模块之前，需要先掌握此模块的基本用法。本章将深入浅出地讲解 xlwings 模块操作 Excel 工作簿的基本语法，如启动 Excel 程序，打开及新建工作簿、工作表、选择单元格、读取工作表中的数据、向工作表写入数据、打印工作簿等基本操作语法。

xlwings 模块能够非常方便地读/写 Excel 工作簿中的数据，并且能够进行单元格格式的修改，还可以和 matplotlib 模块、Pandas 模块非常好地配合使用，调用 Excel 文件中 VBA 写好的程序。总之，它是 Python 操作 Excel 工作簿非常好用的模块。下面重点讲解一下 xlwings 模块的常用操作。

4.1 打开/退出 Excel 程序

在使用 xlwings 模块之前要在程序最前面写上下面的代码来导入 xlwings 模块，否则无法使用 xlwings 模块中的函数：

```
import xlwings as xw
```

上述代码的意思是导入 xlwings 模块，并指定模块的别名为"xw"，即在下面的编程中"xw"就代表"xlwings"。

1. 打开 Excel 程序

在对 Excel 工作簿进行操作前，需要用以下代码先启动 Excel 程序：

```
app = xw.App(visible = True, add_book = False)
```

其中，参数 visible 用来设置 Excel 程序窗口是否可见：如果为 True，表示可见；如果为 False，表示隐藏 Excel 程序窗口。add_book 参数用来设置启动 Excel 程序后，是否新建工作簿：False 表示不新建工作簿；True 表示新建工作簿。

2. 退出 Excel 程序

在对 Excel 工作簿的操作完成后，用如下代码可退出 Excel：

```
app.quit()
```

4.2 操作 Excel 工作簿

这一节介绍对 Excel 工作簿的基本操作。

1. 生成一个新工作簿

新建一个工作簿的代码如下：

```
wb = app.books.add()
```

其中，wb 为一个变量，用来保存新工作簿。变量的名称可以根据自己的需要来起名。

2. 保存新工作簿

新建工作簿后，可以给新工作簿起个名称，然后保存新工作簿，代码如下：

```
wb.save('E:\\ 测试 .xlsx')
```

注意：文件名需要写明路径，另外需用双斜杠。如果使用单斜杠，就需要在路径前面加 r（转义符），如 wb.save(r'E:\ 测试 .xlsx')。

3. 打开已存在的工作簿

打开已存在的工作簿时，需要写明工作簿文件的路径，代码如下：

```
wb = app.books.open(E:\\ 测试 .xlsx')
```

4. 保存已存在的工作簿

保存已存在的工作簿的方法如下：

```
wb.save()
```

5. 关闭打开 / 新建的工作簿

关闭打开或新建的工作簿的方法如下：

```
wb.close()
```

4.3 操作工作簿中的工作表

这一节介绍对工作簿中的工作表的基本操作。

1. 插入新工作表

在打开的工作簿中新插入一个工作表，工作表名为"销量"。其代码如下：

```
sht = wb.sheets.add(' 销量 ')
```

注意：代码中的 wb 为之前打开工作簿或新建工作簿时的变量名称。

2. 选中（打开）已存在的工作表

如果想在打开的工作簿中对已存在的"销量"工作表进行操作，就需要先选中此工作表。

```
sht = wb.sheets(' 销量 ')
```

3. 选中（打开）第 1 个工作表

如果想对打开的工作簿中的第一个工作表进行操作，直接选中第一个工作表即可。注意：0 表示第一个工作表，1 表示第二个工作表。

```
sht = wb.sheets[0]
```

4. 获取工作簿中工作表的个数

要想了解打开的工作簿中有几个工作表，可直接对工作表数量进行计数。

```
sht = wb.sheets.count
```

5．删除工作表

如果想删除打开的工作簿中名称为"销量"的工作表，就需要使用 delete() 函数。

```
wb.sheets(' 销量 ').delete()
```

4.4　读取工作表中的数据

这一节介绍读取工作表中数据的方法。

1．单元格数据读取

要读取某个单元格的数据时，需要将单元格坐标写在参数中。

```
data=sht.range('A1').value
```

2．读取多个单元格区域的数据

如果想读取多个单元格区域中的数据，就需将单元格区域坐标写在参数中。

```
data=sht.range('A1:B8').value          # 读取 A1:B8 单元格区域中的数据
data=sht.range('A1:F1').value          # 读取 A1:F1 单元格区域中的数据
```

3．读取整行的数据

如果想读取某行表格中的数据，如读取第 1 行的数据，代码如下：

```
data=sht.range('A1').expand('right').value    # 读取 A1 单元格所在行的行数据
data=sht.range('2:2').value                   # 读取第 2 行整行的行数据
```

其中，expand() 函数的作用是扩展选择范围。其有 table、right 和 down 三个参数。参数"table"表示向整个表扩展；"right"表示向表的右方扩展；"down"表示向表的下方扩展。

4．读取整列的数据

以读取第 B 列数据为例，代码如下：

```
data=sht.range('A1').expand('down').value     # 读取 A1 单元格所在行的行数据
data=sht.range('B:B').value                   # 读取第 B 列整列的列数据
```

如果换为"range('B:D')"，就表示 B 列到 D 列。

5．读全部表格的数据

读取全部表格中的数据的方法如下：

```
data=sht.range('A1').expand('table').value    # 读取 A1 单元格所在行的行数据
```

4.5　向工作表中写入数据

我们先建立一个数据的列表 data，然后将列表中的数据写入工作表。例如，data = [' 北京 ', ' 上海 ',' 广州 ',' 深圳 ',' 香港 ',' 澳门 ']。

1．向单个单元格写入数据

向单个单元格写入数据的方法如下：

```
sht.range('A1').value=' 销售金额 '
```

2．向多个单元格横向写入数据

向多个单元格横向写入数据的方法如下：

```
sht.range('A2').value=data
sht.range('A2').value= [' 北京 ', ' 上海 ', ' 广州 ', ' 深圳 ', ' 香港 ', ' 澳门 ']
```

3．向多个单元格纵向写入数据

向多个单元格纵向写入数据的方法如下：

```
sht.range('A2') .options(transpose=True).value=data
sht.range('A2') .options(transpose=True).value= ['北京','上海','广州','深圳','香港','澳门']
```

上述代码中的 options(transpose=True) 是设置选项，其参数 transpose=True 表示是转换位置。

4．向范围内多个单元格写入数据

向范围内多个单元格写入数据的方法如下：

```
sht.range('A1') .options(expand='table').value=[[1,2,3], [4,5,6]]
```

5．向单元格写入公式

以向 B2 单元格写入求和公式：SUM(A1,A2) 为例，向单元格中写入公式的方法如下：

```
sht.range('B2').formula='=SUM(A1:A8)'
```

4.6 删除工作表中的数据

删除工作表中的数据主要涉及删除指定单元格中的数据和删除工作表中的全部数据，下面分别进行介绍。

1．删除指定单元格中的数据

删除指定单元格中的数据的方法如下：

```
sht.range('A1') .clear()
```

2．删除工作表中的全部数据

删除工作表中的全部数据的方法如下：

```
sht.clear()
```

4.7 获取工作表数据区行数和列数

这一节将介绍获取工作表数据区行数和列数的具体方法。

1．获取工作表数据区行数

获取工作表数据区行数的方法如下：

```
sht.used_range.last_cell.row
```

2．获取工作表数据区列数

获取工作表数据区列数的方法如下：

```
sht.used_range.last_cell. column
```

如果想把列数转换为表格中的字母，可以使用 chr() 函数将整数转换为对应的字符（根据 ASCII 码表转换）。例如，chr(34+ 列数)，比如第 1 列，为 chr(64+1)，转换为字符后为 A。

4.8　打印工作表

打印工作表包括打印工作簿中所有的工作表和打印工作簿中指定的工作表，下面分别进行介绍。

1. 打印工作簿中的所有工作表

打印工作簿中所有工作表的方法如下：

```
wb.api.PointOut()
```

2. 打印工作簿中的指定工作表

打印工作簿中"1 月销量"工作表的方法如下：

```
wb.sheets['1 月销量 '].api.PointOut()
```

第5章

批量操作 Excel 文件实战案例

前面章节学习了 Python 的基本语法、Pandas 模块以及 xlwings 模块的基本用法，本章将通过实战案例来讲解用 Python 处理实际问题的方法。主要讲解批量新建及打开 Excel 文件，批量修改名称、批量新建及删除工作表，批量复制工作表数据，批量排版，批量合并工作表，批量拆分工作表，批量打印等实战案例。

5.1　批量新建和打开 Excel 工作簿文件

案例 1：批量新建 Excel 工作簿文件

批量新建 10 个工作簿，命名为财务 1、财务 2 等，并将新建的工作簿保存在 E 盘的"财务"文件夹中。

批量新建 Excel 工作簿文件的程序代码如下：

```
01  import xlwings as xw                         # 导入 xlwings 模块
02  app=xw.App(visible=True,add_book=False)      # 启动 Excel 程序
03  for i in range(1,11):
04      wb=app.books.add()                       # 新建工作簿
05      wb.save(f'E:\\ 财务 \\ 财务 {i}.xlsx')    # 保存工作簿
06      wb.close()                               # 关闭工作簿
07  app.quit()                                   # 退出 Excel 程序
```

第 01 行代码：导入 xlwings 模块，并指定模块的别名为"xw"，即在程序中，"xw"就代表"xlwings"；在 Python 中导入模块要使用 import 函数；"as"用来指定模块的别名。

第 02 行代码：启动 Excel 程序，并把程序存储在"app"变量中。这里小写的"app"是新定义的变量，用来存储打开的 Excel 程序，在 Python 中，一般在使用变量时直接定义即可，而不用提前定义。"xw"指的是 xlwings 模块，大写 A 开头的"App"是 xlwings 模块中的方法（即函数），用来启动 Excel 程序的。它右侧括号中的内容为其参数，用来设置启动的 Excel 程序。其中，参数"visible"用来设置启动的 Excel 程序是否可见，如果设置为 True 就表示可见（默认）；若设置为 False，则不可见。参数"add_book"用来设置启动 Excel 时，是否自动创建新工作簿，若设置为 True，则表示自动创建（默认），若为 False，则表示不创建。

第 03~06 行代码为一个 for 循环语句。

第 03 行代码中的"for...in"为 for 循环，"i"为循环变量，range() 函数用于生产一系列连续的整数。"range(1,11)"函数参数中，第一个参数"1"为起始数（默认起始数为 0），第二个数"11"为结束数。由于 range() 函数在运行时，会生成从起始数到结束数的一系列数，

但不包括结束数。因此此代码中就会生成 1~10 的十个整数，不包括 11。

for 循环运行时，会遍历 range() 函数生成的整数列表，本例中为列表 [1,2,3,4,5,6,7,8,9,10]。当第一次 for 循环时，for 循环会访问列表中的第一个元素"1"，并将"1"存在"i"循环变量中，然后运行 for 循环中的缩进部分代码（循环体部分），即第 04~06 行代码；执行完后，返回执行第 03 行代码，开始第二次 for 循环，访问列表中的第二个元素"2"，并将"2"存在"i"循环变量中，然后运行 for 循环中的缩进部分代码，即第 04~06 行代码；就这样一直反复循环直到最后一次循环完成后，跳出 for 循环，执行第 07 行代码。

第 04 行代码：新建一个工作簿。代码中，"wb"为定义的新变量，用来存储新建的工作簿；"app"为启动的 Excel 程序，"books.add()"方法用来新建一个工作簿（这里的"方法"也就是"函数"）。

第 05 行代码：将新建的工作簿保存。代码中，"wb"是指新建的工作簿；"save()"方法用来保存工作簿，其参数"f'E:\\ 财务 \\ 财务 {i}.xlsx'"用来设置所保存工作簿的名称。

"E:\\ 财务"是新建工作簿的保存路径，表示 E 盘中的"财务"文件夹。"财务 {i}.xlsx"为工作簿的文件名，可以根据实际需求更改。其中的"财务"和".xlsx"是文件名中的固定部分，而"{i}"则是可变部分，运行时会被替换为 i 的实际值。第一次 for 循环时，i 的值为"1"，因此文件名就为"财务 1.xlsx"；最后一次循环时为 10，文件名就为"财务 10.xlsx"。

"f"的作用是将不同类型的数据拼接成字符串。即以 f 开头时，支持字符串中大括号内的数据无须转换数据类型，就能被拼接成字符串。

第 06 行代码：关闭新建的工作簿。

第 07 行代码：退出 Excel 程序。

运行的效果如图 5-1 所示。

图 5-1　案例 1 程序运行效果

零基础代码套用：

（1）修改案例中第 03 行代码"range(1,11)"的第二个参数"11"，就可以修改新建工作簿文件的数量（若修改为"16"，则可以新建 15 个工作簿）。

（2）将案例中第 05 行代码中的"E:\\ 财务 \\ 财务 {i}.xlsx"修改为其他路径及名称，可更换新建工作簿文件的路径及名称。如修改为"E:\\ 日记账 {i}.xlsx"，将在 E 盘中新建名称为"日记账"的工作簿文件。

案例 2：批量新建不同名称的 Excel 工作簿文件

案例 1 中新建的 Excel 工作簿使用了有规律的文件名称，下面我们使用用户姓名作为工作簿的名称来新建 Excel 工作簿。

批量新建不同名称的 Excel 工作簿文件的程序代码如下：

```
01  import xlwings as xw                              # 导入 xlwings 模块
02  names=[' 张三 ',' 李小四 ',' 王大明 ',' 张鹏 ',' 何晓 ']   # 新建 names 列表
03  app=xw.App(visible=True,add_book=False)          # 启动 Excel 程序
04  for i in range(5):
05      wb=app.books.add()                           # 新建工作簿
06      wb.save(f'E:\\ 财务 \\{names[i]}.xlsx')        # 保存工作簿
07      wb.close()                                   # 关闭工作簿
08  app.quit()                                       # 退出 Excel 程序
```

第 01 行代码：导入 xlwings 模块，并指定模块的别名为"xw"，即在程序中，"xw"就代表"xlwings"。

第 02 行代码：新建一个列表 names，保存用户姓名。

第 03 行代码：启动 Excel 程序，并把程序存储在"app"变量中。这里小写的"app"是新定义的变量，用来存储打开的 Excel 程序，在 Python 中，一般在使用变量时直接定义即可，而不用提前定义。"xw"指的是 xlwings 模块，大写 A 开头的"App"是 xlwings 模块中的方法（即函数），用来启动 Excel 程序。它右侧括号中的内容为其参数，用来设置启动的 Excel 程序。其中，参数"visible"用来设置启动的 Excel 程序是否可见，若设置为 True，则表示可见（默认），为为 False，则不可见。参数"add_book"用来设置启动 Excel 时，是否自动创建新工作簿，如果设置为 True，就表示自动创建（默认），如果为 False，就表示不创建。

第 04~07 行代码为一个 for 循环语句。

第 04 行代码中的"for...in"为 for 循环，"i"为循环变量，range() 函数用于生产一系列连续的整数。"range(5)"函数中"5"为参数，如果只有一个参数时，此参数为结束数。即"range(5)"运行时，会生成从 0~4 的五个整数的列表，即 [0,1,2,3,4]。

当第一次 for 循环时，for 循环会访问列表中的第一个元素"0"，并将"0"存在"i"循环变量中，然后运行 for 循环中的缩进部分代码（循环体部分），即第 05~07 行代码；执行完后，返回执行第 04 行代码，开始第二次 for 循环，访问列表中的第二个元素"1"，并将"1"存在"i"循环变量中，然后运行 for 循环中的缩进部分代码，即第 05~07 行代码；就这样一直反复循环直到最后一次循环完成后，跳出 for 循环，执行第 08 行代码。

第 05 行代码：新建一个工作簿。"wb"为定义的新变量，用来存储新建的工作簿；"app"为启动的 Excel 程序，"books.add()"方法用来新建一个工作簿。

第 06 行代码：将新建的工作簿保存。"wb"是指新建的工作簿；"save()"方法用来保存工作簿，其参数"f'E:\\ 财务 \\{names[i]}.xlsx'"用来设置所保存工作簿的名称。其中，"{names[i]}.xlsx"为工作簿的文件名，可以根据实际需求更改。其中的".xlsx"是文件名中的固定部分，而"{names[i]}"则是可变部分，运行时会被替换为"i"中存储的值，然后从列表 names 中取出列表元素。第一次 for 循环时"i"的值为 0，则 names[0] 就表示从 names

列表中取第一个元素，即"张三"，因此文件名就为"张三.xlsx"；最后一次循环时"i"
的值为"4"，就从列表中取出第五个元素，文件名就为"何晓.xlsx"。

第 07 行代码：关闭新建的工作簿。

第 08 行代码：退出 Excel 程序。

运行的效果如图 5-2 所示。

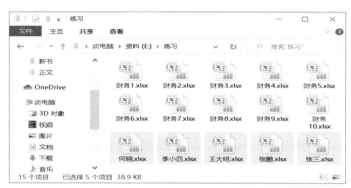

图 5-2　案例 2 程序运行效果

零基础代码套用：

（1）修改案例中第 02 行代码中的"['张三','李小四','王大明','张鹏','何晓']"列表的元素，
可以修改新建工作簿的名称。

（2）修改案例中第 04 行代码"range(5)"的参数"5"，可以修改新建工作簿文件的数
量，数字要修改为和第 02 行代码中列表元素数量一致。如果列表中有 10 个元素，就修改为
"range(10)"。

（3）将案例中第 06 行代码中的"E:\\ 财务"修改为其他路径及文件夹名称，可更换新
建工作簿文件保存的位置及名称。

案例 3：批量打开文件夹中所有 Excel 工作簿文件

批量打开之前实例中在 E 盘"财务"文件夹中新建的 15 个工作簿。

批量打开"财务"文件夹中所有 Excel 工作簿文件的程序代码如下：

```
01  import os                              # 导入 OS 模块
02  import xlwings as xw                   # 导入 xlwings 模块
03  file_path='E:\\ 财务'                   # 指定文件所在文件夹的路径
04  file_list=os.listdir(file_path)        # 提取所有文件和文件夹的名称
05  app=xw.App(visible=True,add_book=False) # 启动 Excel 程序
06  for i in file_list:                    # 遍历列表 file_list 中的元素
07      if os.path.splitext(i)[1]=='.xlsx': # 判断文件夹下是否有".xlsx"文件
08          app.books.open(file_path+'\\'+i) # 打开".xlsx"文件
```

第 01 行代码：导入 OS 模块。

第 02 行代码：导入 xlwings 模块，并指定模块的别名为"xw"，即在程序中"xw"就
代表"xlwings"。

第 03 行代码：指定文件所在文件夹的路径。"file_path"为新定义的变量，用来存储路
径；"="右侧为要处理的文件夹的路径。注意，为了避免使用单反斜杠产生歧义（单反斜
杠有换行的功能），路径中用了双反斜杠，也可以用转义符 r，如果在 E 前面用了转义符 r，
就可表示为 r'E:\ 财务 '。

第 04 行代码：是将路径下所有文件和文件夹的名称以列表的形式存在"file_list"列表中。"file_list"为新定义的变量，用来存储返回的名称列表； os 表示 OS 模块；"listdir()"为 OS 模块中的函数，此函数用于返回指定的文件夹包含的文件或文件夹的名字的列表，括号中为此函数的参数，即要处理的文件夹的路径。如图 5-3 所示为程序执行后"file_list"列表中存储的数据（注意：这个列表不包括文件夹中的"."和".."。）。

['何晓.xlsx', '张三.xlsx', '张鹏.xlsx', '李小四.xlsx', '王大明.xlsx', '财务1.xlsx', '财务10.xlsx', '财务2.xlsx', '财务3.xlsx', '财务4.xlsx', '财务5.xlsx', '财务6.xlsx', '财务7.xlsx', '财务8.xlsx', '财务9.xlsx']

图 5-3 程序执行后"file_list"列表中存储的数据

第 05 行代码：启动 Excel 程序，并把程序存储在"app"变量中。这里小写的"app"是新定义的变量，用来存储打开的 Excel 程序。在 Python 中，一般在使用变量时直接定义即可，而不用提前定义。"xw"指的是 Xlwings 模块，大写 A 开头的"App"是 xlwings 模块中的方法（即函数），用来启动 Excel 程序。它右侧括号中的内容为其参数，用来设置启动的 Excel 程序。参数"visible"用来设置启动的 Excel 程序是否可见，如果设置为 True，就表示可见（默认），如果为 False，就表示不可见。参数"add_book"用来设置启动 Excel 时，是否自动创建新工作簿，如果设置为 True，就表示自动创建（默认）；如果为 False，就表示不创建。

第 06~08 行代码为一个 for 循环语句，用来遍历列表"file_list"中的元素，并在每次循环时将遍历的元素存储在"i"循环变量中。

第 06 行代码中的"for...in"为 for 循环，"i"为循环变量，第 07~08 行缩进部分代码为循环体。当第一次 for 循环时，for 循环会访问"file_list"列表中的第一个元素"何晓.xlsx"，并将其存在"i"循环变量中，然后运行 for 循环中的缩进部分代码（循环体部分），即第 07~ 第 08 行代码；执行完后，返回执行第 06 行代码，开始第二次 for 循环，访问列表中的第二个元素"张三.xlsx"，并将其存在"i"循环变量中，然后运行 for 循环中的缩进部分代码，即第 07~ 第 08 行代码；就这样一直反复循环直到最后一次循环完成后，结束 for 循环。

第 07 行代码：用 if 条件语句判断"i"中存储的文件名是否有为".xlsx"格式文件。其中，"os.path.splitext(i)[1]=='.xlsx'"为 if 语句的条件，即判断"i"中存储的文件的扩展名是否为".xlsx"。如果条件为真，即文件的扩展名为".xlsx"，就执行缩进部分代码（即第 08 行代码）；如果条件为假，即文件的扩展名不是".xlsx"，就跳过缩进部分代码。"splitext()"为 OS 模块中的一个函数，此函数用于分离文件名与扩展名，默认返回文件名和扩展名组成的一个元组。此函数的语法：os.path.splitext('path')，参数 'path' 为文件名路径。如分离 E 盘"财务"文件夹下的"财务 1.xlsx"文件，代码就可以写成"os.path.splitext('E:\\ 财务 \\ 财务 1.xlsx')"。

"os.path.splitext(i)"的意思就是分离"i"中存储的文件的文件名和扩展名，分离后保存在元组，"os.path.splitext(i)[1]"的意思是取出元组中的第二个元素，即扩展名。

第 08 行代码：打开"i"中存储的工作簿文件。"app"为 Excel 程序，"books.open()"为 xlwings 模块中的一个方法，用于打开工作簿文件。"file_path+'\\'+i"为此方法参数，表示要打开的文件名的路径。比如当"i"等于"' 财务 1.xlsx'"时，要打开的文件就为"'E:\\ 财务 \\ 财务 1.xlsx'"，就会打开"财务 1.xlsx"文件。

运行效果如图 5-4 所示。

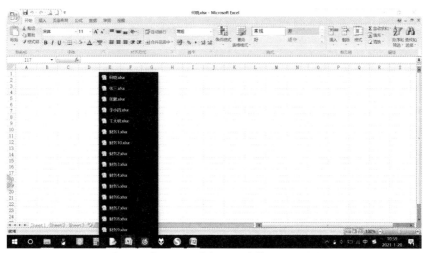

图 5-4　案例 3 批量打开工作簿的运行效果

零基础代码套用：

修改案例中第 03 行代码中的 "E:\\ 财务"，可以修改所打开工作簿文件的路径。

5.2　批量修改工作表名称和工作簿名称

在日常对 Excel 工作簿的处理中，如果需要批量修改工作簿的名称或工作簿中多个（或指定）工作表的名称，如何实现呢？下面我们通过三个案例进行讲解。

案例 1：批量修改 Excel 文件中所有工作表名称

批量修改 Excel 文件中所有工作表名称通常结合 replace() 方法（查找替换）来实现。

让程序自动修改工作簿中的所有工作表的名称，将 "企业代付明细表" 工作簿中所有工作表名称中的 "工行北京" 修改为 "北京分行"，如图 5-5 所示。

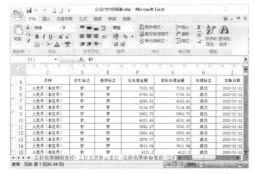

图 5-5　待处理工作簿（左）和处理后的工作簿（右）

批量修改工作簿中所有工作表名称的程序代码如下：

```
01  import xlwings as xw                              # 导入 xlwings 模块
02  app=xw.App(visible=False,add_book=False)          # 启动 Excel 程序
03  wb=app.books.open('E:\\ 企业 \\ 企业代付明细表 .xlsx')  # 打开 Excel 工作簿
04  for i in wb.sheets:                               # 遍历 worksheets 序列
05      i.name=i.name.replace(' 工行北京 ',' 北京分行 ')   # 重命名工作表
```

```
06 wb.save('E:\\ 企业 \\ 企业代付明细表 1.xlsx')          # 另存工作簿
07 app.quit()                                           # 退出 Excel 程序
```

第 01 行行代码：导入 xlwings 模块，并指定模块的别名为"xw"，即在程序中"xw"就代表"xlwings"。

第 02 行代码：启动 Excel 程序，并把程序存储在"app"变量中。这里小写的"app"是新定义的变量，用来存储打开的 Excel 程序。在 Python 中，一般在使用变量时直接定义即可，而不用提前定义。"xw"指的是 xlwings 模块，大写 A 开头的"App"是 xlwings 模块中的方法，用来启动 Excel 程序。它右侧括号中的内容为其参数，用来设置启动的 Excel 程序。参数"visible"用来设置启动的 Excel 程序是否可见，如果设置为 True，就表示可见（默认）；如果为 False，就表示不可见。参数"add_book"用来设置启动 Excel 时，是否自动创建新工作簿，如果设置为 True，就表示自动创建（默认）；如果为 False，就表示不创建。

第 03 行代码：打开 E 盘"企业"文件夹中的"企业代付明细表 .xlsx"工作簿文件。"wb"为新定义的变量，用来存储打开的工作簿；"app"为启动的 Excel 程序，"books.open()"方法用来打开工作簿，括号中为要打开的工作簿文件。这里要写全工作簿文件的详细路径，注意用双反斜杠，或利用转义符 r，如 r'E:\ 企业 \ 企业代付明细表 .xlsx '。

第 04 行代码：遍历所处理工作簿中的所有工作表，即要依次处理每个工作表，这里用 for 循环来实现。for 循环可以遍历工作簿中的所有工作表，并提取需要的数据。"for...in... :"为 for 循环的语法。注意，必须有冒号。

第 05 行缩进部分代码为 for 循环的循环体，每运行一次循环都会运行一遍循环体的代码。代码中的"i"为循环变量，用来存储遍历的列表中的元素。"wb.sheets()"可以获得打开的工作簿中所有工作表名称的列表。如图 5-6 所示为用"wb.sheets()"方法获得的所有工作表名称的列表，列表中："工行北京朝阳支行""工行北京房山支行""工行北京丰台支行"为工作表的名称。

wb.Sheets([<Sheet [企业代付明细表.xlsx]工行北京朝阳支行>, <Sheet [企业代付明细表.xlsx]工行北京房山支行>, <Sheet [企业代付明细表.xlsx]工行北京丰台支行>, ...])

图 5-6 wb.sheets 方法获得的所有工作表名称的列表

接下来我们来看一下这个 for 循环是如何运行的。第一次 for 循环时，访问列表的第一个元素（工行北京朝阳支行）并将其存储在"i"变量中，然后执行一遍缩进部分的代码（第 05 行代码）；执行完之后，返回再次执行 04 行代码，开始第二次 for 循环，访问列表中第二个元素（工行北京房山支行），并将其存储在"i"变量中，然后再次执行缩进部分的代码。就这样一直循环，直到遍历完最后一个列表的元素，执行完缩进部分代码，for 循环结束，开始运行没有缩进部分的代码（即第 06 行代码）。

第 05 行代码：重新命名每个工作表。代码中的"i.name"用于获取工作表名的字符串，其中"i"中存储的是工作表名称，".name"用于获取字符串。"replace()"方法用于在字符串中进行查找和替换。其语法为：字符串 .replace(要查找的内容，要替换为的内容)。"replace(' 工行北京 ',' 北京分行 ')"的意思是将工作表名字中的"工行北京"替换为"北京分行"。注意，如果参数中的引号中没有任何内容，表示空白，相当于删除。

"i.name.replace(' 工行北京 ',' 北京分行 ')"则在获取工作表名字符串后，用"replace(' 工行北京 ',' 北京分行 ')"方法查找字符串中的"工行北京"并替换为"北京分行"，完成后重新赋予"name"中的名称，这样就完成了工作表的重命名。

第 06 行代码：将之前打开的工作簿另存。代码中"'E:\\ 企业 \\ 企业代付明细表 1.xlsx'"
为工作簿另存的路径和名称。如果参数为空，则会直接保存原文件。

第 07 行代码：退出 Excel 程序。

零基础代码套用：

（1）修改案例中第 03 行代码中的"E:\\ 企业 \\ 企业代付明细表 .xlsx"，可以改变要打
开的工作簿文件的路径及名称。

（2）将案例中第 05 行代码中的"' 工行北京 '"修改为要改名的原工作表的名称，将
"' 北京分行 '"修改为工作表的新名称。

（3）将案例中第 06 行代码中的"E:\\ 企业 \\ 企业代付明细表 1.xlsx"修改为其他路径
及文件名称，可更换工作簿文件的名称及路径。

上面的案例中只查找修改了一个关键词，如果想要修改多个关键词，可以通过增加多条
第 06 行代码来实现。如将"工行北京"修改为"北京分行"，将"房山支行"修改为"房
山良乡分理处"，代码如下：

```
01 import xlwings as xw                              # 导入 xlwings 模块
02 app=xw.App(visible=False,add_book=False)          # 启动 Excel 程序
03 wb=app.books.open('E:\\ 企业 \\ 企业代付明细表 .xlsx')   # 打开 Excel 工作簿
04 for i in wb.sheets:                               # 遍历 worksheets 序列
05 i.name=i.name.replace(' 工行北京 ',' 北京分行 ')      # 重命名工作表
06 i.name=i.name.replace(' 房山支行 ',' 房山良乡分理处 ')  # 重命名工作表
07 wb.save('E:\\ 企业 \\ 企业代付明细表 2.xlsx')          # 另存工作簿
08 app.quit()                                        # 退出 Excel 程序
```

上述代码中，在 for 循环中增加了一行查找替换功能的代码（第 06 行代码）。这样可以
实现查找替换工作表名称中的多个关键词。

案例 2：批量修改 Excel 工作簿文件中指定的工作表名称

通过结合 for 循环和 replace() 方法（查找替换）来实现批量修改 Excel 工作簿文件中指
定的工作表名称。

让程序自动修改 E 盘中"信用卡用户"文件夹中的所有工作簿中的工作表的名称，将
"Sheet1"工作表名修改为"信用卡违约用户"。

批量重命名所有工作簿中指定的工作表的程序代码如下：

```
01 import os                                    # 导入 os 模块
02 import xlwings as xw                          # 导入 xlwings 模块
03 file_path='E:\\ 信用卡用户 '                   # 指定修改的文件所在文件夹的路径
04 file_list=os.listdir(file_path)              # 提取所有文件和文件夹的名称
05 app=xw.App(visible=True,add_book=False)      # 启动 Excel 程序
06 for i in file_list:                          # 遍历列表 file_list 中的元素
07   if i.startswith('~$'):                     # 判断文件名称是否有以 "~$" 开头的临时文件
08     continue                                 # 跳过当次循环
09   wb=app.books.open(file_path+'\\'+i)        # 打开 Excel 工作簿
10   for x in wb.sheets:                        # 遍历 worksheets 序列中的元素
11     x.name=x.name.replace('Sheet1',' 信用卡违约用户 ')  # 查找替换工作表名称
12   wb.save()                                  # 保存工作簿
13 app.quit()                                   # 退出 Excel 程序
```

第 01 行代码：导入 os 模块。

第 02 行代码：导入 xlwings 模块，并指定模块的别名为"xw"，即在程序中，"xw"
就代表"xlwings"。

第 03 行代码：指定文件所在文件夹的路径。"file_path"为新定义的变量，用来存储路径；"="右侧为要处理的文件夹的路径。注意：为避免使用单反斜杠产生歧义（单反斜杠有换行的功能），路径中用了双反斜杠，也可以用转义符 r，如果在 E 前面用了转义符 r，就可以使用单反斜杠。如：r'E:\ 信用卡用户 '。

第 04 行代码：将路径下所有文件和文件夹的名称以列表的形式存在"file_list"列表中。"file_list"为新定义的变量，用来存储返回的名称列表； os 表示 OS 模块；"listdir()"为 OS 模块中的函数，此函数用于返回指定的文件夹包含的文件或文件夹的名字的列表，括号中为此函数的参数，即要处理的文件夹的路径。如图 5-7 所示为程序执行后"file_list"列表中存储的数据（注意：这个列表不包括文件夹中的"."和".."。）。

['信用卡用户1.xlsx', '信用卡用户2.xlsx', '用户汇总.xlsx']

图 5-7　程序执行后"file_list"列表中存储的数据

第 05 行代码：启动 Excel 程序，并把程序存储在"app"变量中。这里小写的"app"是新定义的变量，用来存储打开的 Excel 程序，在 Python 中，一般在使用变量时直接定义即可，而不用提前定义。"xw"指的是 xlwings 模块；大写 A 开头的"App"是 xlwings 模块中的方法（即函数），用来启动 Excel 程序。它右侧括号中的内容为其参数，用来设置启动的 Excel 程序。参数"visible"用来设置启动的 Excel 程序是否可见，如果设置为 True，就表示可见（默认）；如果为 False，就表示不可见。参数"add_book"用来设置启动 Excel 时，是否自动创建新工作簿，如果设置为 True，就表示为自动创建（默认）；如果为 False，就表示不创建。

第 06~12 行代码：一个 for 循环语句，用来遍历列表"file_list"中的元素，并在每次循环时将遍历的元素存储在"i"循环变量中。第 06 行代码中的"for...in..."为 for 循环，"i"为循环变量，第 07~12 行缩进部分代码为循环体。当第一次 for 循环时，for 循环会访问"file_list"列表中的第一个元素（信用卡用户 1.xlsx），并将其存在"i"循环变量中，然后运行 for 循环中的缩进部分代码（循环体部分），即第 07~12 行代码；执行完后，返回执行第 06 行代码，开始第二次 for 循环，访问列表中的第二个元素（信用卡用户 2.xlsx），并将其存在"i"循环变量中，然后运行 for 循环中的缩进部分代码，即第 07~12 行代码；就这样一直反复循环直到最后一次循环完成后，结束 for 循环，执行第 13 行代码。

第 07 行代码：用 if 条件语句判断文件夹下的文件名称是否有"~$"开头的（这样的文件是临时文件，不是我们要处理的文件）。如果有（即条件成立），就执行第 08 行代码。如果没有（即条件不成立），就执行第 09 行代码。"i.startswith('~$')"为 if 条件语句的条件，表示的是判断"i"中存储的字符串是否以"~$"开头，如果是以"~$"开头，就输出 True。"startswith()"为一个字符串函数，用于判断字符串是否以参数中指定的字符串开头。

第 08 行代码：跳过当次 for 循环，直接进行下一次 for 循环。continue 语句的作用是跳过本次循环体中余下尚未执行的语句，返回到循环开头，重新执行下一次循环。

第 09 行代码：打开与"i"中存储的文件名相对应的工作簿文件。"wb"为新定义的变量，用来存储打开的工作簿；"app"为启动的 Excel 程序，"books.open()"方法用来打开工作簿，括号中为其参数，即要打开的工作簿文件。"file_path+'\\'+i"为要打开的工作簿文件的路径。

其中，"file_path"为第 03 行代码中的"E:\\ 信用卡用户"，如果"i"中存储的为"信用卡用户 1.xlsx"时，要打开的文件就为"E:\\ 信用卡用户 \\ 信用卡用户 1.xlsx"，就会打开"信用卡用户 1.xlsx"工作簿文件。

第 10 行代码：遍历所处理工作簿中的所有工作表，即要依次处理每个工作表，这里用 for 循环来实现。for 循环可以遍历工作簿中的所有工作表，并提取需要的数据。由于这个 for 循环在第 06 行代码的 for 循环的循环体中，因此这是一个嵌套 for 循环。为了好区分，我们称第 06 行的 for 循环为第一个 for 循环，第 10 行的 for 循环为第二个 for 循环。嵌套 for 循环的特点是：第一个 for 循环每循环一次，第二个 for 循环会运行一遍所有循环。"x"为循环变量，用来存储遍历的列表中的元素；"wb.sheets"可以获得当前打开的工作簿中所有工作表名称的列表。

接下来我们来看一下第二个 for 循环是如何运行的。第一次 for 循环时，访问列表的第一个元素，并将其存储在"x"变量中，然后执行一遍缩进部分的代码（第 11 行代码）；执行完之后，返回再次执行第 10 行代码，开始第二次 for 循环，访问列表中第二个元素，并将其存储在"x"变量中，然后再次执行缩进部分的代码。就这样一直循环，直到遍历完最后一个列表的元素，执行完缩进部分代码，第二个 for 循环结束，这时返回到第 06 行代码，开始继续第一个 for 循环的下一次循环。

第 11 行代码：重新命名每个工作表。代码中的"x.name"用于获取工作表名的字符串，其中"x"中存储的是工作表名称，".name"用于获取字符串。

"replace()"方法用于在字符串中进行查找和替换。其语法为字符串 .replace(要查找的内容，要替换为的内容)。"replace('Sheet1',' 信用卡违约用户 ')"的意思是将工作表名字中的"Sheet1"替换为"信用卡违约用户"。注意：如果参数中的引号中没有任何内容，表示空白，相当于删除。"x.name.replace('Sheet1',' 信用卡违约用户 ')"表示在"x.name"获取工作表名的字符串后，用"replace('Sheet1',' 信用卡违约用户 ')"方法查找字符串中的"Sheet1"，并替换为"信用卡违约用户"，完成后重新赋予"name"中的名称，这样就完成了工作表的重命名。

第 12 行代码：保存当次循环时打开的工作簿。

第 13 行代码：退出 Excel 程序。

零基础代码套用：

（1）修改案例中第 03 行代码中的"E:\\ 信用卡用户"，可以修改要处理的工作簿文件所在文件夹名称。

（2）将案例中第 11 行代码中的"'Sheet1'"修改为要改名的原工作表的名称，将"' 信用卡违约用户"修改为工作表的新名称"。

案例 3：批量修改文件夹下所有 Excel 工作簿的名称

批量修改一些文件的名称，通常通过 OS 模块中的一些函数来实现。

让程序自动修改 E 盘下"财务"文件夹中的所有文件的名称，将文件名中的"财务"修改为"财务报表"，如图 5-8 所示。

图 5-8　待处理的文件

批量自动修改文件夹下所有工作簿的名称的程序代码如下：

```
01    import os                                # 导入 os 模块
02    file_path='E:\\ 财务 '                   # 指定修改的文件所在文件夹的路径
03    file_list=os.listdir(file_path)          # 将所有文件和文件夹的名称以列表的形式保存
04    for i in file_list:                      # 遍历列表 file_list 中的元素
05        if i.startswith('~$'):               # 判断文件名称是否有以 "~$" 开头的临时文件
06            continue                         # 跳过当次循环
07        new_name=i.replace(' 财务 ',' 财务报表 ')   # 查找替换文件名中的关键字
08        old_file_path=os.path.join(file_path,i)     # 拼接需要重命名文件名的路径
09        new_file_path=os.path.join(file_path,new_name)  # 拼接重命名后文件名的路径
10        os.rename(old_file_path,new_file_path)      # 执行重命名
```

第 01 行代码：导入 OS 模块。

第 02 行代码：指定文件所在文件夹的路径。"file_path"为新定义的变量，用来存储路径；"="右侧为要处理的文件夹的路径。注意：为了避免使用单反斜杠产生歧义（单反斜杠有换行的功能），路径中用了双反斜杠；也可以用转义符 r，如果在 E 前面用了转义符 r，就可以使用单反斜杠，如：r'E:\ 财务 '。

第 03 行代码：将路径下所有文件和文件夹的名称以列表的形式存在"file_list"列表中。"file_list"为新定义的变量，用来存储返回的名称列表；os 表示 OS 模块；"listdir()"为OS 模块中的函数，此函数用于返回指定的文件夹包含的文件或文件夹的名字的列表，括号中为此函数的参数，即要处理的文件夹的路径。如图 5-9 所示为程序执行后"file_list"列表中存储的数据。

['何晓.xlsx', '张三.xlsx', '张鹏.xlsx', '李小四.xlsx', '王大明.xlsx', '财务1.xlsx', '财务10.xlsx', '财务2.xlsx', '财务3.xlsx', '财务4.xlsx', '财务5.xlsx', '财务6.xlsx', '财务7.xlsx', '财务8.xlsx', '财务9.xlsx']

图 5-9　程序执行后"file_list"列表中存储的数据

第 04~10 行代码：一个 for 循环语句，用来遍历列表"file_list"中的元素，并在每次循环时将遍历的元素存储在"i"循环变量中。

第 04 行代码中的"for...in"为 for 循环，"i"为循环变量，第 05~10 行缩进部分代码为循环体。当第一次 for 循环时，for 循环会访问"file_list"列表中的第一个元素（何晓 .xlsx），并将其存在"i"循环变量中，然后运行 for 循环中的缩进部分代码（循环体部分），即第 05~10 行代码；执行完后，返回执行第 04 行代码，开始第二次 for 循环，访问列表中的第二个元素（张三 .xlsx），并将其存在"i"循环变量中，然后运行 for 循环中的缩进部分代码，即第 05~10 行代码；就这样一直反复循环直到最后一次循环完成后，结束 for 循环。

第 05 行代码：用 if 条件语句判断文件夹下的文件名称是否有"~$"开头的（这样的文

件是临时文件，不是我们要处理的文件）。如果有（即条件成立），就执行第 08 行代码。如果没有（即条件不成立），就执行第 09 行代码。"i.startswith('~$')" 为 if 条件语句的条件，表示的是判断"i"中存储的字符串是否以"~$"开头，如果是以"~$"开头，就输出 True。"startswith()"为一个字符串函数，用于判断字符串是否以参数中指定的字符串开头。

第 06 行代码：跳过当次 for 循环，直接进行下一次 for 循环。continue 语句的作用是跳过本次循环体中余下尚未执行的语句，返回到循环开头，重新执行下一次循环。

第 07 行代码：查找文件和文件夹名称中的"财务"关键字，替换为"财务报表"。"new_name"为新定义的变量，用来存储替换后的字符串。这里"replace()"函数用于在字符串中进行查找和替换。其语法为字符串 .replace(要查找的内容，要替换为的内容)。注意：如果参数中的引号中没有任何内容，表示空白，相当于删除。"i.replace(' 财务 ',' 财务报表 ')"表示将"i"中存储的文件名中的"财务"替换为"财务报表"。

第 08 行代码：拼接需要重命名文件名的路径。这里使用了"os.path.join()"函数的作用是连接两个或更多的路径名组件。"old_file_path"为新定义的变量，用来存储路径；"file_path"为"'E:\\ 财务 '"，假设"i"中存储的为"' 财务 1.xlsx'"，那么代码运行后就会得到"'E:\\ 财务 \\ 财务 1.xlsx'"的路径，并存储在"old_file_path"变量中。

第 09 行代码：拼接重命名后文件名的路径。"new_file_path"为新定义的变量，用来存储路径。假如"i"中存储的是"' 财务 1.xlsx'"，执行此行代码后会得到"'E:\\ 财务 \\ 财务报表 1.xlsx'"的路径，并存储在"new_file_path"变量中。

第 10 行代码：执行重命名。rename() 是 os 模块中的函数，用于重命名文件和文件夹。此函数的语法为 os.rename(src, dst)。其中，参数 src 为要修改的文件或文件夹名称（需要同时指定文件后文件夹路径）；参数 dst 为要文件或文件夹的新名称（也需要指定路径）。"old_file_path,new_file_path"为函数的参数，因此前面第 08 和第 09 行代码其实是用来设定 rename() 函数的参数的。

运行的效果如图 5-10 所示。

图 5-10　案例 3 程序运行后的效果

零基础代码套用：

（1）修改案例中第 02 行代码中的"E:\\ 财务"，可以修改要处理的工作簿文件所在文件夹名称。

（2）将案例中第 07 行代码中的"' 财务 '"修改为要改名的原工作簿的名称，将"财务报表"修改为工作簿的新名称。

5.3 批量新建 / 删除工作表

案例 1：在多个 Excel 工作簿文件中批量新建工作表

在多个工作簿中批量新建工作表，可以通过结合 for 循环和 sheets.add () 函数来实现。

让程序自动在 E 盘中的"信用卡用户"文件夹中的所有工作簿中新建一个工作表"信用卡优质客户"。

在多个工作簿中批量新建工作表的程序代码如下：

```
01  import os                                    # 导入 os 模块
02  import xlwings as xw                         # 导入 xlwings 模块
03  file_path='E:\\ 信用卡用户 '                  # 指定修改的文件所在文件夹的路径
04  file_list=os.listdir(file_path)             # 提取所有文件和文件夹的名称
05  app=xw.App(visible=True,add_book=False)      # 启动 Excel 程序
06  for i in file_list:                          # 遍历列表 file_list 中的元素
07    if i.startswith('~$'):                     # 判断文件名称是否有以 "~$" 开头的临时文件
08      continue                                 # 跳过当次循环
09    wb=app.books.open(file_path+'\\'+i)        # 打开 Excel 工作簿
10    sheet_name_list=[]                         # 新建列表
11    for x in wb.sheets:                        # 遍历工作表名称序列
12      sheet_name_list.append(x.name)           # 将工作表名称加入列表
13    if ' 信用卡优质客户 ' not in sheet_name_list: # 判断新建的工作表是否存在
14      wb.sheets.add(' 信用卡优质客户 ')          # 新建工作表
15      wb.save()                                # 保存工作簿
16  app.quit()                                   # 退出 Excel 程序
```

第 01 行代码：导入 os 模块。

第 02 行代码：导入 xlwings 模块，并指定模块的别名为"xw"，即在程序中，"xw"就代表"xlwings"。

第 03 行代码：指定文件所在文件夹的路径。"file_path"为新定义的变量，用来存储路径；"="右侧为要处理的文件夹的路径。注意：为了避免使用单反斜杠产生歧义（单反斜杠有换行的功能），路径中用了双反斜杠；也可以用转义符 r，如果在 E 前面用了转义符 r，就可以使用单反斜杠；如：r'E:\ 信用卡用户 '。

第 04 行代码：将路径下所有文件和文件夹的名称以列表的形式存在"file_list"列表中。代码中，"file_list"为新定义的变量，用来存储返回的名称列表；os 表示 OS 模块；"listdir()"为 OS 模块中的函数，此函数用于返回指定的文件夹包含的文件或文件夹的名字的列表，括号中为此函数的参数，即要处理的文件夹的路径。如图 5-11 所示为程序执行后"file_list"列表中存储的数据（注意：这个列表不包括文件夹中的"."和".."。）。

['信用卡用户1.xlsx', '信用卡用户2.xlsx', '用户汇总.xlsx']

图 5-11　程序执行后"file_list"列表中存储的数据

第 05 行代码：启动 Excel 程序，并把程序存储在"app"变量中。这里小写的"app"是新定义的变量，用来存储打开的 Excel 程序。在 Python 中，一般在使用变量时直接定义即可，而不用提前定义。"xw"指的是 xlwings 模块，大写 A 开头的"App"是 xlwings 模块中的方法（即函数），用来启动 Excel 程序。它右侧括号中的内容为其参数，用来设置启动的 Excel 程序。参数"visible"用来设置启动的 Excel 程序是否可见，如果设置为 True，就表示可见（默认），如果为 False，就表示不可见。参数"add_book"用来设置启动 Excel 时，是

否自动创建新工作簿，如果设置为 True，就表示自动创建（默认），如果为 False，就表示不创建。

第 06~15 行代码：一个 for 循环语句，用来遍历列表 "file_list" 中的元素，并在每次循环时将遍历的元素存储在 "i" 循环变量中。第 06 行代码中的 "for…in" 为 for 循环，"i" 为循环变量，第 07~15 行缩进部分代码为循环体。当第一次 for 循环时，for 循环会访问 "file_list" 列表中的第一个元素（信用卡用户 1.xlsx），并将其存在 "i" 循环变量中，然后运行 for 循环中的缩进部分代码（循环体部分），即第 07~15 行代码；执行完后，返回执行第 06 行代码，开始第二次 for 循环，访问列表中的第二个元素（信用卡用户 2.xlsx），并将其存在 "i" 循环变量中，然后运行 for 循环中的缩进部分代码，即第 07~15 行代码；就这样一直反复循环直到最后一次循环完成后，结束 for 循环，执行第 16 行代码。

第 07 行代码：用 if 条件语句判断文件夹下的文件名称是否有 "~$" 开头的（这样的文件是临时文件，不是我们要处理的文件）。如果有（即条件成立），就执行第 08 行代码。如果没有（即条件不成立），就执行第 09 行代码。"i.startswith('~$')" 为 if 条件语句的条件，"i.startswith('~$')" 的意思就是判断 "i" 中存储的字符串是否以 "~$" 开头，如果是以 "~$" 开头，就输出 True。"startswith()" 为一个字符串函数，用于判断字符串是否以参数中指定的字符串开头。

第 08 行代码：跳过当次 for 循环，直接进行下一次 for 循环。continue 语句的作用是跳过本次循环体中余下尚未执行的语句，返回到循环开头，重新执行下一次循环。

第 09 行代码：打开与 "i" 中存储的文件名相对应的工作簿文件。"wb" 为新定义的变量，用来存储打开的工作簿；"app" 为启动的 Excel 程序；"books.open()" 方法用来打开工作簿，括号中为其参数，即要打开的工作簿文件。"file_path+'\\'+i" 为要打开的工作簿文件的路径。其中，"file_path" 为第 03 行代码中的 "E:\\ 信用卡用户"，如果 "i" 中存储的为 "信用卡用户 1.xlsx" 时，要打开的文件就为 "E:\\ 信用卡用户 \\ 信用卡用户 1.xlsx"，就会打开 "信用卡用户 1.xlsx" 工作簿文件。

第 10 行代码：新建一个 sheet_name_list 空列表，准备存储工作表名称。

第 11 行代码：遍历所处理工作簿中的所有工作表，即要依次处理每个工作表，这里用 for 循环来实现。for 循环可以遍历工作簿中的所有工作表，并提取需要的数据。由于这个 for 循环在第 06 行代码的 for 循环的循环体中，因此这是一个嵌套 for 循环。为了好区分，我们称第 06 行的 for 循环为第一个 for 循环，第 10 行的 for 循环为第二个 for 循环。嵌套 for 循环的特点是：第一个 for 循环每循环一次，第二个 for 循环会运行一遍所有循环。"x" 为循环变量，用来存储遍历的列表中的元素；"wb.sheets" 可以获得当前打开的工作簿中所有工作表名称的列表。

接下来我们来看一下第二个 for 循环是如何运行的。第一次 for 循环时，访问列表的第一个元素，并将其存储在 "x" 变量中，然后执行一遍缩进部分的代码（第 12 行代码）；执行完之后，返回再次执行第 11 行代码，开始第二次 for 循环，访问列表中第二个元素，并将其存储在 "x" 变量中，然后再次执行缩进部分的代码。就这样一直循环，直到遍历完最后一个列表的元素，执行完缩进部分代码，第二个 for 循环结束，这时返回到第 06 行代码，开始继续第一个 for 循环的下一次循环。

第 12 行代码：将"x"中存储的工作表名称加入"sheet_name_list"列表中。"append()"方法用来将元素添加到列表，其参数"x.name"的意思是工作表的名称字符串。

第 13 行代码：用 if 语句判断打开的工作簿中是否已经有"信用卡优质客户"工作表。"'信用卡优质客户' not in sheet_name_list"为 if 条件语句的条件，"not in"是检查元素是否不包含在列表中，此条件的意思是，"sheet_name_list"列表不包含"信用卡优质客户"。如果 if 语句的条件成立，就执行 if 语句缩进部分代码（第 14 和第 15 行代码）；如果条件不成立，就跳过缩进部分代码。这条代码可以解决在遇到工作簿中已经含有要插入的工作表时出错的问题。

第 14 行代码：在打开的工作簿中新建"信用卡优质客户"工作表。"wb"为第 09 行代码中打开的工作簿文件，"sheets.add('信用卡优质客户')"方法用来新建一个工作表，其参数"信用卡优质客户"为新工作表的名称。

第 15 行代码：保存第 09 行代码中打开的工作簿。

第 16 行代码：退出 Excel 程序。

运行的效果如图 5-12 所示。

图 5-12　案例 1 运行新建工作表后的效果

零基础代码套用：

（1）修改案例中第 03 行代码中的"E:\\信用卡用户"，可以修改要处理的工作簿文件所在的文件夹名称。

（2）将案例中第 13 和第 14 行代码中的"信用卡优质客户"可修改为要新建的工作表的名称。

案例 2：在多个 Excel 工作簿文件中批量删除工作表

在多个工作簿中批量删除工作表，可以通过结合 for 循环和 .delete () 函数来实现。

让程序自动删除在 E 盘中的"信用卡用户"文件夹中的所有工作簿中的"信用卡违约用户"工作表。

如下为在多个工作簿中批量删除工作表的程序代码：

```
01  import os                                  # 导入 os 模块
02  import xlwings as xw                       # 导入 xlwings 模块
03  file_path='E:\\信用卡用户'                  # 指定修改的文件所在文件夹的路径
04  file_list=os.listdir(file_path)            # 提取所有文件和文件夹的名称
05  app=xw.App(visible=True,add_book=False)    # 启动 Excel 程序
06  for i in file_list:                        # 遍历列表 file_list 中的元素
07    if i.startswith('~$'):                   # 判断文件名称是否有以"~$"开头的临时文件
08      continue                               # 跳过当次循环
09    wb=app.books.open(file_path+'\\'+i)      # 打开 Excel 工作簿
10    for x in wb.sheets:                      # 遍历工作表名称序列
11      if x.name=='信用卡违约用户':            # 判断是否有要删除的工作表
12        x.delete()                           # 删除工作表
13        break                                # 退出循环
14    wb.save()                                # 保存工作簿
15  app.quit()                                 # 退出 Excel 程序
```

第 01 行代码：导入 OS 模块。

第 02 行代码：导入 xlwings 模块，并指定模块的别名为"xw"，即在程序中，"xw"就代表"xlwings"。

第 03 行代码：指定文件所在文件夹的路径。"file_path"为新定义的变量，用来存储路径；"="右侧为要处理的文件夹的路径。注意：为了避免使用单反斜杠产生歧义（单反斜杠有换行的功能），路径中用了双反斜杠；也可以用转义符 r，如果在 e 前面用了转义符 r，就可以使用单反斜杠。如：r'E:\ 信用卡用户 '。

第 04 行代码：将路径下所有文件和文件夹的名称以列表的形式存在"file_list"列表中。"file_list"为新定义的变量，用来存储返回的名称列表； os 表示 OS 模块；"listdir()"为 OS 模块中的函数，此函数用于返回指定的文件夹包含的文件或文件夹的名字的列表，括号中为此函数的参数，即要处理的文件夹的路径。如图 5-13 所示为程序执行后"file_list"列表中存储的数据（注意：这个列表不包括文件夹中的"."和".."。）。

['信用卡用户1.xlsx', '信用卡用户2.xlsx', '用户汇总.xlsx']

图 5-13　程序执行后"file_list"列表中存储的数据

第 05 行代码：启动 Excel 程序，并把程序存储在"app"变量中。这里小写的"app"是新定义的变量，用来存储打开的 Excel 程序。在 Python 中，一般在使用变量时直接定义即可，而不用提前定义。"xw"指的是 xlwings 模块，大写 A 开头的"App"，是 xlwings 模块中的方法（即函数），用来启动 Excel 程序。它右侧括号中的内容为其参数，用来设置启动的 Excel 程序。参数"visible"用来设置启动的 Excel 程序是否可见，如果设置为 True，就表示可见（默认），如果为 False，就表示不可见。参数"add_book"用来设置启动 Excel 时，是否自动创建新工作簿，如果设置为 True，就表示自动创建（默认），如果为 False，就表示不创建。

第 06~14 行代码为一个 for 循环语句，用来遍历列表"file_list"中的元素，并在每次循环时将遍历的元素存储在"i"循环变量中。

第 06 行代码中的"for…in"为 for 循环，"i"为循环变量，第 07~14 行缩进部分代码为循环体。当第一次 for 循环时，for 循环会访问"file_list"列表中的第一个元素（信用卡用户 1.xlsx），并将其存在"i"循环变量中，然后运行 for 循环中的缩进部分代码（循环体部分），即第 07~14 行代码；执行完后，返回执行第 06 行代码，开始第二次 for 循环，访问列表中的第二个元素（信用卡用户 2.xlsx），并将其存在"i"循环变量中，然后运行 for 循环中的缩进部分代码，即第 07~14 行代码；就这样一直反复循环直到最后一次循环完成后，结束 for 循环，执行第 15 行代码。

第 07 行代码：作用是用 if 条件语句判断文件夹下的文件名称是否有"~$"开头的（这样的文件是临时文件，不是我们要处理的文件）。如果有（即条件成立），就执行第 08 行代码。如果没有（即条件不成立），就执行第 09 行代码。"i.startswith('~$')"为 if 条件语句的条件，"i.startswith('~$')"表示的是判断"i"中存储的字符串是否以"~$"开头，如果是以"~$"开头，就输出 True。"startswith()"为一个字符串函数，用于判断字符串是否以参数中指定的字符串开头。

第 08 行代码：跳过当次 for 循环，直接进行下一次 for 循环。continue 语句的作用是跳过本次循环体中余下尚未执行的语句，返回到循环开头，重新执行下一次循环。

第 09 行代码：打开与"i"中存储的文件名相对应的工作簿文件。"wb"为新定义的变量，用来存储打开的工作簿；"app"为启动的 Excel 程序，"books.open()"方法用来打开工作簿，括号中为其参数，即要打开的工作簿文件。"file_path+'\\'+i"为要打开的工作簿文件的路径。其中，"file_path"为第 03 行代码中的"E:\\ 信用卡用户"，如果"i"中存储的为"信用卡用户 1.xlsx"时，要打开的文件就为"E:\\ 信用卡用户 \\ 信用卡用户 1.xlsx"，就会打开"信用卡用户 1.xlsx"工作簿文件。

第 10 行代码：遍历所处理工作簿中的所有工作表。即要依次处理每个工作表，这里用 for 循环来实现。for 循环可以遍历工作簿中的所有工作表，并提取需要的数据。

由于这个 for 循环在第 06 行代码的 for 循环的循环体中，因此这是一个嵌套 for 循环。为了好区分，我们称第 06 行的 for 循环为第一个 for 循环，第 10 行的 for 循环为第二个 for 循环。嵌套 for 循环的特点是：第一个 for 循环每循环一次，第二个 for 循环会运行一遍所有循环。"x"为循环变量，用来存储遍历的列表中的元素；"wb.sheets"可以获得当前打开的工作簿中所有工作表名称的列表。

接下来我们来看一下第二个 for 循环是如何运行的。第一次 for 循环时，访问列表的第一个元素，并将其存储在"x"变量中，然后执行一遍缩进部分的代码（第 11~13 行代码）；执行完之后，返回再次执行第 10 行代码，开始第二次 for 循环，访问列表中第二个元素，并将其存储在"x"变量中，然后再次执行缩进部分的代码。就这样一直循环，直到遍历完最后一个列表的元素，执行完缩进部分代码，第二个 for 循环结束，这时返回到第 06 行代码，开始继续第一个 for 循环的下一次循环。

第 11 行代码：用 if 语句判断"x"变量中存储的工作表名称是否是"信用卡违约用户"。"x.name==' 信用卡违约用户 '"为 if 语句的条件，"x.name"表示工作表名称字符串，"=="为比较运算符"等于"。如果工作表的名称为"信用卡违约用户"，条件就为真，执行缩进部分代码（第 12 和第 13 行代码）；如果条件为假，就跳过缩进部分代码，直接执行第 14 行代码。

第 12 行代码：删除"信用卡违约用户"工作表。".delete()"函数用于删除工作表。

第 13 行代码：退出循环，即退出第 10 行的 for 循环。

第 14 行代码：保存第 09 行打开的工作簿。

第 15 行代码：退出 Excel 程序。

运行的效果如图 5-14 所示。

图 5-14 案例 2 运行删除后的结果

零基础代码套用：

（1）修改案例中第 03 行代码中的"E:\\ 信用卡用户"，可以修改要处理的工作簿文件所在文件夹名称。

（2）将案例中第 11 行代码中的"信用卡违约用户"可修改为要删除的工作表的名称。

5.4　批量复制工作表数据

如果需要将某个工作簿中的所有工作表复制到其他多个工作簿中或指定区域的数据复制到多个工作簿的指定工作表中，如何实现呢？下面我们通过两个案例进行讲解。

案例 1：将一个 Excel 工作簿的所有工作表批量复制到多个工作簿

将某个 Excel 工作簿的所有工作表复制到其他多个工作簿中可以通过结合 for 循环和 range() 函数、expand() 函数来实现。

让程序自动对 E 盘中"企业"文件夹下的"企业代付明细表 .xlsx"工作簿中所有工作表，复制到 E 盘中的"财务"文件夹中的所有工作簿中。

将一个工作簿的所有工作表批量复制到其他工作簿的程序代码如下：

```
01  import os                                    # 导入 os 模块
02  import xlwings as xw                         # 导入 xlwings 模块
03  file_path='E:\\ 财务 '                        # 指定目标工作簿所在文件夹的路径
04  file_list=os.listdir(file_path)              # 提取所有文件和文件夹的名称
05  app=xw.App(visible=True,add_book=False)      # 启动 Excel 程序
06  wb1=app.books.open('E:\\ 企业 \\ 企业代付明细表 .xlsx')    # 打开来源工作簿
07  for i in file_list:                          # 遍历列表 file_list 中的元素
08    if os.path.splitext(i)[1]=='.xlsx' or os.path.splitext(i)[1]=='.xls':
                                                 # 判断文件夹下是否有 Excel 文件
09      wb2=app.books.open(file_path+'\\'+i)     # 打开目标 Excel 文件
10      for x in wb1.sheets:                     # 遍历来源工作簿的工作表名称序列
11          copy=x.range('A1').expand('table').value   # 选取来源工作簿工作表中数据
12          name1=x.name                         # 获取来源工作簿中工作表的名称
13          wb2.sheets.add(name=name1,after=len(wb2.sheets))
                                                 # 在目标工作簿中新增同名工作表
14              wb2.sheets[name1].range('A1').value=copy
                                # 将从来源工作簿中选取的工作表数据写入新增工作表
15      wb2.save()                               # 保存目标工作簿
16        wb2.close()                            # 关闭目标工作簿
17  wb1. close()                                 # 关闭来源工作簿
18  app.quit()                                   # 退出 Excel 程序
```

第 01 行代码：导入 OS 模块。

第 02 行代码：导入 xlwings 模块，并指定模块的别名为"xw"，即在程序中"xw"就代表"xlwings"。

第 03 行代码：指定文件所在文件夹的路径。"file_path"为新定义的变量，用来存储路径；"="右侧为要处理的文件夹的路径。注意：这样为了避免使用单反斜杠产生歧义（单反斜杠有换行的功能），路径中用了双反斜杠；也可以用转义符 r，如果在 E 前面用了转义符 r，就可以使用单反斜杠。如：r'E:\ 财务 '。

第 04 行代码：将路径下所有文件和文件夹的名称以列表的形式存在"file_list"列表中。"file_list"为新定义的变量，用来存储返回的名称列表；os 表示 OS 模块；"listdir()"为 OS 模块中的函数，此函数用于返回指定的文件夹包含的文件或文件夹的名字的列表，括号中为此函数的参数，即要处理的文件夹的路径。如图 5-15 所示为程序执行后"file_list"列表中存储的数据（注意：这个列表不包括文件夹中的"."和".."）。

['何晓.xlsx', '张三.xlsx', '张鹏.xlsx', '李小四.xlsx', '王大明.xlsx', '财务1.xlsx', '财务10.xlsx', '财务2.xlsx', '财务3.xlsx', '财务4.xlsx', '财务5.xlsx', '财务6.xlsx', '财务7.xlsx', '财务8.xlsx', '财务9.xlsx']

图 5-15　程序执行后 "file_list" 列表中存储的数据

第 05 行代码：启动 Excel 程序，并把程序存储在 "app" 变量中。这里小写的 "app" 是新定义的变量，用来存储打开的 Excel 程序。在 Python 中，一般在使用变量时直接定义即可，而不用提前定义。"xw" 指的是 xlwings 模块，大写 A 开头的 "App" 是 xlwings 模块中的方法（即函数），用来启动 Excel 程序。它右侧括号中的内容为其参数，用来设置启动的 Excel 程序。参数 "visible" 用来设置启动的 Excel 程序是否可见，如果设置为 True，就表示可见（默认），如果为 False，就表示不可见。参数 "add_book" 用来设置启动 Excel 时，是否自动创建新工作簿，如果设置为 True，就表示自动创建（默认），如果为 False，就表示不创建。

第 06 行代码：打开 E 盘 "企业" 文件夹中的 "企业代付明细表 .xlsx" 工作簿文件。"wb1" 为新定义的变量，用来存储打开的工作簿；"app" 为启动的 Excel 程序；"books.open()" 方法用来打开工作簿，括号中为要打开的工作簿文件。这里要写全工作簿文件的详细路径，注意用双反斜杠，或利用转义符 r，如：r'E:\ 企业 \ 企业代付明细表 .xlsx '。

第 07~15 行代码为一个 for 循环语句，用来遍历列表 "file_list" 中的元素，并在每次循环时将遍历的元素存储在 "i" 循环变量中。

第 07 行代码中的 "for...in" 为 for 循环，"i" 为循环变量，第 08~16 行缩进部分代码为循环体。当第一次 for 循环时，for 循环会访问 "file_list" 列表中的第一个元素（何晓 .xlsx），并将其存在 "i" 循环变量中，然后运行 for 循环中的缩进部分代码（循环体部分），即第 08~16 行代码；执行完后，返回执行第 07 行代码，开始第二次 for 循环，访问列表中的第二个元素（张三 .xlsx），并将其存在 "i" 循环变量中，然后运行 for 循环中的缩进部分代码，即第 08~16 行代码；就这样一直反复循环直到最后一次循环完成后，结束 for 循环，执行第 17 行代码。

第 08 行代码：用 if 条件语句判断文件夹下是否有 ".xlsx" 或 ".xls" 文件。"os.path.splitext(i)[1]=='.xlsx' or os.path.splitext(i)[1]=='.xls'" 为 if 语句的条件，即判断变量 "i" 中存储的文件的扩展名是否为 ".xlsx" 或 ".xls"。如果条件为真，即文件的扩展名为 ".xlsx" 或 ".xls"，就执行缩进部分代码（即第 09~14 行代码）；如果条件为假，即文件的扩展名不是 ".xlsx" 或 ".xls"，就跳过缩进部分代码。

这里 "splitext()" 为 OS 模块中的一个函数，此函数用于分离文件名与扩展名，默认返回文件名和扩展名组成的一个元组。此函数的语法为 os.path.splitext('path')，参数 'path' 为文件名路径。如分离 E 盘 "财务" 文件夹下的 "财务 1.xlsx" 文件，代码就可以写成 "os.path.splitext('E:\\ 财务 \\ 财务 1.xlsx')"。

"os.path.splitext(i)" 的意思就是分离 "i" 中存储的文件的文件名和扩展名，分离后保存在元组，"os.path.splitext(i)[1]" 的意思是取出元组中的第二个元素，即扩展名。

第 09 行代码：作用是打开与 "i" 中存储的文件名相对应的工作簿文件。代码中，"wb2" 为新定义的变量，用来存储打开的工作簿；"app" 为启动的 Excel 程序；"books.open()" 方法用来打开工作簿，括号中为其参数，即要打开的工作簿文件。

"file_path+'\\'+i"为要打开的工作簿文件的路径。其中，"file_path"为第 03 行代码中的"E:\\ 财务"，如果"i"中存储的为"财务 1.xlsx"时，要打开的文件就为"E:\\ 财务 \\ 财务 1.xlsx"，就会打开"财务 1.xlsx"工作簿文件。

第 10 行代码：作用是遍历所处理工作簿中的所有工作表，即要依次处理每个工作表，这里用 for 循环来实现。for 循环可以遍历工作簿中的所有工作表，并提取需要的数据。由于这个 for 循环在第 07 行代码的 for 循环的循环体中，因此这是一个嵌套 for 循环。为了好区分，我们称第 07 行的 for 循环为第一个 for 循环，第 10 行的 for 循环为第二个 for 循环。嵌套 for 循环的特点：第一个 for 循环每循环一次，第二个 for 循环会运行一遍所有循环。"x"为循环变量，用来存储遍历的列表中的元素（即工作表名称）；"wb1.sheets"可以获得当前打开的工作簿中所有工作表名称的列表。

接下来我们来看一下第二个 for 循环是如何运行的。

第一次 for 循环时，访问列表的第一个元素，并将其存储在"x"变量中，然后执行一遍缩进部分的代码（第 11~14 行代码）；执行完之后，返回再次执行第 10 行代码，开始第二次 for 循环，访问列表中第二个元素，并将其存储在"x"变量中，然后再次执行缩进部分的代码。就这样一直循环，直到遍历完最后一个列表的元素，执行完缩进部分代码，第二个 for 循环结束，这时返回到第 07 行代码，开始继续第一个 for 循环的下一次循环。

第 11 行代码：选取来源工作簿工作表中数据。"copy"为新定义的变量，用来存储选取的数据；"x"为当次循环时存储的工作表的名称；"range('A1')"为起始单元格，"A1"表示从 A1 单元格开始；"expand('table')"方法用于扩展选择范围，其有三个参数：table、right、down。参数"table"表示向整个表扩展，"right"表示向表的右方扩展，"down"表示向表的下方扩展。"range('A1').expand('table')"的意思是选取整个表格，"range('A1').expand('right')"的意思是选取第一行，"range('A1').expand('down')"的意思是选取第一列。".value"表示工作表数据。

第 12 行代码：获取来源工作簿中工作表的名称字符串。"name1"为新定义的变量，用来存储工作表名称字符串；"x.name"表示当次循环时，"x"中存储工作表的名称字符串。

第 13 行代码：在目标工作簿中新增同名工作表。"wb2"为第 09 行代码中打开的工作簿；"sheets.add()"方法的作用是新建工作表，"name""after"为它的参数。"name=name1"用来设置新建工作表的名称，"after=len(wb2.sheets)"用来设置新建工作表的位置。"len(wb2.sheets)"的作用是获得列表的长度，如果列表有 3 个元素，就列表的长度就为 3，那么"after=3"，即新工作表插入在第 4 个工作表位置。

第 14 行代码：将从来源工作簿中选取的工作表数据写入目标工作簿的新增工作表中。"wb2"为第 09 行代码中打开的工作簿；"sheets[name1]"的作用是新建的名称为 name1（即 x.name）的工作表；"range('A1')"表示从 A1 单元格开始写入数据；"value"表示工作表数据；"="右侧为要复制的内容，"copy"为第 11 行代码中选取的数据。

第 15 行代码：保存第 09 行代码中打开的目标工作簿。

第 16 行代码：关闭第 09 行代码中打开的目标工作簿。

第 17 行代码：关闭第 06 行代码中打开的来源工作簿。

第 18 行代码：退出 Excel 程序。

零基础代码套用：

（1）修改案例中第 03 行代码中的"E:\\ 财务"，可以修改目标工作簿文件所在文件夹名称。

（2）将案例中第 06 行代码中的"E:\\ 企业 \\ 企业代付明细表 .xlsx"，可修改要处理的来源工作簿的路径和名称。

案例 2：将工作表中指定区域的数据复制到多个 Excel 工作簿文件的指定工作表中

将工作表中指定区域的数据复制到多个工作簿的指定工作表中时，可以通过结合 for 循环和 range() 函数和 expand() 函数来实现。下面我们用一个实例来讲解。

让程序自动将 E 盘中"企业"文件夹下的"企业代付明细表 .xlsx"工作簿的"工行北京朝阳支行"工作表中"B2:F20"（即 B2 单元格到 F20 单元格间的区域）区域的数据复制到 E 盘中"明细账"文件夹下所有 Excel 工作簿的"企业转账明细"工作表中，并从 B12 单元格开始粘贴。

将表中指定区域数据批量复制到多个工作簿的指定工作表中的程序代码如下：

```
01  import os                                      # 导入 os 模块
02  import xlwings as xw                           # 导入 xlwings 模块
03  file_path='E:\\ 明细账 '                        # 指定目标工作簿所在文件夹的路径
04  file_list=os.listdir(file_path)               # 提取所有文件和文件夹的名称
05  app=xw.App(visible=True,add_book=False)       # 启动 Excel 程序
06  wb1=app.books.open('E:\\ 企业 \\ 企业代付明细表 .xlsx')    # 打开来源工作簿
07  copy1= wb1.sheets [' 工行北京朝阳支行 '].range('B2:F20').value
                                                   # 选取来源工作簿中要复制的工作表数据
08  for i in file_list:                           # 遍历列表 file_list 中的元素
09    if os.path.splitext(i)[1]=='.xlsx' or os.path.splitext(i)[1]=='.xls':
                                                   # 判断文件夹下是否有 Excel 文件
10  wb2=app.books.open(file_path+'\\'+i)          # 打开目标 Excel 文件
11  for x in wb2.sheets:                          # 遍历 sheet_name2 序列中的元素
12      if x.name==' 企业转账明细 ':               # 判断是否有"企业转账明细"工作表
13          wb2.sheets[' 企业转账明细 '].range('B12').value=copy1
                                                   # 将从来源工作簿中选取的工作表数据写入新增工作表
14  wb2.save()                                     # 保存目标工作簿
15  break                                          # 退出循环
16          wb2.close()                            # 关闭目标工作簿
17  wb1.close()                                    # 关闭来源工作簿
18  app.quit()                                     # 退出 Excel 程序
```

第 01 行代码：导入 OS 模块。

第 02 行代码：导入 xlwings 模块，并指定模块的别名为"xw"，即在程序中"xw"就代表"xlwings"。

第 03 行代码：指定文件所在文件夹的路径。"file_path"为新定义的变量，用来存储路径；"="右侧为要处理的文件夹的路径。注意：这样为了避免使用单反斜杠产生歧义（单反斜杠有换行的功能），路径中用了双反斜杠；也可以用转义符 r，如果在 E 前面用了转义符 r，就可以使用单反斜杠。如：r'E:\ 明细账 '。

第 04 行代码：将路径下所有文件和文件夹的名称以列表的形式存在"file_list"列表中。"file_list"为新定义的变量，用来存储返回的名称列表；os 表示 OS 模块；"listdir()"为 OS 模块中的函数，此函数用于返回指定的文件夹包含的文件或文件夹的名字的列表，括号中为此函数的参数，即要处理的文件夹的路径。如图 5-16 所示为程序执行后"file_list"列表中存储的数据（注意：这个列表不包括文件夹中的"."和".."）。

['企业转账明细1.xlsx', '企业转账明细2.xlsx']

图 5-16　程序执行后 "file_list" 列表中存储的数据

第 05 行代码：启动 Excel 程序，并把程序存储在 "app" 变量中。这里小写的 "app" 是新定义的变量，用来存储打开的 Excel 程序。在 Python 中，一般在使用变量时直接定义即可，而不用提前定义。"xw" 指的是 xlwings 模块，大写 A 开头的 "App"，是 xlwings 模块中的方法（即函数），用来启动 Excel 程序。它右侧括号中的内容为其参数，用来设置启动的 Excel 程序。参数 "visible" 用来设置启动的 Excel 程序是否可见，如果设置为 True，就表示可见（默认），如果为 False，就表示不可见。参数 "add_book" 用来设置启动 Excel 时，是否自动创建新工作簿，如果设置为 True，就表示自动创建（默认），如果为 False，就表示不创建。

第 06 行代码：打开 E 盘 "企业" 文件夹中的 "企业代付明细表 .xlsx" 工作簿文件。"wb1" 为新定义的变量，用来存储打开的工作簿；"app" 为启动的 Excel 程序；"books.open()" 方法用来打开工作簿，括号中的内容为要打开的工作簿文件。这里要写全工作簿文件的详细路径，注意用双反斜杠，或利用转义符 r，如：r'E:\ 企业 \ 企业代付明细表 .xlsx'。

第 07 行代码：选取来源工作簿工作表中数据。"copy1" 为新定义的变量，用来存储选取的来源工作簿工作表中数据；"=" 右侧为要选取的数据；"wb1" 为打开的 "企业代付明细表 .xlsx" 工作簿；"sheets [' 工行北京朝阳支行 ']" 用来打开 "工行北京朝阳支行" 工作表；"range('B2:F20')" 用来指定单元格，其参数 "B2:F20" 指定从 "B2 到 F20" 的区域单元格；"value" 表示工作表数据。

第 08~16 行代码为一个 for 循环语句，用来遍历列表 "file_list" 中的元素，并在每次循环时将遍历的元素存储在 "i" 循环变量中。

第 08 行代码中的 "for...in" 为 for 循环，"i" 为循环变量，第 09~16 行缩进部分代码为循环体。当第一次 for 循环时，for 循环会访问 "file_list" 列表中的第一个元素（企业转账明细 1.xlsx），并将其存在 "i" 循环变量中，然后运行 for 循环中的缩进部分代码（循环体部分），即第 09~16 行代码；执行完后，返回执行第 08 行代码，开始第二次 for 循环，访问列表中的第二个元素（企业转账明细 2.xlsx），并将其存在 "i" 循环变量中，然后运行 for 循环中的缩进部分代码，即第 09~16 行代码；就这样一直反复循环直到最后一次循环完成后，结束 for 循环，执行第 17 行代码。

第 09 行代码：用 if 条件语句判断文件夹下是否有 ".xlsx" 或 ".xls" 文件。"os.path.splitext(i)[1]=='.xlsx' or os.path.splitext(i)[1]=='.xls'" 为 if 语句的条件，即判断变量 "i" 中存储的文件的扩展名是否为 ".xlsx" 或 ".xls"。如果条件为真，即文件的扩展名为 ".xlsx" 或 ".xls"，就执行缩进部分代码（即第 10~16 行代码）；如果条件为假，即文件的扩展名不是 ".xlsx" 或 ".xls"，就跳过缩进部分代码。这里 "splitext()" 为 OS 模块中的一个函数，此函数用于分离文件名与扩展名，默认返回文件名和扩展名组成的一个元组。此函数的语法为 os.path.splitext('path')，参数 'path' 为文件名路径。如分离 E 盘 "明细账" 文件夹下的 "企业转账明细 1.xlsx" 文件，代码就可以写成 "os.path.splitext('E:\\ 明细账 \ 企业转账明细 1.xlsx')"。"os.path.splitext(i)" 的意思就是分离 "i" 中存储的文件的文件名和扩展名，分离后保存在元组，"os.path.splitext(i)[1]" 的意思是取出元组中的第二个元素，即扩展名。

第 10 行代码：打开与"i"中存储的文件名相对应的工作簿文件。"wb2"为新定义的变量，用来存储打开的工作簿；"app"为启动的 Excel 程序；"books.open()"方法用来打开工作簿，括号中的代码为其参数，即要打开的工作簿文件。"file_path+'\\'+i"为要打开的工作簿文件的路径。其中，"file_path"为第 03 行代码中的"'E:\\ 明细账 '"，如果"i"中存储的文件名为"企业转账明细 1.xlsx"，要打开的文件就为"E:\\ 明细账 \\ 企业转账明细 1.xlsx"，就会打开"企业转账明细 1.xlsx"工作簿文件。

第 11 行代码：遍历所处理工作簿中的所有工作表，即要依次处理每个工作表，这里用 for 循环来实现。for 循环可以遍历工作簿中的所有工作表，并提取需要的数据。由于这个 for 循环在第 08 行代码的 for 循环的循环体中，因此这是一个嵌套的 for 循环。为了好区分，我们称第 08 行的 for 循环为第一个 for 循环，第 11 行的 for 循环为第二个 for 循环。嵌套 for 循环的特点是第一个 for 循环每循环一次，第二个 for 循环会运行一遍所有循环。"x"为循环变量，用来存储遍历的列表中的元素（即工作表名称）；"wb2.sheets"可以获得当前打开的工作簿中所有工作表名称的列表。

接下来我们来看一下第二个 for 循环是如何运行的。

第一次 for 循环时，访问列表的第一个元素，并将其存储在"x"变量中，然后执行一遍缩进部分的代码（第 12~15 行代码）；执行完之后，返回再次执行第 11 行代码，开始第二次 for 循环，访问列表中第二个元素，并将其存储在"x"变量中，然后再次执行缩进部分的代码。就这样一直循环，直到遍历完最后一个列表的元素，执行完缩进部分代码，第二个 for 循环结束，这时返回到第 08 行代码，开始继续第一个 for 循环的下一次循环。

第 12 行代码：用 if 语句判断"x"变量中存储的工作表名称是否是"企业转账明细"。"x.name==' 企业转账明细 '"为 if 语句的条件，"x.name"表示工作表名称字符串，"=="为比较运算符"等于"。如果工作表的名称为"企业转账明细"，条件为真，执行缩进部分代码（第 13~15 行代码）；如果条件为假，就跳过缩进部分代码，直接执行第 16 行代码。

第 13 行代码：将从来源工作簿中选取的工作表数据写入目标工作簿中"企业转账明细"工作表中的 B12 开始的单元格。"wb2"为第 10 行代码中打开的工作簿；"sheets[' 企业转账明细 ']"的作用是打开名称为"企业转账明细"的工作表；"range('B12')"表示在 B12 单元格开始写入数据；"value"表示工作表数据；"="右侧为要复制的内容，"copy1"为第 07 行代码中选取的数据。

第 14 行代码：保存打开的目标工作簿。

第 15 行代码：退出循环，即退出第 11 行的 for 循环。

第 16 行代码：关闭第 10 行代码打开的目标工作簿。

第 17 行代码：关闭来源工作簿"企业代付明细表 .xlsx"。

第 18 行代码：退出 Excel 程序。

运行的效果如图 5-17 所示。

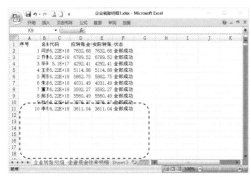

图 5-17　案例 2 运行删除后的效果

零基础代码套用：

（1）修改案例中第 03 行代码中的"E:\\ 明细账"，可以修改目标工作簿文件所在文件夹名称。

（2）将案例中第 06 行代码中的"E:\\ 企业 \\ 企业代付明细表 .xlsx"修改为要处理的来源工作簿的路径和名称。

（3）将案例中第 07 行代码中的"工行北京朝阳支行"修改为要处理的工作表的名称。

（4）将案例中第 12 和第 13 行代码中的"企业转账明细"修改为目标工作簿要新建的工作表的名称。

5.5　批量对多个工作簿的工作表进行格式排版

工作中，如需要对很多个工作簿中的工作表进行格式排版，可以结合 for 循环、api.Font() 函数、NumberFormat() 函数等来实现。下面我们用一个实例来讲解。

案例：批量对多个工作簿的工作表进行格式排版

让程序自动将 E 盘中"信用卡用户"文件夹下所有工作簿中的工作表统一进行格式排版。

批量对多个工作簿的工作表进行格式排版的程序代码如下：

```
01  import os                                      # 导入 os 模块
02  import xlwings as xw                           # 导入 xlwings 模块
03  file_path='E:\\ 排版 '                          # 指定修改的文件所在文件夹的路径
04  file_list=os.listdir(file_path)                # 提取所有文件和文件夹的名称
05  app=xw.App(visible=True,add_book=False)        # 启动 Excel 程序
06  for x in file_list:                            # 遍历列表 file_list 中的元素
07    if x.startswith('~$'):                       # 判断文件名称是否有以 "~$" 开头的临时文件
08      continue                                   # 跳过当次循环
09    wb=app.books.open(file_path+'\\'+x)          # 打开 Excel 工作簿
10    for i in wb.sheets:                          # 遍历工作表名称序列
11      i.range('A1:A8').api.NumberFormat='hh:mm'          # 设置所选单元格式
12      i.range('B:B').api.NumberFormat='yyyy-mm-dd'       # 设置 B 列单元格式
13      i.range('D:E').api.NumberFormat='#,##0.00'         # 设置 D、E 列单元格式
14      i.range('C:C').api.NumberFormat='@'                # 设置 C 列单元格格式为文本
15      i.range('1:1').api.Font.Name=' 黑体 '               # 设置第一行单元格字体
16      i.range('A1:J1').api.Font.Size=16                  # 设置所选单元格字号
17      i.range('A1:J1').api.Font.Bold=True                # 设置所选单元格字体加粗
18      i.range('A1:J1').api.HorizontalAlignment=-4108     # 设置单元格水平对齐为居中
19      i.range('A1:J1').api.VerticalAlignment=-4107       # 设置单元格垂直对齐为靠下
```

```
20        i.range('A2').expand('down').api.HorizontalAlignment=-4131    #设置对齐方式
21        i.range('1:1').api.Font.Color=xw.utils.rgb_to_int((255,0,0))   #设置字体颜色
22        i.range('A1:J1').color=xw.utils.rgb_to_int((0,0,255))  #设置单元格填充颜色
23        i.range('A2').expand('table').api.Font.Name=' 宋体 '      #设置所选单元格字体
24        i.range('A1').expand('table').column_width=12          #设置所选单元格列宽
25        i.range('A1').expand('table').row_height=20            #设置所选单元格行高
26        for y in range(7,13):                        #遍历 range 生成的列表
27           i.range('A1').expand('table').api.Borders(y).LineStyle = 1  #设置边框线型
28           i.range('A1').expand('table').api.Borders(y).Weight = 3   #设置线条粗细
29        i.range('A22').formula = '=sum(A2:A11)'       #在 A22 单元格插入公式
30        i.api.Columns(3).Insert()                 #在第 3 列插入一列
31        i.range('A8').api.EntireColumn.Delete()       #删除 A8 所在的列
32        i.api.Rows(3).Insert()                     #在第 3 行插入一行
33        i.range('H2').api.EntireRow.Delete()        #删除 H2 所在的行
34        i.autofit()                               #自动设置工作表的行高列宽
35    wb.save()                                 #保存工作簿
36   wb.close()                                 #关闭打开的工作簿
37   app.quit()                                  #退出 Excel 程序
```

第 01 行代码：导入 os 模块。

第 02 行代码：导入 xlwings 模块，并指定模块的别名为"xw"，即在程序中"xw"就代表"xlwings"。

第 03 行代码：指定文件所在文件夹的路径。"file_path"为新定义的变量，用来存储路径；"="右侧为要处理的文件夹的路径。注意：为了避免使用单反斜杠产生歧义（单反斜杠有换行的功能），路径中用了双反斜杠；也可以用转义符 r，如果在 E 前面用了转义符 r，就可以使用单反斜杠。如：r'E:\ 排版'。

第 04 行代码：将路径下所有文件和文件夹的名称以列表的形式存在"file_list"列表中。"file_list"为新定义的变量，用来存储返回的名称列表；os 表示 OS 模块；"listdir()"为 OS 模块中的函数，此函数用于返回指定的文件夹包含的文件或文件夹的名字的列表，括号中的内容为此函数的参数，即要处理的文件夹的路径。

第 05 行代码：启动 Excel 程序，并把程序存储在"app"变量中。这里小写的"app"是新定义的变量，用来存储打开的 Excel 程序。在 Python 中，一般在使用变量时直接定义即可，而不用提前定义。"xw"指的是 xlwings 模块，大写 A 开头的"App"，是 xlwings 模块中的方法（即函数），用来启动 Excel 程序。它右侧括号中的内容为其参数，用来设置启动的 Excel 程序。参数"visible"用来设置启动的 Excel 程序是否可见，如果设置为 True，就表示可见（默认），如果为 False，就表示不可见。参数"add_book"用来设置启动 Excel 时，是否自动创建新工作簿，如果设置为 True，就表示自动创建（默认），如果为 False，就表示不创建。

第 06~36 行代码为一个 for 循环语句，用来遍历列表"file_list"中的元素，并在每次循环时将遍历的元素存储在"i"循环变量中。

第 06 行代码中的"for...in"为 for 循环，"i"为循环变量，第 07~36 行缩进部分代码为循环体。当第一次 for 循环时，for 循环会访问"file_list"列表中的第一个元素，并将其存在"i"循环变量中，然后运行 for 循环中的缩进部分代码（循环体部分），即第 07~36 行代码；执行完后，返回执行第 06 行代码，开始第二次 for 循环，访问列表中的第二个元素，并将其存在"i"循环变量中，然后运行 for 循环中的缩进部分代码，即第 07~36 行代码；就这样一直反复循环直到最后一次循环完成后，结束 for 循环，执行第 37 行代码。

第 07 行代码：用 if 条件语句判断文件夹下的文件名称是否有 "~$" 开头的（这样的文件是临时文件，不是我们要处理的文件）。如果有（即条件成立），就执行第 08 行代码。如果没有（即条件不成立），就执行第 09 行代码。"i.startswith('~$')" 为 if 条件语句的条件，"i.startswith('~$')" 的意思就是判断 "i" 中存储的字符串是否以 "~$" 开头，如果是以 "~$" 开头，就输出 True。"startswith()" 为一个字符串函数，用于判断字符串是否以参数中指定的字符串开头。

第 08 行代码：跳过当次 for 循环，直接进行下一次 for 循环。continue 语句的作用是跳过本次循环体中余下尚未执行的语句，返回到循环开头，重新执行下一次循环。

第 09 行代码：打开与 "i" 中存储的文件名相对应的工作簿文件。"wb" 为新定义的变量，用来存储打开的工作簿；"app" 为启动的 Excel 程序，"books.open()" 方法用来打开工作簿，括号中的代码为其参数，即要打开的工作簿文件。"file_path+'\\'+x" 为要打开的工作簿文件的路径。其中，"file_path" 为第 03 行代码中的 "E:\\ 排版"，如果 "x" 中存储的为 "科目余额表 .xlsx"，要打开的文件就为 "E:\\ 排版 \\ 科目余额表 .xlsx"，就会打开 "科目余额表 .xlsx" 工作簿文件。

第 10 行代码：遍历所处理工作簿中的所有工作表，即要依次处理每个工作表，这里用 for 循环来实现。for 循环可以遍历工作簿中的所有工作表，并提取需要的数据。由于这个 for 循环在第 06 行代码的 for 循环的循环体中，因此这是一个嵌套 for 循环。为了好区分，我们称第 06 行的 for 循环为第一个 for 循环，第 10 行的 for 循环为第二个 for 循环。嵌套 for 循环的特点是第一个 for 循环每循环一次，第二个 for 循环会运行一遍所有循环。"i" 为循环变量，用来存储遍历的列表中的元素（工作表名称）；"wb.sheets" 可以获得当前打开的工作簿中所有工作表名称的列表。

接下来我们来看一下第二个 for 循环是如何运行的。

第一次 for 循环时，访问列表的第一个元素，并将其存储在 "x" 变量中，然后执行一遍缩进部分的代码（第 11~34 行代码）；执行完之后，返回再次执行第 10 行代码，开始第二次 for 循环，访问列表中第二个元素，并将其存储在 "x" 变量中，然后再次执行缩进部分的代码。就这样一直循环，直到遍历完最后一个列表的元素，执行完缩进部分代码，第二个 for 循环结束，这时返回到第 06 行代码，开始继续第一个 for 循环的下一次循环。

第 11 行代码：设置 A1:A8 区域单元格数字格式，代码中 "range('A1:A8')" 表示选择 A1:A8 区域单元格，"api.NumberFormat='hh:mm'" 用来设置单元格格式为 "小时:分钟" 格式，"'hh:mm'" 为自定义格式，表示 "小时:分钟"，即将单元格格式设置为小时:分钟格式。注意，"NumberFormat" 方法中的字母 N 和 F 要大写。

常用的数字格式符号见表 5-1。

表 5-1　常用的数字格式符号

格式类型	符号
数值	0
数值（2 位小数位）	0.00
数值（2 位小数位且用千分位）	#,##0.00
百分比	0%

格式类型	符号
百分比（2 为小数位）	0.00%
科学计数	0.00E+00
货币（千分位）	¥#,##0
货币（千分位 +2 位小数位）	¥#,##0.00
日期（年月）	yyyy" 年 "m" 月 "
日期（月日）	m" 月 "d" 日 "
日期（年月日）	yyyy-m-d
日期（年月日）	yyyy" 年 "m" 月 "d" 日 "
日期 + 时间	yyyy-m-d h:mm
时间	h:mm
时间	h:mm AM/PM
文本	@

第 12 行代码：设置 B 列单元格数字格式为"年 - 月 - 日"格式。代码中"range ('B:B')"表示选择 B 列单元格，如果是选择 D 列，就修改为"range('D:D')"即可。"'yyyy-mm-dd'"表示数字格式为"年 - 月 - 日"格式。

第 13 行代码：设置 D 列和 E 列单元格数字格式为数值，包括千分位保留 2 位小数。代码中"range('D:E')"表示选择 D 列和 E 列单元格。

第 14 行代码：设置 C 列单元格数字格式为文本。

第 15 行代码：设置第一行单元格字体为黑体。代码中"range('1:1')"表示第一行单元格，如果选择第 3 行单元格，就为"range('3:3')"。"api.Font.Name"表示设置字体。

第 16 行代码：设置 A1:J1 单元格字体的大小（字号）为 16 号字。"api.Font.Size"表示设置字号。

第 17 行代码：设置 A1:J1 单元格字体的加粗样式。

第 18 行代码：设置 A1:J1 单元格水平对齐方式为水平居中。代码中"api. HorizontalAlignment"表示水平对齐方式，"-4108"表示水平居中。另外还有其他对齐方式，见表 5-2。

表 5-2　对齐方式

代码		对齐方式
水平对齐方式	-4108	水平居中
	-4131	靠左
	-4152	靠右
垂直对齐方式	-4108	垂直居中（默认）
	-4160	靠上
	-4107	靠下
	-4130	自动换行对齐

第 19 行代码：设置 A1:J1 单元格垂直对齐方式为靠下对齐。代码中"api. VerticalAlignment"表示垂直对齐方式，"-4107"表示靠下对齐。其他对齐方式参考表 5-2。

第 20 行代码：设置 A2 单元格开始扩展到右下角的表格区域（即正文部分）的水平对齐方式为靠左。

第 21 行代码：设置第一行单元格字体颜色为红色。代码中"api.Font.Color"表示设置字体颜色，"xw.utils.rgb_to_int((255,0,0))"为具体颜色选择，"255,0,0"表示红色，如果想设置为蓝色，就将"255,0,0"修改为"0,0,255"。

第 22 行代码：设置 A1:J1 区域单元格填充颜色为蓝色。如果想设置为绿色，就将"0,0,255"修改为"0,255,0"即可。其他颜色的编码请查询网络。

第 23 行代码：设置 A2 单元格开始扩展到右下角的表格区域字体为宋体，即设置正文部分的字体。"expand('table') 函数表示扩展选择范围，它的参数还可以设置为 right 或 down，"'table'"表示向整个表扩展，即选择整个表格，"right"表示向表的右方扩展，及选择一行，"down"表示向表的下方扩展，即选择一列。

第 24 行代码：设置 A1 开始扩展到右下角的表格区域（即整个表格）的列宽为 12。"column_width"表示设置列宽。

第 25 行代码：设置整个表格的行高为 20。"row_height"表示设置行高。

第 26 行代码：用 for 循环遍历 range(7,13) 生成的列表，生成的列表为 [7,8,9,10,11,12]。range() 函数的作用是生成一系列整数的列表。它的参数中，第一个参数为起始数，第二个参数为结束数（结束数不包括在内），第三个参数为步长，省略默认步长为 1。如果只有一个参数，就是结束数，默认起始数为 0。如 range(7) 生成的列表为 [0,1,2,3,4,5,6]。

当 for 循环第一次循环时，从生成的 [7,8,9,10,11,12] 列表中取出 7，存在变量 y 中，然后执行下面缩进部分代码（第 27 行、28 行代码）。执行完后，重新执行第 26 行代码，进行第二次循环。一直循环到最后一个数，缩进部分代码执行完成后，结束循环，开始执行第 29 行代码。

第 27 行代码：设置边框线条类型。"Borders(y). LineStyle"表示设置边框线型，若 y=7，则 Borders(7) 为设置左边框。"LineStyle = 1"表示设置线型为直线。设置边框和线型的代码见表 5-3。

表 5-3　设置边框和线型

代码	设置边框	代码	设置线型
Borders(7)	左边框	LineStyle =1	直线
Borders(8)	顶部边框	LineStyle =2	虚线
Borders(9)	底部边框	LineStyle =4	点划线
Borders(10)	右边框	LineStyle =5	双点划线
Borders(11)	内部垂直边线		
Borders(12)	内部水平边线		

第 28 行代码：设置边框粗细。"Borders(y).Weight"表示设置边框粗细，如果 y=7，Borders(7). Weight 为设置左边框的粗细。

第 29 行代码：在 A22 单元格插入公式" =sum(A2:A11)"。"formula"表示插入公式，等号右边为要插入的公式。

第 30 行代码：在第 3 列插入一列，原来的第 3 列右移（也可以用列的字母表示）。"api.

Columns(3).Insert()"表示插入列，3 表示第 3 列。

第 31 行代码：删除 A8 单元格所在的列。"api.EntireColumn.Delete()"表示删除列。

第 32 行代码：在第 3 行插入一行，原来的第 3 行下移。"api.Rows(3).Insert()"表示插入行，3 表示第 3 行。

第 33 行代码：删除 H2 单元格所在的行。"api. EntireRow.Delete()"表示删除行。

第 34 行代码：根据数据内容自动调整工作表行高和列宽。autofit() 函数用于自动调整整个工作表的列宽和行高。该函数的参数为 axis=None 或 rows、columns 等，其中 axis=None 或省略表示自动调整行高和列宽；axis=rows 或 axis=r 表示自动调整行高；axis=columns 或 axis=c 表示自动调整列宽。

第 35 行代码：保存第 09 行打开的工作簿。

第 36 行代码：关闭第 09 行打开的工作簿。

第 37 行代码：退出 Excel 程序。

零基础代码套用：

（1）修改案例中第 03 行代码中的"E:\\ 排版"，可以修改要排版的工作簿文件所在文件夹名称。

（2）根据排版需要，删减案例中第 11~34 行代码中的代码。在实际使用中，如果想设置哪个格式，直接将相应代码拿出来应用即可。如果是设置指定的单元格，则将第 10 行的 for 循环删除，直接使用第 11~33 行的代码。去掉第 10 行代码后，要将第 11~13 行缩进去掉，同时将代码中的 i 修改为"wb.sheets[' 销售数据 ']"，这里的"销售数据"为要处理的工作表名称。

5.6 批量合并工作表

在工作中，当遇到需要将多个工作簿中的工作表合并到一个工作簿中或将一个工作簿中多个工作表合并到一个工作表中的情况，我们该如何操作呢？下面让我们通过两个案例来进行讲解。

案例 1：将多个 Excel 工作簿文件中的工作表合并到一个 Excel 工作簿中

将多个工作簿中的工作表合并到一个工作簿中，可以结合 for 循环、range() 函数和 count () 函数来实现等。

让程序自动将 E 盘中"练习"文件夹中的"信用卡用户"子文件夹下，所有工作簿中工作表合并到一个新的工作簿中。

批量将多个工作簿中的工作表合并到一个工作簿中的程序代码如下：

```
01  import os                                    # 导入 os 模块
02  import xlwings as xw                         # 导入 xlwings 模块
03  file_path='E:\\ 信用卡用户 '                   # 指定源工作簿所在文件夹的路径
04  app=xw.App(visible=True,add_book=False)      # 启动 Excel 程序
05  for root,dirs,files in os.walk(file_path):   # 遍历文件夹下所有文件
06      for x in range(len(files)):              # 遍历文件夹下所有文件名个数
07          wb=app.books.open(file_path+'\\'+files[x])  # 打开文件夹下工作簿
08          sheet_count=wb.sheets.count          # 读取源工作簿中工作表个数
09          if x==0:                             # 判断是否是第一个工作簿
```

```
10              wb.save(file_path+'\\'+'用户汇总.xlsx')   # 将打开的工作簿另存
11              wb.close()                                # 关闭工作簿
12          else:                                         # 条件不成立
13          new_wb=app.books.open(file_path+'\\'+'用户汇总.xlsx')     # 打开工作簿
14          for s in range(sheet_count):                  # 遍历工作表个数
15              sheet_name=wb.sheets[s]                    # 读取源工作簿中的工作表
16              nrow=sheet_name.used_range.last_cell.row   # 定义源工作表最后一行
17              ncol=sheet_name.used_range.last_cell.column  # 定义源工作表最后一列
18              new_row=new_wb.sheets[s].range('A65536').end('up').row
                                                          # 定义新工作簿最后一行
19 new_wb.sheets[s].range('A'+str(new_row+1)).value=sheet_name.range((2,1),
(nrow,ncol)).value                                        # 将源工作簿内容复制到新工作簿
20              sheet_name.autofit()                      # 根据数据内容自动调整新工作表行高和列宽
21 new_wb.save(file_path+'\\'+'用户汇总.xlsx')            # 保存新建的工作簿
22              new_wb.close()                            # 关闭新建的工作簿
23          wb.close()                                    # 关闭工作簿
24 app.quit()                                             # 退出 Excel 程序
```

第 01 行代码：导入 OS 模块。

第 02 行代码：导入 xlwings 模块，并指定模块的别名为 "xw"，即在程序中 "xw" 就代表 "xlwings"。

第 03 行代码：指定文件所在文件夹的路径。"file_path" 为新定义的变量，用来存储路径。"=" 右侧为要处理的文件夹的路径。注意：为了避免使用单反斜杠产生歧义（单反斜杠有换行的功能），路径中用了双反斜杠；也可以用转义符 r，如果在 e 前面用了转义符 r，就可以使用单反斜杠。如这样：r'E:\ 信用卡用户 '。

第 04 行代码：启动 Excel 程序，并把程序存储在 "app" 变量中。这里小写的 "app" 是新定义的变量，用来存储打开的 Excel 程序。在 Python 中，一般在使用变量时直接定义即可，而不用提前定义。"xw" 指的是 xlwings 模块，大写 A 开头的 "App" 是 xlwings 模块中的方法（即函数），用来启动 Excel 程序。它右侧括号中的内容为其参数，用来设置启动的 Excel 程序。参数 "visible" 用来设置启动的 Excel 程序是否可见，如果设置为 True，就表示可见（默认），如果为 False，就表示不可见。参数 "add_book" 用来在设置启动 Excel 时，是否自动创建新工作簿，如果设置为 True，就表示自动创建（默认），如果为 False，就表示不创建。

第 05 行代码：遍历文件夹下所有文件。"root""dirs" 和 "files" 是新定义的两个循环变量，用于存储文件夹路径、文件夹名称和文件名称；"os.walk()" 用于返回是一个生成器 (generator)，即返回一个由文件夹路径、文件夹名和文件名组成的三元组序列。"os.walk(file_path)" 表示返回 "信用卡用户" 文件夹的路径、文件夹名称和文件名名称组成的三元组序列。

此 for 循环中，"root""dirs" 和 "files" 为三个循环变量，其中，"root" 变量中存储的是当前正在遍历的这个文件夹的本身的路径地址；"dirs" 变量中存储的是该文件夹中所有的子文件夹的名字，有多个子文件夹时，以列表返回；"files" 变量中存储的是该文件夹中所有的文件名称，有多个文件时，以列表返回。

第 06~23 行缩进部分代码为循环体。当第一次 for 循环时，for 循环会访问 "os.walk(file_path)" 序列中的第一个元素，并将文件夹的路径、文件夹名称和文件名称分别存储在 "root""dirs""files" 三个循环变量中，然后运行 for 循环中的缩进部分代码（循环体部分），即第 06~23 行代码；执行完后，返回执行第 05 行代码，开始第二次 for 循环，访问列

表中的第二个元素，并将其存储在"root""dirs"和"files"循环变量中，然后运行 for 循环中的缩进部分代码，即第 06~23 行代码；就这样一直反复循环直到最后一次循环完成后，结束 for 循环，执行第 24 行代码。

第 06 行代码：遍历文件夹下所有文件名个数，顺序打开每个文件做准备。由于这个 for 循环在第 05 行代码的 for 循环的循环体中，因此这是一个嵌套 for 循环。为了好区分，我们称第 05 行的 for 循环为第一个 for 循环，第 06 行的 for 循环为第二个 for 循环。嵌套 for 循环的特点是第一个 for 循环每循环一次，第二个 for 循环会运行一遍所有循环。"x"为循环变量，用来存储遍历的 range() 函数生产的列表中的元素；"len(files)"的作用是返回所有文件名的个数，"range(len(files))"表示是生成一系列整数，如果"len(files)"等于有 5，即文件名总共有 5 个，则 range（5）会生成由 0、1、2、3、4 五个整数组成的列表，即 [0,1,2,3,4]。

接下来我们来看一下第二个 for 循环是如何运行的。

第一次 for 循环时，访问列表的第一个元素，并将其存储在"x"变量中，然后执行一遍缩进部分的代码（第 07~23 行代码）；执行完之后，返回再次执行 06 行代码，开始第二次 for 循环，访问列表中第二个元素，并将其存储在"x"变量中，然后再次执行缩进部分的代码。就这样一直循环，直到遍历完最后一个列表的元素，执行完缩进部分代码，第二个 for 循环结束，这时返回到第 05 行代码，开始继续第一个 for 循环的下一次循环。

第 07 行代码：打开与"x"中存储的文件名相对应的工作簿文件。"wb"为新定义的变量，用来存储打开的工作簿；"app"为启动的 Excel 程序，"books.open()"方法用来打开工作簿，括号中为其参数，即要打开的工作簿文件。"file_path+'\\'+files[x]"为要打开的工作簿文件的路径。其中，"file_path"为第 03 行代码中的"E:\\ 信用卡用户"；"files[x]"表示的是从 files 列表中取元素，当 x=0 时，取列表中第一个元素（列表中存储的是文件名），即要打开的文件就为 E 盘"信用卡用户"文件夹下的第一个工作簿文件。

第 08 行代码：读取源工作簿中工作表个数。"sheet_count"为新定义的变量，用来存储工作表个数；"wb"为第 07 行代码打开的工作簿文件；"sheets.count"的作用是返回工作表个数。

第 09 行代码：用 if...else 条件语句判断是否是第一个工作簿。这里用 if 条件语句通过判断 x 是否等于 0 来判断。如果 x=0，就说明打开的是第一个工作簿。如果 if 条件成立，就执行第 10 和第 11 行代码。如果条件不成立，就执行第 12 行代码。

第 10 行代码：将工作簿另存为"用户汇总 .xlsx"，如果打开的工作簿是文件夹中的第一个工作簿，就将此工作簿另存，已准备要合并的工作表合并到"用户汇总 .xlsx"工作簿中。"wb"为第 07 行代码中打开的工作簿文件；"save(file_path+'\\'+' 用户汇总 .xlsx')"方法用来保存工作簿文件，括号中的内容为其参数，即工作簿的名称及路径。"file_path"为第 03 行代码中的"E:\\ 信用卡用户"；"用户汇总 .xlsx"为工作簿要保存的名称。

第 11 行代码：关闭第 07 行打开的工作簿。

第 12 行代码：当 if 条件不成立时（即打开的不是第一个工作簿），执行 else 下面缩进部分代码（即第 13~23 行代码）。

第 13 行代码：打开"用户汇总 .xlsx"工作簿，此工作簿用来保存合并数据。"new_

wb"为新定义的变量，用来存储打开的工作簿；"app"为启动的 Excel 程序，"books. open()"方法用来打开工作簿，括号中的内容为其参数，即要打开的工作簿文件。"file_ path+'\\'+' 用户汇总 .xlsx'"为要打开的工作簿文件的路径。其中，"file_path"为第 03 行代码中的"E:\\ 信用卡用户"；"' 用户汇总 .xlsx'"为要打开的工作簿名称。

第 14 行代码：用 for 循环遍历工作表的个数，用于之后逐个读取工作表数据。"range (sheet_count)"会生产一系列整数组成的列表，"sheet_count"为第 08 行代码中获得的工作表的个数。如果"sheet_count"的值为"4"，就"range(sheet_count)"会生成 [0,1,2,3] 的列表。

第 15 行代码：读取源工作簿中的工作表，"sheets[s]"表示第"s"个工作表，如果"s"等于 1，就表示为第二个工作表（第一个为 0）。

第 16 行代码：定义源工作表最后一行。"sheet_name.used_range.last_cell.row"中的"used_range"表示当前工作表已经使用的单元格组成的矩形区域，"last_cell.row"表示最后一行。

第 17 行代码：定义源工作表最后一列。代码中"last_cell.column"表示最后一列。

第 18 行代码：定义新工作簿（用户汇总 .xlsx 工作簿）最后一行。代码中的"sheets[s]"表示相应工作表，如果 s=2，就表示第 3 个工作表。"range('A65536').end('up').row"表示的是查找 A 列从 65536 位置的单元格起，向上查找，直到找到最后一个非空单元格为止，并显示其行号。

第 19 行代码：将源工作簿内容复制到新工作簿中。"new_wb.sheets[s]"表示新工作簿的第 s 个工作表，"str(new_row+1)"表示新工作簿最后一行加 1 行，"str()"函数用来将括号中的内容转换为字符串格式。如果新工作簿的最后一行为第 15 行，"('A'+str(new_ row+1)"就表示 A16 行。等号右边为读取的源工作簿相应工作表的数据；"（2,1）"表示第 2 行第 1 列的单元格；"(nrow,ncol)"表示最后一行和最后一列相交的单元格；"range((2,1),(nrow,ncol)) .value"表示从 A2 单元格开始到最后一行和最后一列相交的单元格间的数据。

第 20 行代码：根据数据内容自动调整新工作表的行高和列宽。autofit() 函数表示用户自动调整整个工作表的列宽和行高。该函数的参数为 axis=None 或 rows、columns 等，其中 axis=None 或省略表示自动调整行高和列宽；axis=rows 或 axis=r 表示自动调整行高；axis=columns 或 axis=c 表示自动调整列宽。

第 21 行代码：保存"用户汇总 .xlsx"工作簿。

第 22 行代码：关闭"用户汇总 .xlsx"工作簿。

第 23 行代码：关闭源工作簿。

第 24 行代码：退出 Excel 程序。

零基础代码套用：

修改案例中第 03 行代码中的"E:\\ 信用卡用户"，可以修改要合并的工作簿文件所在文件夹的名称。

案例 2：将 Excel 工作簿文件中的多个工作表合并到一个新工作表中

将同一工作簿中的不同工作表的数据合并到一个新建的工作表中，可以结合 for 循环和 range() 函数、expand () 函数来实现等。

让程序自动将 E 盘中的"房贷"文件夹中的"房贷还款记录 .xlsx"工作簿下的所有工作表数据合并到一个新的工作表中。注意：只复制数据。

批量将多个工作表合并到一个工作表中的程序代码如下：

```
01  import xlwings as xw                                    # 导入 xlwings 模块
02  app=xw.App(visible=True,add_book=False)                 # 启动 Excel 程序
03  wb=app.books.open('E:\\ 房贷 \\ 房贷还款记录 .xlsx')        # 打开工作簿
04  sht=wb.sheets.add(' 数据汇总 ')                           # 新建"数据汇总"工作表
05  sht.range('B:B').api.NumberFormat='@'                   # 设置单元格格式
06  header=None                            # 新建变量，并定义初始值为 None，用于存标题行数据
07  for i in wb.sheets:                                     # 遍历所有工作表
08      if i.name !=' 数据汇总 ':            # 判断当前工作表是否不是"数据汇总"工作表
09          if header==None:               # 判断 header 中数据是否为空的对象。
10              header=wb.sheets[i.name].range('A1').expand('right').value
                                           # 将标题行数据存储在 header 中。
11          row=wb.sheets[i.name].used_range.last_cell.row   # 定义工作表最后一行
12          col=wb.sheets[i.name].used_range.last_cell.column   # 定义工作表最后一列
13          data=wb.sheets[i.name].range((2,1),(row,col)).value   # 将工作表数据存到 data 变量中
14          new_row=wb.sheets[' 数据汇总 '].range('A65536').end('up').row
                                           # 定义"数据汇总"表格最后一行
15          wb.sheets[' 数据汇总 '].range('A1').value=header   # 复制标题行数据
16          wb.sheets[' 数据汇总 '].range('A'+str(new_row+1)).value=data
                                           # 将数据复制到"数据汇总"工作表中
17          wb.sheets[' 数据汇总 '].autofit()                  # 自动调整工作表的行高和列宽
18  wb.save()                                               # 保存工作簿
19  wb.close()                                              # 关闭工作簿
20  app.quit()                                              # 退出 Excel 程序
```

第 01 行代码：导入 xlwings 模块，并指定模块的别名为"xw"，即在程序中"xw"就代表"xlwings"。

第 02 行代码：启动 Excel 程序，并把程序存储在"app"变量中。这里小写的"app"是新定义的变量，用来存储打开的 Excel 程序。在 Python 中，一般在使用变量时直接定义即可，而不用提前定义。"xw"指的是 xlwings 模块，大写 A 开头的"App"是 xlwings 模块中的方法（即函数），用来启动 Excel 程序。它右侧括号中的内容为其参数，用来设置启动的 Excel 程序。参数"visible"用来设置启动的 Excel 程序是否可见，如果设置为 True，就表示可见（默认），如果为 False，就表示为不可见。参数"add_book"用来设置启动 Excel 时，是否自动创建新工作簿，如果设置为 True，就表示自动创建（默认），如果为 False，就表示不创建。

第 03 行代码：打开 E 盘"房贷"文件夹中的"房贷还款记录 .xlsx"工作簿文件。"wb"为新定义的变量，用来存储打开的工作簿。"app"为启动的 Excel 程序，"books.open()"方法用来打开工作簿，括号中为要打开的工作簿文件。这里要写全工作簿文件的详细路径（注意：须用双反斜杠，或利用转义符 r，如：r'E:\ 房贷 \ 房贷还款记录 .xlsx'）。

第 04 行代码：在"房贷还款记录 .xlsx"工作簿中插入"数据汇总"新工作表。"sht"为新定义的变量，用来存储新建的工作表；"wb"为第 03 行代码中打开的"房贷还款记录 .xlsx"工作簿；"sheets.add(' 数据汇总 ')"为插入新工作表的方法，括号中为新工作表名称。

第 05 行代码：将新建的"数据汇总"工作表的 B 列单元格数字格式设置为"文本"格式。因为本例中合并的数据的第二列是一串数字组成的账号，不能采用科学计数。"sht"为新建的"数据汇总"工作表，"range('B:B')"表示 B 列，如"range('1:1')"表示第一行。"api.NumberFormat='@'"表示将单元格的数字格式设置为文本格式（@ 表示文本）（注意：

"NumberFormat"方法中的字母 N 和 F 要大写）。

第 06 行代码：新定义变量 header，将其初始值定义为 None，用于存储标题行数据。这里的"None"是一个常量，表示空对象，它有自己的数据类型 NoneType。

第 07 行代码：遍历所处理工作簿中的所有工作表，即要依次处理每个工作表，这里用 for 循环来实现。for 循环可以遍历工作簿中的所有工作表，并提取需要的数据。"wb.sheets"可以获得打开的工作簿中所有工作表名称的列表。如图 5-18 所示为"wb.sheets()"方法获得的所有工作表名称的列表，列表中："数据汇总""北京贷款用户还款记录""天津贷款用户还款记录"为工作表的名称。

Sheets([<Sheet [房贷还款记录.xlsx]数据汇总>, <Sheet [房贷还款记录.xlsx]北京贷款用户还款记录>
<Sheet [房贷还款记录.xlsx]天津贷款用户还款记录>, ...])

图 5-18　wb.sheets() 方法获得的所有工作表名称的列表

接下来我们来看一下这个 for 循环是如何运行的。

第一次 for 循环时，访问列表的第一个元素（数据汇总）并将其存储在"i"变量中，然后执行一遍缩进部分的代码（第 08~17 行代码）；执行完之后，返回再次执行 07 行代码，开始第二次 for 循环，访问列表中第二个元素（北京贷款用户还款记录），并将其存储在"i"变量中，然后再次执行缩进部分的代码。就这样一直循环，直到遍历完最后一个列表的元素，执行完缩进部分代码，for 循环结束，开始运行没有缩进部分的代码（即第 018 行代码）。

第 08 行代码：用 if 条件语句判断当前工作表是否是"数据汇总"工作表。"i.name !='数据汇总'"为 if 语句的条件，如果条件成立（即当前工作表是否是"数据汇总"工作表），则说明是要进行合并复制的工作表，就运行下面缩进部分代码（即第 09~17 行代码），对此工作表进行操作；如果条件不成立，则跳过缩进部分代码。"i.name"为当次循环时"i"中存储的工作表的名称的字符串。

第 09 行代码：用 if 条件语句判断 header 变量中的数据是否为空的对象。变量为空对象，表明"数据汇总"工作表中还没有复制标题行。如果为空，则条件成立，执行缩进部分代码（第 10 行代码）；如果条件为假（不成立），则跳过缩进部分代码。

第 10 行代码：将非"数据汇总"工作表的标题行（第一行）数据存储到 header 变量中。"range('A1').expand('right')"表示第一行，expand() 函数表示扩展选择范围，其有三个参数：tableright 和 down。参数"table"表示向整个表扩展，"right"表示向表的右方扩展，"down"表示向表的下方扩展。

"wb.sheets[i.name]"表示当次循环打开的工作表，如果"i"为"北京贷款用户还款记录"，则"i.name"为"'北京贷款用户还款记录'"（字符串格式），因为"sheets()"括号中的参数要求是字符串。

第 11 行代码：定义当前工作表最后一行。"row"为新定义的变量，用来存储最后一行行号；"sheets[i.name].used_range.last_cell.row"代码中"used_range"表示当前工作表已经使用的单元格组成的矩形区域，"last_cell.row"表示最后一行。

第 12 行代码：定义当前工作表的最后一列。"col"为新定义的变量，用来存储最后一列列号；"last_cell.column"表示最后一列。

第 13 行代码：读取当前工作表第 A1 单元格到最右下角的单元格区间的数据，并存储到

data 变量中。"range((2,1),(row,col))"代码中的（2,1）表示第二行第一列的单元格,(row,col) 表示最后一行最后一列相交的单元格。

第 14 行代码:定义"数据汇总"工作表的最后一行。"range('A65536').end('up').row" 表示的是查找 A 列从 65536 位置的单元格起,向上查找,直到找到最后一个非空单元格为止,并显示其行号。

第 15 行代码:将 header 变量中存储的标题行数据复制到"数据汇总"工作表的第一行。

第 16 行代码:将 data 变量中存储的数据复制到"数据汇总"工作表的最后一行的下一行。"str(new_row+1)"表示新工作簿最后一行加 1 行,"str()"函数用来将括号中的内容转换为字符串格式。如果新工作簿的最后一行为第 15 行,则"('A'+str(new_row+1)"表示 A16 行。

第 17 行代码:根据数据内容自动调整新工作表的行高和列宽。autofit() 函数表示用户自动调整整个工作表的列宽和行高。该函数的参数为 axis=None 或 rows、columns 等,其中 axis=None 或省略表示自动调整行高和列宽;axis=rows 或 axis=r 表示自动调整行高;axis=columns 或 axis=c 表示自动调整列宽。

第 18 行代码:保存"房贷还款记录.xlsx"工作簿。

第 19 行代码:关闭"房贷还款记录.xlsx"工作簿。

第 20 行代码:退出 Excel 程序。

运行的效果如图 5-19 所示。

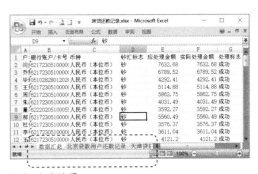

图 5-19　案例 2 运行后的效果

零基础代码套用:

（1）将案例中第 03 行代码中的"E:\\ 房贷 \\ 房贷还款记录 .xlsx"可修改为要处理的工作簿文件的路径及名称。

（2）将案例中第 04、08、14、15、16、17 行代码中的"数据汇总"可修改为新工作表名称。

5.7　批量拆分工作表

案例 1:将指定工作表进行汇总并拆分为多个工作簿

让程序自动将 E 盘中的"企业"文件夹下的"企业资金往来 .xls"工作簿中的"资金往来记录"工作表按"数据来源"进行拆分,然后将拆分后的数据保存到新的工作表中,如图 5-20 所示。

<table>
<tr><td colspan="2">（a）拆分前</td><td colspan="2">（b）拆分后</td></tr>
</table>

图 5-20　工作表拆分前后

将指定工作表进行汇总并拆分为多个工作簿的程序代码如下：

```
01  import xlwings as xw                                    # 导入 xlwings 模块
02  import pandas as pd                                     # 导入 Pandas 模块
03  app=xw.App(visible=True,add_book=False)                 # 启动 Excel 程序
04  wb=app.books.open('E:\\ 企业 \\ 企业资金往来 .xls')      # 打开待处理工作簿
05  sht=wb.sheets[' 资金往来记录 ']                          # 打开"资金往来记录"工作表
06  data1_value=sht.range('A1').options(pd.DataFrame,header=1,index=False,expand
='table').value                          # 将表格内容读取成 Pandas 的 DataFrame 形式
07  data2=data1.groupby(' 数据来源 ')                        # 按"数据来源"列将数据分组
08  for name,group in data2:                                # 遍历分组后的数据
09    new_wb=app.books.add()                                # 新建工作簿
10  new_sht=new_wb.sheets.add(name)                         # 用"name"名新建工作表
11    new_sht.range('A1').options(index=False).value=group  # 复制分组数据
12  new_wb.save(f'E:\\ 拆分 \\{name}.xlsx')                 # 保存工作簿
13  new_wb.close()                                          # 关闭新建的工作簿
14  wb.close()                                              # 关闭工作簿
15  app.quit()                                              # 退出 Excel 程序
```

第 01 行代码：导入 xlwings 模块，并指定模块的别名为"xw"，即在程序中"xw"就代表"xlwings"。

第 02 行代码：导入 Pandas 模块，并指定模块的别名为"pd"。

第 03 行代码：启动 Excel 程序，并把程序存储在"app"变量中。这里小写的"app"是新定义的变量，用来存储打开的 Excel 程序。在 Python 中，一般在使用变量时直接定义即可，而不用提前定义。"xw"指的是 xlwings 模块，大写 A 开头的"App"，是 xlwings 模块中的方法（即函数），用来启动 Excel 程序。它右侧括号中的内容为其参数，用来设置启动的 Excel 程序。参数"visible"用来设置启动的 Excel 程序是否可见，如果设置为 True，就表示可见（默认），如果为 False，就表示不可见。参数"add_book"用来设置启动 Excel 时，是否自动创建新工作簿，如果设置为 True，就表示自动创建（默认），如果为 False，就表示不创建。

第 04 行代码：打开 E 盘"企业"文件夹中的"企业资金往来 .xlsx"工作簿文件。"wb"为新定义的变量，用来存储打开的工作簿。"app"为启动的 Excel 程序，"books.open()"方法用来打开工作簿，括号中的内容为要打开的工作簿文件。这里要写全工作簿文件的详细路径（注意：须用双反斜杠，或利用转义符 r，如：r'E:\ 企业 \ 企业资金往来 .xlsx '）。

第 05 行代码：打开"企业资金往来 .xlsx"工作簿中的"资金往来记录"工作表。"sht"为新定义的变量，用来存储打开的工作表；"wb"为第 03 行代码中打开的"资金往来记录 .xlsx"工作簿；"sheets[' 资金往来记录 ']"为打开工作表的方法，括号中的内容为要打开的工作表名称。

第 06 行代码：将工作表中的数据读取成 Pandas 模块的 DataFrame 形式。为何要读成

DataFrame 形式呢？因此这样就可以用 Pandas 模块中的方法对数据进行分析处理。“data1”为新定义的变量，用来保存读取的数据；“sht”为打开的“资金往来记录”工作表；“range('A1')”方法用来设置起始单元格，参数“'A1'”表示起始单元格为 A1 单元格；“options()”方法用来设置数据读取的类型。其参数“pd.DataFrame”作用是将数据内容读取成 DataFrame 形式。下面我们来单独输出“data1”变量［可以在第 06 行代码下面增加“print(data1)”来输出］，看看其存储的 DataFrame 形式的数据是什么样的。如图 5-21 所示为“data1”中存储的所读取的数据。

```
      数据来源  发票类型  ...    开票方式 客户编码/卡号
0     柜台转账  卷式发票  ...     脱机开票
1     柜台转账  卷式发票  ...     脱机开票
2     网银转账  电子发票  ...  线上充值开票接口
3     网银转账  电子发票  ...  线上充值开票接口
4     网银转账  电子发票  ...  线上充值开票接口
...    ...   ...  ...     ...
59995 柜台转账  卷式发票  ...     脱机开票
59996 柜台转账  卷式发票  ...     脱机开票
59997 柜台转账  卷式发票  ...     脱机开票
59998 柜台转账  卷式发票  ...     脱机开票
59999 柜台转账  卷式发票  ...     脱机开票

[60000 rows x 31 columns]
```

图 5-21　读取的 DataFrame 形式的数据

接着看其他参数。“header=1”参数用于设置使用原始数据集中的第一列作为列名，而不是使用自动列名；“index=False”参数的作用是取消索引，因为 DataFrame 数据形式会默认将表格的首列作为 DataFrame 的 index（索引），因此就需要表格内容的首列固定有个序号列，如果表格的首列并不是序号，就需要在函数中设置参数来忽略 index；参数“expand='table'”表示扩展选择范围，还可以设置为 right 或 down，table 表示向整个表扩展，即选择整个表格，right 表示向表的右方扩展，即选择一行，down 表示向表的下方扩展，即选择一列；“value”方法表示工作表数据。总之，这一行代码的作用就是读取工作表中的数据。

第 07 行代码：将读取 data1 中的数据按“数据来源”列分组。“.groupby()”方法用来根据 DataFrame 本身的某一列或多列内容进行分组聚合。若按某一列聚合，则新 DataFrame 将根据某一列的内容分为不同的维度进行拆解，同时将同一维度的再进行聚合；若按某多列聚合，则新 DataFrame 具有一个层次化索引（由唯一的键对组成），例如：“key1”列，有 a 和 b 两个维度，按“key1”列分组聚合之后，新 DataFrame 将有两个 group（群组），如图 5-22 所示。

```
  key1 key2     data1     data2
0    a  one -0.484689 -3.105627
1    a  two  0.033929  1.182974
2    b  one  1.067201 -1.707349
3    b  two -0.960876 -0.190247
4    a  one  0.305254  0.322322
```

（a）分组聚合前的数据

```
a
  key1 key2     data1     data2
0    a  one -0.484689 -3.105627
1    a  two  0.033929  1.182974
4    a  one  0.305254  0.322322
b
  key1 key2     data1     data2
2    b  one  1.067201 -1.707349
3    b  two -0.960876 -0.190247
```

（b）按“key1”列分组聚合后的数据

图 5-22　groupby() 函数分组聚合前后结果

第 08 行代码：遍历分组后"data2"中的数据，然后将分组列中分组名称保存在"name"变量中，将分组后的数据保存在"group"变量中。"name"和"group"为循环变量。

第 09 行代码：新建一个工作簿。"new_wb"为定义的新变量，用来存储新建的工作簿；"app"为启动的 Excel 程序，"books.add()"方法用来新建一个工作簿。

第 10 行代码：在新建的工作簿中新建工作表。"new_sht"为新定义的变量，用来存储新建的工作表；"new_wb"为新建的工作簿；"sheets.add(name)"的意思是新建一个工作表，并命名为变量"name"中存储的名称。

第 11 行代码：将"group"变量中存储的分组数据复制（添加）到新建的工作表中的 A1 单元格。"new_sht"为上一步新建的工作表；"range('A1')"表示从 A1 单元格开始复制数据；"options(index=False)"用来设置数据，其参数"index=False"的作用是取消索引，因为 DataFrame 数据形式会默认将表格的首列作为 DataFrame 的 index（索引），因此就需要表格内容的首列固定有个序号列，如果表格中首列并不是序号，就需要在函数中设置参数来忽略 index；"value"表示工作表数据；"="右侧的"group"为要复制的数据。

第 12 行代码：将新建的工作簿保存为新的名称。其中"E:\\ 拆分 \\"是新建工作簿的保存路径，表示是 E 盘中的"拆分"文件夹下。"{name}.xlsx"为工作簿的文件名，可以根据实际需求更改。其中的".xlsx"是文件名中的固定部分，而"{name}"则是可变部分，运行时会被替换为 name 的实际值。这里"f'"的作用是将不同类型的数据拼接成字符串。即以 f 开头时，支持字符串中大括号（{}）内的数据无须转换数据类型，就能被拼接成字符串。

第 13 行代码：关闭新建的工作簿。

第 14 行代码：关闭"企业资金往来 .xls"工作簿。

第 15 行代码：退出 Excel 程序。

运行的效果如图 5-23 所示。

图 5-23　案例 1 运行后的效果

零基础代码套用：

（1）将案例中第 04 行代码中的"E:\\ 企业 \\ 企业资金往来 .xlsx"可修改为要处理的工作簿文件的路径及名称。

（2）将案例中第 05 行代码中的"资金往来记录"可修改为要拆分的工作表名称。

（3）将案例中第 07 行代码中的"数据来源"可修改为作为分组索引的列的列标题。

（4）将案例中第 12 行代码中的"E:\\ 拆分"可修改为要新工作簿的保存路径。

案例 2：将一个工作表内容拆分为多个工作表

让程序自动将 E 盘中"企业"文件夹下的"企业资金往来 .xls"工作簿中，"资金往来记录"

工作表中按"数据来源"进行拆分，然后将拆分后的数据保存到新的工作表中，如图 5-24 所示。

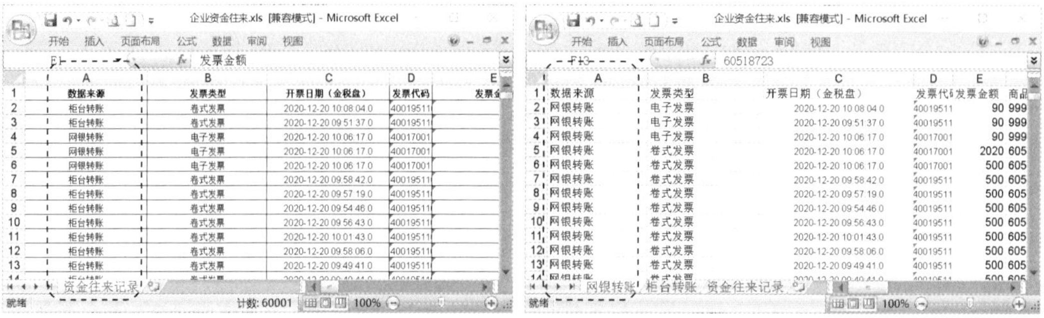

图 5-24　工作表拆分前后

将一个工作表内容拆分为多个工作表的程序代码如下：

```
01  import xlwings as xw                              # 导入 xlwings 模块
02  import pandas as pd                               # 导入 Pandas 模块
03  app=xw.App(visible=True,add_book=False)           # 启动 Excel 程序
04  wb=app.books.open('E:\\ 企业 \\ 企业资金往来 .xls')   # 打开待处理工作簿
05  sht=wb.sheets[' 资金往来记录 ']                      # 打开"资金往来记录"工作表
06  data1=sht.range('A1').options(pd.DataFrame,header=1,index=False,expand='table').value
                                   # 将表格内容读取成 Pandas 的 DataFrame 形式
07  data2=data1.groupby(' 数据来源 ')                   # 按"数据来源"将数据分组
08  for name,group in data2:                          # 遍历分组后的数据
09      new_sht=wb.sheets.add(name)                   # 用"name"名新建工作表
10      new_sht.range('A1').options(index=False).value=group    # 复制分组数据
11  wb.save()                                         # 保存工作簿
12  wb.close()                                        # 关闭工作簿
13  app.quit()                                        # 退出 Excel 程序
```

第 01 行代码：导入 xlwings 模块，并指定模块的别名为"xw"，即在程序中"xw"就代表"xlwings"。

第 02 行代码：导入 Pandas 模块，并指定模块的别名为"pd"。

第 03 行代码：启动 Excel 程序，并把程序存储在"app"变量中。这里小写的"app"是新定义的变量，用来存储打开的 Excel 程序。在 Python 中，一般在使用变量时直接定义即可，而不用提前定义。"xw"指的是 xlwings 模块，大写 A 开头的"App"，是 xlwings 模块中的方法（即函数），用来启动 Excel 程序。它右侧括号中的内容为其参数，用来设置启动的 Excel 程序。参数"visible"用来设置启动的 Excel 程序是否可见，如果设置为 True，就表示可见（默认），如果为 False，就表示不可见。参数"add_book"用来设置启动 Excel 时，是否自动创建新工作簿，如果设置为 True，就表示自动创建（默认），如果为 False，就表示不创建。

第 04 行代码：打开 E 盘"企业"文件夹中的"企业资金往来 .xlsx"工作簿文件。"wb"为新定义的变量，用来存储打开的工作簿。"app"为启动的 Excel 程序，"books.open()"方法用来打开工作簿，括号中的内容为要打开的工作簿文件。这里要写全工作簿文件的详细路径（注意：用双反斜杠，或利用转义符 r，如：r'E:\ 企业 \ 企业资金往来 .xlsx '）。

第 05 行代码：打开"企业资金往来 .xlsx"工作簿中的"资金往来记录"工作表。"sht"为新定义的变量，用来存储打开的工作表；"wb"为第 03 行代码中打开的"资金往来记录 .xlsx"工作簿；"sheets[' 资金往来记录 ']"为打开工作表的方法，括号中为要打开的工作表名称。

第 06 行代码：将工作表中的数据读取成 Pandas 模块的 DataFrame 形式。为何要读成 DataFrame 形式呢？因此这样就可以用 Pandas 模块中的方法对数据进行分析处理。"data1"

为新定义的变量，用来保存读取的数据；"sht"为打开的"资金往来记录"工作表；"range('A1')"方法用来设置起始单元格，参数"'A1'"表示起始单元格为 A1 单元格；"options()"方法用来设置数据读取的类型。其参数"pd.DataFrame"的作用是将数据内容读取成 DataFrame 形式。"header=1"参数用于设置使用原始数据集中的第一列作为列名，而不是使用自动列名；"index=False"参数的作用是取消索引，因为 DataFrame 数据形式会默认将表格的首列作为 DataFrame 的 index（索引），因此就需要表格内容的首列固定有个序号列，如果表格中首列并不是序号，就需要在函数中设置参数忽略 index；"expand='table'"表示扩展选择范围，还可以设置为 right 或 down，table 表示向整个表扩展，即选择整个表格，right 表示向表的右方扩展，即选择一行，down 表示向表的下方扩展，即选择一列；"value"方法表示工作表数据。总之，这一行代码的作用就是读取工作表中的数据。

第 07 行代码：将读取 data1 中的数据按"数据来源"列分组。"groupby()"方法用来根据 DataFrame 本身的某一列或多列内容进行分组聚合。若按某一列聚合，就新 DataFrame 将根据某一列的内容分为不同的维度进行拆解，同时将同一维度的再进行聚合；若按某多列聚合，则新 DataFrame 具有一个层次化索引（由唯一的键对组成）。

第 08 行代码：遍历分组后"data2"中的数据，然后将分组列中分组名称保存在"name"变量中，将分组后的数据保存在"group"变量中。"name"和"group"为循环变量。

第 09 行代码：在"企业资金往来"工作簿中新建工作表。"new_sht"为新定义的变量，用来存储新建的工作表；"new_wb"为新建的工作簿；"sheets.add('name')"的意思是新建一个工作表，并命名为变量"name"中存储的名称。

第 10 行代码：将"group"变量中存储的分组数据复制（添加）到新建的工作表中的 A1 单元格。"new_sht"为上一步新建的工作表；"range('A1')"表示从 A1 单元格开始复制数据；"options(index=False)"用来设置数据，其参数"index=False"的作用是取消索引，因为 DataFrame 数据形式会默认将表格的首列作为 DataFrame 的 index（索引），因此就需要表格内容的首列固定有个序号列，如果表格中首列并不是序号，就需要在函数中设置参数来忽略 index；"value"表示工作表数据；"="右侧的"group"为要复制的数据。

第 11 行代码：保存"企业资金往来"工作簿。

第 12 行代码：关闭"企业资金往来 .xls"工作簿。

第 13 行代码：退出 Excel 程序。

零基础代码套用：

（1）将案例中第 04 行代码中的"E:\\ 企业 \\ 企业资金往来 .xlsx"可修改为要处理的工作簿文件的路径及名称。

（2）将案例中第 05 行代码中的"资金往来记录"可修改为要拆分的工作表名称。

（3）将案例中第 07 行代码中的"数据来源"可修改为作为分组索引的列的列标题。

5.8　批量打印工作表

案例 1：批量打印 Excel 工作簿文件的所有工作表

让 Python 程序自动批量打印 E 盘下的"银行数据\单据"文件夹中所有工作簿的所有工作表。

批量打印 Excel 工作簿文件的所有工作表的程序代码如下：

```
01  import os                                    # 导入 os 模块
02  import xlwings as xw                         # 导入 xlwings 模块
03  file_path='E:\\ 银行数据 \\ 单据 '            # 指定要处理的文件夹的路径
04  file_list=os.listdir(file_path)             # 提取所有文件和文件夹的名称
05  app=xw.App(visible=True,add_book=False)     # 启动 Excel 程序
06  for i in file_list:                         # 遍历列表 file_list 中的元素
07      if i.startswith('~$'):                  # 判断文件名称是否有以 "~$" 开头的临时文件
08          continue                            # 跳过当次循环
09      wb=app.books.open(file_path+'\\'+i)     # 打开 Excel 工作簿
10      wb. api.PrintOut ()                     # 打印工作簿
11  wb.close()                                   # 关闭工作簿
12  app.quit()                                   # 退出 Excel 程序
```

第 01 行代码：导入 OS 模块。

第 02 行代码：导入 xlwings 模块，并指定模块的别名为"xw"，即在程序中"xw"就代表"xlwings"。

第 03 行代码：指定文件所在文件夹的路径。"file_path"为新定义的变量，用来存储路径。"="右侧为要处理的文件夹的路径。注意：为了避免使用单反斜杠产生歧义（单反斜杠有换行的功能），路径中用了双反斜杠；也可以用转义符 r，如果在 E 前面用了转义符 r，路径在就可以使用单反斜杠。如这样：r'E:\ 银行数据 \ 单据 '。

第 04 行代码：将路径下所有文件和文件夹的名称以列表的形式存储在"file_list"列表中。"file_list"为新定义的变量，用来存储返回的名称列表；os 表示 OS 模块；"listdir()"为 OS 模块中的函数，此函数用于返回指定的文件夹包含的文件或文件夹的名字的列表，括号中的内容为此函数的参数，即要处理的文件夹的路径。如图 5-25 所示为程序执行后"file_list"列表中存储的数据（注意：这个列表不包括文件夹中的"."和".."）。

['客户单据1.xlsx','客户单据2.xlsx','客户单据3.xlsx','客户单据4.xlsx']

图 5-25　程序执行后"file_list"列表中存储的数据

第 05 行代码：启动 Excel 程序，并把程序存储在"app"变量中。这里小写的"app"是新定义的变量，用来存储打开的 Excel 程序。在 Python 中，一般在使用变量时直接定义即可，而不用提前定义。"xw"指的是 xlwings 模块，大写 A 开头的"App"是 xlwings 模块中的方法（即函数），用来启动 Excel 程序。它右侧括号中的内容为其参数，用来设置启动的 Excel 程序。参数"visible"用来设置启动的 Excel 程序是否可见，如果设置为 True，就表示可见（默认），如果为 False，就表示不可见。参数"add_book"用来设置启动 Excel 时，是否自动创建新工作簿，如果设置为 True，就表示自动创建（默认），如果为 False，就表示不创建。

第 06~10 行代码为一个 for 循环语句，用来遍历列表"file_list"中的元素，并在每次循环时将遍历的元素存储在"i"循环变量中。

第 06 行代码中的"for...in"为 for 循环，"i"为循环变量，第 07~10 行缩进部分代码为循环体。当第一次 for 循环时，for 循环会访问"file_list"列表中的第一个元素（客户单据1.xlsx），并将其存在"i"循环变量中，然后运行 for 循环中的缩进部分代码（循环体部分），即第 07~10 行代码；执行完后，返回执行第 06 行代码，开始第二次 for 循环，访问列表中的第二个元素（客户单据 2.xlsx），并将其存在"i"循环变量中，然后运行 for 循环中的缩进

部分代码，即第 07~10 行代码；就这样一直反复循环直到最后一次循环完成后，结束 for 循环，执行第 11 行代码。

　　第 07 行代码：用 if 条件语句判断文件夹下的文件名称是否有"~$"开头的（这样的文件是临时文件，不是我们要处理的文件）。如果有（即条件成立），就执行第 08 行代码。如果没有（即条件不成立），就执行第 09 行代码。"i.startswith('~$')"为 if 条件语句的条件，"i.startswith('~$')"的意思就是判断"i"中存储的字符串是否以"~$"开头，如果是以"~$"开头，就输出 True。"startswith()"为一个字符串函数，用于判断字符串是否以参数中指定的字符串开头。

　　第 08 行代码：跳过当次 for 循环，直接进行下一次 for 循环。continue 语句的作用是跳过本次循环体中余下尚未执行的语句，返回到循环开头，重新执行下一次循环。

　　第 09 行代码：打开与"i"中存储的文件名相对应的工作簿文件。"wb"为新定义的变量，用来存储打开的工作簿；"app"为启动的 Excel 程序，"books.open()"方法用来打开工作簿，括号中的内容为其参数，即要打开的工作簿文件。"file_path+'\\'+i"为要打开的工作簿文件的路径。其中，"file_path"为第 03 行代码中的"E:\\ 银行数据 \\ 单据"，如果"i"中存储的为"客户单据 1.xlsx"时，要打开的文件就为"E:\\ 银行数据 \\ 单据 \\ 客户单据 1.xlsx"，就会打开"客户单据 1.xlsx"工作簿文件。

　　第 10 行代码：打印工作簿中所有工作表。此代码中使用了 PrintOut() 函数，作用是打印输出。此函数的格式为：

```
PrintOut(From,To,Copies,Preview,ActivePrinter,PrintToFile,Collate,PrToFileName,
IgnorePrintAreas),
```

　　此函数参数较多，所有参数均可选。使用适当的参数指定打印机、份数、逐份打印以及是否需要打印预览。PrintOut() 函数的参数见表 5-4。

表 5-4　PrintOut() 函数的参数

参　　数	功　　能
from	指定开始打印的页码。如果忽略，就从头开始打印
to	指定最后打印的页码。如果忽略，就打印到最后一页
copies	指定要打印的份数。如果忽略，就只打印 1 份
preview	指定打印前是否要预览打印效果。如果设置为 True，就打印预览；如果设置为 False（默认值），就直接打印
activeprinter	设置当前打印机的名称
printtofile	设置为 True，将打印到文件。如果没有指定参数 PrToFileName，将提示用户输入要输出的文件名
collate	设置为 True 将逐份打印
prtofilename	在将参数 PrintToFile 设置为 True 时，指定想要打印到文件的名称
ignoreprintareas	如果设置为 True，就忽略打印区域，而打印整份文档

　　第 11 行代码：关闭第 09 行代码打开的工作簿。

　　第 12 行代码：退出 Excel 程序。

零基础代码套用：

将案例中第 03 行代码中的"E:\\ 银行数据 \\ 单据"可修改为要处理的工作簿文件所在的文件夹的路径及名称。

案例 2：批量打印多个 Excel 工作簿文件中指定工作表

让 Python 程序自动批量打印 E 盘"信用卡用户"文件夹中所有工作簿中的"信用卡违约用户"工作表。

批量打印多个 Excel 工作簿文件中指定工作表的程序代码如下：

```
01  import os                                    # 导入 os 模块
02  import xlwings  as xw                        # 导入 xlwings 模块
03  file_path='E:\\ 信用卡用户 '                  # 指定要处理的文件所在文件夹的路径
04  file_list=os.listdir(file_path)              # 提取所有文件和文件夹的名称
05  app=xw.App(visible=True,add_book=False)      # 启动 Excel 程序
06  for i in file_list:                          # 遍历列表 file_list 中的元素
07      if i.startswith('~$'):                   # 判断文件名称是否有以"~$"开头的临时文件
08          continue                             # 跳过当次循环
09      wb=app.books.open(file_path+'\\'+i)      # 打开 Excel 工作簿
10      sht=wb.sheets(' 信用卡违约用户 ')         # 打开"信用卡违约用户"工作表
11    sht.api.PrintOut()                         # 打印工作表
12      wb.close()                               # 关闭打开的工作表
13  app.quit()                                   # 退出 Excel 程序
```

第 01 行代码：导入 OS 模块。

第 02 行代码：导入 xlwings 模块，并指定模块的别名为"xw"，即在程序中"xw"就代表"xlwings"。

第 03 行代码：指定文件所在文件夹的路径。"file_path"为新定义的变量，用来存储路径。"="右侧为要处理的文件夹的路径。注意：为了避免使用单反斜杠产生歧义（单反斜杠有换行的功能），路径中用了双反斜杠；也可以用转义符 r，如果在 E 前面用了转义符 r，路径在就可以使用单反斜杠。如：r'E:\ 信用卡用户 '。

第 04 行代码：将路径下所有文件和文件夹的名称以列表的形式存储在"file_list"列表中。"file_list"为新定义的变量，用来存储返回的名称列表；os 表示 OS 模块；"listdir()"为 OS 模块中的函数，此函数用于返回指定的文件夹包含的文件或文件夹的名字的列表，括号中的内容为此函数的参数，即要处理的文件夹的路径。如图 5-26 所示为程序执行后"file_list"列表中存储的数据（注意：这个列表不包括文件夹中的"."和".."）。

['信用卡用户1.xlsx', '信用卡用户2.xlsx', '用户汇总.xlsx']

图 5-26　程序执行后"file_list"列表中存储的数据

第 05 行代码：启动 Excel 程序，并把程序存储在"app"变量中。这里小写的"app"是新定义的变量，用来存储打开的 Excel 程序。在 Python 中，一般在使用变量时直接定义即可，而不用提前定义。"xw"指的是 xlwings 模块，大写 A 开头的"App"是 xlwings 模块中的方法（即函数），用来启动 Excel 程序。它右侧括号中的内容为其参数，用来设置启动的 Excel 程序。参数"visible"用来设置启动的 Excel 程序是否可见，如果设置为 True，就表示可见（默认），如果为 False，就表示不可见。参数"add_book"用来设置启动 Excel 时，是否自动创建新工作簿，如果设置为 True，就表示自动创建（默认），如果为 False，就表示不创建。

第 06~12 行代码为一个 for 循环语句，用来遍历列表"file_list"中的元素，并在每次循环时将遍历的元素存储在"i"循环变量中。

第 06 行代码中的"for...in"为 for 循环，"i"为循环变量，第 07~12 行缩进部分代码为循环体。当第一次 for 循环时，for 循环会访问"file_list"列表中的第一个元素（信用卡用户 1.xlsx），并将其存在"i"循环变量中，然后运行 for 循环中的缩进部分代码（循环体部分），即第 07~12 行代码；执行完后，返回执行第 06 行代码，开始第二次 for 循环，访问列表中的第二个元素（信用卡用户 2.xlsx），并将其存在"i"循环变量中，然后运行 for 循环中的缩进部分代码，即第 07~12 行代码；就这样一直反复循环直到最后一次循环完成后，结束 for 循环，执行第 13 行代码。

第 07 行代码：用 if 条件语句判断文件夹下的文件名称是否有"~$"开头的（这样的文件是临时文件，不是我们要处理的文件）。如果有（即条件成立），就执行第 08 行代码。如果没有（即条件不成立），就执行第 09 行代码。"i.startswith('~$')"为 if 条件语句的条件，"i.startswith(~$)"的意思就是判断"i"中存储的字符串是否以"~$"开头，如果是以"~$"开头，就输出 True。"startswith()"为一个字符串函数，用于判断字符串是否以参数中指定的字符串开头。

第 08 行代码：跳过当次 for 循环，直接进行下一次 for 循环。continue 语句的作用是跳过本次循环体中余下尚未执行的语句，返回到循环开头，重新执行下一次循环。

第 09 行代码：打开与"i"中存储的文件名相对应的工作簿文件。"wb"为新定义的变量，用来存储打开的工作簿；"app"为启动的 Excel 程序，"books.open()"方法用来打开工作簿，括号中的内容为其参数，即要打开的工作簿文件。"file_path+'\\'+i"为要打开的工作簿文件的路径。其中，"file_path"为第 03 行代码中的"E:\\ 信用卡用户"，如果"i"中存储的为"信用卡用户 1.xlsx"时，要打开的文件就为"E:\\ 信用卡用户 \\ 信用卡用户 1.xlsx"，就会打开"信用卡用户 1.xlsx"工作簿文件。

第 10 行代码：在第 09 行代码打开的工作簿中，打开"信用卡违约用户"工作表。"sht"为新定义的变量，用来存储打开的工作表；"wb"为第 09 行代码中打开的工作簿；"sheets('信用卡违约用户')"为打开工作表的方法，括号中的内容为要打开的工作表名称。

第 11 行代码：打印工作簿中指定的工作表。此代码中使用了 PrintOut() 函数，作用是打印输出。

第 12 行代码：关闭打开的工作簿。

第 13 行代码：退出 Excel 程序。

零基础代码套用：

（1）将案例中第 03 行代码中的"E:\\ 信用卡用户"可修改为要处理的工作簿文件所在的文件夹的路径及名称。

（2）将案例中第 10 行代码中的"信用卡违约用户"可修改为要打印的工作表的名称。

第 6 章

批量处理客户数据实战案例

在工作中，我们经常需要重复处理客户的数据，如统计优质客户、统计逾期客户、筛选自己的客户、填写客户资料表等，这些工作大部分都属于重复性的工作，但做起来又要花费很多时间，如何结合 Python 来轻松处理这些工作呢？本章将通过三个案例来讲解通过 Python 实现日常工作的自动化以及对客户数据进行统计分析的方法。

6.1　统计提取贷款数据中出现“逾期”客户的数据

在本案例中，我们用某银行的贷款数据来讲解如何提取客户数据。如图 6-1 所示为“银行所有贷款数据”数据文件，此工作簿的“所有贷款数据”工作表中“逾期类型”列中会显示客户本息支付状态。如果客户贷款本息未按时支付，就会标注为“逾期”。要求将所有“逾期”客户的数据提取出来，自动存储在一个新的工作簿中，如图 6-2 所示。

编号	贷款金额	还款期限	贷款利率	分期还款金额	等级	借款用途	未付本金	已付本金	已付利息	已还费用	逾期天数	逾期类型	贷款状态
1120196	10,000.00	36	0.1242	334.16	B	房屋装修	0	10,000.00	204.26	0	0	正常还款	完成
1119738	8,000.00	36	0.1596	281.10	C	信用卡	0	8,000.00	352.22	0	0	逾期	完成
1119575	2,300.00	36	0.1527	80.04	C	信用卡	0	2,300.00	4,702.53	0	0	正常还款	完成
1119338	6,000.00	36	0.1242	200.50	B	汽车	0	6,000.00	357.52	0	0	正常还款	完成
1119281	9,000.00	36	0.1269	301.91	B	信用卡	0	9,000.00	1,397.54	0	0	逾期	完成
1115462	5,000.00	36	0.1171	165.38	B	消费	0	5,000.00	2,346.48	0	0	逾期	完成
1119109	10,000.00	36	0.1629	353.01	D	信用卡	0	10,000.00	1,263.95	0	0	正常还款	完成
1119012	5,000.00	36	0.1065	162.87	B	信用卡	0	5,000.00	7,286.25	0	0	正常还款	完成
1117947	14,000.00	36	0.1171	463.07	B	信用卡	0	14,000.00	207.98	0	0	逾期	完成
1117748	2,750.00	36	0.1629	97.08	D	消费	0	2,750.00	50.10	0	0	逾期	完成
1117830	4,700.00	36	0.1629	165.92	D	信用卡	0	4,700.00	322.42	0	0	正常还款	完成
1117062	5,800.00	36	0.1825	210.42	D	装修	0	5,800.00	1,750.08	0	0	正常还款	完成
1116983	6,400.00	36	0.1727	229.04	D	信用卡	0	6,400.00	204.26	0	0	正常还款	完成
1116758	8,200.00	36	0.1527	285.35	C	消费	0	8,200.00	352.22	0	0	正常还款	完成
1116769	6,000.00	36	0.1596	210.83	C	信用卡	0	6,000.00	4,702.53	0	0	正常还款	完成
1116628	8,000.00	36	0.0991	257.80	B	消费	0	8,000.00	357.52	0	0	正常还款	完成
1116503	22,750.00	36	0.1864	829.79	E	信用卡	0	22,750.00	1,750.08	0	0	正常还款	完成
1116507	8,000.00	36	0.1065	260.59	B	消费	0	8,000.00	207.98	0	0	正常还款	完成
1116316	5,400.00	36	0.079	168.97	A	信用卡	0	5,400.00	50,143.00	0	0	正常还款	完成
1116425	3,000.00	36	0.0751	93.34	A	房屋装修	0	3,000.00	322.42	0	0	正常还款	完成
1116230	8,000.00	36	0.1349	271.45	C	信用卡	0	8,000.00	1,750.08	0	0	正常还款	完成
1115810	7,000.00	60	0.1758	176.16	D	汽车	0	7,000.00	204.26	0	0	正常还款	完成

图 6-1　“银行所有贷款数据”数据文件

	编号	贷款金额	还款期限	贷款利率	分期还款金额	等级	借款用途	未付本金	已付本金	已付利息	已还费用	逾期天数	逾期类型	贷款状态
1	1119738	8000	36	0.1596	281.1	C	信用卡	0	8000	352.22	0	0	逾期	完成
4	1119281	9000	36	0.1269	301.91	B	信用卡	0	9000	1397.54	0	0	逾期	完成
5	1115462	5000	36	0.1171	165.38	B	消费	0	5000	2346.48	0	0	逾期	完成
8	1117947	14000	36	0.1171	463.07	B	信用卡	0	14000	207.98	0	0	逾期	完成
9	1117748	2750	36	0.1629	97.08	D	消费	0	2750	50.1	0	0	逾期	完成

图 6-2　将所有“逾期”客户的数据提取出来后的效果

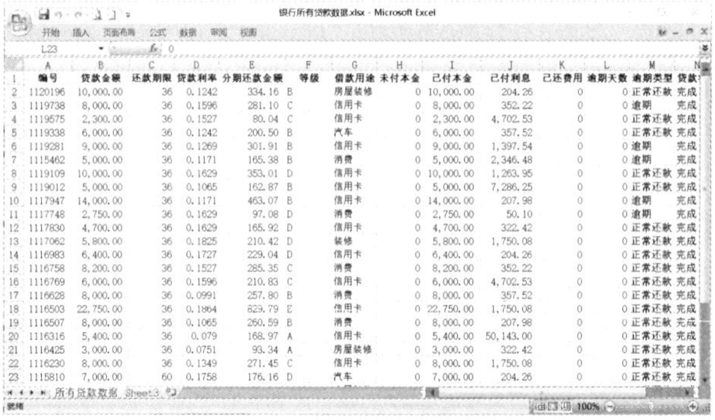

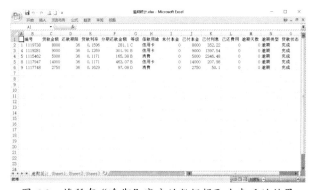

下面我们来分析程序如何编写。

（1）让 Python 读取 E 盘下"银行数据"文件夹中"银行所有贷款数据 .xlsx"工作簿中的"所有贷款数据"工作表中的数据。

（2）利用 Pandas 模块来对"逾期类型"列数据进行分析，并挑选出此列数据为"逾期"的所有行数据。

（3）按要求新建一个名称为"逾期统计"的工作簿，再新建一个"逾期统计"工作表。

（4）将提取的数据复制到"逾期统计"工作表中。

（5）设置一下"逾期统计"工作表单元格格式，然后保存"逾期统计"的工作簿，并关闭工作簿，退出 Excel 程序。

第一步：导入模块。

在新建一个 Python 新文件后，输入下面的代码：

```
01  import xlwings as xw                                    # 导入 xlwings 模块
02  import pandas as pd                                     # 导入 Pandas 模块
```

这两行代码就是导入要使用的两个模块。导入模块的代码一般要放在程序最前面。

第 01 行代码：导入 xlwings 模块，并指定模块的别名为"xw"。也就是在程序中"xw"就代表"xlwings"。在 Python 中导入模块要使用 import 函数，"as"用来指定模块的别名。

第 02 行代码：导入 Pandas 模块，并指定模块的别名为"pd"。

第二步：打开要处理的 Excel 工作簿文件。

接下来准备处理 Excel 工作簿数据，首先启动 Excel 程序，然后打开要处理的 Excel 工作簿文件，并打开要处理的工作表。在程序中输入以下代码：

```
03  app=xw.App(visible=True,add_book=False)                 # 启动 Excel 程序
04  wb=app.books.open('E:\\ 银行数据 \\ 银行所有贷款数据 .xlsx')    # 打开工作簿
05  sht=wb.sheets(' 所有贷款数据 ')                            # 打开"所有贷款数据"工作表
```

第 03 行代码：启动 Excel 程序，并把程序存储在"app"变量中。这里小写的"app"是新定义的变量，用来存储打开的 Excel 程序。在 Python 中，一般在使用变量时直接定义即可，而不用提前定义。定义变量需要用"="来给变量赋值。"xw"指的是 xlwings 模块，大写 A 开头的"App"是 xlwings 模块中的方法（即函数），用来启动 Excel 程序。它右侧括号中的内容为其参数，用来设置启动的 Excel 程序。参数"visible"用来设置启动的 Excel 程序是否可见，如果设置为 True，就表示可见（默认），如果为 False，就表示不可见。参数"add_book"用来设置启动 Excel 时，是否自动创建新工作簿，如果设置为 True，就表示自动创建（默认），如果为 False，就表示不创建。

第 04 行代码：打开已有的工作簿文件。"wb"为新定义的变量，用来存储打开的工作簿；"app"为启动的 Excel 程序，"books.open()"方法用来打开工作簿，括号中的内容为要打开的工作簿文件。这里要写全工作簿文件的详细路径。

注意：为了避免使用单反斜杠产生歧义（单反斜杠有换行的功能），路径中我们用了双反斜杠；也可以用转义符 r，如果在 E 前面用了转义符 r，路径在就可以使用单反斜杠。如：r'E:\ 银行数据 \ 银行所有贷款数据 .xlsx'.

第 05 行代码：打开要处理的工作表。"sht"为新定义的变量；"wb"表示打开的"银行所有贷款数据 .xlsx"工作簿；"sheets()"方法用来打开工作簿中的工作表，括号中的参数

为要打开的工作表名称。其参数要求为字符串格式，因此要加引号。

第三步：对工作表中的“逾期”客户数据进行提取。

下面首先读取工作表中的数据，然后提取工作表中符合条件的数据，即“逾期”客户的行数据。在程序中继续输入如下代码：

```
06 data_pd=sht.range('A1').options(pd.DataFrame,header=1,index=False,expand='table')
   .value                                          # 将工作表中的数据读取为 DataFrame 形式
07 data_sort=data_pd[data_pd['逾期类型']=='逾期']
                                                   # 提取“逾期类型”列中所有“逾期”的行数据
```

第 06 行代码：读取工作表中的数据。“data_pd”为新定义的变量，用来保存读取的数据；“sht”为打开的工作表；“range('A1')”方法用来设置起始单元格，参数“'A1'”表示起始单元格为 A1 单元格；“options()”方法用来设置数据读取的类型。其参数“pd.DataFrame”的作用是将数据内容读取成 DataFrame 形式。下面我们来单独输出 data_pd 变量［可以在第 06 行代码下面增加“print(data_pd)”来输出］，看看其存储的 DataFrame 形式的数据是什么样。如图 6-3 所示为“data_pd”中存储的所读取的数据。

	编号	贷款金额	还款期限	贷款利率	分期还款金额	...	已付利息	已还费用	逾期天数	逾期类型	贷款状态
0	1120196.0	10000.0	36.0	0.1242	334.16	...	204.26	0.0	0.0	正常还款	完成
1	1119738.0	8000.0	36.0	0.1596	281.10	...	352.22	0.0	0.0	逾期	完成
2	1119575.0	2300.0	36.0	0.1527	80.04	...	4702.53	0.0	0.0	正常还款	完成
3	1119338.0	6000.0	36.0	0.1242	200.50	...	357.52	0.0	0.0	正常还款	完成
4	1119281.0	9000.0	36.0	0.1269	301.91	...	1397.54	0.0	0.0	逾期	完成
5	1115462.0	5000.0	36.0	0.1171	165.38	...	2346.48	0.0	0.0	逾期	完成
6	1119109.0	10000.0	36.0	0.1629	353.01	...	1263.95	0.0	0.0	正常还款	完成
7	1119012.0	5000.0	36.0	0.1065	162.87	...	7286.25	0.0	0.0	正常还款	完成
8	1117947.0	14000.0	36.0	0.1171	463.07	...	207.98	0.0	0.0	逾期	完成
9	1117748.0	2750.0	36.0	0.1629	97.08	...	50.10	0.0	0.0	逾期	完成
10	1117830.0	4700.0	36.0	0.1629	165.92	...	322.42	0.0	0.0	正常还款	完成
11	1117062.0	5800.0	36.0	0.1825	210.42	...	1750.08	0.0	0.0	正常还款	完成
12	1116983.0	6400.0	36.0	0.1727	229.04	...	204.26	0.0	0.0	正常还款	完成
13	1116758.0	8200.0	36.0	0.1527	285.35	...	352.22	0.0	0.0	正常还款	完成
14	1116769.0	6000.0	36.0	0.1596	210.83	...	4702.53	0.0	0.0	正常还款	完成
15	1116628.0	8000.0	36.0	0.0991	257.80	...	357.52	0.0	0.0	正常还款	完成
16	1116503.0	22750.0	36.0	0.1864	829.79	...	1750.08	0.0	0.0	正常还款	完成
17	1116507.0	8000.0	36.0	0.1065	260.59	...	207.98	0.0	0.0	正常还款	完成
18	1116316.0	5400.0	36.0	0.0790	168.97	...	50143.00	0.0	0.0	正常还款	完成
19	1116425.0	3000.0	36.0	0.0751	93.34	...	322.42	0.0	0.0	正常还款	完成

图 6-3　data_pd 中存储的 DataFrame 形式的数据

接着看其他参数：“header=1”参数表示使用原始数据集中的第一列作为列名，而不是使用自动列名；“index=False”参数的作用是取消索引，因为 DataFrame 数据形式会默认将表格的首列作为 DataFrame 的 index（索引），因此就需要表格内容的首列固定有个序号列，如果表格中首列并不是序号，就需要在函数中设置参数来忽略 index；参数“expand='table'”表示扩展选择范围，还可以设置为 right 或 down。其中，table 表示向整个表扩展，即选择整个表格，right 表示向表的右方扩展，即选择一行，down 表示向表的下方扩展，即选择一列；“value”方法表示工作表的数据。

第 07 行代码：提取“逾期类型”列中所有“逾期”的行数据。“data_pd[data_pd['逾期类型']=='逾期']”表示选择“逾期类型”列中为“逾期”的行数据。此代码是 Pandas 模块中按条件选择行数据的方法。“data_sort”为定义的新变量，用来存储提取的行数据。我们来运行一下程序，看看“data_sort”中存储的数据［可以在第 07 行代码下面增加“print(data_sort)”代码来输出］。如图 6-4 所示为“data_sort”中存储的数据。

	编号	贷款金额	还款期限	贷款利率	分期还款金额	...	已付利息	已还费用	逾期天数	逾期类型	贷款状态
1	1119738.0	8000.0	36.0	0.1596	281.10	...	352.22	0.0	0.0	逾期	完成
4	1119281.0	9000.0	36.0	0.1269	301.91	...	1397.54	0.0	0.0	逾期	完成
5	1115462.0	5000.0	36.0	0.1171	165.38	...	2346.48	0.0	0.0	逾期	完成
8	1117947.0	14000.0	36.0	0.1171	463.07	...	207.98	0.0	0.0	逾期	完成
9	1117748.0	2750.0	36.0	0.1629	97.08	...	50.10	0.0	0.0	逾期	完成

图 6-4　“data_sort”中存储的数据

第四步：新建工作簿和工作表（存储提取的数据）。

上面的步骤中将要提取的数据存放在了 data_sort 变量中，接下来新建一个工作簿，并插入"逾期统计"新工作表，用来存放提取的数据。在程序中输入下面的代码：

```
08  new_wb=xw.books.add()                        # 新建一个工作簿
09  new_sht=new_wb.sheets.add('逾期统计')        # 插入名为"逾期统计"的新工作表
```

第 08 行代码：新建一个工作簿。"new_wb"为定义的新变量，用来存储新建的工作簿；"books.add()"方法用来新建一个工作簿。

第 09 行代码：在新建的工作簿中插入"逾期统计"新工作表。"new_sht"为新定义的变量，"sheets.add('逾期统计')"为插入新工作表的方法，括号中的参数用来设置新工作表的名称。

第五步：复制提取的数据。

建好工作表后，接着将提取的数据复制到新建的工作表中。在程序中写入下面的代码：

```
10  new_sht.range('A1'). options(index=False).value=data_sort
                                    # 将提取出的行数据复制到新建的工作表中
```

第 10 行代码：将"data_sort"中存储的数据复制到新建的"逾期统计"工作表中。"new_sht"表示"逾期统计"工作表；"range('A1')"表示以 A1 单元格为起始单元格开始复制；"options()"方法用来设置数据存储的类型，其参数 index=False 用来设置数据的索引，False 表示不采用原来的索引；等号右侧的"data_sort"为存储数据的变量。

第六步：设置工作表格式并保存退出。

在数据复制到新工作表后，还需要对表格单元格格式进行一下调整。之后保存工作簿，并关闭工作簿，退出 Excel 程序。在程序中继续写入下面的代码：

```
11  new_sht.autofit()                    # 自动调整新工作表的行高和列宽
12  new_wb.save('E:\\ 银行数据 \\ 逾期统计 .xlsx')   # 保存新建的工作簿
13  new_wb.close()                       # 关闭新建的工作簿
14  wb.close()                           # 关闭打开的工作簿
15  app.quit()                           # 退出 Excel 程序
```

第 11 行代码：根据数据内容自动调整新工作表的行高和列宽。"autofit()"方法用于自动调整整个工作表的列宽和行高。该方法的参数为 axis=None 或 rows、columns 等，其中 axis=None 或省略表示自动调整行高和列宽；axis=rows 或 axis=r 表示自动调整行高；axis=columns 或 axis=c 表示自动调整列宽。

第 12 行代码：将新建的工作簿保存为"E:\\ 银行数据 \\ 逾期统计 .xlsx"。"save()"方法用来保存工作簿，括号中为要保存的工作簿的名称和路径。

第 13 行代码：关闭新建的工作簿。

第 14 行代码：关闭打开的工作簿。

第 15 行代码：退出 Excel 程序。

完成后的完整代码如下：

```
01  import xlwings as xw                        # 导入 xlwings 模块
02  import pandas as pd                         # 导入 Pandas 模块
03  app=xw.App(visible=True,add_book=False)     # 启动 Excel 程序
04  wb=app.books.open('E:\\ 银行数据 \\ 银行所有贷款数据 .xlsx')    # 打开工作簿
05  sht=wb.sheets(' 所有贷款数据 ')             # 打开"所有贷款数据"工作表
06  data_pd=sht.range('A1').options(pd.DataFrame,header=1,index=False,expand='table')
    .value                      # 将工作表中的数据读取为 DataFrame 形式
07  data_sort=data_pd[data_pd[' 逾期类型 ']==' 逾期 ']
```

```
                                          # 提取“逾期类型”列中所有“逾期”的行数据
08 new_wb=xw.books.add()                  # 新建一个工作簿
09 new_sht=new_wb.sheets.add('逾期统计') # 插入名为“逾期统计”的新工作表
10 new_sht.range('A1'). options(index=False).value=data_sort
# 将提取出的行数据复制到新建的工作表中
11 new_sht.autofit()                      # 自动调整新工作表的行高和列宽
12 new_wb.save('E:\\银行数据\\逾期统计.xlsx')          # 保存新建的工作簿
13 new_wb.close()                                    # 关闭新建的工作簿
14 wb.close()                                        # 关闭打开的工作簿
15 app.quit()                                        # 退出 Excel 程序
```

零基础代码套用：

适当修改上面的代码，可以利用这些代码处理自己工作中的数据文件。方法如下：

（1）将案例中第 04 行代码中的“E:\\ 银行数据 \\ 银行所有贷款数据 .xlsx”更换为其他工作簿文件名，可以对其他工作簿进行处理（注意：要加上文件的路径）。

（2）将案例中第 05 行代码中的“所有贷款数据”修改为要处理的工作表的名称。

（3）同时还要将第 07 行代码中的“逾期类型”更换为你想要提取的列标题，将“逾期”更换为要提取的关键词，可以从工作表中提取不同的数据。

（4）将案例中第 12 行代码中的“E:\\ 银行数据 \\ 逾期统计 .xlsx”更换为其他名称，可以修改新建的工作簿的名称（注意：须加上文件的路径）。

6.2 从贷款数据库中自动挑出自己客户的数据资料

在本案例中，我们用某银行的贷款数据来讲解，如何从大量的贷款数据中，找出客户经理自己客户的贷款数据。如图 6-5 所示为“银行所有贷款数据”数据文件，此工作簿的“所有贷款数据”工作表中“编号”列为每个客户的编号，银行所有客户经理的客户数据都混在此数据库中，我们要通过客户经理统计的客户的编号（如图 6-6 所示为客户经理自己客户的编号）来自动查找并提取出属于客户经理的客户的数据，然后存储在一个新的工作簿中。处理后的结果如图 6-7 所示。

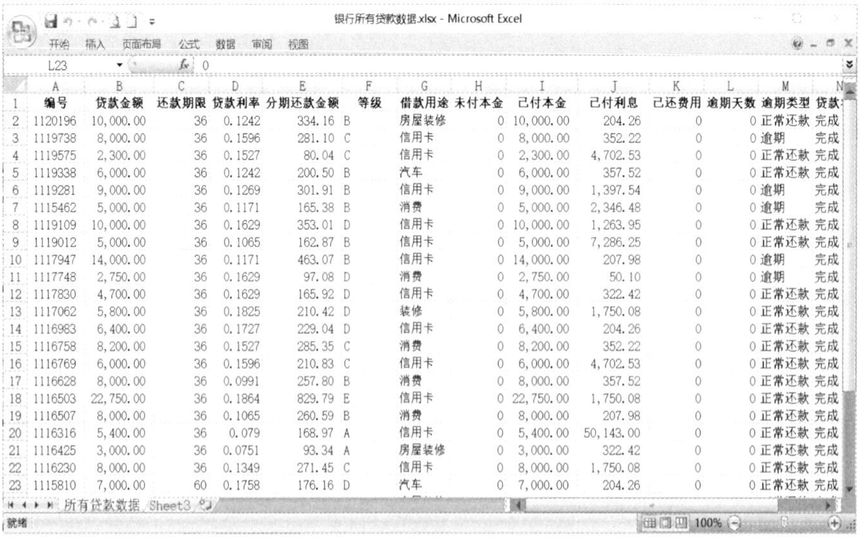

	编号	贷款金额	还款期限	贷款利率	分期还款金额	等级	借款用途	未付本金	已付本金	已付利息	已还费用	逾期天数	逾期类型	贷款
2	1120196	10,000.00	36	0.1242	334.16	B	房屋装修	0	10,000.00	204.26	0	0	正常还款	完成
3	1119738	8,000.00	36	0.1596	281.10	C	信用卡	0	8,000.00	352.22	0	0	逾期	完成
4	1119575	2,300.00	36	0.1527	80.04	C	信用卡	0	2,300.00	4,702.53	0	0	正常还款	完成
5	1119338	6,000.00	36	0.1242	200.50	B	汽车	0	6,000.00	357.52	0	0	正常还款	完成
6	1119281	9,000.00	36	0.1269	301.91	B	信用卡	0	9,000.00	1,397.54	0	0	逾期	完成
7	1115462	5,000.00	36	0.1171	165.38	B	消费	0	5,000.00	2,346.48	0	0	逾期	完成
8	1119109	10,000.00	36	0.1629	353.01	D	信用卡	0	10,000.00	1,263.95	0	0	正常还款	完成
9	1119012	5,000.00	36	0.1065	162.87	B	信用卡	0	5,000.00	7,286.25	0	0	正常还款	完成
10	1117947	14,000.00	36	0.1171	463.07	B	信用卡	0	14,000.00	207.98	0	0	逾期	完成
11	1117748	2,750.00	36	0.1629	97.08	D	消费	0	2,750.00	50.10	0	0	逾期	完成
12	1117830	4,700.00	36	0.1629	165.92	D	信用卡	0	4,700.00	322.42	0	0	正常还款	完成
13	1117062	5,800.00	36	0.1825	210.42	D	装修	0	5,800.00	1,750.08	0	0	正常还款	完成
14	1116983	6,400.00	36	0.1727	229.04	D	信用卡	0	6,400.00	204.26	0	0	正常还款	完成
15	1116758	8,200.00	36	0.1527	285.35	C	消费	0	8,200.00	352.22	0	0	正常还款	完成
16	1116769	6,000.00	36	0.1596	210.83	C	信用卡	0	6,000.00	4,702.53	0	0	正常还款	完成
17	1116628	8,000.00	36	0.0991	257.80	B	消费	0	8,000.00	357.52	0	0	正常还款	完成
18	1116503	22,750.00	36	0.1864	829.79	E	信用卡	0	22,750.00	1,750.08	0	0	正常还款	完成
19	1116507	8,000.00	36	0.1065	260.59	B	消费	0	8,000.00	207.98	0	0	正常还款	完成
20	1116316	5,400.00	36	0.079	168.97	A	信用卡	0	5,400.00	50,143.00	0	0	正常还款	完成
21	1116425	3,000.00	36	0.0751	93.34	A	房屋装修	0	3,000.00	322.42	0	0	正常还款	完成
22	1116230	8,000.00	36	0.1349	271.45	C	信用卡	0	8,000.00	1,750.08	0	0	正常还款	完成
23	1115810	7,000.00	60	0.1758	176.16	D	汽车	0	7,000.00	204.26	0	0	正常还款	完成

图 6-5 “银行所有贷款数据”数据文件

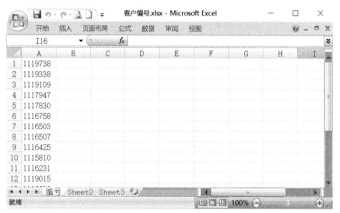

图 6-6　客户经理自己客户的编号

图 6-7　提取属于客户经理的客户编号在处理后的结果

下面我们来分析程序如何编写。

（1）让 Python 读取 E 盘"银行数据"文件夹中"客户编号 .xlsx"工作簿中"编号"工作表中的数据。

（2）读取 E 盘"银行数据"文件夹中"银行所有贷款数据 .xlsx"工作簿中的"所有贷款数据"工作表中的数据。

（3）利用 for 循环遍历读取的客户编号。在遍历每个客户编号时，利用 Pandas 模块来对贷款数据中的"编号"列数据进行分析，并挑选出此列数据为对应客户编号的行数据。同时将挑选出的数据加入 DataFrame 中。

（4）按要求新建一个名称为"客户统计"的工作簿，再新建一个"客户统计"工作表。

（5）将提取的数据复制到"客户统计"工作表中。

（6）设置一下"客户统计"工作表单元格格式，然后保存"客户统计"的工作簿，并关闭工作簿，退出 Excel 程序。

第一步：导入模块并打开客户编号工作簿文件并读取客户的编号。

关于导入模块的操作，6.1 节中已作讲解，不再赘述。

接着准备读取客户编号数据，首先启动 Excel 程序，然后打开要处理的"客户编号"Excel 工作簿文件，并打开要处理的工作表。在程序中输入以下代码。

```
03  app=xw.App(visible=True,add_book=False)               # 启动 Excel 程序
04  wb1=app.books.open('E:\\ 银行数据 \\ 客户编号 .xlsx')     # 打开工作簿
05  sht1=wb1.sheets(' 编号 ')                               # 打开"编号"工作表
06  data1=sht1.range('A1').expand('table').value          # 读取"编号"工作表中的编号数据
```

第 03 行代码：启动 Excel 程序，并把程序存储在"app"变量中。这里小写的"app"是新定义的变量，用来存储打开的 Excel 程序。"xw"指的是 xlwings 模块，大写 A 开头的"App"是 xlwings 模块中的方法（即函数），用来启动 Excel 程序。它右侧括号中的内容为其参数，用来设置启动的 Excel 程序。参数"visible"用来设置启动的 Excel 程序是否可见，如果设置为 True，就表示可见（默认），如果为 False，就表示不可见。参数"add_book"用来设置启动 Excel 时，是否自动创建新工作簿，如果设置为 True，就表示自动创建（默认），如果为 False，就表示不创建。

第 04 行代码：打开已有的工作簿文件。"wb1"为新定义的变量，用来存储打开的工作簿。"app"为启动的 Excel 程序，"books.open()"方法用来打开工作簿，括号中的内容为要打开的工作簿文件。这里要写全工作簿文件的详细路径。注意：路径中用了双反斜杠，如果用单反斜杠，就在"E"前面加转义符 r。如：r'E:\ 银行数据 \ 数据 .xlsx'。

第 05 行代码：打开要处理的工作表。"sht1"为新定义的变量，"wb1"表示打开的"客户编号 .xlsx"工作簿，"sheets()"方法用来打开工作簿中的工作表，括号中的参数为要打开的工作表名称。

第 06 行代码：读取"编号"工作表中的所有数据，并存储到"data1"中。"data1"为新定义的变量，"sht1"为打开的"编号"工作表；"range('A1')"方法用来设置起始单元格，参数"'A1'"表示起始单元格为 A1 单元格；"expand()"方法用来设置表格扩展选择范围，可以设置为 table、right 或 down，table 表示向整个表扩展，即选择整个表格，right 表示向表的右方扩展，即选择一行，down 表示向表的下方扩展，即选择一列；"value"表示工作表数据。

直接读取的 Excel 数据会以列表形式存储在"data1"变量中，下面我们来单独输出"data1"变量 [可以在第 06 行代码下面增加"print(data1)"代码来输出]，看看其存储的数据是什么样的。注意，在"客户编号"工作簿中存储客户编号时，不要写列标题，否则列标题也会被读取出来。如图 6-8 所示为"data1"中存储的所读取的编号数据，数据以列表的形式读取。

```
[1119738.0, 1119338.0, 1119109.0, 1117947.0, 1117830.0, 1116758.0, 1116503.0, 1116507.0,
1116425.0, 1115810.0, 1116231.0, 1119015.0, 1116638.0, '1117777']
```

图 6-8 data1 中存储的所读取的编号数据

第二步：打开要处理的 Excel 工作簿文件并读取表格中的数据。

接下来准备处理 Excel 工作簿数据。首先打开要处理的 Excel 工作簿文件，打开要处理的工作表，并读取工作表数据。在程序中输入以下代码：

```
07  wb2=app.books.open('E:\\ 银行数据 \\ 银行所有贷款数据 .xlsx')          # 打开工作簿
08  sht2=wb2.sheets(' 所有贷款数据 ')              # 打开"所有贷款数据"工作表
09  data2=sht2.range('A1').options(pd.DataFrame,header=1,index=False,expand='table')
    .value                                        # 将工作表中的数据读取为 DataFrame 形式
```

第 07 行代码：打开"银行所有贷款数据 .xlsx"工作簿文件。"wb2"为新定义的变量，用来存储打开的"银行所有贷款数据 .xlsx"工作簿。"app"为启动的 Excel 程序，"books.open()"方法用来打开工作簿，括号中的内容为要打开的工作簿文件。这里要写全工作簿文

件的详细路径。

第 08 行代码：打开工作簿中"所有贷款数据"工作表。"sht2"为新定义的变量，"wb2"表示打开的"银行所有贷款数据.xlsx"工作簿，"sheets()"方法用来打开工作簿中的工作表，括号中的参数为要打开的工作表名称。

第 09 行代码：将工作表中的数据内容读取成 Pandas 的 DataFrame 形式。"sht2"为打开的"所有贷款数据"工作表，"range('A1')"用来设置起始单元格，参数"'A1'"表示起始单元格为 A1 单元格。"options()"方法用来设置数据读取的类型。其参数"pd.DataFrame"作用是将数据内容读取成 DataFrame 形式（如图 6-9 所示为"data2"中存储的 DataFrame 形式的数据）；"header=1"参数表示使用原始数据集中的第一列作为列名，而不是使用自动列名；"index=False"参数表示取消索引，因为 DataFrame 数据形式会默认将表格的首列作为 DataFrame 的 index（索引），因此就需要表格内容的首列固定有个序号列，如果表格中首列并不是序号，就需要在函数中设置参数来忽略 index。"expand='table'"参数表示扩展选择范围，可以设置为 table、right 或 down，"table"表示向整个表扩展，即选择整个表格，"right"表示向表的右方扩展，即选择一行，"down"表示向表的下方扩展，即选择一列。

图 6-9 data2 中存储的 DataFrame 形式的数据

第三步：对照"编号"工作表中的编号从贷款数据中提取对应的客户数据。

下面开始从"所有贷款数据"工作表中提取"编号"工作表中客户编号对应的客户数据。在程序中继续输入以下代码：

```
10  data_pd=pd.DataFrame()                  # 新建一个空 DataFrame 用于存放数据
11  for i in data1:                         # 遍历存储客户编号的"data1"列表
12      data_sort=data2[data2['编号']==i]    # 提取"编号"列中为 i 中存储的编号的数据
13      data_pd=data_pd.append(data_sort)   # 将 data_sort 的数据加到 DataFrame 中
```

第 10 行代码：新建一个名为"data_pd"的空的 DataFrame。创建空的 DataFrame 用来存储提取出来的数据，由于用 for 循环时，每次只能提取一个客户的数据，如不将提取的数据及时加入空的 DataFrame，在下一次循环时，就会导致上一次提取的数据丢失。

提示：如果在 DataFrame() 的括号中加入一个列表形式的数据，就会创建一个有数据的 DataFrame。比如 data_pd=pd. DataFrame(['2','4','6','8','10'])。

第 11 行代码：遍历存储客户编号的"data1"变量中的数据列表。for 循环每循环一次就会从"data1"列表中取出一个元素，存储在"i"变量中，然后执行第 12 和第 13 行缩进部分循环体的代码。第一次循环时，从"data1"列表中取出"1119738"（第一个元素）存储在"i"中，然后执行第12和第13行代码。缩进部分代码执行完后，进入第二次循环，又执行第11行代码，从"data1"列表中取出"1119338"（第二个元素）存在"i"中，然后执行缩进部分代码；就这样一直循环直到遍历完所有的元素后，开始执行第14行代码。

第12行代码：提取"所有贷款数据"工作表的"编号"列中与i中存储的编号相同的项的行数据。"data_sort"为新定义的变量，用来存储提取的数据。每次循环"data_sort"中存储的数据如图6-10所示。"data2[data2['编号']==i]"为Pandas模块中按条件选择行数据的方法，此代码表示选择"编号"列中为i编号的行数据。在第一次循环时，i=1119738，就会选取编号为1119738的行数据。

```
   编号    贷款金额 还款期限 贷款利率 分期还款金额 ... 已付利息 已还费用 逾期天数 逾期类型 贷款状态
1 1119738.0 8000.0 36.0 0.1596 281.1 ... 352.22 0.0 0.0   逾期   完成
```

图 6-10　data_sort 中存储的数据

第13行代码：将"data_sort"变量中存储的DataFrame数据（第12行代码提取的数据）加入到之前新建的"data_pd"中（空DataFrame）。"append()"方法用来将元素加入DataFrame中，括号中为其参数，为要添加的内容。

循环结束时，"data_pd"中的数据如图6-11所示。

```
    编号    贷款金额 还款期限 贷款利率 分期还款金额 ... 已付利息 已还费用 逾期天数 逾期类型 贷款状态
1  1119738.0 8000.0 36.0 0.1596 281.10 ... 352.22 0.0 0.0  逾期   完成
3  1119338.0 6000.0 36.0 0.1242 200.50 ... 357.52 0.0 0.0 正常还款 完成
6  1119109.0 10000.0 36.0 0.1629 353.01 ... 1263.95 0.0 0.0 正常还款 完成
8  1117947.0 14000.0 36.0 0.1171 463.07 ... 207.98 0.0 0.0  逾期   完成
10 1117830.0 4700.0 36.0 0.1629 165.92 ... 322.42 0.0 0.0 正常还款 完成
13 1116758.0 8200.0 36.0 0.1527 285.35 ... 352.22 0.0 0.0 正常还款 完成
16 1116503.0 22750.0 36.0 0.1864 829.79 ... 1750.08 0.0 0.0 正常还款 完成
17 1116507.0 8000.0 36.0 0.1065 260.59 ... 207.98 0.0 0.0 正常还款 完成
19 1116425.0 3000.0 36.0 0.0751 93.34 ... 322.42 0.0 0.0 正常还款 完成
21 1115810.0 7000.0 60.0 0.1758 176.16 ... 204.26 0.0 0.0 正常还款 完成
23 1116231.0 27050.0 36.0 0.1099 885.46 ... 4702.53 0.0 0.0 正常还款 完成
25 1119015.0 8000.0 36.0 0.0762 373.94 ... 1397.54 0.0 0.0 正常还款 完成
27 1116638.0 8000.0 36.0 0.0662 368.45 ... 1263.95 0.0 0.0 正常还款 完成
```

图 6-11　循环结束时，data_pd 中的数据

第四步：新建工作簿和工作表（存储提取的数据）。

上面的步骤中将要提取的数据存放在了"data_pd"中，接下来新建一个工作簿，并插入"客户统计"新工作表，用来存放提取的数据。接着在程序中输入下面的代码：

```
14 new_wb=xw.books.add()                    # 新建一个工作簿
15 new_sht=new_wb.sheets.add('客户统计')     # 插入名为"客户统计"的新工作表
```

第14行代码：新建一个工作簿。"new_wb"为定义的新变量，用来存储新建的工作簿；"xw"为xlwings模块；"books.add()"方法用来新建一个工作簿。

第15行代码：在新建的工作簿中插入"客户统计"新工作表。"new_sht"为新定义的变量；"new_wb"为新建的工作簿，"sheets.add('客户统计')"为插入新工作表的方法，括号中的参数用来设置新工作表的名称。

第五步：复制提取的数据。

建好工作表后，接着将提取的数据复制到新建的工作表中。在程序中输入下面的代码：

```
16 new_sht.range('A1'). options(index=False).value=data_pd
                                # 在新工作表中存入 data_pd 中的所有明细数据
```

第16行代码：将"data_pd"中的数据复制到新建的"客户统计"工作表中。"new_sht"表示"客户统计"工作表；"range('A1')"表示以A1单元格为起始单元格开始复制；

"options()"方法用来设置数据存储的类型，其参数 index=False 用来设置数据的索引，False 表示不采用原来的索引；等号右侧的"data_pd"为存储数据的 DataFrame。

第六步：设置工作表格式并保存后退出。

在数据复制到新工作表后，还需要对表格单元格的格式进行调整。之后保存工作簿，并关闭工作簿，退出 Excel 程序。在程序中继续输入下面的代码：

```
17  new_sht.autofit()                              # 自动调整新工作表的行高和列宽
18  new_wb.save('E:\\ 银行数据 \\ 客户统计 .xlsx')      # 保存新建的工作簿
19  new_wb.close()                                  # 关闭新建的工作簿
20  wb1.close()                                     # 关闭"客户编号"工作簿
21  wb2.close()                                     # 关闭"银行所有贷款数据"工作簿
22  app.quit()                                      # 退出 Excel 程序
```

第 17 行代码：根据数据内容自动调整新工作表的行高和列宽。"autofit()"方法用于自动调整整个工作表的列宽和行高；该方法的参数为 axis=None 或 rows、columns 等，其中，axis=None 或省略表示自动调整行高和列宽；axis=rows 或 axis=r 表示自动调整行高；axis=columns 或 axis=c 表示自动调整列宽。

第 18 行代码：将新建的工作簿保存为"E:\\ 银行数据 \\ 客户统计 .xlsx"。"save()"方法用来保存工作簿，括号中的内容为要保存的工作簿的名称和路径。

第 19 行代码：关闭新建的工作簿。

第 20 行代码：关闭打开的"客户编号"工作簿。

第 21 行代码：关闭打开的"银行所有贷款数据"工作簿。

第 22 行代码：退出 Excel 程序。

完成后的完整代码如下：

```
01  import xlwings as xw                            # 导入 xlwings 模块
02  import pandas as pd                             # 导入 Pandas 模块
03  app=xw.App(visible=True,add_book=False)         # 启动 Excel 程序
04  wb1=app.books.open('E:\\ 银行数据 \\ 客户编号 .xlsx')      # 打开工作簿
05  sht1=wb1.sheets(' 编号 ')                        # 打开"编号"工作表
06  data1=sht1.range('A1').expand('table').value    # 提取"编号"工作表中的编号数据
07  wb2=app.books.open('E:\\ 银行数据 \\ 银行所有贷款数据 .xlsx')  # 打开工作簿
08  sht2=wb2.sheets(' 所有贷款数据 ')                  # 打开"所有贷款数据"工作表
09  data2=sht2.range('A1').options(pd.DataFrame,header=1,index=False,expand='table')
    .value                                          # 将工作表中的数据读取为 DataFrame 形式
10  data_pd=pd.DataFrame()                          # 新建一个空 DataFrame 用于存放数据
11  for i in data1:                                 # 遍历存储客户编号的"data1"列表
12      data_sort=data2[data2[' 编号 ']==i]          # 提取"编号"列中为 i 中存储的编号的数据
13      data_pd=data_pd.append(data_sort)           # 将 data_sort 的数据加到 DataFrame 中
14  new_wb=xw.books.add()                           # 新建一个工作簿
15  new_sht=new_wb.sheets.add(' 客户统计 ')           # 插入名为"客户统计"的新工作表
16  new_sht.range('A1'). options(index=False).value=data_pd
                                                    # 在新工作表中存入 data_pd 中的所有明细数据
17  new_sht.autofit()                               # 自动调整新工作表的行高和列宽
18  new_wb.save('E:\\ 银行数据 \\ 客户统计 .xlsx')       # 保存新建的工作簿
19  new_wb.close()                                  # 关闭新建的工作簿
20  wb1.close()                                     # 关闭"客户编号"工作簿
21  wb2.close()                                     # 关闭"银行所有贷款数据"工作簿
22  app.quit()                                      # 退出 Excel 程序
```

零基础代码套用：

适当修改上面的代码，可以利用这些代码处理自己工作中的数据文件。方法如下：

（1）将案例中第 04 行代码中的"E:\\ 银行数据 \\ 客户编号 .xlsx"更换为其他客户账户或编号文件的文件名，可以选择其他数据工作簿。注意：须加上文件的路径。

（2）将案例中第 05 行代码中的"编号"修改为存储编号的工作表的名称。

（3）将案例中第 07 行代码中的"E:\\ 银行数据 \\ 银行所有贷款数据 .xlsx"更换为其他文件名，可以对其他工作簿进行处理，注意要加上文件的路径。

（4）将案例中第 08 行代码中的"所有贷款数据"修改为要处理的工作表的名称。

（5）将案例中第 12 行代码中的"编号"更换为你想要提取的列标题。

（6）将案例中第 18 行代码中的"E:\\ 银行数据 \\ 客户统计 .xlsx"更换为其他名称，可以修改新建的工作簿的名称，注意要加上文件的路径。

（7）如果新增了新的贷款客户，可以在"客户编号"工作簿中增加新客户的编号（注意，只能在 A 列中增加客户编号），即可提取出新客户的本息支付数据。

6.3　批量自动填写客户资料表单

对于办公中的很多工作，经常需要在很多表格中重复填写客户的姓名、账号等信息。如果是手工填写，这些重复性的工作就显得非常烦琐。

在本案例中，我们从"客户资料"数据库中查找到"填表"工作簿中需要的客户账户，然后增加客户名称并自动填写好客户对应的账户。如图 6-12 所示为"客户资料"数据文件，图 6-13 所示为要填写的客户信息的工作簿文件。处理后的结果如图 6-14 所示。

图 6-12　"客户资料"数据文件

图 6-13　要填写的客户信息的工作簿文件

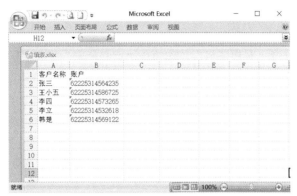

图 6-14 自动填写好客户对应的账户的效果

下面我们来分析程序应如何编写。

（1）让 Python 读取 E 盘"银行数据"文件夹中"客户资料 .xlsx"工作簿中"客户信息"工作表中的"客户名称"列和"账户"列的数据。

（2）读取 E 盘"银行数据"文件夹中"填表 .xlsx"工作簿中"信息"工作表中的数据。

（3）利用 for 循环依次查找每个要填写的客户名称对应的客户账户，然后将找到的客户账户填写到"填表"工作簿中对应的位置（即填写表单）。

（4）设置一下"信息"工作表单元格的行高和列宽，然后保存"填表"工作簿，并关闭工作簿，退出 Excel 程序。

第一步：导入模块并打开客户资料工作簿文件并读取客户姓名和账户信息。

按照 6.1 节介绍的方法导入模块，读取客户资料工作簿数据。首先启动 Excel 程序，然后打开要处理的"客户资料"Excel 工作簿文件，并打开要处理的工作表。再在程序中输入以下代码：

```
03  app=xw.App(visible=True,add_book=False)              # 启动 Excel 程序
04  wb1=app.books.open('E:\\ 银行数据 \\ 客户资料 .xlsx')   # 打开工作簿
05  sht1=wb1.sheets(' 客户信息 ')                          # 打开"客户信息"工作表
06  data1_name=sht1.range('A2').expand('down').value     # 读取客户资料中所有客户姓名
07  data1_code=sht1.range('B2').expand('down').value     # 读取客户资料中所有账号
```

第 03 行代码：启动 Excel 程序，并把程序存储在"app"变量中。这里小写的"app"是新定义的变量，用来存储打开的 Excel 程序。"xw"指的是 xlwings 模块，大写 A 开头的"App"是 xlwings 模块中的方法（即函数），用来启动 Excel 程序。它右侧括号中的内容为其参数，用来设置启动的 Excel 程序。参数"visible"用来设置启动的 Excel 程序是否可见，如果设置为 True，就表示可见（默认），如果为 False，就表示不可见。参数"add_book"用来设置启动 Excel 时，是否自动创建新工作簿，如果设置为 True，就表示自动创建（默认），如果为 False，就表示不创建。

第 04 行代码：打开已有的工作簿文件。"wb1"为新定义的变量，用来存储打开的"客户资料"工作簿；"app"为启动的 Excel 程序；"books.open()"方法用来打开工作簿，括号中为要打开的工作簿文件。这里要写全工作簿文件的详细路径。注意：路径中用了双反斜杠，如果用单反斜杠，就在 E 前面加转义符 r。如：r'E:\银行数据\数据 .xlsx'.

第 05 行代码：打开要处理的工作表。"sht1"为新定义的变量；"wb1"表示打开的"客

户信息 .xlsx"工作簿;"sheets()"方法用来打开工作簿中的工作表,括号中的参数为要打开的工作表名称。

第 06 行代码:读取"客户资料"工作簿中"客户信息"工作表的"客户姓名"列所有人名的数据。"data1_name"为新定义的变量,用来存储读取的人名数据;"sht1"为打开的"客户信息"工作表;"range('A2')"的意思是从 A2 单元格开始读取,因为 A1 单元格为列标题,读取后的数据以列表的形式存储,在后面进行分析处理时,读取列表题会出错,所以应从 A2 单元格开始读取,如图 6-15 所示为"data1_name"列表存储的数据;"expand('down')"表示向下扩展选择,也就是从 A2 单元格向下选择此列的所有单元格数据;"value"表示工作表数据。

['梁祝', '王小五', '小可', '张三', '李四', '赵宁', '韩楚', '杨丽', '李立', '紫芸', '白剑', '青青']

图 6-15 data1_name 列表存储的数据

第 07 行代码:读取"客户资料"工作簿中"客户信息"工作表的"账号"列所有数据。"data1_code"为新定义的变量,用来存储读取的账号数据;"sht1"为打开的"客户信息"工作表;"range('B2')"表示从 B2 单元格开始读取,因为 B1 单元格为列标题,读取后的数据以列表的形式存储,在后面进行分析处理时,读取列表题会出错,所以应从 B2 单元格开始读取,如图 6-16 所示为"data1_code"列表存储的数据;"expand('down')"表示向下扩展选择,也就是从 B2 单元格向下选择此列所有单元格数据;"value"表示工作表数据。

['62225314514261', '62225314586725', '62225314598699', '62225314564235', '62225314573265', '62225314511311', '62225314569122', '62225314554326', '62225314532618', '62226314652658', '62225314526598', '62225314573569']

图 6-16 data1_code 列表存储的数据

第二步:打开客户资料工作簿文件并读取客户姓名和账户信息。

准备读取客户资料工作簿数据,打开要处理的"客户资料"Excel 工作簿文件,并打开要处理的工作表。在程序中输入以下代码:

```
08  wb2=app.books.open('E:\\ 银行数据 \\ 填表 .xlsx')       # 打开工作簿
09  sht2=wb2.sheets(' 信息 ')                             # 打开"信息"工作表
10  data2=sht2.range('A1').options(pd.DataFrame,header=1,index=False,expand='table')
    .value                                    # 将工作表中的数据读取为 DataFrame 形式
```

第 08 行代码:打开已有的工作簿文件。"wb2"为新定义的变量,用来存储打开的"填表"工作簿;"app"为启动的 Excel 程序;"books.open()"方法用来打开工作簿,括号中的内容为要打开的工作簿文件。这里要写全工作簿文件的详细路径。

第 09 行代码:打开要处理的"信息"工作表。"sht2"为新定义的变量;"wb2"表示打开的"填表 .xlsx"工作簿;"sheets()"方法用来打开工作簿中的工作表,括号中的参数"信息"为要打开的工作表名称。

第 10 行代码:读取"信息"工作表中的所有数据,并存储到"data2"中。"data2"为新定义的变量,用来存储读取的数据;"sht2"为打开的"信息"工作表;"range('A1')"方法用来设置起始单元格,参数"'A1'"表示起始单元格为 A1 单元格;"options()"方法用来设置数据读取的类型。其参数"pd.DataFrame"作用是将数据内容读取成 DataFrame 形式。

下面我们来单独输出"data2"变量(可以在第 10 行代码下面增加"print(data2)"代码

来输出），看看其存储的 DataFrame 形式的数据是什么样的。如图 6-17 所示为 "data2" 中
存储的所读取的数据。

```
  客户名称  账户
0 张三 None
1 王小五 None
2 李四 None
3 李立 None
4 韩楚 None
```

图 6-17　data2 中存储的 DataFrame 形式的数据

接着看其他参数："header=1" 参数用于设置使用原始数据集中的第一列作为列名，
而不是使用自动列名；"index=False" 参数的作用是取消索引，因为 DataFrame 数据形式
会默认将表格的首列作为 DataFrame 的 index（索引），因此就需要表格内容的首列固定
有个序号列，如果表格中首列并不是序号，就需要在函数中设置参数来忽略 index；参数
"expand='table'" 表示扩展选择范围，其参数可以设置为 table、right 或 down，table 表示向
整个表扩展，即选择整个表格， right 表示向表的右方扩展，即选择一行，down 表示向表的
下方扩展，即选择一列；"value" 表示工作表的数据。

第三步：查找每个客户对应的账户信息并填写表单。

接下来利用 for 循环在 "客户资料" 工作簿中依次查找每个要填写的客户名称对应的客
户账户，然后将找到的客户账户信息填写到 "填表" 工作簿中对应的位置。在程序中输入以
下代码：

```
11 for x in range(5):                        # 遍历 range 生成的列表（0 到 4 的数字列表）
12     data1_nub=data1_name.index(data2['客户名称'][x])
                        # 获得 "填表" 工作簿中每个姓名在 "data1_name" 数据列表中的位置（索引）
13     sht2.range('B'+str(x+2)).value=data1_code[data1_nub]
                        # 将获取的 "data1_code" 数据列表中的账号元素写入 "填表" 工作簿的单元格
```

第 11 行代码：遍历 "range()" 函数生成的列表。"range()" 函数会生成一列整数的列表，
此函数的参数中，如果只有一个数字，表示结束数（但不包括此数）。比如 range(5)，会生
成从 0~4 五个整数的列表（即 [0,1,2,3,4]）。"range()" 的参数 5，是由 "填表" 工作簿中要
填写账号的个数决定的。如果要填写 8 个账号，"range()" 的参数就设置为 8，让 for 循
环 8 次。

代码中 for 循环包括第 11~13 行代码，其中第 12 和第 13 行缩进部分代码为循环体部分。
用 for 循环遍历生成 [0,1,2,3,4] 列表，第一次循环时，会从列表中取出第一个元素 0，存在变
量 "x" 中，然后执行下面缩进部分代码（即第 12 和第 13 行代码）；执行完后，返回再次
执行第 11 行代码，开始进入第二次循环，从列表中取出第二个元素 1，存在 "x" 变量中，
然后再执行下面缩进部分代码；同样的方法一直循环下去，直到访问最后一个元素，并执行
完缩进部分代码后，完成 for 循环，开始执行循环体后面的代码。

第 12 行代码：获得 "填表" 工作簿中每个姓名在 "data1_name" 数据列表中的位置（索
引）。由于要填写的账号全部在 "客户资料" 工作簿中，因此这些账号对应的客户姓名也全
在 "客户资料" 中的 "客户名称" 列表中（"data1_name" 列表中）。

我们先按顺序取出 "填表" 工作簿中的客户姓名，然后获得每个姓名在 "data1_name"
列表中的位置（即索引），也就是姓名是第几个元素。而姓名对应的账户在 "data1_code"

列表中的索引与姓名在"data1_name"列表中的索引相同，就可以利用这个索引号从"data1_code"列表中取出对应的账户。

"data2[' 客户名称 '][x]"表示获得"data2"数据中（"填表"工作簿中的数据，参考第 10 行代码中的数据图片），"客户名称"列第 x 行的元素，当 x=0 时，即获得第一个元素"张三"。

"data1_name.index()"表示获取元素在列表中的位置（即是第几个元素），如果"data2[' 客户名称 '][x]"为"张三"，代码就变为"data1_name.index(' 张三 ')"，即获得张三在 data1_name 列表（"客户资料"工作簿中客户姓名的列表）中是第几个元素。输出的值为 3（第 4 个元素）。

第 13 行代码：将读取的"data1_code"数据列表中的各个元素（即账户）复制到"填表"工作簿的相应单元格。"data1_code[data1_nub]"表示取出"data1_code"列表的元素。如果"data1_nub"的值为 3，代码就变为"data1_code[3]"，即取出"data1_code"列表中的第 4 个元素，即"62225314564235"。"sht2.range('B'+str(x+2)).value"表示将"data1_code[data1_nub]"取出的元素复制到"填表"工作簿"信息"工作表的"B（x+2）"单元格，如果 x=0，就写在 B2 单元格。"sht2"为打开的"信息"工作表，"str()"函数表示将数字转换为字符串格式。由于"range()"函数的参数要求是字符串，所以这里需要将数字转换为字符串。range('B'+str(x+2)) 为数据复制的单元格，如果 x=0，就复制到 B2 单元格。value 表示工作表数据。

第四步：设置工作表格式并保存后退出。

在将账户复制到"填表"工作簿后，还需要对"信息"工作表中单元格格式进行调整。之后保存工作簿，然后关闭工作簿，退出 Excel 程序。在程序中继续输入下面的代码：

```
14  sht2.autofit()                          # 自动调整"信息"工作表的行高和列宽
15  wb2.save()                              # 保存"填表"工作簿
16  wb2.close()                             # 关闭"填表"工作簿
17  wb1.close()                             # 关闭"客户资料"工作簿
18  app.quit()                              # 退出 Excel 程序
```

第 14 行代码：根据数据内容自动调整"信息"工作表的行高和列宽。"sht2"为"信息"工作表，autofit() 方法用于自动调整整个工作表的列宽和行高。该方法的参数为 axis=None 或 rows、columns 等，其中 axis=None 或省略表示自动调整行高和列宽；axis=rows 或 axis=r 表示自动调整行高；axis=columns 或 axis=c 表示自动调整列宽。

第 15 行代码：保存"填表"工作簿。"wb2"为打开的"填表"工作簿；"save()"方法用来保存工作簿。

第 16 行代码：关闭"填表"工作簿。

第 17 行代码：关闭"客户资料"工作簿。

第 18 行代码：退出 Excel 程序。

完成后的完整代码如下：

```
01  import xlwings as xw                                    # 导入 xlwings 模块
02  import pandas as pd                                     # 导入 Pandas 模块
03  app=xw.App(visible=True,add_book=False)                 # 启动 Excel 程序
04  wb1=app.books.open('E:\\ 银行数据 \\ 客户资料 .xlsx')     # 打开工作簿
05  sht1=wb1.sheets(' 客户信息 ')                            # 打开"客户信息"工作表
06  data1_name=sht1.range('A2').expand('down').value        # 读取客户资料中所有客户姓名
07  data1_code=sht1.range('B2').expand('down').value        # 读取客户资料中所有账号
```

```
08  wb2=app.books.open('E:\\ 银行数据 \\ 填表 .xlsx')        # 打开工作簿
09  sht2=wb2.sheets(' 信息 ')                              # 打开"信息"工作表
10  data2=sht2.range('A1').options(pd.DataFrame,header=1,index=False,expand='table')
    .value                                               # 将工作表中的数据读取为 DataFrame 形式
11  for x in range(5):                                    # 遍历 range 生成的列表（0 到 4 的数字列表）
12      data1_nub=data1_name.index( data2[' 客户名称 '][x])
                        # 获得"填表"工作簿中每个姓名在"data1_name"数据列表中的位置（索引）
13      sht2.range('B'+str(x+2)).value=data1_code[data1_nub]
                        # 将获取的"data1_code"数据列表中的账号元素写入"填表"工作簿的单元格
14  sht2.autofit()                                        # 自动调整"信息"工作表的行高和列宽
15  wb2.save()                                            # 保存"填表"工作簿
16  wb2.close()                                           # 关闭"填表"工作簿
17  wb1.close()                                           # 关闭"客户资料"工作簿
18  app.quit()                                            # 退出 Excel 程序
```

零基础代码套用：

适当修改上面的代码，可以处理自己工作中的数据文件。方法如下：

（1）将案例中第 04 行代码中的"E:\\ 练习 \\ 银行数据 \\ 客户资料 .xlsx"更换为其他数据资料的文件名，也可以选择其他数据工作簿。注意：要加上文件的路径。

（2）将案例中第 05 行代码中的"客户信息"修改为数据资料中的工作表的名称。

（3）将案例中第 06 行代码中的"A2"坐标修改为客户姓名列的开始坐标。

（4）将案例中第 07 行代码中的"B2"坐标修改为客户账号列的开始坐标。

（5）将案例中第 08 行代码中的"E:\\ 练习 \\ 银行数据 \\ 填表 .xlsx"更换为要填写表单的工作簿名称，可以对其他工作簿进行填写表单。注意：要加上文件的路径。

（6）将案例中第 09 行代码中的"信息"修改为填写表单的工作簿中的工作表的名称。

（7）将案例中第 11 行代码中的"range(5)"的参数 5 修改为要填写的账号总数。

（8）将案例中第 12 行代码中的"客户名称"更换为要填写表单工作簿中客户姓名列的列标题。

（9）将案例中第 13 行代码中的"('B'+str(x+2))"修改为要填写客户账号的开始单元格。注意：x 的值是从 0 开始的。

如果要填写客户的更多信息，比如电话等，按照下面方法。

（1）如果要填写客户的更多数据，需要在第 07 行代码下面增加一行读取客户信息的代码。比如要填写客户联系电话，就需要增加一条读取"客户资料"工作簿中"联系电话"列数据的代码：data1_phone=sht1.range('C2').expand('down').value。

（2）然后在第 13 行代码下面增加一条写入电话数据的代码（以案例中"联系电话"列为例）：sht2.range('C'+str(x+2)).value=data1_phone[data1_nub]。

第 7 章 批量处理财务数据实战案例

对于财务工作人员来说，做各种数据报表以及月初年末各种数据汇总是家常便饭，而且有些报表需要从很多 Excel 原始数据中提取汇总。财务工作人员若手动进行处理，通常要花费很多的时间和精力，而且还容易出错。但如果这些重复性的工作用 Python 来完成，可能几分钟就可以处理完，大大提高了工作效率，让工作变得轻松。接下来，本章将通过一些财务中常见的案例，来讲解结合 Python 批量分析处理财务数据的方法。

7.1 批量提取财务数据多个工作表中指定的行数据

在工作中，有时候需要将多个工作表中的某些特定数据进行提取，然后单独进行处理。比如将财务日记账中的某一个单品的销售数据或某部门的数据提取出来进行统计处理等。

本例中，我们来讲解如何提取并统计所有工作表中使用加油卡加油的用户的行数据。如图 7-1 所示为要处理的“开票明细表 .xlsx”工作簿，此工作簿的工作表中的“付款方式”列中有“加油卡”“现金”等多种付款方式，本例需要统计提取出“付款方式”列中的所有“加油卡”的行数据，然后将提取的数据复制到新的工作薄中。处理后的结果如图 7-2 所示。

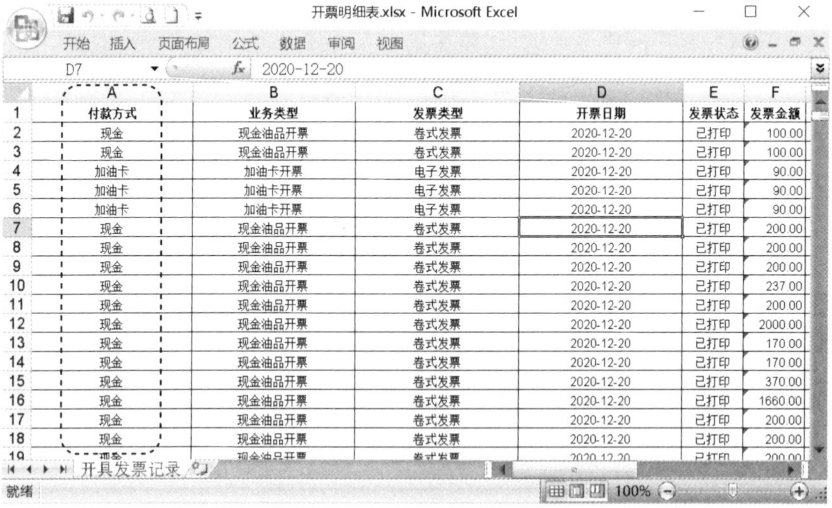

	A	B	C	D	E	F
1	付款方式	业务类型	发票类型	开票日期	发票状态	发票金额
2	现金	现金油品开票	卷式发票	2020-12-20	已打印	100.00
3	现金	现金油品开票	卷式发票	2020-12-20	已打印	100.00
4	加油卡	加油卡开票	电子发票	2020-12-20	已打印	90.00
5	加油卡	加油卡开票	电子发票	2020-12-20	已打印	90.00
6	加油卡	加油卡开票	电子发票	2020-12-20	已打印	90.00
7	现金	现金油品开票	卷式发票	2020-12-20	已打印	200.00
8	现金	现金油品开票	卷式发票	2020-12-20	已打印	200.00
9	现金	现金油品开票	卷式发票	2020-12-20	已打印	200.00
10	现金	现金油品开票	卷式发票	2020-12-20	已打印	237.00
11	现金	现金油品开票	卷式发票	2020-12-20	已打印	200.00
12	现金	现金油品开票	卷式发票	2020-12-20	已打印	2000.00
13	现金	现金油品开票	卷式发票	2020-12-20	已打印	170.00
14	现金	现金油品开票	卷式发票	2020-12-20	已打印	170.00
15	现金	现金油品开票	卷式发票	2020-12-20	已打印	370.00
16	现金	现金油品开票	卷式发票	2020-12-20	已打印	1660.00
17	现金	现金油品开票	卷式发票	2020-12-20	已打印	200.00
18	现金	现金油品开票	卷式发票	2020-12-20	已打印	200.00

图 7-1　要处理的工作表数据

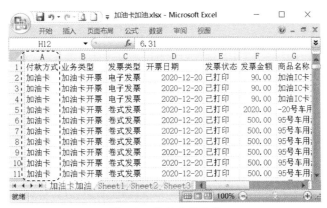

图 7-2　处理后的结果

下面我们来分析程序如何编写。

（1）让 Python 读取 E 盘"财务数据"文件夹中"开票明细表 .xlsx"工作簿中每一个工作表中的数据。

（2）利用 Pandas 模块来对每一个工作表中"付款方式"列数据进行分析，并挑选出此列数据为"加油卡"的所有行数据，并将挑选出的数据加入存储数据的空列表中。

（3）按要求新建一个工作簿，再新建一个"加油卡加油"工作表。

（4）先设置一下"加油卡加油"工作表中日期、金额等列的单元格格式。

（5）将提取的数据复制到"加油卡加油"工作表中。

（6）将新建的工作簿保存为名称为"加油卡加油"的工作簿，并关闭工作簿，退出 Excel 程序。

第一步：导入模块。

新建一个 Python 文件，然后输入下面的代码：

```
01  import xlwings as xw                                # 导入 xlwings 模块
02  import pandas as pd                                 # 导入 Pandas 模块
```

这两行代码的作用是导入要使用的两个模块。导入模块的代码一般要放在程序的最前面。

第 01 行代码：导入 xlwings 模块，并指定模块的别名为"xw"。也就是在程序中，"xw"就代表"xlwings"。在 Python 中导入模块要使用 import 函数，"as"用来指定模块的别名。

第 02 行代码：导入 Pandas 模块，并指定模块的别名为"pd"。

第二步：打开要处理的工作簿数据文件。

接下来读取要处理的数据工作簿文件，在程序中输入以下代码：

```
03  app=xw.App(visible=True,add_book=False)             # 启动 Excel 程序
04  wb=app.books.open('E:\\ 财务数据 \\ 开票明细表 .xlsx')  # 打开工作簿
```

第 03 行代码：启动 Excel 程序，并把程序存储在"app"变量中。这里小写的"app"是新定义的变量，用来存储打开的 Excel 程序。在 Python 中，一般在使用变量时直接定义即可，而不用提前定义。"xw"指的是 xlwings 模块，大写 A 开头的"App"是 xlwings 模块中的方法（即函数），用来启动 Excel 程序。它右侧括号中的内容为其参数，用来设置启动的 Excel 程序。参数"visible=True"用来设置启动的 Excel 程序是否可见，如果设置为 True，就表示可见（默认），如果为 False，就表示不可见。参数"add_book=False"用来设置启

动 Excel 时，是否自动创建新工作簿，如果设置为 True，就表示自动创建（默认），如果为 False，就表示不创建。

第 04 行代码：打开 E 盘"财务数据"文件夹中的"开票明细表 .xlsx"工作簿文件。"wb" 为新定义的变量，用来存储打开的工作簿；"app"为启动的 Excel 程序；"books.open()" 方法用来打开工作簿，括号中的内容为要打开的工作簿文件。这里要写全工作簿文件的详细路径。

注意：为了避免使用单反斜杠产生歧义（单反斜杠有换行的功能），路径中我们用了双反斜杠；也可以用转义符 r，如果在 E 前面用了转义符 r，就可以使用单反斜杠。如：r'E:\ 财务数据 \ 开票明细表 .xlsx'。

第三步：提取所有工作表中的"加油卡"用户行数据。

创建一个空列表，用来存储提取的数据，然后用 for 循环遍历所有工作表，并提取每一个工作表中符合条件的数据，同时加入新建的列表中。在程序中继续输入如下代码：

```
05  data_list=[]                                          # 新建空列表用于存放数据
06  for i in wb.sheets:                                   # 遍历工作簿中的工作表
07    data1=i.range('A1').options(pd.DataFrame,header=1,index=False,expand='table')
.value                                                    # 读取当前工作表的所有数据
08    if ' 付款方式 ' in data1:                            # 判断读取的工作表数据中是否包含"付款方式"列
09      data_row=data1[data1[' 付款方式 ']==' 加油卡 ']
                                                          # 提取"付款方式"列中所有"加油卡"的行数据
10      data_list.append(data_row)                        # 将提取出的行数据追加到列表中
```

第 05 行代码：新建一个名为 data_list 的空列表，空列表用来存储提取出来的数据，由于有多个工作表需要处理，需要对每个工作表的数据分别进行提取，因此每提取一个工作表就将提取的数据先加入列表中，等所有工作表都提取完了，再将所有提取的数据一起复制到工作表。"data_list"为新列表的名称，等号右侧的方括号表示列表，若方括号中没有内容，则表示空列表。

第 06 行代码：遍历所处理工作簿中的所有工作表，即要依次处理每个工作表，这里用 for 循环来实现。for 循环可以遍历工作簿中的所有工作表，并提取需要的数据。"for...in... :" 为 for 循环的语法。注意：必须有冒号，第 07~10 行缩进部分代码为 for 循环的循环体，每运行一次循环都会运行一遍循环体的代码。代码中的 i 为循环变量，用来存储遍历列表中的元素。"wb.sheets"方法表示可以获得打开的工作簿中所有工作表名称的列表。如图 7-3 所示为"wb.sheets"方法获得的所有工作表名称的列表，列表中 11 月、12 月、Sheet1 为工作表的名称。

Sheets([<Sheet [开票明细表.xlsx]11月>, <Sheet [开票明细表.xlsx]12月>, <Sheet [开票明细表.xlsx]Sheet1>])

图 7-3　使用 wb.sheets 方法获得的所有工作表名称的列表

接下来我们来看一下这个 for 循环是如何运行的。第一次 for 循环时，访问列表的第一个元素（工作表名称为 11 月）并将其存储在 i 变量中，然后执行一遍缩进部分的代码（第 07~10 代码）；执行完之后，返回再次执行 06 代码，开始第二次 for 循环，访问列表中第二个元素（12 月），并将其存储在 i 变量中，然后再次执行缩进部分的代码。就这样一直循环，直到遍历完最后一个列表的元素，执行完缩进部分代码，for 循环结束，开始运行没有缩进部分的代码（即第 09 行代码）。

第 07 行代码：将工作表中的数据读取成 Pandas 模块的 DataFrame 形式。为何要读成 DataFrame 形式呢？因为这样就可以用 Pandas 模块中的方法对数据进行分析处理。"data1" 为新定义的变量，用来保存读取的数据；i 为本次循环时存储的对应的工作表的名称，指定工作表名称后，就可以对相应工作表进行处理了；"range('A1')" 方法用来设置起始单元格，参数 "'A1'" 表示起始单元格为 A1 单元格；"options()" 方法用来设置数据读取的类型。其参数 "pd.DataFrame" 表示将数据内容读取成 DataFrame 形式。

下面我们来单独输出 "data1" 变量（可以在第 07 行代码下面增加 "print(data1)" 代码来输出），看看其存储的 DataFrame 形式的数据是什么样的。如图 7-4 所示为 "data1" 中存储的所读取的数据。

	付款方式	业务类型	发票类型	开票日期	发票状态	...	税率	税额	含税金额	不含税金额	开票方式
0	现金	现金油品开票	卷式发票	2020-12-20	已打印	...	0.13	11.50	100.0	88.50	脱机开票
1	现金	现金油品开票	卷式发票	2020-12-20	已打印	...	0.13	11.50	100.0	88.50	脱机开票
2	加油卡	加油卡开票	电子发票	2020-12-20	已打印	...	0.00	0.00	30.0	30.00	线上充值开票接口
3	加油卡	加油卡开票	电子发票	2020-12-20	已打印	...	0.00	0.00	30.0	30.00	线上充值开票接口
4	加油卡	加油卡开票	电子发票	2020-12-20	已打印	...	0.00	0.00	30.0	30.00	线上充值开票接口
9292	现金	现金油品开票	卷式发票	2020-12-16	已打印	...	0.13	7.48	65.0	57.52	脱机开票
9293	现金	现金油品开票	卷式发票	2020-12-16	已打印	...	0.13	11.50	100.0	88.50	脱机开票
9294	现金	现金油品开票	卷式发票	2020-12-16	已打印	...	0.13	12.31	107.0	94.69	脱机开票
9295	现金	现金油品开票	卷式发票	2020-12-16	已打印	...	0.13	23.01	200.0	176.99	脱机开票
9296	现金	现金油品开票	卷式发票	2020-12-16	已打印	...	0.13	23.01	200.0	176.99	脱机开票

图 7-4　读取的 DataFrame 形式的数据

接着看其他参数："header=1" 参数用于设置使用原始数据集中的第一列作为列名，而不是使用自动列名；"index=False" 参数表示取消索引，因为 DataFrame 数据形式会默认将表格的首列作为 DataFrame 的 index（索引），因此就需要表格内容的首列固定有个序号列，如果表格中首列并不是序号，就需要在函数中设置参数来忽略 index；"expand='table'" 参数表示扩展选择范围，还可以设置为 right 或 down，table 表示向整个表扩展，即选择整个表格，right 表示向表的右方扩展，即选择一行，down 表示向表的下方扩展，即选择一列；"value" 方法表示工作表的数据。总之，这一行代码的作用就是读取工作表中的数据。

第 08 行代码：用 if 条件语句来判断读取的工作表是否是有数据，而不是空表。如果是空表，运行下面的两行代码程序就会出错，因此需要先判断一下访问的工作表是否有数据。

怎么判断呢？我们用 if 判断第 07 行代码读取的数据中（即判断 data1），是否包含 "付款方式" 列名（所有有数据的工作表都包含的文字即可，也可以换成 "开票类型"）。如果 "data1" 中包含，就说明不是空工作表，就执行 if 语句缩进部分的代码（第 09~10 行代码）；如果 "data1" 中不包含就跳过缩进部分代码。

"'付款方式' in data1" 为 if 条件语句的条件，如果条件为真，就执行 if 语句中缩进部分代码；如果条件为假，就跳过 if 语句中缩进部分代码。注意：if 条件语句的语法为 "if 条件:"（必须有冒号）。

第 09 行代码：提取 "付款方式" 列中所有 "加油卡" 的行数据。"data1[' 付款方式 ']== ' 加油卡 '" 是 Pandas 模块中按条件选择行数据的方法。这段代码表示选择 "付款方式" 列中为 "加油卡" 的行数据。

"data_row" 为定义的新列表，用来存储提取的行数据。我们来单独输出 "data_row" 变量，"data_row" 中存储的数据如图 7-5 所示。

付款方式	业务类型	发票类型	开票日期	...	税额	含税金额	不含税金额	开票方式
2	加油卡	加油卡开票	电子发票	2020-12-20 00:00:00	...	0.00	30.0	30.00	线上充值开票接口
3	加油卡	加油卡开票	电子发票	2020-12-20 00:00:00	...	0.00	30.0	30.00	线上充值开票接口
4	加油卡	加油卡开票	电子发票	2020-12-20 00:00:00	...	0.00	30.0	30.00	线上充值开票接口
22	加油卡	加油卡开票	卷式发票	2020-12-20 00:00:00	...	232.39	2020.0	1787.61	单卡充值开票
32	加油卡	加油卡开票	卷式发票	2020-12-20 09:51:02	...	29.91	260.0	230.09	单卡充值开票
...	...	...	...	...	...	...	...	...
9257	加油卡	加油卡开票	卷式发票	2020-12-16 18:46:48	...	47.51	413.0	365.49	单卡充值开票
9260	加油卡	加油卡开票	卷式发票	2020-12-16 18:46:30	...	57.52	500.0	442.48	单卡充值开票
9272	加油卡	加油卡开票	卷式发票	2020-12-16 18:53:30	...	11.50	100.0	88.50	单卡充值开票
9285	加油卡	加油卡开票	卷式发票	2020-12-16 00:00:00	...	34.51	300.0	265.49	单卡充值开票
9290	加油卡	加油卡开票	卷式发票	2020-12-16 00:00:00	...	57.52	500.0	442.48	单卡充值开票

图 7-5　"data_row"中存储的数据

第 10 行代码：将 data_row 变量中存储的行数据加入 data_list 列表中。"append()"函数的作用是向列表中添加元素。每执行一次 for 循环，就会将一个工作表中读取的数据添加到列表中，直到最后一次循环，所有工作表中的数据都会被加入"data_list"列表中。如图 7-6 所示为"data_list"列表存储的数据（图中方括号表示列表）。

[	付款方式	业务类型	发票类型	开票日期	...	税额	含税金额	不含税金额	开票方式
2	加油卡	加油卡开票	电子发票	2020-12-20 00:00:00	...	0.00	30.00	30.00	线上充值开票接口
3	加油卡	加油卡开票	电子发票	2020-12-20 00:00:00	...	0.00	30.00	30.00	线上充值开票接口
4	加油卡	加油卡开票	电子发票	2020-12-20 00:00:00	...	0.00	30.00	30.00	线上充值开票接口
22	加油卡	加油卡开票	卷式发票	2020-12-20 00:00:00	...	232.39	2020.00	1787.61	单卡充值开票
32	加油卡	加油卡开票	卷式发票	2020-12-20 09:51:02	...	29.91	260.00	230.09	单卡充值开票
...	...	...	...	...	...	...	...	...
9257	加油卡	加油卡开票	卷式发票	2020-12-16 18:46:48	...	47.51	413.00	365.49	单卡充值开票
9260	加油卡	加油卡开票	卷式发票	2020-12-16 18:46:30	...	57.52	500.00	442.48	单卡充值开票
9272	加油卡	加油卡开票	卷式发票	2020-12-16 18:53:30	...	11.50	100.00	88.50	单卡充值开票
9285	加油卡	加油卡开票	卷式发票	2020-12-16 00:00:00	...	34.51	300.00	265.49	单卡充值开票
9290	加油卡	加油卡开票	卷式发票	2020-12-16 00:00:00	...	57.52	500.00	442.48	单卡充值开票
[1017 rows x 17 columns]]									

图 7-6　"data_list"列表存储的数据

第四步：新建工作簿和工作表（存储提取的数据）。

上面的步骤中将要提取的数据存放在了列表中，接下来新建一个工作簿，并新建"加油卡加油"工作表，用来存放提取的数据。接着在程序中输入下面的代码：

```
11  new_wb=xw.books.add()                              # 新建一个工作簿
12  new_sht=new_wb.sheets.add('加油卡加油')             # 插入名为"加油卡加油"的新工作表
```

第 11 行代码：新建一个工作簿。"new_wb"为定义的新变量，用来存储新建的工作簿；"books.add()"函数用来新建一个工作簿。

第 12 行代码：在新建的工作簿中插入"加油卡加油"的新工作表。"new_sht"为新定义的变量，用来存储新建的工作表；"new_wb"为上一行代码中新建的工作簿；"sheets.add('加油卡加油')"为插入新工作表的函数，括号中为新工作表名称

第五步：设置工作表中单元格格式。

由于提取的数据中有日期和数值，直接复制数据会导致这些数据出现错误，因此在复制数据前，先将日期和数值所在工作表中的列的单元格格式设置为日期和数值。继续在程序中输入下面的代码：

```
13  new_sht.range('D:D').api.NumberFormat='YYYY/mm/dd'   # 将单元格数字格式设为日期
14  new_sht.range('F:F').api.NumberFormat='0.00'          # 将单元格数字格式设为数值
```

第 13 行代码：将新建的"加油卡加油"工作表的 D 列单元格数字格式设置为"日期"格式。对照原来工作表中"开票日期"列所在列号进行设置。"new_sht"为新建的"加油

卡加油"工作表，"range('D:D')"表示 D 列，如果是"range('1:1')"，就表示第一行。"api.
NumberFormat='yyyy/mm/dd'"用来设置单元格格式为数字格式，"'yyyy/mm/dd'"用来设置日期，
表示设置格式为"年 - 月 - 日"。注意："api.NumberFormat"方法中的 N 和 F 要大写。

常用的数字格式符号见表 7-1。

表 7-1　常用的数字格式符号

格式类型	符号
数值	0
数值（2 位小数位）	0.00
数值（2 位小数位且用千分位）	#,##0.00
百分比	0%
百分比（2 为小数位）	0.00%
科学计数	0.00E+00
货币（千分位）	¥#,##0
货币（千分位 +2 位小数位）	¥#,##0.00
日期（年月）	yyyy" 年 "m" 月 "
日期（月日）	m" 月 "d" 日 "
日期（年月日）	yyyy-m-d
日期（年月日）	yyyy" 年 "m" 月 "d" 日 "
日期 + 时间	yyyy-m-d h:mm
时间	h:mm
时间	h:mm AM/PM
文本	@

第 14 行代码：将"加油卡加油"工作表的 F 列单元格数字格式设置为"数字"格式，
保留两位小数点。"'0.00'"表示格式为保留两位小数点的数字格式。

第六步：复制提取的数据。

建好工作表后，接着将提取的数据复制到新建的工作表中。在程序中输入下面的代码：

```
15  new_sht.range('A1').value=pd.concat(data_list,ignore_index=True).set_index(' 付款方式 ')
                                      # 将提取出的行数据存到新建的工作表
```

第 15 行代码：将"data_list"列表中存储的分组数据复制（添加）到新建的工作表中。
"new_sht"为新建的"加油卡加油"工作表；"range('A1')"表示从 A1 单元格开始复制；
代码中的"concat()"方法是 pandas 模块中的方法，其功能是将数据进行纵向拼接（其具体
用法参考 Pandas 章节内容），其参数"data_list"为要拼接的数据，"ignore_index=True"
参数的功能是用新的索引替换原先的索引；"set_index(' 付款方式 ')"的作用是将"付款方式"
列设置为索引。

第七步：保存关闭工作簿并退出 Excel 程序。

复制完数据后，接着保存工作簿，然后关闭工作簿，退出 Excel 程序。在程序中输入下
面的代码：

```
16  new_wb.save('E:\\ 财务数据 \\ 加油卡加油 .xlsx')      # 保存工作簿
17  new_wb.close()                                    # 关闭新建的工作簿
18  wb.close()                                        # 关闭工作簿
19  app.quit()                                        # 退出 Excel 程序
```

第 16 行代码：将新建的工作簿保存为"加油卡加油 .xlsx"。"save()"方法用来保存工作簿，括号中为要保存的工作簿的名称和路径。

第 17 行代码：关闭新建"加油卡加油"工作簿。

第 18 行代码：关闭"开票明细表"工作簿。

第 19 行代码：退出 Excel 程序。

完成后的全部代码如下：

```
01 import xlwings as xw                                         # 导入 xlwings 模块
02 import pandas as pd                                          # 导入 Pandas 模块
03 app=xw.App(visible=True,add_book=False)                      # 启动 Excel 程序
04 wb=app.books.open('E:\\ 财务数据 \\ 开票明细表 .xlsx')          # 打开工作簿
05 data_list=[]                                                 # 新建空列表用于存放数据
06 for i in wb.sheets:                                          # 遍历工作簿中的工作表
07     data1=i.range('A1').options(pd.DataFrame,header=1,index=False,expand='table')
       .value                                                   # 读取当前工作表的所有数据
08     if ' 付款方式 ' in data1:                                 # 判断读取的工作表数据中是否包含"付款方式"列
09 data_row=data1[data1[' 付款方式 ']==' 加油卡 ']
                                                                # 提取"付款方式"列中所有"加油卡"的行数据
10         data_list.append(data_row)                           # 将提取出的行数据追加到列表中
11 new_wb=xw.books.add()                                        # 新建一个工作簿
12 new_sht=new_wb.sheets.add(' 加油卡加油 ')                     # 插入名为"加油卡加油"的新工作表
13 new_sht.range('D:D').api.NumberFormat='YYYY/mm/dd'
                                                                # 将单元格数字格式设为日期
14 new_sht.range('F:F').api.NumberFormat='0.00'
                                                                # 将单元格数字格式设为数值
15 new_sht.range('A1').value=pd.concat(data_list,ignore_index=True).set_index('
付款方式 ')                                                       # 将提取出的行数据存到新建的工作表
16 new_wb.save('E:\\ 财务数据 \\ 加油卡加油 .xlsx')               # 保存工作簿
17 new_wb.close()                                               # 关闭新建的工作簿
18 wb.close()                                                   # 关闭工作簿
19 app.quit()                                                   # 退出 Excel 程序
```

零基础代码套用：

（1）将案例中第 04 行代码中的"E:\\ 财务数据 \\ 开票明细表 .xlsx"更换为其他文件名，可以对其他工作簿进行处理。注意：要加上文件的路径。同时还要将第 08 行代码中的"付款方式"更换为你想要提取的列标题，将"加油卡"更换为要提取的关键词，可以从工作表中提取不同的数据。

（2）将案例中第 12 行代码中的"加油卡加油"更换为其他名称，可以修改新插入的工作表的名称。

（3）将案例中第 16 行代码中的"E:\\ 财务数据 \\ 加油卡加油 .xlsx"更换为其他名称，可以修改新建的工作簿的名称。

套用代码后，如果需要设置单元格格式，按下面方法进行设置：

（1）案例中第 13 行和第 14 行代码用来修改新建的工作簿单元格的数字格式。其中修改"range('F:F')"的参数可以对不同的单元格进行设置。如果将"range('F:F')"修改为"range('A:A')"，将对 A 列单元格进行设置；如果将"range('F:F')"修改为"range('A1:A30')"，将对 A 列中的 A1~A30 区域的单元格进行设置。

（2）同样修改第 13 行和第 14 行"="右侧的代码可以将单元格设置为不同的数字格式。如果要将 E 列设置为小数点为两位的百分比，可以将第 13 行代码中"="右侧的"'yyyy/mm/dd'"修改为"'0.00%'"。

（3）如果想对更多单元格进行设置，可以在第 13 行与第 15 行代码之间添加设置格式的一行代码。比如将第一行的标题行（A1~R1 单元格）字体加粗，可以添加一行如下的代码：

```
"new_sht.range('A1:R1').api.Font.Bold=True"
```

如果将第 F 列单元格数字格式设置为会计用的千分位格式，可以添加一行如下的代码：

```
"new_sht.range('F:F').api.NumberFormat=' #,##0.00 '"
```

7.2　批量提取财务数据多个工作表中指定的列数据并求和

上一个案例中讲解的是批量提取指定行数据。在本案例中，我们主要讲解如何批量提取"财务数据"文件夹中"科目余额表 .xlsx"工作簿中的所有工作表中的"会计科目"和"期末余额"两列的全部列数据。然后对提取的"期末余额"列的数据进行求和。最后将提取的数据复制到新的工作簿中。如图 7-7 所示为"科目余额表 .xlsx"工作簿数据。处理后的结果如图 7-8 所示。

图 7-7　要处理的工作表数据

图 7-8　处理后的结果

下面我们来分析程序如何编写。

（1）让 Python 读取 E 盘"财务数据"文件夹中的"科目余额表 .xlsx"工作簿中每一个工作表中的数据。

（2）利用 Pandas 模块来对每一个工作表中的"科目代码"和"期末余额"两列数据进行提取，并将提取的数据加入存储数据的空列表中。

（3）按要求新建一个工作簿，再插入新的"期末余额"工作表。

（4）设置"期末余额"工作表中期末余额列的单元格格式。

（5）将提取的数据复制到"期末余额"工作表中。

（6）读取新建的"期末余额"工作表中的数据，并对"期末余额"列进行求和。

（7）获取"期末余额"工作表中数据的列号及最后一行行号，并将求和结果复制到"期末余额"列最后一个单元格中。

（8）将新建的工作簿保存为"期末余额汇总表 .xlsx"的工作簿，并关闭工作簿，退出 Excel 程序。

第一步：导入模块打开要处理的工作簿数据文件。

按照 7.1 节介绍的方法导入模块，读取要处理的数据工作簿文件，再在程序中输入以下代码：

```
03  app=xw.App(visible=True,add_book=False)              # 启动 Excel 程序
04  wb=app.books.open('E:\\ 财务数据 \\ 科目余额表 .xlsx')   # 打开工作簿
```

第 03 行代码：启动 Excel 程序，并把程序存储在"app"变量中。这里小写的"app"是新定义的变量，用来存储打开的 Excel 程序。在 Python 中，一般在使用变量时直接定义即可，而不用提前定义。"xw"指的是 xlwings 模块，大写 A 开头的"App"是 xlwings 模块中的方法（即函数），用来启动 Excel 程序。它右侧括号中的内容为其参数，用来设置启动的 Excel 程序。

"visible"参数用来设置启动的 Excel 程序是否可见，如果设置为 True，就表示可见（默认），如果为 False，就表示不可见。"add_book"参数用来设置启动 Excel 时，是否自动创建新工作簿，如果设置为 True，就表示自动创建（默认），如果为 False，就表示不创建。

第 04 行代码：打开 E 盘"财务数据"文件夹中的"科目余额表 .xlsx"工作簿文件。"wb"为新定义的变量，用来存储打开的工作簿；"app"为启动的 Excel 程序；"books.open()"方法用来打开工作簿，括号中的内容为要打开的工作簿文件。这里要写全工作簿文件的详细路径。注意：须用双反斜杠，或利用转义符 r，如：r'E:\ 财务数据 \ 科目余额表 .xlsx '。

第二步：读取所有工作表中"科目代码"和"期末余额"两列数据。

下面首先创建一个空列表，用来存储提取的数据，然后用 for 循环遍历所有工作表，并提取每一个工作表中符合条件的数据，同时加入新建的列表中。在程序中继续输入如下代码：

```
05  data_list=[]                                          # 新建空列表用于存放数据
06  for i in wb.sheets:                                   # 遍历工作簿中的工作表
07      data1=i.range('A1').options(pd.DataFrame,header=1,index=False,expand='table')
        .value                                            # 读取当前工作表的所有数据
08      if ' 会计科目 ' in data1 and' 期末余额 ' in data1:
                                   # 判断读取的工作表数据中是否包含"会计科目"列和"期末余额"列
09          data_row=data1[[' 会计科目 ',' 期末余额 ']]
                                   # 读取"会计科目"和"期末余额"列的列数据
10          data_list.append(data_row)                    # 将提取出的列数据追加到列表中
```

第 05 行代码：新建一个名为 data_list 的空列表，空列表用来存储提取出来的数据，由于有多个工作表需要处理，需要对每个工作表的数据分别进行提取，因此每提取一个工作表就将提取的数据先加入列表中，等所有工作表都提取完了，再将所有提取的数据一起复制到

工作表。"data_list"为新列表的名称，等号右侧的方括号表示列表，方括号中没有内容表示空列表。

第 06 行代码：遍历所处理工作簿中的所有工作表，即要依次处理每个工作表，这里用 for 循环来实现。for 循环可以遍历工作簿中的所有工作表，并提取需要的数据。"for...in... :"为 for 循环的语法。注意：必须有冒号，第 07~10 行缩进部分代码为 for 循环的循环体，每运行一次循环都会运行一遍循环体的代码。代码中的 i 为循环变量，用来存储遍历的列表中的元素。"wb.sheets"可以获得打开的工作簿中所有工作表名称的列表。如图 7-9 所示为"wb.sheets"方法获得的所有工作表名称的列表，列表中 2019、Sheet1 为工作表的名称。

[<Sheet [科目余额表.xlsx]2019>, <Sheet [科目余额表.xlsx]Sheet1>]

图 7-9　wb.sheets 方法获得的所有工作表名称的列表

接下来我们来看一下这个 for 循环是如何运行的。第一次 for 循环时，访问列表的第一个元素（工作表名称 2019）并将其存储在 i 变量中，然后执行一遍缩进部分的代码（第 07~10 行代码）；执行完之后，返回再次执行 06 行代码，开始第二次 for 循环，访问列表中第二个元素（Sheet1），并将其存储在 i 变量中，然后再次执行缩进部分的代码。就这样一直循环，直到遍历完最后一个列表的元素，执行完缩进部分代码，for 循环结束，开始运行没有缩进部分的代码（即第 11 行代码）。

第 07 行代码：将工作表中的数据读取成 Pandas 模块的 DataFrame 形式。为何要读成 DataFrame 形式呢？因为这样就可以用 Pandas 模块中的方法对数据进行分析处理。"data1"为新定义的变量，用来保存读取的数据；"i"为本次循环时存储的对应的工作表的名称，指定工作表名称后，就可以对相应工作表进行处理了；"range('A1')"方法用来设置起始单元格，参数"'A1'"表示起始单元格为 A1 单元格；"options()"方法用来设置数据读取的类型。其参数"pd.DataFrame"作用是将数据内容读取成 DataFrame 形式。

下面我们来单独输出"data1"变量［可以在第 07 行代码下面增加"print(data1)"代码来输出］，在"data1"中存储的所读取的数据如图 7-10 所示。

	科目代码	会计科目	期初余额	借方发生额	贷方发生额	借或贷	期末余额
0	2019001.0	库存现金	120000.0	3000.0	NaN	借	123000.0
1	2019002.0	银行存款	230000.0	NaN	2300.0	贷	227700.0
2	2019003.0	其他货币资金	2000.0	250.0	NaN	借	2250.0
3	2019004.0	交易性金融资产	360000.0	NaN	2300.0	贷	357700.0
4	2019005.0	无形资产	50000.0	NaN	2000.0	贷	48000.0
5	2019006.0	固定资产	100000.0	NaN	3500.0	贷	96500.0
6	2019007.0	累计折旧	50000.0	6500.0	NaN	借	56500.0
7	2019008.0	应收票据	1200.0	NaN	250.0	贷	950.0
8	2019009.0	应收账款	32000.0	5600.0	NaN	借	37600.0
9	2019010.0	应付账款	360000.0	NaN	2500.0	贷	357500.0
10	2019011.0	其他应收款	56000.0	NaN	3600.0	贷	52400.0
11	2019012.0	长期待摊费用	4000.0	2000.0	NaN	借	6000.0
12	2019013.0	应付职工薪酬	9600.0	NaN	3600.0	贷	6000.0
13	2019014.0	库存商品	6000.0	NaN	4500.0	贷	1500.0
14	2019015.0	银行本票	68000.0	4500.0	NaN	借	72500.0
15	2019016.0	原材料	86000.0	NaN	62000.0	贷	24000.0
16	2019017.0	库存现金	970000.0	NaN	5600.0	贷	NaN
17	2019018.0	待处理财产损益	5000.0	NaN	250.0	贷	4750.0

图 7-10　读取的 DataFrame 形式的数据

接着看其他参数："header=1"参数用于设置使用原始数据集中的第一列作为列名，而不是使用自动列名；"index=False"参数的作用是取消索引，因为 DataFrame 数据形式会默认将表格的首列作为 DataFrame 的 index（索引），因此就需要表格内容的首列固定有个序号列，如果表格中首列并不是序号，就需要在函数中设置参数来忽略 index；"expand='table'"参数表示扩展选择范围，还可以设置为 right 或 down，table 表示向整个表扩展，即选择整个表格，right 表示向表的右方扩展，即选择一行，down 表示向表的下方扩展，即选择一列；"value"方法表示工作表的数据。总之，这一行代码的作用就是读取工作表中的数据。

第 08 行代码：用 if 条件语句来判断读取的工作表是否有数据，而不是空表。如果是空表，运行下面的两行代码程序就会出错，因此需要先判断一下访问的工作表是否有数据。

怎么判断呢？我们用 if 判断第 07 行代码读取的数据中（即判断 data1），是否包含"会计科目"和"期末余额"列名。如果"data1"中包含，就说明不是空工作表，就执行 if 语句缩进部分的代码（第 08~09 行代码）；如果"data1"中不包含，就跳过缩进部分代码。

代码中，"' 会计科目 ' in data1 and' 期末余额 ' in data1"为 if 条件语句的条件，条件为真，就执行 if 语句中缩进部分代码；条件为假，则跳过 if 语句中缩进部分代码。注意：if 条件语句的语法为 if 条件：，必须有冒号。代码中"and"为逻辑运算符，"and"两边的运算都为真，结果才是真，否则为假，即只有"' 会计科目 ' in data1"为真，"' 期末余额 ' in data1"也为真时，"' 会计科目 ' in data1 and' 期末余额 ' in data1"的值才为真。

第 09 行代码：选择"会计科目"和"期末余额"列数据。"data_row"为新定义的变量，用来存储读取的数据（如图 7-11 所示为"data_row"中存储的数据）；"data1[[' 会计科目 ',' 期末余额 ']]"是 Pandas 模块中选择列数据的方法。这段代码表示选择"会计科目"列和"期末余额"列两列数据。

	会计科目	期末余额
0	库存现金	123000.0
1	银行存款	227700.0
2	其他货币资金	2250.0
3	交易性金融资产	357700.0
4	无形资产	48000.0
5	固定资产	96500.0

图 7-11 data_row 中存储的数据

第 10 行代码：将"data_row"存储的行数据（第 09 行提取的数据）加入列表"data_list"中。"append()"方法的作用是向列表中添加元素。每执行一次 for 循环就会将一个工作表中读取的数据添加到列表中，直到最后一次循环，所有工作表中的数据都会被加入"data_list"列表中。如图 7-12 所示为程序执行后"data_row"列表中元素。

```
[    会计科目    期末余额
0    库存现金  123000.0
1    银行存款  227700.0
2    其他货币资金  2250.0
3   交易性金融资产  357700.0
4    无形资产  48000.0
5    固定资产  96500.0
6    累计折旧  56500.0
7    应收票据    950.0
8    应收账款  37600.0
9    应付账款  357500.0
10   其他应收款  52400.0
11  长期待摊费用   6000.0
12  应付职工薪酬   6000.0
13   库存商品   1500.0
14   银行本票  72500.0
15    原材料  24000.0
16   库存现金    NaN
17 待处理财产损益   4750.0,    会计科目    期末余额
0    库存现金  123000.0
1    银行存款  227700.0
2    其他货币资金  2250.0
3   交易性金融资产  357700.0
4    无形资产  48000.0
5    固定资产  96500.0]
```

图 7-12   程序执行后 data_row 列表中元素

第三步：新建工作簿和工作表（存储提取的数据）。

上面的步骤中将要提取的数据存放在了列表中，接下来新建一个工作簿，并新建"期末余额"工作表，用来存放提取的数据。接着在程序中输入下面的代码：

```
11 new_wb=xw.books.add()                              # 新建一个工作簿
12 new_sht=new_wb.sheets.add(' 期末余额 ')             # 插入名为"期末余额"的新工作表
```

第 11 行代码：新建一个工作簿。"new_wb"为定义的新变量，用来存储新建的工作簿；"books.add()"方法用来新建一个工作簿。

第 12 行代码：在新建的工作簿中插入"期末余额"的新工作表。"new_sht"为新定义的变量，用来存储新建的工作表；"new_wb"为上一行代码中新建的工作簿；"sheets.add('期末余额 ')"为插入新工作表的方法，括号中为新工作表名称。

第四步：设置工作表中单元格格式。

由于提取的数据中有会计数据，直接复制数据会导致这些数据出现错误，因此在复制数据前，先将期末余额所在工作表中的列的单元格格式设置为会计格式。继续在程序中输入下面的代码：

```
13 new_sht.range('B:B').api.NumberFormat='#,##0.00'    # 将单元格数字格式设为数值
```

第 13 行代码：将新建的"期末余额"工作表的 B 列单元格数字格式设置为千分位数字格式，保留两位小数点。"new_sht"为新建的"期末余额"工作表；"range('B:B')"表示 B 列，如果是"range('1:1')"表示第一行；"api.NumberFormat='#,##0.00'"用来设置单元格格式为千分位保留 2 位小数的数字格式。注意："NumberFormat"方法中的字母 N 和 F 要大写。

第五步：复制提取的数据。

建好工作表后，接着将提取的数据复制到新建的工作表中。在程序中输入下面的代码：

```
14 new_sht.range('A1').value=pd.concat(data_list,ignore_index=True).set_index(' 会计科目 ')
                                         # 将提取出的行数据复制到新建的工作表
```

第 14 行代码：作用是将"data_list"列表中存储的分组数据复制（添加）到新建的工作表中。"new_sht"为新建的"期末余额"工作表；"range('A1')"表示从 A1 单元格开始复制；"concat()"方法是 pandas 模块中的方法，其功能是将数据进行纵向拼接（其具体用法参考 Pandas 章节内容），其参数"data_list"为要拼接的数据，"ignore_index=True"参数的功能是用新的索引替换原先的索引；"set_index('会计科目 ')"的作用是将"会计科目"列设置为索引。

第六步：对提取的"期末余额"列求和。

接下来对提取的"期末余额"列进行求和。首先读取复制到"期末余额"工作表中的数据，然后对"期末余额"列进行求和。在程序中继续输入如下代码：

```
15 new_data=new_sht.range('A1').options(pd.DataFrame, header=1,index=False,expand
  ='table').value                        # 读取复制到"期末余额"工作表中的数据
16 sums=new_data[' 期末余额 '].sum()       # 对"期末余额"列求和
```

第 15 行代码：将新建的"期末余额"工作表中的数据读取成 Pandas 模块的 DataFrame 形式。读成 DataFrame 形式后可以用 Pandas 模块中的求和方法对数据进行求和。"new_data"为新定义的变量，用来保存读取的数据；"new_sht"为之前新建的"期末余额"工作表；"range('A1')"方法用来设置起始单元格，参数 'A1' 表示起始单元格为 A1 单元格；"options()"方法用来设置数据读取的类型。参数"pd.DataFrame"作用是将数据内容读取成 DataFrame 形式。如图 7-13 所示为"new_data"中存储的所读取的数据。

```
             期末余额
会计科目
库存现金        123000.0
银行存款        227700.0
其他货币资金      2250.0
交易性金融资产   357700.0
无形资产         48000.0
固定资产         96500.0
累计折旧         56500.0
应收票据           950.0
应收账款         37600.0
应付账款        357500.0
其他应收款       52400.0
长期待摊费用      6000.0
应付职工薪酬      6000.0
库存商品         1500.0
银行本票         72500.0
原材料           24000.0
库存现金            NaN
待处理财产损益     4750.0
库存现金        123000.0
银行存款        227700.0
其他货币资金      2250.0
交易性金融资产   357700.0
无形资产         48000.0
固定资产         96500.0
```

图 7-13 读取的 DataFrame 形式的数据

接着看其他参数："header=1"参数用于设置使用原始数据集中的第一列作为列名，而不是使用自动列名；"index=False"参数的作用是取消索引，因为 DataFrame 数据形式会默认将表格的首列作为 DataFrame 的 index（索引），因此就需要表格内容的首列固定有个序号列，如果表格中首列并不是序号，就需要在函数中设置参数来忽略 index；"expand='table'"参数表示扩展选择范围，还可以设置为 right 或 down，table 表示向整个表扩展，即选择整个表格，right 表示向表的右方扩展，即选择一行，down 表示向表的下方扩展，即选择一列；"value"方法表示工作表的数据。总之，这一行代码的作用就是读取工作表中的数据。

第 16 行代码：对"期末余额"工作表中的"期末余额"列求和。"sums"为新定义的变量，用来存储求和的结果；"new_data[' 期末余额 ']"为 Pandas 模块中选择列数据的方法，此代码表示选择了"new_data"数据中的"期末余额"列的数据；"sum()"函数的功能是对数据进行求和，默认是对所选数据的每一列进行求和。如果使用"axis=1"参数即"sum(axis=1)"，就变成对每一行数据进行求和。如果需要单独对某一列或某一行进行求和，就把求和的列或行索引出来即可，像本例中将"期末余额"索引出来后，就只对"期末余额"列进行求和。

第七步：将计算的求和结果写入列最后面单元格。

下面将求和的结果写入工作表中"期末余额"列最后面一个单元格。首先获取"期末余额"列的列号和最后一行的行号，然后将求和结果写入"期末余额"列最后面的一个空白单元格中。在程序中继续输入如下代码：

```
17  new_column= new_sht.range('A1').expand('table').value[0].index(' 期末余额 ')+1
                                                    # 获取"期末余额"列的列号
18  new_row= new_sht.range('A1').expand('table').shape[0]
                                                    # 获取数据区域最后一行的行号
19  new_sht.range(new_row+1,new_column).value=sums
                                          # 将求和结果写入求和列最后一个单元格
```

第 17 行代码：获取"期末余额"列的列号。"new_ column"为新定义的变量，用来存储获取的列号；"new_sht"为之前新建的"期末余额"工作表；"range('A1')"方法用来设置起始单元格，参数"'A1'"表示起始单元格为 A1 单元格；"expand('table')"方法用来扩展选择范围，其参数可以设置为 table、right 或 down，table 表示向整个表扩展，即选择整个表格，

right 表示向表的右方扩展，即选择一行，down 表示向表的下方扩展，即选择一列；"value[0]"
表示所读取的数据中的第一个元素，如图 7-13 所示为 "new_sht.range('A1').expand('table')"
所读取的数据。数据为一个嵌套列表（也就是列表的元素也是列表），列表的第一个元素为 "['
会计科目 ',' 期末余额 ']"，也就是列标题所组成的列表；"index(' 期末余额 ')" 用于获得图 7-14
列表中第一个元素，即 "[' 会计科目 ',' 期末余额 ']" 列表的 "期末余额" 的索引位置。从列
表 "[' 会计科目 ',' 期末余额 ']" 中可以看出，"期末余额" 为第二个元素，因此它的索引为 1。
索引加 1 既是 "期末余额" 列的列号。

```
[['会计科目', '期末余额'], ['库存现金', 123000.0], ['银行存款', 227700.0], ['其他货币资金', 2250.0], ['
交易性金融资产', 357700.0], ['无形资产', 48000.0], ['固定资产', 96500.0], ['累计折旧', 56500.0], ['应
收票据', 950.0], ['应收账款', 37600.0], ['应付账款', 357500.0], ['其他应收款', 52400.0], ['长期待摊费
用', 6000.0], ['应付职工薪酬', 6000.0], ['库存商品', 1500.0], ['银行本票', 72500.0], ['原材料', 24000.0],
['库存现金', None], ['待处理财产损益', 4750.0], ['库存现金', 123000.0], ['银行存款', 227700.0], ['其他
货币资金', 2250.0], ['交易性金融资产', 357700.0], ['无形资产', 48000.0], ['固定资产', 96500.0]]
```

图 7-14   "new_sht.range('A1').expand('table')" 所读取的数据

第 18 行代码：获取数据区域最后一行的行号。"new_ row" 为新定义的变量，用来
存储获取的列号；"new_sht" 为之前新建的 "期末余额" 工作表；"range('A1')" 方法用
来设置起始单元格，参数 'A1' 表示起始单元格为 A1 单元格；"expand('table')" 方法用来
扩展选择范围，table 表示向整个表扩展，即选择整个表格；"shape" 方法是 Pandas 模
块中 DataFrame 对象的一个属性，它返回的是一个元组，元组中有两个元素，分别代表
DataFrame 的行数和列数。"shape[0]" 表示列表中的第一个元素，即总行数。"shape[1]"
表示列表中的第二个元素，即总列数。"shape[1]" 获得列数和第 17 行代码的区别是，第
17 行代码获得的是 "期末余额" 列的列号，"shape[1]" 是总列数。

第 19 行代码：将第 16 行代码求和得到的值写入 "期末余额" 列的最后一行下面的单元
格中。"new_sht" 为之前新建的 "期末余额" 工作表；"range(new_row+1,new_column)"
表示 "期末余额" 列的最后一行下面的单元格，其中 "new_row" 为存储行号的变量，"new_
column" 为存储列号的变量；"sums" 为存储求和值的变量。

第八步：保存后关闭工作簿并退出 Excel 程序。

在处理完数据后，保存工作簿，然后关闭工作簿，退出 Excel 程序。在程序中输入下面
的代码：

```
20  new_wb.save('E:\\ 财务数据 \\ 期末余额汇总表 .xlsx')      # 保存工作簿
21  new_wb.close()                                          # 关闭新建的工作簿
22  wb.close()                                              # 关闭工作簿
23  app.quit()                                              # 退出 Excel 程序
```

第 20 行代码：将新建的工作簿保存为 "期末余额汇总表 .xlsx"。"save()" 方法用来保
存工作簿，括号中的内容为要保存的工作簿的名称和路径。

第 21 行代码：关闭新建 "期末余额汇总表" 工作簿。

第 22 行代码：关闭 "科目余额表" 工作簿。

第 23 行代码：退出 Excel 程序。

完成后的全部代码如下：

```
01  import xlwings as xw                                  # 导入 xlwings 模块
02  import pandas as pd                                   # 导入 Pandas 模块
03  app=xw.App(visible=True,add_book=False)               # 启动 Excel 程序
04  wb=app.books.open('E:\\ 财务数据 \\ 科目余额表 .xlsx')      # 打开工作簿
```

```
05  data_list=[]                                      # 新建空列表用于存放数据
06  for i in wb.sheets:                               # 遍历工作簿中的工作表
07    data1=i.range('A1').options(pd.DataFrame,header=1,index=False,expand='table')
.value                                                # 读取当前工作表的所有数据
08    if '会计科目' in data1 and'期末余额' in data1:
                          # 判断读取的工作表数据中是否包含"会计科目"列和"期末余额"列
09     data_row=data1[['会计科目','期末余额']]
                                     # 提取"会计科目"和"期末余额"列的列数据
10     data_list.append(data_row)                     # 将提取出的列数据追加到列表中
11  new_wb=xw.books.add()                              # 新建一个工作簿
12  new_sht=new_wb.sheets.add('期末余额')             # 插入名为"期末余额"的新工作表
13  new_sht.range('B:B').api.NumberFormat='#,##0.00'  # 将单元格数字格式设为数值
14  new_sht.range('A1').value=pd.concat(data_list,ignore_index=True).set_index
('会计科目')                                          # 将提取出的行数据复制到新建的工作表
15  new_data= new_sht.range('A1').options(pd.DataFrame, index=False,expand
='table').value                                       # 读取复制到"期末余额"工作表中的数据
16  sums=new_data['期末余额'].sum()                   # 对"期末余额"列求和
17  new_column= new_sht.range('A1').expand('table').value[0].index('期末余额')+1
                                                      # 获取"期末余额"列的列号
18  new_row= new_sht.range('A1').expand('table').shape[0]
                                                      # 获取数据区域最后一行的行号
19  new_sht.range(new_row+1,new_column).value=sums
                                               # 将求和结果写入求和列最后一个单元格
20  new_wb.save('E:\\财务数据\\期末余额汇总表.xlsx')   # 保存工作簿
21  new_wb.close()                                     # 关闭新建的工作簿
22  wb.close()                                         # 关闭工作簿
23  app.quit()                                         # 退出 Excel 程序
```

零基础代码套用：

（1）将案例中第 04 行代码中的"E:\\财务数据\\科目余额表.xlsx"更换为其他文件名，可以对其他工作簿进行处理。注意：须加上文件的路径。

（2）同时也要替换第 08 行代码中的"'会计科目'"和"'期末余额'"。

（3）同时还要将第 09 行代码中的"['会计科目','期末余额']"替换为你想要提取的列的列标题。如果要提取 3 列数据，就添加 3 个带引号的列标题名称。

（4）还要将第 14 行代码中的"会计科目"替换为要作为你要提取的列数据中，要作为第一列的列标题。

（5）将第 16 和第 17 行代码中的"'期末余额'"，修改为要提取的列标题名称。

（6）将案例中第 12 行代码中的"期末余额"更换为其他名称，可以修改新插入的工作表的名称。

（7）将案例中第 20 行代码中的"E:\\财务数据\\期末余额汇总表.xlsx"更换为其他名称，可以修改新建的工作簿的名称。

案例中是对工作表中的两个列数据进行提取，而如果只想对单列的列数据进行提取，需要对案例中的代码做如下修改：

（1）修改第 08 行代码：if'会计科目' in data1:，即只要一个列的判断条件。这里的"会计科目"也要修改为你要提取的列标题名称。

（2）将第 09 行代码中的"['会计科目','期末余额']"修改为要提取的列标题名称，注意要加引号。如：data_row=data1['会计科目']，"会计科目"也要修改为你要提取的列标题名称。

（3）将第 14 行代码修改为：

```
new_sht.range('A1').value=pd.concat(data_list,ignore_index=True)
```

7.3　批量提取多个财务数据文件中指定的列数据

上一个案例中讲解了提取一个工作簿数据文件中所有工作表中指定的列数据的方法，在本例中我们将讲解如何批量提取很多个工作簿中所有工作表的指定列数据。

如图 7-15 所示文件夹中包括多个待处理的工作簿文件，我们需要将每个工作簿文件中所有的工作表中的"用途"和"提取金额"两列数据全部提取出来（如图 7-16 所示为工作表中要处理的数据），然后复制到新的工作簿中保存。处理后的效果如图 7-17 所示。

图 7-15　文件夹中待处理的工作簿文件

图 7-16　工作簿的工作表中要提取的列数据

图 7-17　提取指定数据后的效果

下面我们来分析程序如何编写。

（1）获取文件夹中所有文件和文件夹名称的列表，启动 Excel 程序。

（2）利用 for 循环来遍历每一个工作簿文件，并打开遍历的工作簿文件。

（3）利用 Pandas 模块来对每一个工作表中"用途"和"提取金额"两列数据进行提取，并将提取的数据加入存储数据的空列表中。

（4）按要求新建一个工作簿，再新建一个"提取现金"工作表。

（5）设置"提取金额"工作表中"提取金额"列的单元格格式。

（6）将存储在列表中的数据复制到"提取金额"工作表中。

（7）将新建的工作簿保存为名称为"提现金额汇总表"的工作簿，并关闭工作簿，退出 Excel 程序。

第一步：导入模块。

新建一个 Python 文件，输入下面的代码：

```
01  import xlwings as xw            # 导入 xlwings 模块
02  import pandas as pd             # 导入 Pandas 模块
03  import os                       # 导入 OS 模块
```

这三行代码的作用是导入要使用的两个模块。导入模块的代码一般要放在程序最前面。

第 01 行代码：导入 xlwings 模块，并指定模块的别名为"xw"。也就是在程序中"xw"就代表"xlwings"。在 Python 中导入模块要使用 import 函数，"as"用来指定模块的别名。

第 02 行代码：导入 Pandas 模块，并指定模块的别名为"pd"。

第 03 行代码：导入 os 模块。

第二步：获取要处理的工作簿名称列表并启动 Excel 程序。

获取处理的数据文件夹中的工作簿文件名称列表，并启动 Excel 程序。在程序中输入以下代码：

```
04  file_path='E:\\ 提现 '                        # 指定要处理的文件所在文件夹的路径
05  file_list=os.listdir(file_path)              # 将所有文件和文件夹的名称以列表的形式保存
06  app=xw.App(visible=True,add_book=False)      # 启动 Excel 程序
```

第 04 行代码：指定文件所在文件夹的路径。"file_path"为新建的变量，用来存储路径；"="右侧为要处理的文件夹的路径。注意：为了避免使用单反斜杠产生歧义（单反斜杠有换行的功能），路径中用了双反斜杠；也可以用转义符 r，如果在 E 前面用了转义符 r，路径在就可以使用单反斜杠，如：r'E:\ 提现 '.

第 05 行代码：将路径下所有文件和文件夹的名称以列表的形式存在 file_list 列表中。"file_list"为新定义的变量，用来存储返回的名称列表；os 表示 os 模块；"listdir()"为 OS 模块中的方法函数，此函数用于返回指定的文件夹包含的文件或文件夹的名字的列表，括号中的内容为此函数的参数，即要处理的文件夹的路径。如图 7-18 所示为程序执行后"file_list"列表中存储的数据。

['企业银行账户提现登记表1月.xlsx', '企业银行账户提现登记表2月.xlsx', '企业银行账户提现登记表3月.xlsx']

图 7-18　程序执行后"file_list"列表中存储的数据

第 06 行代码：启动 Excel 程序，并把程序存储在"app"变量中。这里小写的"app"是新定义的变量，用来存储打开的 Excel 程序。在 Python 中，一般在使用变量时直接定义即可，

而不用提前定义。"xw"指的是 xlwings 模块，大写 A 开头的"App"是 xlwings 模块中的方法（即函数），用来启动 Excel 程序的。它右侧括号中的内容为其参数，用来设置启动的 Excel 程序。"visible"参数用来设置启动的 Excel 程序是否可见，如果设置为 True，就表示可见（默认），如果为 False，就表示不可见。"add_book"参数用来设置启动 Excel 时，是否自动创建新工作簿，如果设置为 True，就表示自动创建（默认），如果为 False，就表示不创建。

第三步：访问并打开每一个工作簿文件。

创建一个空列表，用来存储提取的数据，然后用 for 循环遍历要处理的文件夹中的每一个工作簿文件，并打开遍历的工作簿文件，如果是临时文件，就要跳过不处理。在程序中继续输入如下代码：

```
07  data_list=[]                          # 新建空列表用于存放数据
08  for x in file_list:                   # 遍历列表 file_list 中的元素
09      if x.startswith('~$'):            # 判断文件名称是否有以 "~$" 开头的临时文件
10          continue                      # 跳过本次循环
11      wb=app.books.open(file_path+'\\'+x)  # 打开文件夹中的工作簿
```

第 07 行代码：新建一个名为"data_list"的空列表，空列表用来存储提取出来的数据，由于有多个工作簿需要处理，而且需要对每个工作簿中的每个工作表的数据分别进行提取，因此每提取一个工作表就将提取的数据先加入列表中，等所有工作表都提取完了，再将所有提取的数据一起复制到工作表。"data_list"为新列表的名称，等号右侧的方括号为列表的符号，方括号中没有内容表示空列表。

第 08 行代码：遍历所处理文件夹中的所有工作簿文件，即要依次处理文件夹中的每个工作簿，用 for 循环来实现。for 循环可以遍历文件夹中的所有工作簿文件，并打开遍历的工作簿，然后对工作簿中工作表的数据进行处理。"for...in... :"为 for 循环的语法（注意：必须有冒号）。第 09~16 行缩进部分代码为 for 循环的循环体（第 12~16 行代码在下一步骤中进行讲解），每运行一次循环都会运行一遍循环体的代码。代码中的"x"为循环变量，用来存储遍历的列表中的元素。"file_list"为存储返回的名称列表。

接下来我们来看一下这个 for 循环是如何运行的。第一次 for 循环时，访问列表的第一个元素（企业银行账户提现登记表 1 月 .xlsx）并将其存储在"x"循环变量中，然后执行一遍缩进部分的代码（第 09~16 行代码）；执行完之后，返回再次执行 08 行代码，开始第二次 for 循环，访问列表中第二个元素（企业银行账户提现登记表 2 月 .xlsx），并将其存储在"x"变量中，然后再次执行缩进部分的代码。就这样一直循环，直到遍历完最后一个列表的元素，执行完缩进部分代码，for 循环结束，开始运行没有缩进部分的代码（即第 17 行代码）。

第 09 行代码：用 if 条件语句判断文件夹下的文件名称是否有"~$"开头的（这样的文件是临时文件，不是我们要处理的文件）。如果有（即条件成立），就执行第 10 行代码。如果没有（即条件不成立），就执行第 11 行代码。x.startswith('~$') 为 if 条件语句的条件，"x.startswith(~$)"的意思就是判断 x 中存储的字符串是否以"~$"开头，如果是以"~$"开头，就输出 True。"startswith()"为一个字符串函数，用于判断字符串是否以参数中指定的字符串开头。

第 10 行代码：跳过当次 for 循环，直接进行下一次 for 循环。continue 语句的作用是跳过本次循环体中余下尚未执行的语句，返回到循环开头，重新执行下一次循环。

第 11 行代码：打开与 x 中存储的文件名相对应的工作簿文件。"wb"为新定义的变量，用来存储打开的工作簿；"app"为启动的 Excel 程序；"books.open()"方法用来打开工作簿，括号中的内容为其参数，即要打开的工作簿文件；"file_path+'\\'+x"为要打开的工作簿文件的路径。其中，"file_path"为第 04 行代码中的"E:\\ 提现"，如果"x"中存储的为"企业银行账户提现登记表 1 月 .xlsx"时，要打开的文件就为"E:\\ 提现 \\ 企业银行账户提现登记表 1 月 .xlsx"，就会打开"企业银行账户提现登记表 1 月 .xlsx"工作簿文件。

第四步：读取工作表列数据并加入列表中。

接下来用 for 循环遍历所有的工作表，之后读取每个工作表中的数据，并选择"用途"和"提取金额"列的列数据，然后加入列表中。在程序中继续输入如下代码：

```
12  for i in wb.sheets:                              # 遍历工作簿中的工作表
13      data1=i.range('A1').options(pd.DataFrame,header=1,index=False,expand='table')
        .value                                       # 读取当前工作表的所有数据
14      if '用途' in data1 and '提取金额' in data1:
                                # 判断读取的工作表数据中是否包含"会计科目"列和"期末余额"列
15          data_row=data1[['用途','提取金额']]
                                       # 选择"用途"和"提取金额"列的列数据
16          data_list.append(data_row)       # 将读取出的列数据追加到列表中
```

第 12 行代码：遍历所处理工作簿中的所有工作表，即要依次处理每个工作表，这里用 for 循环来实现。for 循环可以遍历工作簿中的所有工作表，并提取需要的数据。由于这个 for 循环在第 08 行代码的 for 循环的循环体中，因此这是一个嵌套 for 循环。为了好区分，我们称第 08 行的 for 循环为第一个 for 循环，第 12 行的 for 循环为第二个 for 循环。嵌套 for 循环的特点是：第一个 for 循环每循环一次，第二个 for 循环会运行一遍所有循环。

代码中，"i"为循环变量，用来存储遍历的列表中的元素；"wb.sheets"可以获得打开的工作簿中所有工作表名称的列表。

接下来我们来看第二个 for 循环是如何运行的。第一次 for 循环时，访问列表的第一个元素，并将其存储在"i"变量中，然后执行一遍缩进部分的代码（第 13~16 行代码）；执行完之后，返回再次执行 12 行代码，开始第二次 for 循环，访问列表中第二个元素，并将其存储在"i"变量中，然后再次执行缩进部分的代码。就这样一直循环，直到遍历完最后一个列表的元素，执行完缩进部分代码，第二个 for 循环结束，这时返回到第 08 行代码，开始继续第一个 for 循环的下一次循环。

第 13 行代码：将工作表中的数据读取成 Pandas 模块的 DataFrame 形式。为何要读成 DataFrame 形式呢？因为这样就可以用 Pandas 模块中的方法对数据进行分析处理。

代码中，"data1"为新定义的变量，用来保存读取的数据；i 为本次循环时存储的对应的工作表的名称，指定工作表名称后，就可以对相应工作表进行处理了；"range('A1')"方法用来设置起始单元格，参数"'A1'"表示起始单元格为 A1 单元格；"options()"方法用来设置数据读取的类型。其参数"pd.DataFrame"作用是将数据内容读取成 DataFrame 形式。如图 7-19 所示为"data1"中存储的所读取的数据。"header=1"参数用来设置使用原始数据集中的第一列作为列名，而不是使用自动列名；"index=False"参数的作用是取消索引，因为 DataFrame 数据形式会默认将表格的首列作为 DataFrame 的 index（索引），因此就需要在表格内容的首列固定有个序号列，如果表格中首列并不是序号，就需要在函数中设置参数来忽略 index；"expand='table'"参数用来扩展选择范围，还可以设置为 right 或 down，table 表示向整个表扩展，即选择整个表格，right 表示向表的右方扩展，即选择一行，down 表示向表的下方扩展，即选择一列；"value"方法表示工作表的数据。总之，这一行代码的作用就是读取工作表中的数据。

```
   序号    日期 银行名称         账号    用途  提取金额 经办人  备注
0 1.0 2020-01-01 建设银行 6227 0852 2582 3225 78  转账 20000.0 张杰 None
1 2.0 2020-01-02 交通银行 6222 0244 1785 25xx 32  采购  8000.0 张杰 None
2 3.0 2020-01-10 交通银行 6222 0244 1785 25xx 32 发工资 65000.0 李丽 None
3 4.0 2020-01-17 工商银行 0125 0852 2582 3225 78 房屋租金 15000.0 李丽 None
4 5.0 2020-01-18 工商银行 0125 0852 2582 3225 78 水电费  2680.0 张杰 None
5 6.0 2020-01-19 工商银行 0125 0852 2582 3225 78  押金  5000.0 李丽 None
```

图 7-19　读取的 DataFrame 形式的数据

第 14 行代码：用 if 条件语句来判断读取的工作表是否有数据，而不是空表。如果是空表，运行下面的两行代码程序就会出错，因此需要先判断一下访问的工作表是否有数据。

怎么判断呢？我们用 if 判断第 13 行代码读取的数据中（即 data1）是否包含"用途"和"提取金额"列名。如果"data1"中包含，就说明不是空工作表，就执行 if 语句缩进部分的代码（第15~16 行代码）；如果"data1"中不包含，就跳过缩进部分代码。

代码中，"' 用途 ' in data1 and ' 提取金额 ' in data1"为 if 条件语句的条件，条件为真，就执行 if 语句中缩进部分代码；条件为假，则跳过 if 语句中缩进部分代码。注意：if 条件语句的语法为 if 条件：，必须有冒号。代码中"and"为逻辑运算符，"and"两边的运算都为真，结果才是真，否则为假。即只有"' 用途 ' in data1"为真，"' 提取金额 ' in data1"也为真时，"' 用途 ' in data1 and ' 提取金额 ' in data1"的值才为真。

```
   用途  提取金额
0  转账 20000.0
1  采购 8000.0
2 发工资 65000.0
3 房屋租金 15000.0
4 水电费 2680.0
5  押金 5000.0
```

图 7-20　"data_row"中存储的数据

第 15 行代码：选择"用途"和"提取金额"列数据。"data_row"为新定义的变量，用来存储读取的数据（如图 7-20 所示为"data_row"中存储的数据）；"data1[[' 用途 ', ' 提取金额 ']]"是 Pandas 模块中选择列数据的方法。这段代码表示选择"用途"列和"提取金额"列两列数据。

第 16 行代码：将"data_row"存储的行数据（第 15行提取的数据）加入列表"data_list"中。"append()"函数的作用是向列表中添加元素。每执行一次 for 循环就会将一个工作表中读取的数据添加到列表中，直到最后一次循环，所有工作表中的数据都会被加入"data_list"列表中。如图 7-21 所示为在程序被执行后"data_row"列表中的元素。

```
[   用途   提取金额
0  转账 20000.0
1  采购 8000.0
2 发工资 65000.0
3 房屋租金 15000.0
4 水电费 2680.0
5  押金 5000.0,  用途  提取金额
0  采购 20000.0
1  转账 60000.0
2 发工资 65000.0
3 房屋租金 15000.0
4 水电费 4500.0
5 活动经费 20000.0
6  转账 20000.0,  用途  提取金额
0          35000.0
1  转账 7000.0
2 发工资 65000.0
3 房屋租金 15000.0
4 水电费 3600.0
5 活动经费 18000.0]
```

图 7-21　在程序被执行后"data_row"列表中的元素

第五步：新建存储数据工作簿和工作表。

上面的步骤中将要提取的数据存放在了列表中，接下来新建一个工作簿，并新建"提现金额"工作表，用来存放提取的数据。接着在程序中输入下面的代码：

147

```
17  new_wb=xw.books.add()                              # 新建一个工作簿
18  new_sht=new_wb.sheets.add(' 提现金额 ')              # 插入名为"提现金额"的新工作表
```

第 17 行代码：新建一个工作簿。"new_wb"为定义的新变量，用来存储新建的工作簿；"books.add()"方法用来新建一个工作簿。

第 18 行代码：在新建的工作簿中插入"提现金额"的新工作表。"new_sht"为新定义的变量，用来存储新建的工作表；"new_wb"为上一行代码中新建的工作簿；"sheets.add(' 提现金额 ')"为插入新工作表的方法，括号中的内容为新工作表名称。

第六步：设置工作表中单元格格式。

由于提取的数据中有会计数据，直接复制数据会导致这些数据出现错误，因此在复制数据前，先将期末余额所在工作表中的列的单元格格式设置为会计格式。继续在程序中输入下面的代码：

```
19  new_sht.range('B:B').api.NumberFormat='#,##0.00'   # 将单元格数字格式设为数值
```

第 19 行代码：将新建的"提现金额"工作表的 B 列单元格数字格式设置为千分位数字格式，保留两位小数点。"new_sht"为新建的"期末余额"工作表，"range('B:B')"表示 B 列，如果是"range('1:1')"，就表示第一行；"api.NumberFormat='#,##0.00'"用来设置单元格格式为千分位保留两位小数的数字格式。注意："NumberFormat"方法中的字母 N 和 F 要大写。

第七步：复制提取的数据。

设置好工作表后，接着将提取的数据复制到新建的工作表中。在程序中输入下面的代码：

```
20  new_sht.range('A1').value=pd.concat(data_list,ignore_index=True).set_index(' 用途 ')
                                        # 将提取出的行数据存到新建的工作表
```

第 20 行代码：作用是将"data_list"列表中存储的分组数据复制（添加）到新建的工作表中。"new_sht"为新建的"期末余额"工作表；"range('A1')"表示从 A1 单元格开始复制；代码中的"concat()"方法是 Pandas 模块中的方法，其功能是将数据进行纵向拼接（其具体用法参考 Pandas 章节内容），其参数"data_list"为要拼接的数据，"ignore_index=True"参数的功能是用新的索引替换原先的索引；"set_index(' 用途 ')"的作用是将"用途"列设置为索引。

第八步：保存关闭工作簿并退出 Excel 程序。

处理完数据后，保存并关闭工作簿，退出 Excel 程序。在程序中输入下面的代码：

```
21  new_sht.autofit()                                  # 自动调整工作表的行高和列宽
22  new_wb.save('E:\\ 提现 \\ 提现金额汇总表 .xlsx')      # 保存工作簿
23  new_wb.close()                                     # 关闭新建的工作簿
24  wb.close()                                         # 关闭工作簿
25  app.quit()                                         # 退出 Excel 程序
```

第 21 行代码：根据数据内容自动调整新工作表的行高和列宽。"autofit()"方法用于自动调整整个工作表的列宽和行高。该方法的参数为 axis=None 或 rows、columns 等，其中 axis=None 或省略表示自动调整行高和列宽；axis=rows 或 axis=r 表示自动调整行高；axis=columns 或 axis=c 表示自动调整列宽。

第 22 行代码：将新建的工作簿保存为"E:\\ 提现 \\ 提现金额汇总表 .xlsx"。"save()"方法用来保存工作簿，括号中的内容为要保存的工作簿的名称和路径。

第 23 行代码：关闭新建"提现金额汇总表"工作簿。

第 24 行代码：关闭工作簿。

第 25 行代码：退出 Excel 程序。

完成后的全部代码如下：

```
01  import xlwings as xw                               # 导入 xlwings 模块
02  import pandas as pd                                # 导入 Pandas 模块
03  import os                                          # 导入 OS 模块
04  file_path='E:\\ 提现 '                             # 指定要处理的文件所在文件夹的路径
05  file_list=os.listdir(file_path)                    #将所有文件和文件夹的名称以列表的形式保存
06  app=xw.App(visible=True,add_book=False)            # 启动 Excel 程序
07  data_list=[]                                       # 新建空列表用于存放数据
08  for x in file_list:                                # 遍历列表 file_list 中的元素
09      if x.startswith('~$'):                         # 判断文件名称是否有以 "~$" 开头的临时文件
10          continue                                   # 跳过本次循环
11      wb=app.books.open(file_path+'\\'+x)            # 打开文件夹中的工作簿
12      for i in wb.sheets:                            # 遍历工作簿中的工作表
13          data1=i.range('A1').options(pd.DataFrame,header=1,index=False,expand='table')
            .value                                     # 读取当前工作表的所有数据
14          if  '用途' in data1 and '提取金额' in data1:
                                                       # 判断读取的工作表数据中是否包含"会计科目"列和"期末余额"列
15              data_row=data1[['用途','提取金额']]
                                                       # 选择"用途"和"提取金额"列的列数据
16              data_list.append(data_row)             # 将选择出的列数据追加到列表中
17  new_wb=xw.books.add()                              # 新建一个工作簿
18  new_sht=new_wb.sheets.add('提取金额')              # 插入名为 "提取金额" 的新工作表
19  new_sht.range('B:B').api.NumberFormat='#,##0.00'   # 将单元格数字格式设为数值
20  new_sht.range('A1').value=pd.concat(data_list,ignore_index=True).set_index('用途')
                                                       # 将提取出的列数据存到新建的工作表
21  new_sht.autofit()                                  # 自动调整工作表的行高和列宽
22  new_wb.save('E:\\ 提现 \\ 提现金额汇总表 .xlsx')    # 保存工作簿
23  new_wb.close()                                     # 关闭新建的工作簿
24  wb.close()                                         # 关闭工作簿
25  app.quit()                                         # 退出 Excel 程序
```

零基础代码套用：

（1）将案例中第 04 行代码中的"E:\\ 提现"更换为其他文件夹，可以对其他文件夹中的工作簿进行处理。注意：须加上路径。

（2）同时替换第 14 行代码中的"'用途'"和"'提取金额'"。

（3）还要将第 15 行代码中的"[['用途','提取金额']]"替换为想要提取的列的列标题。如果要提取 3 列数据，就添加 3 个带引号的列标题名称。

（4）将案例中第 18 行代码中的"提现金额"更换为其他名称，可以修改新插入的工作表的名称。

（5）还要将第 20 行代码中的"用途"替换为你要处理的列数据作为第一列的列标题。

（6）将案例中第 22 行代码中的"E:\\ 提现 \\ 提现金额汇总表 .xlsx"更换为其他名称，可以修改新建的工作簿的名称。

案例中是对工作表中的两个列数据进行提取，如果只想对单列的列数据进行提取，那么需要对案例中的代码做如下修改：

（1）修改第 14 行代码为 if '用途' in data1:，即只要一个列的判断条件，这里的"用途"也要修改为你要提取的列标题名称。

（2）将第 15 行代码中的"[['用途','提取金额']]"修改为要提取的列标题名称。注意：要加引号。如：data_row=data1['用途']，"用途"也要修改为你要提取的列标题名称。

（3）将第 20 行代码修改为：

```
new_sht.range('A1').value=pd.concat(data_list,ignore_index=True)
```

7.4 对财务收入数据中多个工作表进行分类汇总

在 Excel 程序中对单个工作表进行分类汇总是很容易操作的，但如果要对多个工作表的数据进行分类汇总，操作起来就比较烦琐费时。在本案例中，我们将用 Python 程序来对工作簿中所有工作表的数据进行分类汇总。

如图 7-22 所示为“销售额明细表 .xlsx”工作簿，接下来对此工作簿中“1 月”“2 月”“3 月”等所有工作表中的“产品名称”“销售数量”“总金额”列进行分类汇总。然后新建一个“销售额汇总”工作簿，插入“产品汇总”新工作表，并将汇总后的数据复制到此工作表中。汇总后的效果如图 7-23 所示。

日期	产品名称	销售数量	单价	总金额
1月2日	聚氨酯	2	150	300
1月2日	聚氨酯	1	150	150
1月3日	丙纶	10	220	2200
1月5日	胶粉	10	65	650
1月6日	胶粉	1	65	65
1月7日	丙纶	20	220	4400
1月8日	堵漏王	5	80	400
1月8日	胶粉	2	65	130
1月9日	注浆机连杆	1	60	60
1月9日	牛油头	10	10	100
1月11日	开关	2	40	80
1月13日	SBS	25	95	2375
1月15日	注浆液	12	220	2640
1月17日	止水针头	1	1000	1000
1月17日	涤纶	18	450	8100
1月20日	三元乙丙	4000	9	36000
1月21日	水性聚氨酯	20	150	3000
1月26日	丙纶	35	220	7700

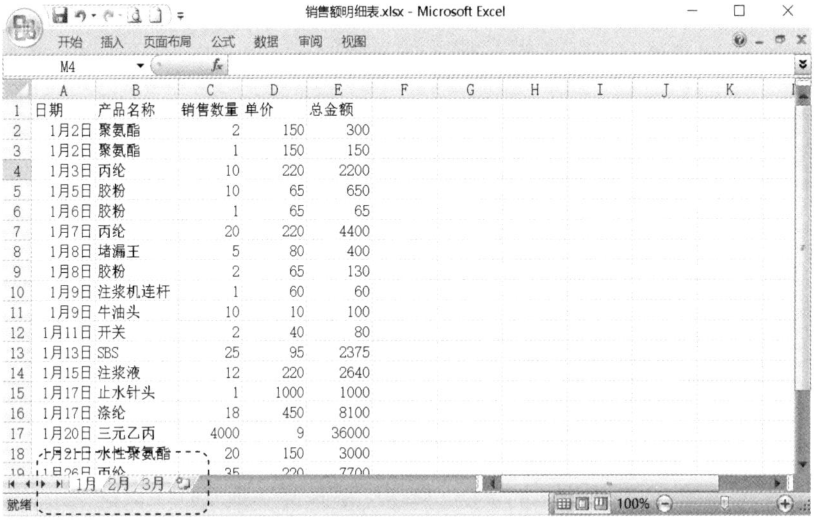

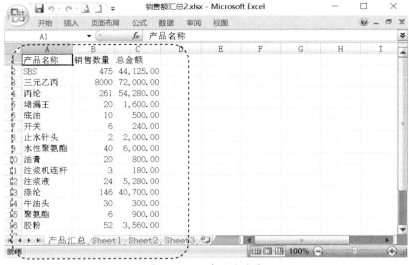

图 7-22 “销售额明细表 .xlsx”工作簿数据

产品名称	销售数量	总金额
SBS	475	44,125.00
三元乙丙	8000	72,000.00
丙纶	261	54,280.00
堵漏王	20	1,600.00
底油	10	500.00
开关	6	240.00
止水针头	2	2,000.00
水性聚氨酯	40	6,000.00
油膏	20	800.00
注浆机连杆	3	180.00
注浆液	24	5,280.00
涤纶	146	40,700.00
牛油头	30	300.00
聚氨酯	6	900.00
胶粉	52	3,560.00

图 7-23 汇总后的效果

下面我们来分析程序如何编写。

（1）让 Python 读取 E 盘“财务数据”文件夹下“销售额明细表 .xlsx”工作簿中每一个

工作表中的数据。

　　（2）利用 Pandas 模块来读取每一个工作表中的数据，并将读取的数据进行分组求和，然后将分组求和后的数据加入存储数据的空 DataFrame 中。

　　（3）对加入 DataFrame 中的数据再次进行分组求和。

　　（4）按要求新建一个工作簿，再插入新的"产品汇总"工作表。

　　（5）先设置一下"产品汇总"工作表中销售数量和总金额列的单元格格式。

　　（6）将提取的数据复制到"产品汇总"工作表中。

　　（7）将新建的工作簿保存为"销售数据汇总 .xlsx"的工作簿，并关闭工作簿，退出 Excel 程序。

第一步：导入模块并打开要处理的工作簿数据文件。

　　按照7.1 节介绍的方法导入模块，读取要处理的数据工作簿文件，再在程序中输入以下代码：

```
03  app=xw.App(visible=True,add_book=False)                    # 启动 Excel 程序
04  wb=app.books.open('E:\\ 财务数据 \\ 销售额明细表 .xlsx')        # 打开工作簿
```

　　第 03 行代码：启动 Excel 程序，并把程序存储在"app"变量中。这里小写的"app"是新定义的变量，用来存储打开的 Excel 程序。在 Python 中，一般在使用变量时直接定义即可，而不用提前定义。"xw"指的是 xlwings 模块，大写 A 开头的"App"是 xlwings 模块中的方法（即函数），用来启动 Excel 程序的。它右侧括号中的内容为其参数，用来设置启动的 Excel 程序。参数"visible"用来设置启动的 Excel 程序是否可见，如果设置为 True，就表示可见（默认），如果为 False，就表示不可见。参数"add_book"用来设置启动 Excel 时，是否自动创建新工作簿，如果设置为 True，就表示自动创建（默认），如果为 False，就表示不创建。

　　第 04 行代码：打开 E 盘"财务数据"文件夹中的"销售额明细表 .xlsx"工作簿文件。"wb"为新定义的变量，用来存储打开的工作簿；"app"为启动的 Excel 程序；"books.open()"方法用来打开工作簿，括号中的内容为要打开的工作簿文件。这里要写全工作簿文件的详细路径。注意：要用双反斜杠，如果用单反斜杠，就需利用转义符 r，如：r'E:\ 财务数据 \ 销售额明细表 .xlsx '。

第二步：访问并读取每一个工作簿文件。

　　首先创建一个空 DataFrame，用来存储处理后的数据，然后用 for 循环遍历所有的工作表，之后读取每个工作表中的数据，并分组求和，最后将分组求和后的数据加入 DataFrame 中。在程序中继续输入如下代码：

```
05  data_pd=pd.DataFrame()                          # 新建空 DataFrame 用于存放数据
06  for i in wb.sheets:                             # 遍历工作簿中的工作表
07      data1=i.range('A1').options(pd.DataFrame,header=1,index=False,expand='table')
        .value                                      # 读取工作表中的数据
08      if ' 产品名称 ' in data1:                     # 判断工作表中是否包含"产品名称"
09          data2=data1.groupby(' 产品名称 ').aggregate({' 销售数量 ':'sum',' 总金额 ':'sum'})
                                                    # 将读取的数据按"产品名称"分组并求和
10          data_pd=data_pd.append(data2)           # 将分组求和后的数据加到 DataFrame 中
```

　　第 05 行代码：新建一个名为"data_pd"的空的 DataFrame。空的 DataFrame 用来存储分组求和后的数据，由于有多个工作表需要处理，而且需要对所有工作表处理后的总数据再进行求和处理，因此每处理一个工作表的数据就将数据先加入 DataFrame 中，等所有工作表数据都处理完了，再将所有的数据再进行分组求和。"data_pd"为新定义的变量，用来存储

DataFrame；等号右侧"pd"表示 Pandas 模块；DataFrame() 方法用来创建 DataFrame 数据，括号中没有参数表示是一个空的 DataFrame。

第 06 行代码：遍历所处理工作簿中的所有工作表，即要依次处理每个工作表，这里用 for 循环来实现。for 循环可以遍历工作簿中的所有工作表，并提取需要的数据。

代码中，"for...in... :"为 for 循环的语法，注意，必须有冒号。第 07~10 行缩进部分代码为 for 循环的循环体，每运行一次循环都会运行一遍循环体的代码。代码中的 i 为循环变量，用来存储遍历的列表中的元素。"wb.sheets"可以获得打开的工作簿中所有工作表名称的列表。如图 7-24 所示为"wb.sheets"方法获得的所有工作表名称的列表，列表中的 1 月、2 月、3 月为工作表的名称。

[<Sheet [销售额明细表.xlsx]1月>, <Sheet [销售额明细表.xlsx]2月>, <Sheet [销售额明细表.xlsx]3月>, ...]

图 7-24　wb.sheets 方法获得的所有工作表名称的列表

接下来我们来看一下这个 for 循环是如何运行的。第一次 for 循环时，访问列表的第一个元素（1 月）并将其存储在"i"变量中，然后执行一遍缩进部分的代码（第 07~10 行代码）；执行完之后，返回再次执行 06 行代码，开始第二次 for 循环，访问列表中第二个元素（2 月），并将其存储在"i"变量中，然后再次执行缩进部分的代码。就这样一直循环，直到遍历完最后一个列表的元素，执行完缩进部分代码，for 循环结束，开始运行没有缩进部分的代码（即第 11 行代码）。

第 07 行代码：将工作表中的数据读取成 Pandas 模块的 DataFrame 形式。为何要读成 DataFrame 形式呢？因为这样就可以用 Pandas 模块中的方法对数据进行分析处理。

代码中，"data1"为新定义的变量，用来保存读取的数据；"i"为本次循环时存储的对应的工作表的名称，指定工作表名称后，就可以对相应工作表进行处理了；"range('A1')"方法用来设置起始单元格，参数"'A1'"表示起始单元格为 A1 单元格；"options()"方法用来设置数据读取的类型。其参数"pd.DataFrame"表示将数据内容读取成 DataFrame 形式。

下面我们来单独输出"data1"变量［可以在第 07 行代码下面增加"print(data1)"来输出］，存储的 DataFrame 形式的数据如图 7-25 所示。

接着看其他参数："header=1"参数用于设置使用原始数据集中的第一列作为列名，而不是使

	日期	产品名称	销售数量	单价	总金额
0	2021-01-02	聚氨酯	2.0	150.0	300.0
1	2021-01-02	聚氨酯	1.0	150.0	150.0
2	2021-01-03	丙纶	10.0	220.0	2200.0
3	2021-01-05	胶粉	10.0	65.0	650.0
4	2021-01-06	胶粉	1.0	65.0	65.0
5	2021-01-07	丙纶	20.0	220.0	4400.0
6	2021-01-08	堵漏王	5.0	80.0	400.0
7	2021-01-08	胶粉	2.0	65.0	130.0
8	2021-01-09	注浆机连杆	1.0	60.0	60.0
9	2021-01-09	牛油头	10.0	10.0	100.0
10	2021-01-11	开关	2.0	40.0	80.0
11	2021-01-13	SBS	25.0	95.0	2375.0
12	2021-01-15	注浆液	12.0	220.0	2640.0
13	2021-01-17	止水针头	1.0	1000.0	1000.0
14	2021-01-17	涤纶	18.0	450.0	8100.0
15	2021-01-20	三元乙丙	4000.0	9.0	36000.0
16	2021-01-21	水性聚氨酯	20.0	150.0	3000.0
17	2021-01-26	丙纶	35.0	220.0	7700.0
18	2021-01-27	胶粉	10.0	65.0	650.0
19	2021-01-28	丙纶	15.0	220.0	3300.0
20	2021-01-29	胶粉	1.0	65.0	65.0

图 7-25　读取的 DataFrame 形式的数据

用自动列名；"index=False"参数的作用是取消索引，因为 DataFrame 数据形式会默认将表格的首列作为 DataFrame 的 index（索引），因此就需要表格内容的首列固定有个序号列，如果表格中首列并不是序号，就需要在函数中设置参数来忽略 index；参数"expand='table'"表示扩展选择范围，还可以设置为 right 或 down，table 表示向整个表扩展，即选择整个表格，right 表示向表的右方扩展，即选择一行，down 表示向表的下方扩展，即选择一列；value 方法表示工作表的数据。

第 08 行代码：用 if 条件语句来判断读取的工作表是否有数据，而不是空表。如果是空表，运行下面的两行代码程序就会出错，因此需要先判断访问的工作表是否有数据。

怎么判断呢？我们用 if 判断第 07 行代码读取的数据中（即判断 data1）是否包含"付款方式"列名（所有有数据的工作表包含的文字，也可以换成"开票类型"）。如果"data1"中包含就说明不是空工作表，就执行 if 语句缩进部分的代码（第 09~10 行代码）；如果"data1"中不包含，就跳过缩进部分代码。

代码中，"'付款方式' in data1"为 if 条件语句的条件，条件为真，就执行 if 语句中缩进部分代码；条件为假，则跳过 if 语句中缩进部分代码。注意：if 条件语句的语法为："if 条件："（必须有冒号）。

第 09 行代码：将第 07 行代码中读取的数据按指定的"产品名称"列进行分组并求和。"groupby()"方法用来根据 DataFrame 本身的某一列或多列内容进行分组聚合，其参数"'产品名称'"为分组时的索引；"aggregate()"方法可以对分组后的数据进行多种方式的统计汇总，比如对多个指定的列进行不同的运算（如求和，求最小值等）。在本例中分别对"销售数量"和"总金额"列进行了求和运算。分组汇总计算后的数据如图 7-26 所示。

```
        销售数量   总金额
产品名称
SBS         25.0  2375.0
三元乙丙    4000.0  36000.0
丙纶         80.0  17600.0
堵漏王        5.0   400.0
开关          2.0    80.0
止水针头      1.0  1000.0
水性聚氨酯   20.0  3000.0
注浆机连杆    1.0    60.0
注浆液       12.0  2640.0
涤纶         18.0  8100.0
牛油头       10.0   100.0
聚氨酯        3.0   450.0
胶粉         24.0  1560.0
```

图 7-26　分组汇总计算后的数据

第 10 行代码：将"data2"存储的 DataFrame 数据（第 09 行分组求和后的数据）加入之前新建的空 DataFrame 中。"append()"函数的作用是向 DataFrame 中加入数据。每执行一次 for 循环就会将一个工作表中分组求和后的数据添加到 DataFrame 中，直到最后一次循环，所有工作表中的数据都会被加入 DataFrame 中。如图 7-27 所示为 DataFrame 中存储的数据。

第三步：分组求和 DataFrame 中存储的总数据。

经过上面几步处理后，各工作表中分组求和后的数据都被加入到 DataFrame 了，接下来对 DataFrame 中存储的总数据再次进行分组求和。在程序中继续加入如下代码：

```
11 data_new=data_pd.groupby('产品名称').sum()
   # 将读取的数据按"产品名称"分组并求和
```

第 11 行代码：将 DataFrame 中的数据，按"产品名称"进行分组并对其他列进行求和。"data_new"为新定义的变量，用来存储分组求和后的数据；"data_pd"为之前定义的 DataFrame 数据，现在存储着各个工作表分组求和后的数据；"groupby()"方法用来根据 DataFrame 数据的某一列或多列内容进行分组聚合，其参数"'产品名称'"为分组时的索引。

```
        销售数量   总金额
产品名称
SBS         25.0  2375.0
三元乙丙    4000.0  36000.0
丙纶         80.0  17600.0
堵漏王        5.0   400.0
开关          2.0    80.0
止水针头      1.0  1000.0
水性聚氨酯   20.0  3000.0
注浆机连杆    1.0    60.0
注浆液       12.0  2640.0
涤纶         18.0  8100.0
牛油头       10.0   100.0
聚氨酯        3.0   450.0
胶粉         24.0  1560.0
SBS        420.0  38900.0
丙纶        101.0  21280.0
堵漏王        5.0   400.0
底油         10.0   500.0
油膏         20.0   800.0
涤纶        110.0  24500.0
胶粉          2.0   260.0
SBS         30.0  2850.0
三元乙丙    4000.0  36000.0
丙纶         80.0  15400.0
堵漏王       10.0   800.0
开关          4.0   160.0
止水针头      1.0  1000.0
水性聚氨酯   20.0  3000.0
注浆机连杆    2.0   120.0
注浆液       12.0  2640.0
涤纶         18.0  8100.0
牛油头       20.0   200.0
聚氨酯        3.0   450.0
胶粉         26.0  1740.0
```

图 7-27　DataFrame 中存储的数据

"sum()"方法默认是对一列数据进行求和。分组求和后的数据如图 7-28 所示。

第四步：新建存储数据工作簿和工作表。

上面的步骤中将要提取的数据存放在了列表中，接下来新建一个工作簿，并新建"产品汇总"工作表，用来存放提取的数据。接着在程序中输入下面的代码：

```
12  new_wb=xw.books.add()
                    # 新建一个工作簿
13  new_sht=new_wb.sheets.add('产品汇总')
                    # 插入名为"产品汇总"的新工作表
```

销售数量	总金额
产品名称	
SBS	475.0 44125.0
三元乙丙	8000.0 72000.0
丙纶	261.0 54280.0
堵漏王	20.0 1600.0
底油	10.0 500.0
开关	6.0 240.0
止水针头	2.0 2000.0
水性聚氨酯	40.0 6000.0
油膏	20.0 800.0
注浆机连杆	3.0 180.0
注浆液	24.0 5280.0
涤纶	146.0 40700.0
牛油头	30.0 300.0
聚氨酯	6.0 900.0
胶粉	52.0 3560.0

图 7-28 分组求和后的数据

第 12 行代码：新建一个工作簿。"new_wb"为定义的新变量，用来存储新建的工作簿；"books.add()"方法用来新建一个工作簿。

第 13 行代码：在新建的工作簿中插入"产品汇总"的新工作表。"new_sht"为新定义的变量，用来存储新建的工作表；"new_wb"为上一行代码中新建的工作簿；"sheets.add('产品汇总')"为插入新工作表的方法，括号中为新工作表名称。

第五步：设置工作表中单元格格式。

由于处理后的数据中有数值数据，直接复制数据会导致这些数据出现错误，因此在复制数据前，先将期末余额所在工作表中的列的单元格格式设置为会计格式。继续在程序中输入下面的代码：

```
14  new_sht.range('B:B').api.NumberFormat='0'           # 设置 B 列单元格格式
15  new_sht.range('C:C').api.NumberFormat='#,##0.00'    # 设置 C 列单元格格式
```

第 14 行代码：将新建的"产品汇总"工作表的 B 列单元格数字格式设置为无小数位的数值格式。"new_sht"为新建的"产品汇总"工作表，"range('B:B')"表示 B 列，如果是"range('1:1')"，就表示第一行。注意："NumberFormat"方法中的字母 N 和 F 要大写。

第 15 行代码：将新建的"产品汇总"工作表的 C 列单元格数字格式设置为千分位数字格式，保留两位小数点。"new_sht"为新建的"产品汇总"工作表，"range('C:C')"表示 C 列。"api.NumberFormat='#,##0.00'"用来设置单元格格式为千分位保留 2 位小数的数字格式。

第六步：复制提取的数据。

建好工作表后，接着将处理后的数据复制到新建的工作表中。在程序中输入下面的代码：

```
16  new_sht.range('A1').expand('table').value=data_new
                    # 将处理好的数据复制到新的工作表
```

第 16 行代码：将"data_new"中存储的分组数据复制到新建的"产品汇总"工作表中。"new_sht"为新建的"产品汇总"工作表；"range('A1')"表示从 A1 单元格开始复制；"expand('table')"方法用来设置表格扩展选择范围，可以设置为 table、right 或 down，table 表示向整个表扩展，即选择整个表格， right 表示向表的右方扩展，即选择一行，down 表示向表的下方扩展，即选择一列；"value"表示工作表数据；"="右侧为要复制的数据，"data_new"为存储分组求和后数据的变量。

第七步：保存关闭工作簿并退出 Excel 程序。

处理完数据后，接下来保存工作簿，然后关闭工作簿，退出 Excel 程序。在程序中输入下面的代码：

```
17  new_sht.autofit()                                  # 自动调整工作表的行高和列宽
18  new_wb.save('E:\\ 财务数据 \\ 销售数据汇总 .xlsx')    # 保存工作簿
19  new_wb.close()                                     # 关闭新建的工作簿
20  wb.close()                                         # 关闭工作簿
21  app.quit()                                         # 退出 Excel 程序
```

第 17 行代码：根据数据内容自动调整新工作表的行高和列宽。"autofit()" 方法用于自动调整整个工作表的列宽和行高。该方法的参数为 axis=None 或 rows、columns 等，其中 axis=None 或省略表示自动调整行高和列宽；axis=rows 或 axis=r 表示自动调整行高；axis=columns 或 axis=c 表示自动调整列宽。

第 18 行代码：将新建的工作簿保存为 "E:\\ 财务数据 \\ 销售数据汇总 .xlsx"。"save()" 方法用来保存工作簿，括号中的内容为要保存的工作簿的名称和路径。

第 19 行代码：关闭新建 "销售数据汇总" 工作簿。

第 20 行代码：关闭工作簿。

第 21 行代码：退出 Excel 程序。

完成后的全部代码如下：

```
01  import xlwings as xw                                # 导入 xlwings 模块
02  import pandas as pd                                 # 导入 Pandas 模块
03  app=xw.App(visible=True,add_book=False)             # 启动 Excel 程序
04  wb=app.books.open('E:\\财务数据 \\ 销售额明细表 .xlsx')  # 打开工作簿
05  data_pd=pd.DataFrame()                              # 新建空 DataFrame 用于存放数据
06  for i in wb.sheets:                                 # 遍历工作簿中的工作表
07      data1=i.range('A1').options(pd.DataFrame,header=1,index=False,expand='table')
        .value                                          # 读取工作表的所有数据
08      if ' 产品名称 ' in data1:                          # 判断工作表中是否包含 "产品名称"
09          data2=data1.groupby(' 产品名称 ').aggregate({' 销售数量 ':'sum',' 总金额 ':'sum'})
                                                        # 将读取的数据按 "产品名称" 分组求和
10          data_pd=data_pd.append(data2)               # 将分组求和后的数据加到 DataFrame 中
11  data_new=data_pd.groupby(' 产品名称 ').sum()
                                                        # 将读取的数据按 "产品名称" 分组并求和
12  new_wb=xw.books.add()                               # 新建一个工作簿
13  new_sht=new_wb.sheets.add(' 产品汇总 ')              # 插入名为 "产品汇总" 的新工作表
14  new_sht.range('B:B').api.NumberFormat='0'           # 设置 B 列单元格格式
15  new_sht.range('C:C').api.NumberFormat='#,##0.00'    # 设置 C 列单元格格式
16  new_sht.range('A1'). expand('table').value=data_new
                                                        # 将处理好的数据复制到新的工作表
17  new_sht.autofit()                                   # 自动调整新工作表的行高和列宽
18  new_wb.save('E:\\ 财务数据 \\ 销售数据汇总 .xlsx')     # 保存工作簿
19  new_wb.close()                                      # 关闭新建的工作簿
20  wb.close()                                          # 关闭工作簿
21  app.quit()                                          # 退出 Excel 程序
```

零基础代码套用：

（1）将案例中第 04 行代码中的 "E:\\财务数据 \\销售额明细表 .xlsx" 更换为其他文件名，可以对其他工作簿进行处理。注意：须加上文件的路径。

（2）将第 08 行代码中的 "产品名称" 修改为要处理的工作表的列标题。

（3）将第 09 行代码中的 "产品名称" "销售数量" "总金额" 修改为要汇总的列的名称，同时，将 "sum" 等运算函数修改为你要进行运算的函数。

（4）将第 11 行代码中的“产品名称”修改为要汇总的列的名称，同时，将“sum”等运算函数修改为你要进行运算的函数。

（5）将案例中第 13 行代码中的“产品汇总”更换为其他名称，可以修改新插入的工作表的名称。

（6）将案例中第 18 行代码中的“E:\\ 财务数据 \\ 销售数据汇总 .xlsx”更换为其他名称，可以修改新建的工作簿的名称。注意：须加上文件的路径。

7.5　批量分类汇总多个财务数据文件中的所有工作表

上一案例中，我们对财务数据中单个工作簿的多个工作表进行了分类汇总。在本案例中，我们将对同一文件夹中的所有工作簿所有工作表中的数据进行分类汇总，然后将汇总结果存入到一个新工作簿中。

如图 7-29 所示文件夹中包括多个待处理的工作簿文件，我们需要将每个工作簿文件中所有的工作表中的“会计科目”“借方发生额”“贷方发生额”“借或贷”列进行分类汇总。比如对“科目余额表 2019.xlsx”工作簿中的“1 月”“2 月”“3 月”等工作表按“借或贷”和“会计科目”列进行汇总，并对“借方发生额”“贷方发生额”列的数据进行求和（如图 7-30 所示为“科目余额表 2019”工作表中要处理的数据）。然后新建一个“科目汇总表”工作簿，并插入“科目汇总”新工作表，将汇总后的数据复制到此工作表中。汇总后的效果如图 7-31 所示。

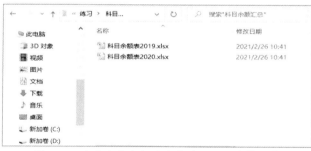

图 7-29　文件夹中包括的多个待处理工作簿文件

科目代码	会计科目	期初余额	借方发生额	贷方发生额	借或贷	期末余额
2019001	库存现金	120,000.00	3,000.00		借	123,000.00
2019002	银行存款	230,000.00		2,300.00	贷	227,700.00
2019003	其他货币资金	2,000.00	250.00		借	2,250.00
2019004	交易性金融资产	360,000.00		2,300.00	贷	357,700.00
2019005	无形资产	50,000.00		2,000.00	贷	48,000.00
2019006	固定资产	100,000.00		3,500.00	贷	96,500.00
2019007	累计折旧	50,000.00	6,500.00		借	56,500.00
2019008	应收票据	1,200.00		250.00	贷	950.00
2019009	应收账款	32,000.00	5,600.00		借	37,600.00
2019010	应付账款	360,000.00		2,500.00	贷	357,500.00
2019011	其他应收款	56,000.00		3,600.00	贷	52,400.00
2019012	长期待摊费用	4,000.00	2,000.00		借	6,000.00
2019013	应付职工薪酬	9,600.00		3,600.00	贷	6,000.00
2019014	库存商品	6,000.00		4,500.00	贷	1,500.00
2019015	银行本票	68,000.00	4,500.00		借	72,500.00
2019016	原材料	86,000.00		62,000.00	贷	24,000.00
2019017	库存现金	970,000.00		5,600.00	贷	964,400.00
2019018	待处理财产损益	5,000.00		250.00	贷	4,750.00

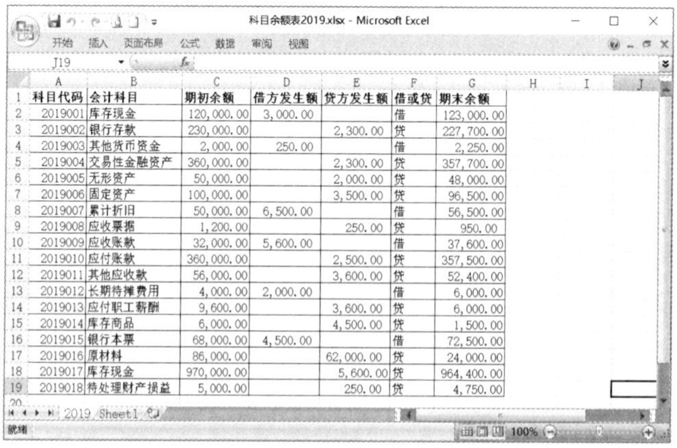

图 7-30　“科目余额表 2019”工作表中要处理的数据

图 7-31　汇总后的效果

下面我们来分析程序如何编写。

（1）获取文件夹中所有文件和文件夹名称的列表，然后启动 Excel 程序。

（2）利用 for 循环来遍历每一个工作簿文件，并打开遍历的工作簿文件。

（3）利用 Pandas 模块来对每一个工作表中的"用途"和"提取金额"两列数据进行提取，并将提取的数据加入存储数据的空列表中。

（4）按要求新建一个工作簿，再新建一个"提取现金"工作表。

（5）先设置一下"提取金额"工作表中"提取金额"列的单元格格式。

（6）将存储在列表中的数据复制到"提取金额"工作表中。

（7）将新建的工作簿保存为名称为"提现金额汇总表"的工作簿，并关闭工作簿，退出 Excel 程序。

第一步：导入模块并获取要处理的工作簿名称列表并启动 Excel 程序。

按照 7.3 节介绍的方法导入模块，获取要处理的数据文件夹中工作簿文件名称的列表，并启动 Excel 程序，再在程序中输入以下代码：

```
04  file_path='E:\\ 科目余额汇总 '          # 指定要处理的文件所在文件夹的路径
05  file_list=os.listdir(file_path)        # 将所有文件和文件夹的名称以列表的形式保存
06  app=xw.App(visible=True,add_book=False) # 启动 Excel 程序
```

第 04 行代码：指定文件所在文件夹的路径。"file_path"为新建的变量，用来存储路径；"="右侧为要处理的文件夹的路径。注意：为了避免使用单反斜杠产生歧义（单反斜杠有换行的功能），路径中用了双反斜杠；也可以用转义符 r，如果在 E 前面用了转义符 r，就可以使用单反斜杠。如：r'E:\ 科目余额汇总 '。

第 05 行代码：将路径下所有文件和文件夹的名称以列表的形式存在"file_list"列表中。"file_list"为新定义的变量，用来存储返回的名称列表；os 表示 OS 模块；"listdir()"为 OS 模块中的函数，此函数用于返回指定的文件夹包含的文件或文件夹的名字的列表，括号中的内容为此函数的参数，即要处理的文件夹的路径。如图 7-32 所示为程序执行后"file_list"列表中存储的数据。

['~$科目余额表2019.xlsx', '科目余额表2019.xlsx', '科目余额表2020.xlsx']

图 7-32　程序执行后"file_list"列表中存储的数据

第 06 行代码：启动 Excel 程序，并把程序存储在"app"变量中。这里小写的"app"是新定义的变量，用来存储打开的 Excel 程序。在 Python 中，一般在使用变量时直接定义即可，而不用提前定义。"xw"指的是 xlwings 模块，大写 A 开头的"App"是 xlwings 模块中的方法（即函数），用来启动 Excel 程序。它右侧括号中的内容为其参数，用来设置启动的 Excel 程序。"visible"参数用来设置启动的 Excel 程序是否可见，如果设置为 True，就表示可见（默认），如果为 False，就表示不可见。"add_book"参数用来设置启动 Excel 时，是否自动创建新工作簿，如果设置为 True，就表示自动创建（默认），如果为 False，就表示不创建。

第二步：访问并打开每一个工作簿文件。

创建一个空 DataFrame，用来存储处理完的数据，然后用 for 循环遍历要处理的文件夹中每一个工作簿文件，并打开遍历的工作簿文件。如果是临时文件，就要跳过，即不处理。在程序中继续输入如下代码：

```
07  data_pd=pd.DataFrame()                 # 新建空 DataFrame 用于存放数据
08  for x in file_list:                    # 遍历列表 file_list 中的元素
09      if x.startswith('~$'):             # 判断文件名称是否有以"~$"开头的临时文件
10          continue                       # 跳过本次循环
11      wb=app.books.open(file_path+'\\'+x) # 打开文件夹中的工作簿
```

第 07 行代码：新建一个名为"data_pd"的空的 DataFrame。空的 DataFrame 用来存储提取出来的数据，由于有多个工作簿需要处理，而且需要对每个工作簿中的每个工作表的数据分别进行提取，因此每提取一个工作表就将提取的数据先加入列表中，等所有工作表都提取完了，再将所有提取的数据一起复制到工作表。data_pd 为新定义的变量，用来存储 DataFrame；等号右侧"pd"为 Pandas 模块；"DataFrame()"方法用来创建 DataFrame 数据，括号中没有参数表示是一个空的 DataFrame。如果在"DataFrame()"的括号中加入一个列表形式的数据，就会创建一个有数据的 DataFrame。比如：data_pd=pd.DataFrame(['2','4','6','8','10'])。

第 08 行代码：遍历所处理文件夹中的所有工作簿文件，即要依次处理文件夹中的每个工作簿，用 for 循环来实现。for 循环可以遍历文件夹中的所有工作簿文件，并打开遍历的工作簿，然后对工作簿中工作表的数据进行处理。"for...in... :"为 for 循环的语法，注意，必须有冒号。第 09~16 行缩进部分代码为 for 循环的循环体（第 12~16 行代码在下一步骤中进行讲解），每运行一次循环都会运行一遍循环体的代码。"x"为循环变量，用来存储遍历的列表中的元素；"file_list"为存储返回的名称列表。

接下来我们来看一下这个 for 循环是如何运行的。第一次 for 循环时，访问列表的第一个元素（企业银行账户提现登记表 1 月 .xlsx）并将其存储在"x"循环变量中，然后执行一遍缩进部分的代码（第 09~16 行代码）；执行完之后，返回再次执行第 08 行代码，开始第二次 for 循环，访问列表中第二个元素（企业银行账户提现登记表 2 月 .xlsx），并将其存储在"x"变量中，然后再次执行缩进部分的代码。就这样一直循环，直到遍历完最后一个列表的元素，执行完缩进部分代码，for 循环结束，开始运行没有缩进部分的代码（即第 17 行代码）。

第 09 行代码：用 if 条件语句判断文件夹下的文件名称是否有"~$"开头的（这样的文件是临时文件，不是我们要处理的文件）。如果有（即条件成立），就执行第 10 行代码。

如果没有（即条件不成立），就执行第 11 行代码。

代码中，x.startswith('~$') 为 if 条件语句的条件，"x.startswith(~$)"的意思就是判断 x 中存储的字符串是否以"~$"开头，如果是以"~$"开头，就输出 True。"startswith()"为一个字符串函数，用于判断字符串是否以参数中指定的字符串开头。

第 10 行代码：跳过当次 for 循环，直接进行下一次 for 循环。continue 语句的作用是跳过本次循环体中余下尚未执行的语句，返回到循环开头，重新执行下一次循环。

第 11 行代码：打开与 x 中存储的文件名相对应的工作簿文件。"wb"为新定义的变量，用来存储打开的工作簿；"app"为启动的 Excel 程序；"books.open()"方法用来打开工作簿，括号中的内容为其参数，即要打开的工作簿文件；"file_path+'\\\\'+x"为要打开的工作簿文件的路径。其中，"file_path"为第 04 行代码中的"E:\\ 科目余额汇总"，如果 x 中存储的为"科目余额表 2019.xlsx"时，要打开的文件就为"E:\\ 科目余额汇总 \\ 科目余额表 2019.xlsx"，就会打开"科目余额表 2019.xlsx"工作簿文件。

第三步：读取工作表列数据并加入列表中。

用 for 循环遍历所有的工作表，并读取每个工作表中的数据，对读取的数据进行分组求和，然后加入 DataFrame 数据中。在程序中继续输入如下代码：

```
12  for i in wb.sheets:                      # 遍历工作簿中的工作表
13      data1=i.range('A1').options(pd.DataFrame,header=1,index=False,expand='table')
        .value                              # 将当前工作表的数据读取为 DataFrame 形式
14      if ' 会计科目 ' in data1:              # 判断工作表中是否包含"会计科目"
15          data2=data1.groupby([' 借或贷 ',' 会计科目 ']).aggregate({' 借方发生额 ':'sum',' 贷方发生
额 ':'sum'})
                                            # 将 data1 中的数据按"借或贷""会计科目"分组求和
16          data_pd=data_pd.append(data2)   # 将分组求和后的数据加到 DataFrame 中
```

第 12 行代码：遍历所处理工作簿中的所有工作表，即要依次处理每个工作表，这里用 for 循环来实现。for 循环可以遍历工作簿中的所有工作表，并提取需要的数据。由于这个 for 循环在第 08 行代码的 for 循环的循环体中，因此这是一个嵌套 for 循环。为了好区分，我们称第 08 行的 for 循环为第一个 for 循环，第 12 行的 for 循环为第二个 for 循环。嵌套 for 循环的特点是：第一个 for 循环每循环一次，第二个 for 循环会运行一遍所有循环。代码中，"i"为循环变量，用来存储遍历的列表中的元素；"wb.sheets"可以获得打开的工作簿中所有工作表名称的列表。

接下来我们来看一下第二个 for 循环是如何运行的。第一次 for 循环时，访问列表的第一个元素，并将其存储在"i"变量中，然后执行一遍缩进部分的代码（第 13~16 行代码）；执行完之后，返回再次执行第 12 行代码，开始第二次 for 循环，访问列表中的第二个元素，并将其存储在"i"变量中，然后再次执行缩进部分的代码。就这样一直循环，直到遍历完最后一个列表的元素，执行完缩进部分代码，第二个 for 循环结束，这时返回到第 08 行代码，开始继续第一个 for 循环的下一次循环。

第 13 行代码：将工作表中的数据读取成 Pandas 模块的 DataFrame 形式。为何要读成 DataFrame 形式呢？因为这样就可以用 Pandas 模块中的方法对数据进行分析处理。"data1"为新定义的变量，用来保存读取的数据；"i"为本次循环时存储的对应的工作表的名称，指定工作表名称后，就可以对相应工作表进行处理了；"range('A1')"方法用来设置起始单元格，参数"'A1'"表示起始单元格为 A1 单元格；"options()"方法用来设置数据读取的类型。其

参数“pd.DataFrame”表示将数据内容读取成 DataFrame 形式，如图 7-33 所示。

```
   科目代码    会计科目   期初余额  借方发生额  贷方发生额 借或贷    期末余额
0  2019001.0    库存现金  120000.0  3000.0      NaN  借  123000.0
1  2019002.0    银行存款  230000.0     NaN   2300.0  贷  227700.0
2  2019003.0  其他货币资金    2000.0   250.0      NaN  借    2250.0
3  2019004.0 交易性金融资产  360000.0     NaN   2300.0  贷  357700.0
4  2019005.0    无形资产   50000.0     NaN   2000.0  贷   48000.0
5  2019006.0    固定资产  100000.0     NaN   3500.0  贷   96500.0
6  2019007.0    累计折旧   50000.0  6500.0      NaN  借   56500.0
7  2019008.0    应收票据    1200.0     NaN    250.0  贷     950.0
8  2019009.0    应收账款   32000.0  5600.0      NaN  借   37600.0
9  2019010.0    应付账款  360000.0     NaN   2500.0  贷  357500.0
10 2019011.0   其他应收款   56000.0     NaN   3600.0  贷   52400.0
11 2019012.0  长期待摊费用    4000.0  2000.0      NaN  借    6000.0
12 2019013.0  应付职工薪酬    9600.0     NaN   3600.0  贷    6000.0
13 2019014.0    库存商品    6000.0     NaN   4500.0  贷    1500.0
14 2019015.0    银行本票   68000.0  4500.0      NaN  借   72500.0
15 2019016.0     原材料   86000.0     NaN  62000.0  贷   24000.0
16 2019017.0    库存现金  970000.0     NaN   5600.0  贷  964400.0
17 2019018.0 待处理财产损益    5000.0     NaN    250.0  贷    4750.0
```

图 7-33　读取的 DataFrame 形式的数据

接着看其他参数：“header=1”参数用来设置使用原始数据集中的第一列作为列名，而不是使用自动列名；“index=False”参数的作用是取消索引，因为 DataFrame 数据形式会默认将表格的首列作为 DataFrame 的 index（索引），因此就需要在表格内容的首列固定一个序号列，如果表格中首列并不是序号，则需要在函数中设置参数来忽略 index；“expand='table'”参数用来扩展选择范围，还可以设置为 right 或 down，table 表示向整个表扩展，即选择整个表格，right 表示向表的右方扩展，即选择一行，down 表示向表的下方扩展，即选择一列；“value”方法表示工作表的数据。总之，这一行代码的作用就是读取工作表中的数据。

第 14 行代码：用 if 条件语句来判断读取的工作表是否有数据，而不是空表。如果是空表，运行下面的两行代码程序就会出错，因此需要先判断一下访问的工作表是否有数据。

怎么判断呢？我们用 if 判断第 13 行代码读取的数据中（即 data1）是否包含“会计科目”列名。如果“data1”中包含，就说明不是空工作表，就执行 if 语句缩进部分的代码（第 15~16 行代码）；如果“data1”中不包含，就跳过缩进部分代码。

代码中，“'会计科目' in data1”为 if 条件语句的条件，条件为真，就执行 if 语句中缩进部分代码；条件为假，就跳过 if 语句中缩进部分代码。注意，if 条件语句的语法为：“if 条件：”（必须有冒号）。

第 15 行代码：将第 13 行代码中读取的数据按指定的“借或贷”和“会计科目”列进行分组并对“借方发生额”和“贷方发生额”进行求和。“groupby()”方法用来根据 DataFrame 本身的某一列或多列内容进行分组聚合，其参数“['借或贷','会计科目']”为分组时的索引。“aggregate()”方法可以对分组后的数据进行多种方式的统计汇总，比如对多个指定的列进行不同的运算（如求和，求最小值等）。本例中分别对“借方发生额”和“贷方发生额”列进行了求和运算。分组汇总计算后的数据如图 7-34 所示。

```
              借方发生额  贷方发生额
借或贷 会计科目
借   其他货币资金    250.0      0.0
    库存现金     3000.0      0.0
    应收账款     5600.0      0.0
    累计折旧     6500.0      0.0
    银行本票     4500.0      0.0
    长期待摊费用   2000.0      0.0
贷   交易性金融资产    0.0   2300.0
    其他应收款      0.0   3600.0
    原材料        0.0  62000.0
    固定资产       0.0   3500.0
    库存商品       0.0   4500.0
    库存现金       0.0   5600.0
    应付职工薪酬     0.0   3600.0
    应付账款       0.0   2500.0
    应收票据       0.0    250.0
    待处理财产损益    0.0    250.0
    无形资产       0.0   2000.0
    银行存款       0.0   2300.0
```

图 7-34　分组汇总计算后的数据

第 16 行代码：将"data2"存储的 DataFrame 数据（第 15 行分组求和后的数据）加入之前新建的空 DataFrame 中。"append()"函数的作用是向 DataFrame 中加入数据。每执行一次 for 循环，就会将一个工作表中分组求和后的数据添加到 DataFrame 中，直到最后一次循环，所有工作表中的数据都会被加入 DataFrame 中。

第四步：分组求和 DataFrame 中存储的总数据。

经过上面的处理步骤后，各工作表中分组求和后的数据都被加入 DataFrame 了。接下来对 DataFrame 中存储的总数据再次进行分组求和，在程序中继续输入如下代码：

```
17  data_new=data_pd.groupby(['借或贷','会计科目']).sum()
                              #将 data_pd 的数据按"借或贷"和"会计科目"分组并求和
```

第 17 行代码：将 DataFrame 中的数据按"借或贷"和"会计科目"进行分组并对其他列进行求和。"data_new"为新定义的变量，用来存储分组求和后的数据；"data_pd"为之前定义的 DataFrame 数据，现在存储着各个工作表分组求和后的数据；"groupby()"方法用来根据 DataFrame 数据的某一列或多列内容进行分组聚合，其参数"['借或贷','会计科目']"为分组时的索引。"sum()"方法默认是对一列数据进行求和。分组求和后的数据如图 7-35 所示。

第五步：新建存储数据工作簿和工作表。

上面的步骤中将要处理的数据存放在了 DataFrame 数据中，接下来新建一个工作簿，并新建"科目汇总"工作表，用来存放提取的数据。接着在程序中输入下面的代码：

```
借方发生额  贷方发生额
借或贷 会计科目
借   其他货币资金   500.0     0.0
     库存现金      6000.0    0.0
     应收账款      11200.0   0.0
     累计折旧      13000.0   0.0
     银行本票      9000.0    0.0
     长期待摊费用   4000.0    0.0
贷   交易性金融资产  0.0    4600.0
     其他应收款     0.0    7200.0
     原材料        0.0  124000.0
     固定资产       0.0    7000.0
     库存商品       0.0    9000.0
     库存现金       0.0   11200.0
     应付职工薪酬    0.0    7200.0
     应付账款       0.0    5000.0
     应收票据       0.0     500.0
     待处理财产损益   0.0     500.0
     无形资产       0.0    4000.0
     银行存款       0.0    4600.0
```

图 7-35　分组求和后的数据

```
18  new_wb=xw.books.add()                    #新建一个工作簿
19  new_sht=new_wb.sheets.add('科目汇总')    #插入名为"科目汇总"的新工作表
```

第 18 行代码：新建一个工作簿。"new_wb"为定义的新变量，用来存储新建的工作簿；"books.add()"方法用来新建一个工作簿。

第 19 行代码：在新建的工作簿中插入名为"科目汇总"的新工作表。"new_sht"为新定义的变量，用来存储新建的工作表；"new_wb"为上一行代码中新建的工作簿；"sheets.add('科目汇总')"为插入新工作表的方法，括号中为新工作表名称。

第六步：设置工作表中单元格格式。

由于处理后的数据中有数值数据，直接复制数据会导致这些数据出现错误，因此在复制数据前，先将期末余额所在工作表中的列的单元格格式设置为会计格式。继续在程序中输入下面的代码：

```
20  new_sht.range('C:D').api.NumberFormat='#,##0.00'    #设置 C 列和 D 列单元格格式
```

第 20 行代码：将新建的"期末余额"工作表的 C 列和 D 列单元格数字格式设置为千分位数字格式，保留 2 位小数点。"new_sht"为新建的"科目汇总"工作表，"range('C:D')"表示 C 列和 D 列，如果是"range('1:1')"，就表示第一行。"api.NumberFormat='#,##0.00'"用来设置单元格格式为千分位保留两位小数的数字格式。注意："NumberFormat"方法中的

字母 N 和 F 要大写。

第七步：复制提取的数据。

建好工作表后，接着将处理后的数据复制到新建的工作表中。在程序中输入下面的代码：

```
21  new_sht.range('A1'). expand('table').value=data_new
                              # 将处理好的数据复制到新工作表
```

第 21 行代码：将 "data_new" 中存储的分组数据复制到新建的 "科目汇总" 工作表中。"new_sht" 为新建的 "科目汇总" 工作表；"range('A1')" 表示从 A1 单元格开始复制；"expand('table')" 方法用来设置表格扩展选择范围，可以设置为 table、right 或 down，table 表示向整个表扩展，即选择整个表格，right 表示向表的右方扩展，即选择一行，down 表示向表的下方扩展，即选择一列；"value" 表示工作表数据。"=" 右侧为要复制的数据，"data_new" 为存储分组求和后数据的变量。

第八步：保存后关闭工作簿并退出 Excel 程序。

在处理完数据后，保存工作簿，然后关闭工作簿，退出 Excel 程序。在程序中输入下面的代码：

```
22  new_sht.autofit()                              # 自动调整工作表的行高和列宽
23  new_wb.save('E:\\ 科目余额汇总 \\ 科目汇总表 .xlsx')   # 保存工作簿
24  new_wb.close()                                 # 关闭新建的工作簿
25  wb.close()                                     # 关闭工作簿
26  app.quit()                                     # 退出 Excel 程序
```

第 22 行代码：根据数据内容自动调整新工作表的行高和列宽。"autofit()" 方法用于自动调整整个工作表的列宽和行高。该方法的参数为 axis=None 或 rows、columns 等，其中 axis=None 或省略表示自动调整行高和列宽；axis=rows 或 axis=r 表示自动调整行高；axis=columns 或 axis=c 表示自动调整列宽。

第 23 行代码：将新建的工作簿保存为 "E:\\ 科目余额汇总 \\ 科目汇总表 .xlsx"。"save()" 方法用来保存工作簿，括号中的内容为要保存的工作簿的名称和路径。

第 24 行代码：关闭新建 "科目汇总表" 工作簿。

第 25 行代码：关闭工作簿。

第 26 行代码：退出 Excel 程序。

完成后的全部代码如下：

```
01  import xlwings as xw                  # 导入 xlwings 模块
02  import pandas as pd                   # 导入 Pandas 模块
03  import os                             # 导入 os 模块
04  file_path='E:\\ 科目余额汇总 '           # 指定要处理的文件所在文件夹的路径
05  file_list=os.listdir(file_path)       # 将所有文件和文件夹的名称以列表的形式保存
06  app=xw.App(visible=True,add_book=False)   # 启动 Excel 程序
07  data_pd=pd.DataFrame()                # 新建空 DataFrame 用于存放数据
08  for x in file_list:                   # 遍历列表 file_list 中的元素
09      if x.startswith('~$'):            # 判断文件名称是否有以 "~$" 开头的临时文件
10          continue                      # 跳过本次循环
11      wb=app.books.open(file_path+'\\'+x)   # 打开文件夹中的工作簿
12      for i in wb.sheets:               # 遍历工作簿中的工作表
13          data1=i.range('A1').options(pd.DataFrame,header=1,index=False,expand='table')
            .value                        # 将当前工作表的数据读取为 DataFrame 形式
14          if ' 会计科目 ' in data1:       # 判断工作表中是否包含 "会计科目"
15              data2=data1.groupby([' 借或贷 ',' 会计科目 ']).aggregate({' 借方发生额 ':
'sum',' 贷方发生额 ':'sum'})  # 将 data1 中的数据按 "借或贷" "会计科目" 分组求和
16              data_pd=data_pd.append(data2)   # 将分组求和后的数据加入 DataFrame 中
```

```
17  data_new=data_pd.groupby(['借或贷','会计科目']).sum()
                        # 将 data_pd 的数据按"借或贷"和"会计科目"分组并求和
18  new_wb=xw.books.add()                        # 新建一个工作簿
19  new_sht=new_wb.sheets.add('科目汇总')         # 插入名为"科目汇总"的新工作表
20  new_sht.range('C:D').api.NumberFormat='#,##0.00'  # 设置 C 列和 D 列单元格格式
21  new_sht.range('A1').expand('table').value=data_new
# 将处理好的数据复制到新工作表
22  new_sht.autofit()                            # 自动调整新工作表的行高和列宽
23  new_wb.save('E:\\ 科目余额汇总 \\ 科目汇总表 .xlsx')    # 保存工作簿
24  new_wb.close()                               # 关闭新建的工作簿
25  wb.close()                                   # 关闭工作簿
26  app.quit()                                   # 退出 Excel 程序
```

零基础代码套用：

（1）将案例中第 04 行代码中的"E:\\ 科目余额汇总"更换为其他文件夹，可以对其他文件夹中的工作簿进行处理。注意：须加上文件夹的路径。

（2）将第 14 行代码中的"会计科目"修改为要处理的工作表中的列标题名称。

（3）将第 15 行代码中的"借或贷""会计科目"修改为要汇总的列的名称（可以是一列或多列，如果只有一列，将方括号 [ ] 删除），将"借方发生额""贷方发生额"修改为你要进行运算的列的名称（可以是一个或多个，如果数量和本例中不同，参照"'借方发生额':'sum'"增减。注意，冒号两边的为一个整体）。同时，将"sum"等运算函数修改为你要进行运算的函数。

（4）将第 17 行代码中的"借或贷""会计科目"修改为要汇总的列标题（可以是一列或多列，如果只有一列，将方括号 [ ] 删除），同时，将"sum"等运算函数修改为你要进行运算的函数。

（5）将案例中第 19 行代码中的"科目汇总"更换为其他名称，可以修改为你要插入的工作表的名称。

（6）将案例中第 23 行代码中的"E:\\科目余额汇总 \\科目汇总表 .xlsx"更换为其他名称，可以修改为你要新建的工作簿的名称。注意：须加上文件的路径。

7.6　批量计算现金日记账所有工作表财务数据

统计计算是财务人员日常工作中经常要做的工作，如果同时统计多个工作表的数据，工作量会很大，但利用 Python 处理这种工作，只是分分钟的事情。在本例中，我们将对一个工作簿所有工作表中的多个列进行求和计算，然后将每个工作表的求和结果存入到一个新工作表中。

如图 7-36 所示为"现金日记账 2020.xlsx"工作簿，此工作簿中包含"1 月""2 月""3 月"等工作表，要求将所有工作表中的"借方发生额""贷方发生额"列进行求和运算。然后将计算后的数据复制到一个新的"汇总"工作表的指定单元格中。汇总后的效果如图 7-37 所示。

下面我们来分析程序如何编写。

（1）启动 Excel 程序，打开"现金日记账 2020.xlsx"工作簿，并新建"汇总"工作表。

（2）向"汇总"工作表中分别写入"月份""借方总额""贷方总额"。

（3）利用 Pandas 模块来读取每一个工作表中的数据，并对读取的数据进行求和，然后将求和值写入"汇总"工作表。

日期	摘要	经手人	项目类别	往来单位	借方发生额	贷方发生额	期
1月1日			期初余额				1
1月2日	差旅费用		报销支出			8,000.00	1
1月5日	中国银行利息		利息支出			25,000.00	1
1月6日	支付小五备用金		支付备用金	小王		300,000.00	1
1月6日	购电脑一批		固定资产			10,000.00	1
1月9日	付3号楼款项		付工程款项			180,000.00	
1月10日	代付社保		代垫款项			50,000.00	
1月11日	转入农业银行		账户互转			100,000.00	
1月13日	会员费缴纳		其他			1,800.00	
1月15日	销售收入	小李	收回货款	A公司	430,000.00		1
1月15日	银行贷款		收到贷款	中国银行	1,000,000.00		2
1月16日	往来款		收往来款	D公司	100,000.00		2
1月19日	销售收入		收回货款	B公司	200,000.00		2
1月20日	银行利息收入		利息收入		32.00		2
1月22日	收回小五的备用金		收回备用金	小五	146,400.00		2

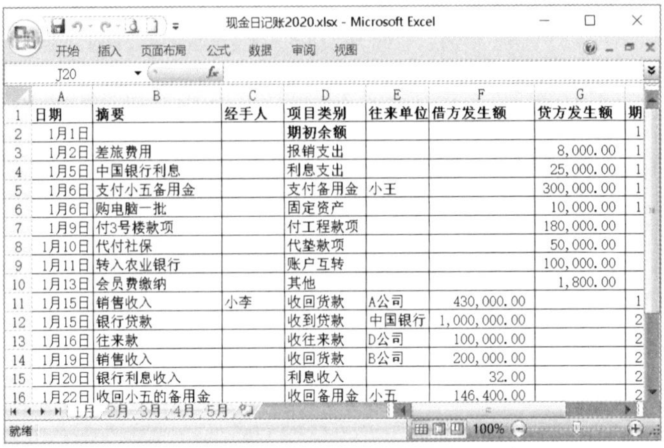

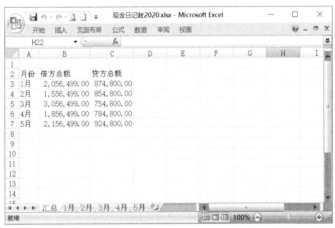

图 7-36 “现金日记账 2020.xlsx” 工作簿文件

月份	借方总额	贷方总额
1月	2,056,499.00	874,800.00
2月	1,556,499.00	854,800.00
3月	3,056,499.00	754,800.00
4月	1,856,499.00	784,800.00
5月	2,156,499.00	924,800.00

图 7-37 汇总后的效果

（4）设置“汇总”工作表 B 列和 C 列单元格格式，并自动调整行高和列宽。

（5）保存“现金日记账 2020.xlsx”的工作簿，并关闭工作簿，退出 Excel 程序。

第一步：导入模块并打开要处理的工作簿数据文件并插入新工作表。

按照 7.1 节介绍的方法导入模块，打开要处理的工作簿数据文件，然后插入“汇总”新工作表。再在程序中输入以下代码：

```
03 app=xw.App(visible=True,add_book=False)                 # 启动 Excel 程序
04 wb=app.books.open('E:\\ 日记账 \\ 现金日记账 2020.xlsx') # 打开工作簿
05 sht=wb.sheets.add(' 汇总 ')                # 在打开的工作簿中新建名为“汇总”的工作表
```

第 03 行代码：启动 Excel 程序，并把程序存储在“app”变量中。这里小写的“app”是新定义的变量，用来存储打开的 Excel 程序。在 Python 中，一般在使用变量时直接定义即可，而不用提前定义。

代码中，“xw”指的是 xlwings 模块，大写 A 开头的“App”是 xlwings 模块中的方法（即函数），用来启动 Excel 程序。它右侧括号中的内容为其参数，用来设置启动的 Excel 程序。“visible”参数用来设置启动的 Excel 程序是否可见，如果设置为 True，就表示可见（默认），如果为 False，就表示不可见。“add_book”参数用来设置启动 Excel 时，是否自动创建新工作簿，如果设置为 True，就表示自动创建（默认），如果为 False，就表示不创建。

第 04 行代码：打开 E 盘"日记账"文件夹中的"现金日记账 2020.xlsx"工作簿文件。"wb"为新定义的变量，用来存储打开的工作簿；"app"为启动的 Excel 程序；books.open() 方法用来打开工作簿，括号中的内容为要打开的工作簿文件。这里要写全工作簿文件的详细路径，注意：用双反斜杠或利用转义符 r，如：r'E:\ 日记账 \ 现金日记账 2020.xlsx '。

第 05 行代码：新建"汇总"工作表。"sht"为新定义的变量；"wb"表示打开的"现金日记账 2020.xlsx"工作簿；"sheets.add()"方法用来新建工作表，括号中的参数"汇总"为要新建的工作表名称。

第二步：向工作表中写入数据。

在新建的"汇总"工作表中分别写入"月份""借方总额""贷方总额"等数据，在程序中输入以下代码：

```
06 sht.range('A2:C2').value=[' 月份 ',' 借方总额 ',' 贷方总额 ']
        # 向 "汇总" 工作表中分别写入 "月份" "借方总额" "贷方总额"
```

第 06 行代码：向新建的"汇总"工作表的 A2、B2、C2 单元格中分别写入"月份""借方总额""贷方总额"。"sht"为新建的"汇总"新工作表；"range('A2:C2')"表示复制数据的单元格，"'A2:C2'"表示在 A2~C2 单元格中复制数据；"value"表示工作表的数据；"="右侧 [' 月份 ',' 借方总额 ',' 贷方总额 '] 列表中的元素为要复制的数据内容（以列表的形式提供）。复制时，会将列表中的元素依次写入到 A2~C2 单元格中。

第三步：对列数据进行行求和计算并写入表格。

创建一个变量用来计数，用 for 循环遍历所有的工作表，读取每个工作表中的数据，并对"借方发生额"列和"贷方发生额"列求和，并写入单元格中。在程序中继续输入如下代码：

```
07 count=1                                          # 新建 count 变量，并赋值 1。
08 for i in wb.sheets:                              # 遍历工作簿中的工作表
09    data1=i.range('A1').options(pd.DataFrame,header=1,index=False,expand='table')
      .value                                        # 将当前工作表的数据读取为 DataFrame 形式
10    count=count+1                                 # 变量 count 加 1
11    if ' 日期 ' in data1:                          # 判断工作表中是否包含 "日期"
12       sum1=data1[' 借方发生额 '].sum()            # 对 "借方发生额" 求和
13       sum2=data1[' 贷方发生额 '].sum()            # 对 "贷方发生额" 求和
14       sht.range('A'+str(count)).value=i.name     # 向 "汇总" 工作表写入数据
15       sht.range('B'+str(count)).value=sum1       # 向 "汇总" 工作表写入求和数据
16       sht.range('C'+str(count)).value=sum2       # 向 "汇总" 工作表写入求和数据
```

第 07 行代码：新建一个名为"count"的变量，并赋值 1。此变量用于定位表格中的单元格。比如 count=1，A+ str(count) 就表示 A1 单元格。

第 08 行代码：遍历所处理工作簿中的所有工作表，即要依次处理每个工作表，这里用 for 循环来实现。for 循环可以遍历工作簿中的所有工作表，并提取需要的数据。

代码中，"for...in... :"为 for 循环的语法，注意：必须有冒号。第 09~16 行缩进部分代码为 for 循环的循环体，每运行一次循环都会运行一遍循环体的代码。代码中的 i 为循环变量，用来存储遍历的列表中的元素。"wb.sheets"可以获得打开的工作簿中所有工作表名称的列表。如图 7-38 所示为"wb.sheets"方法获得的所有工作表名称的列表，列表中汇总、1 月、2 月为工作表的名称。

[<Sheet [现金日记账2020.xlsx]汇总>, <Sheet [现金日记账2020.xlsx]1月>, <Sheet [现金日记账2020.xlsx]2月>, ...]

图 7-38 wb.sheets 方法获得的所有工作表名称的列表

接下来我们来看一下这个 for 循环是如何运行的。第一次 for 循环时，访问列表的第一个元素（汇总）并将其存储在"i"变量中，然后执行一遍缩进部分的代码（第 09~16 行代码）；执行完之后，返回再次执行第 08 行代码，开始第二次 for 循环，访问列表中第二个元素（1 月），并将其存储在"i"变量中，然后再次执行缩进部分的代码。就这样一直循环，直到遍历完最后一个列表的元素，执行完缩进部分代码，for 循环结束，开始运行没有缩进部分的代码（即第 17 行代码）。

第 09 行代码：将工作表中的数据读取成 Pandas 模块的 DataFrame 形式。为何要读成 DataFrame 形式呢？因为这样就可以用 Pandas 模块中的方法对数据进行分析处理。

代码中，"data1"为新定义的变量，用来保存读取的数据；i 为本次循环时存储的对应的工作表的名称，指定工作表名称后，就可以对相应工作表进行处理了；"range('A1')"方法用来设置起始单元格，参数 'A1' 表示起始单元格为 A1 单元格；"options()"方法用来设置数据读取的类型。其参数"pd.DataFrame"表示将数据内容读取成 DataFrame 形式。

下面我们来单独输出"data1"变量 [可以在第 07 行代码下面增加"print(data1)"来输出]，存储的 DataFrame 形式的数据如图 7-39 所示。

	日期	摘要	经手人	项目类别	往来单位	借方发生额	贷方发生额	期末余额
0	2021-01-01	None	None	期初余额	None	NaN	NaN	1430000.0
1	2021-01-02	差旅费用	None	报销支出	None	NaN	8000.0	1422000.0
2	2021-01-05	中国银行利息	None	利息支出	None	NaN	25000.0	1397000.0
3	2021-01-06	支付小五备用金	None	支付备用金	小王	NaN	300000.0	1097000.0
4	2021-01-06	购电脑一批	None	固定资产	None	NaN	10000.0	1087000.0
5	2021-01-09	付3号楼款项	None	付工程款项	None	NaN	180000.0	907000.0
6	2021-01-10	代付社保	None	代垫款项	None	NaN	50000.0	857000.0
7	2021-01-11	转入农业银行	None	账户互转	None	NaN	100000.0	757000.0
8	2021-01-13	会员费缴纳	None	其他	None	NaN	1800.0	755200.0
9	2021-01-15	销售收入	小李	收回货款	A公司	430000.0	NaN	1185200.0
10	2021-01-15	银行贷款	None	收到贷款	中国银行	1000000.0	NaN	2185200.0
11	2021-01-16	往来款	None	收往来款	D公司	100000.0	NaN	2285200.0
12	2021-01-19	销售收入	None	收回货款	B公司	200000.0	NaN	2485200.0
13	2021-01-20	银行利息收入	None	利息收入	None	32.0	NaN	2485232.0
14	2021-01-22	收回小五的备用金	None	收回备用金	小五	146400.0	NaN	2631632.0
15	2021-01-25	农业银行转入	None	账户互转	None	180000.0	NaN	2811632.0
16	2021-01-28	其他收入	None	其他	None	67.0	NaN	2811699.0
17	2021-01-28	付货款	None	支付货款	H供应商	NaN	100000.0	2711699.0
18	2021-01-30	付5月份工资	None	支付工资	None	NaN	100000.0	2611699.0

图 7-39 存储的 DataFrame 形式的数据

接着看其他参数："header=1"参数用来设置使用原始数据集中的第一列作为列名，而不是使用自动列名；"index=False"参数的作用是取消索引，因为 DataFrame 数据形式会默认将表格的首列作为 DataFrame 的 index（索引），因此就需要在表格内容的首列固定一个序号列，如果表格中首列并不是序号，就需要在函数中设置参数来忽略 index；"expand='table'"参数用来扩展选择范围，还可以设置为 right 或 down，table 表示向整个表扩展，即选择整个表格，right 表示向表的右方扩展，即选择一行，down 表示向表的下方扩展，即选择一列；"value"方法表示工作表的数据。总之，这一行代码的作用就是读取工作表中的数据。

第 10 行代码：使变量"count"加 1。每循环一次，变量"count"就会加 1，也就是说，在第一次 for 循环时，"count"的值为 2，第二次 for 循环时，"count"的值为 3。"count"的值不断增加主要为了将不同工作表的求和值（第 14~16 行代码）写入不同的单元格。

第 11 行代码：用 if 条件语句来判断读取的工作表是否为要处理的工作表。怎么判断呢？通过观察我们发现，在要处理的工作表中，都有"日期"列，因此我们用 if 判断第 09 行代码读取的数据中（即判断 data1）是否包含"日期"列名（所有有数据的工作表都包含的文字，也可以换成"经手人"）。如果"data1"中包含，就说明是要处理的工作表，就执行 if 语句缩进部分的代码（第 12~16 行代码）；如果"data1"中不包含，就跳过缩进部分代码。

代码中，"'日期' in data1"为 if 条件语句的条件，条件为真，就执行 if 语句中缩进部分代码；条件为假，就跳过 if 语句中缩进部分代码。注意，if 条件语句的语法为：if 条件：，必须有冒号。

第 12 行代码：对"借方发生额"列求和，并将求和结果存储在"sum1"变量中。"sum1"为新定义的变量；"data1['借方发生额']"表示选择"data1"数据中的"借方发生额"列数据；"sum()"方法用来对选择的数据进行求和。

"sum()"方法默认是对所选数据的每一列进行求和，如果使用"axis=1"参数即"sum(axis=1)"，就变成对每一行数据进行求和；如果需要单独对某一列或某一行进行求和，就把求和的列或行索引出来即可。像本例中将"借方发生额"索引出来后，就只对"借方发生额"列进行求和。

第 13 行代码：对"贷方发生额"列求和，并将求和结果存在"sum2"变量中。"sum2"为新定义的变量，用来存储求和后的值。"data1['贷方发生额']"表示选择"data1"数据中的"贷方发生额"列数据。

第 14 行代码：向新建的"汇总"工作表中的"('A'+str(count))"单元格写入工作表名称。"sht"为之前新建的"汇总"工作表；"range('A'+str(count))"表示工作表中的单元格，"str(count)"的意思是将变量值转换为字符串格式［因为 range() 方法的参数要求必须为字符串］，如果 count=3，"'A'+str(count)"就等于 A3，"range('A'+str(count))"就变为"range('A3')"，表示"A3"单元格；"value"表示工作表数据，"range('A'+str(count)).value"表示"A3"单元格数据。"="右侧为要向单元格写入的数据，这里"i.name"是要写入的数据，"i.name"的意思是"i"中存储的工作表的名称。比如第一个工作表，它的名称就为"1 月"。因此就向 A3 单元格写入"1 月"。

第 15 行代码：向相应单元格写入"sum1"中存储的求和结果。同第 14 行代码一样，这里"('B'+str(count))"也是单元格坐标。

第 16 行代码：同第 15 行代码类似，也是向相应单元格写入"sum2"中存储的求和结果。

第四步：设置工作表中单元格格式。

对数据进行求和计算后，接着将新建的"汇总"工作表中的列的单元格格式设置为数值格式。继续在程序中输入下面的代码：

```
17 sht.range('B:C').api.NumberFormat='#,##0.00'     # 设置工作表 B、C 列单元格格式
```

第 17 行代码：将新建的"汇总"工作表的 B 列、C 列单元格数字格式设置为千分位数字格式，保留两位小数点。"sht"为新建的"借贷统计"工作表，"range('B:C')"表示 B 列和 C 列。"api.NumberFormat='#,##0.00'"用来设置单元格格式为千分位保留两位小数的数字格式。注意："NumberFormat"方法中的字母 N 和 F 要大写。

第五步：保存后关闭工作簿并退出 Excel 程序。

在处理完数据后，保存工作簿，然后关闭工作簿，退出 Excel 程序。在程序中输入下面的代码：

```
18    sht.autofit()                                    # 自动调整新工作表的行高和列宽
19    wb.save('E:\\ 日记账 \\ 现金日记账 2020.xlsx')      # 保存工作簿
20    wb.close()                                        # 关闭新建的工作簿
21    app.quit()                                        # 退出 Excel 程序
```

第 18 行代码：根据数据内容自动调整新工作表的行高和列宽。"autofit()"方法用于自动调整整个工作表的列宽和行高。该方法的参数为 axis=None 或 rows、columns 等，其中 axis=None 或省略表示自动调整行高和列宽；axis=rows 或 axis=r 表示自动调整行高；axis=columns 或 axis=c 表示自动调整列宽。

第 19 行代码：保持处理后的"现金日记账 2020"工作簿。"save()"方法用来保存工作簿，括号中的内容为要保存的工作簿的名称和路径。

第 20 行代码：关闭打开的工作簿。

第 21 行代码：退出 Excel 程序。

完成后的全部代码如下：

```
01  import xlwings as xw                                # 导入 xlwings 模块
02  import pandas as pd                                 # 导入 Pandas 模块
03  app=xw.App(visible=True,add_book=False)             # 启动 Excel 程序
04  wb=app.books.open('E:\\ 日记账 \\ 现金日记账 2020.xlsx')   # 打开工作簿
05  sht=wb.sheets.add(' 汇总 ')                         # 在打开的工作簿中新建名为"汇总"的工作表
06  sht.range('A2:C2').value=[' 月份 ',' 借方总额 ',' 贷方总额 ']
                    # 向"汇总"工作表中分别写入"月份""借方总额""贷方总额"
07  count=1                                             # 新建 count 变量，并赋值 1。
08  for i in wb.sheets:                                 # 遍历工作簿中的工作表
09      data1=i.range('A1').options(pd.DataFrame,header=1,index=False,expand='table')
        .value                                          # 将当前工作表的数据读取为 DataFrame 形式
10      count=count+1                                   # 变量 count 加 1
11      if ' 日期 ' in data1:                           # 判断工作表中是否包含"日期"
12          sum1=data1[' 借方发生额 '].sum()             # 对"借方发生额"求和
13          sum2=data1[' 贷方发生额 '].sum()             # 对"贷方发生额"求和
14          sht.range('A'+str(count)).value=i.name      # 向"汇总"工作表写入数据
15          sht.range('B'+str(count)).value=sum1        # 向"汇总"工作表写入求和数据
16          sht.range('C'+str(count)).value=sum2        # 向"汇总"工作表写入求和数据
17  sht.range('B:C').api.NumberFormat='#,##0.00'        # 设置"汇总"工作表的 B 列和 C 列单元格格式
18  sht.autofit()                                       # 自动调整新工作表的行高和列宽
19  wb.save('E:\\ 日记账 \\ 现金日记账 2020.xlsx')       # 保存工作簿
20  wb.close()                                          # 关闭新建的工作簿
21  app.quit()                                          # 退出 Excel 程序
```

零基础代码套用：

（1）将案例中第 04 行代码中的"E:\\ 日记账 \\ 现金日记账 2020.xlsx"更换为其他文件名，可以对其他工作簿进行处理。注意：须加上文件的路径。

（2）将第 05 行代码中的"汇总"修改为要插入的新工作表的名称。

（3）将第 06 行代码中的"A2:C2"修改为要写入内容的单元格坐标，将"月份""借方总额""贷方总额"修改为要写入单元格的内容。如果要在列中写入，可以修改为"A2:A5"等。

（4）将第 11 行代码中的"日期"修改为你要处理的工作表中的其中一个列标题。

（5）将第 12 行代码中的"借方发生额"修改为要求和的列标题，可以对不同的列进行求和。

（6）将第 13 行代码中的"贷方发生额"修改为要求和的列标题，可以对不同的列进行求和。

（7）将案例中第 19 行代码中的"E:\\ 日记账 \\ 现金日记账 2020.xlsx"更换为其他名称，可以修改新建的工作簿的名称。注意：须加上文件的路径。

如果要对工作表中的数据进行其他运算，修改方法如下：

（1）将案例中第 10 行代码中 count 的计算公式进行修改，比如修改为 count=count+3 等，可以将第 14~16 行代码中的单元格坐标进行修改。

（2）将案例中第 12 和第 13 行代码中的"sum()"修改为其他运算函数，可以对数据进行其他类型计算，比如修改为"max()"，可以返回列的最大值；修改为"count()"，可以计算非空单元格的个数。

7.7　批量计算多个现金日记账文件的财务数据

上一案例中，我们对现金日记账文件中单个工作簿的多个工作表进行了统计计算。在本例中，我们将对文件夹中所有工作簿中的所有工作表中的多个列进行求和计算，然后将每个工作表的求和结果存入到一个新工作簿的新工作表中。

如图 7-40 所示为"统计"文件夹中所有工作簿文件，我们需要将此文件夹中的所有工作簿中"1 月""2 月""3 月"等所有工作表中的"借方发生额""贷方发生额"列进行求和运算。然后新建一个"近年的借贷统计 .xlsx"工作簿，并插入"借贷统计"工作表，将各工作簿的各个工作表求和后的结果数据分别复制到"借贷统计"工作表中指定的单元格中。如图 7-41 所示为其中一个工作簿（"现金日记账 2019"）中的数据。求和后的效果如图 7-42 所示。

图 7-40　"统计"文件夹中所有工作簿文件

图 7-41　"现金日记账 2019"工作簿中的数据

图 7-42　求和后的效果

下面我们来分析程序如何编写。

（1）获取文件夹中所有文件和文件夹名称的列表，然后启动 Excel 程序。

（2）新建工作簿，并插入新的"借贷统计"工作表，然后向此工作表中分别写入"年""月份""借方总额""贷方总额"。

（3）利用 for 循环来遍历每一个工作簿文件，并打开遍历的工作簿文件。

（4）利用 Pandas 模块来读取每一个工作表中的数据，并对读取的数据进行求和，然后将求和值写入"汇总"工作表。

（5）设置"汇总"工作表的 C 列和 D 列单元格格式，并自动调整行高和列宽。

（6）将新建的工作簿保存为名称为"近年的借贷统计"的工作簿，并关闭工作簿，退出 Excel 程序。

第一步：导入模块并获取要处理的工作簿名称列表并启动 Excel 程序。

按照 7.3 节介绍的方法导入模块，获取要处理的数据文件夹中工作簿文件名称的列表，并启动 Excel 程序，再输入下面的代码：

```
04  file_path='E:\\ 科目余额汇总 '          # 指定要处理的文件所在文件夹的路径
05  file_list=os.listdir(file_path)         # 将所有文件和文件夹的名称以列表的形式保存
06  app=xw.App(visible=True,add_book=False)  # 启动 Excel 程序
```

第 04 行代码：指定文件所在文件夹的路径。"file_path"为新建的变量，用来存储路径；"="右侧为要处理的文件夹的路径。注意：为了避免使用单反斜杠产生歧义（单反斜杠有换行的功能），路径中用了双反斜杠；也可以用转义符 r，如果在 E 前面用了转义符 r，就可以使用单反斜杠。如：r'E:\ 科目余额汇总 '.

第 05 行代码：将路径下所有文件和文件夹的名称以列表的形式存在"file_list"列表中。"file_list"为新定义的变量，用来存储返回的名称列表；os 表示 OS 模块；"listdir()"为 OS 模块中的函数，此函数用于返回指定的文件夹包含的文件或文件夹的名字的列表，括号中的内容为此函数的参数，即要处理的文件夹的路径。如图 7-43 所示为在程序被执行后，"file_list"列表中存储的数据。

['~$科目余额表2019.xlsx', '科目余额表2019.xlsx', '科目余额表2020.xlsx']

图 7-43　在程序被执行后，file_list 列表中存储的数据

第 06 行代码：启动 Excel 程序，并把程序存储在"app"变量中。这里小写的"app"是新定义的变量，用来存储打开的 Excel 程序。在 Python 中，一般在使用变量时直接定义即可，而不用提前定义。"xw"指的是 xlwings 模块，大写 A 开头的"App"是 xlwings 模块中的方法（即函数），用来启动 Excel 程序。它右侧括号中的内容为其参数，用来设置启动的 Excel 程序。其中，"visible"参数用来设置启动的 Excel 程序是否可见，如果设置为 True，就表示可见（默认），如果为 False，就表示不可见。"add_book"参数用来设置启动 Excel 时，是否自动创建新工作簿，如果设置为 True，就表示自动创建（默认），如果为 False，就表示不创建。

第二步：新建工作簿和工作表并写入数据。

新建一个工作簿，并新建"借贷统计"工作表，然后向工作表中写入数据。在程序中输入下面的代码：

```
07  wb=app.books.add()                              # 新建工作簿
08  sht=wb.sheets.add('借贷统计')                    # 在新建的工作簿中插入"借贷统计"工作表
09  sht.range('A2:D2').value=['年','月份','借方总额','贷方总额']
                    # 向"借贷统计"工作表中分别写入"年""月份""借方总额""贷方总额"
```

第 07 行代码：新建一个工作簿。"wb"为定义的新变量，用来存储新建的工作簿；"app"为启动的 Excel 程序；"books.add()"方法用来新建一个工作簿。

第 08 行代码：在新建的工作簿中插入"借贷统计"的新工作表。"sht"为新定义的变量，用来存储新建的工作表；"wb"为上一行代码中新建的工作簿；"sheets.add('借贷统计')"为插入新工作表的方法，括号中的内容为此方法的参数，即设置新工作表的名称。

第 09 行代码：向新建的"借贷统计"工作表的 A2、B2、C2、D2 单元格中分别写入"年""月份""借方总额""贷方总额"。"sht"为新建的"借贷统计"工作表；"range('A2:D2')"表示复制数据的单元格，"'A2:D2'"表示在 A2~D2 单元格中复制数据；"value"表示工作表的数据；"="右侧的"['年','月份','借方总额','贷方总额']"列表中的元素为要复制的数据内容（以列表的形式提供），在进行复制时，会将列表中的元素依次写入 A2~D2 单元格中。

第三步：访问并打开每一个工作簿文件。

下面首先定义一个变量用来计数，然后用 for 循环遍历要处理的文件夹中每一个工作簿文件，并打开遍历的工作簿文件，如果是临时文件则跳过不处理。在程序中继续输入如下代码：

```
10  count=2                                # 新建 count 变量，并赋值 2
11  for x in file_list:                    # 遍历列表 file_list 中的元素
12      if x.startswith('~$'):             # 判断文件名称是否有以"~$"开头的临时文件
13          continue                       # 跳过本次循环
14      wb2=app.books.open(file_path+'\\'+x)      # 打开文件夹中的工作簿
```

第 10 行代码：新建一个名为"count"的变量，并赋值 2。此变量用于定位表格中的单元格。比如 count=2，A+ str(count) 就表示 A2 单元格。

第 11 行代码：遍历所处理文件夹中的所有工作簿文件，即要依次处理文件夹中的每个工作簿，用 for 循环来实现。for 循环可以遍历文件夹中的所有工作簿文件，并打开遍历的工作簿，然后对工作簿中工作表的数据进行处理。

代码中，"for...in... :"为 for 循环的语法，注意，必须有冒号。第 12~ 第 24 行缩进部分代码为 for 循环的循环体（第 15~24 行代码在下一步骤中进行讲解），每运行一次循环都会运行一遍循环体的代码。代码中，的 "x" 为循环变量，用来存储遍历的列表中的元素；"file_list" 为存储返回的名称列表。

接下来我们来看一下这个 for 循环是如何运行的。第一次 for 循环时，访问列表的第一个元素（科目余额表 2019.xlsx）并将其存储在 "x" 循环变量中，然后执行一遍缩进部分的代码（第 12~24 行代码）；执行完之后，返回再次执行第 11 行代码，开始第二次 for 循环，访问列表中第二个元素（科目余额表 2020.xlsx），并将其存储在 "x" 变量中，然后再次执行缩进部分的代码。就这样一直循环，直到遍历完最后一个列表的元素，执行完缩进部分代码，for 循环结束，开始运行没有缩进部分的代码（即第 25 行代码）。

第 12 行代码：用 if 条件语句判断文件夹下的文件名称是否有 "~$" 开头的（这样的文件是临时文件，不是我们要处理的文件）。如果有（即条件成立），就执行第 13 行代码。如果没有（即条件不成立），就执行第 14 行代码。代码中，x.startswith('~$') 为 if 条件语句的条件，"x.startswith(~$)" 的意思就是判断 x 中存储的字符串是否以 "~$" 开头，如果是以 "~$" 开头，就输出 True。"startswith()" 为一个字符串函数，用于判断字符串是否以参数中指定的字符串开头。

第 13 行代码：跳过当次 for 循环，直接进行下一次 for 循环。continue 语句的作用是跳过本次循环体中余下尚未执行的语句，返回到循环开头，重新执行下一次循环。

第 14 行代码：打开与 "x" 中存储的文件名相对应的工作簿文件。"wb2" 为新定义的变量，用来存储打开的工作簿；"app" 为启动的 Excel 程序；"books.open()" 方法用来打开工作簿，括号中的内容为其参数，即要打开的工作簿文件。"file_path+'\\'+x" 为要打开的工作簿文件的路径。其中，"file_path" 为第 04 行代码中的 "E:\\ 科目余额汇总"，如果 x 中存储的为 "科目余额表 2019.xlsx" 时，要打开的文件就为 "E:\\ 科目余额汇总 \\ 科目余额表 2019.xlsx"，就会打开 "科目余额表 2019.xlsx" 工作簿文件。

第四步：对列数据进行求和计算并写入表格。

用 for 循环遍历所有的工作表，读取每个工作表中的数据，并对 "借方发生额" 列和 "贷方发生额" 列求和，并写入单元格中。在程序中继续输入如下代码：

```
15  sht.range('A'+str(count+1)).value=x        # 向 "借贷统计" 工作表中分别写入数据
16  for i in wb2.sheets:                        # 遍历工作簿中的工作表
17     data1=i.range('A1').options(pd.DataFrame,header=1,index=False,expand='table')
       .value                                   # 将当前工作表的数据读取为 DataFrame 形式
18     count=count+1                             # 变量 count 加 1
19     if '日期' in data1:                       # 判断工作表中是否包含 "日期"
20        sum1=data1['借方发生额'].sum()          # 对 "借方发生额" 求和
21        sum2=data1['贷方发生额'].sum()          # 对 "贷方发生额" 求和
22        sht.range('B'+str(count)).value=i.name  # 向 "汇总" 工作表写入数据
23        sht.range('C'+str(count)).value=sum1    # 向 "汇总" 工作表写入求和数据
24        sht.range('D'+str(count)).value=sum2    # 将分组求和后的数据加到中
```

第 15 行代码：向新建的 "借贷统计" 工作表中的 "('A'+str(count+1))" 单元格写入工作表名称。"sht" 为之前新建的 "借贷统计" 工作表；"range('A'+str(count+1))" 表示工作表中的单元格，"str(count+1)" 的意思是将变量加 1 后的值转换为字符串格式（因为 "range()" 方法的参数要求必须为字符串），如果 count=3，"'A'+str(count+1)" 就等于 A4，"range('A'+str(count+1))" 就变为 "range('A4')"，表示 "A4" 单元格；"value" 表示工作表数据，"range('A'+str(count+1)).value"表示"A4"单元格数据。"="右侧为要向单元格写入的数据，这里"x"是要写入的数据，且为循环变量。

第 16 行代码：遍历所处理工作簿中的所有工作表，即要依次处理每个工作表，这里用 for 循环来实现。for 循环可以遍历工作簿中的所有工作表，并提取需要的数据。代码中，"for...in... :"为 for 循环的语法，注意，必须有冒号。第 17~24 行缩进部分代码为 for 循环的循环体，每运行一次循环都会运行一遍循环体的代码。代码中的 i 为循环变量，用来存储遍历的列表中的元素。"wb2.sheets"可以获得打开的工作簿中所有工作表名称的列表。

接下来我们来看一下这个 for 循环是如何运行的。第一次 for 循环时，访问列表的第一个元素，并将其存储在"i"变量中，然后执行一遍缩进部分的代码（第 17~24 行代码）；执行完之后，返回再次执行第 16 行代码，开始第二次 for 循环，访问列表中第二个元素，并将其存储在 i 变量中，然后再次执行缩进部分的代码。就这样一直循环，直到遍历完最后一个列表的元素，执行完缩进部分代码，for 循环结束，开始运行没有缩进部分的代码（即第 25 行代码）。

第 17 行代码：将工作表中的数据读取成 Pandas 模块的 DataFrame 形式。为何要读成 DataFrame 形式呢？因为这样就可以用 Pandas 模块中的方法对数据进行分析处理。"data1"为新定义的变量，用来保存读取的数据；i 为本次循环时存储的对应的工作表的名称，指定工作表名称后，就可以对相应工作表进行处理了；"range('A1')"方法用来设置起始单元格，参数"'A1'"表示起始单元格为 A1 单元格；"options()"方法用来设置数据读取的类型。其参数"pd.DataFrame"作用是将数据内容读取成 DataFrame 形式。如图 7-44 所示为"data1"中存储的所读取的数据。"header=1"参数用于设置使用原始数据集中的第一列作为列名，而不是使用自动列名；"index=False"参数的作用是取消索引，因为 DataFrame 数据形式会默认将表格的首列作为 DataFrame 的 index（索引），因此就需要在表格内容的首列固定一个序号列，如果表格中首列并不是序号，就需要在函数中设置参数忽略 index。

图 7-44　读取的 DataFrame 形式的数据

"expand='table'"参数用来扩展选择范围，还可以设置为 right 或 down，table 表示向整个表扩展，即选择整个表格，right 表示向表的右方扩展，即选择一行，down 表示向表的下方扩展，即选择一列；"value"方法表示工作表的数据。总之，这一行代码的作用就是读取工作表中的数据。

第 18 行代码：使变量"count"加 1。每循环一次，变量"count"就会加 1，也就是说第一次 for 循环时，"count"的值为 2，第二次 for 循环时，"count"的值为 3。"count"的值不断增加主要为了将不同工作表的求和值（第 14~16 行代码）写入不同的单元格。

第 19 行代码：用 if 条件语句来判断读取的工作表是否为要处理的工作表。怎么判断呢？通过观察我们发现要处理的工作表中，都有"日期"列，因此我们用 if 判断第 09 行代码读取的数据中（即判断 data1）是否包含"日期"列名（所有有数据的工作表都包含的文字，也可以换成"经手人"）。如果"data1"中包含，就说明是要处理的工作表，就执行 if 语句缩进部分的代码（第 20~24 行代码）；如果"data1"中不包含，就跳过缩进部分代码。

代码中，"'日期' in data1"为 if 条件语句的条件，条件为真，就执行 if 语句中缩进部分代码；条件为假，则跳过 if 语句中缩进部分代码。注意：if 条件语句的语法为：if 条件：，必须有冒号。

第 20 行代码：对"借方发生额"列求和，并将求和结果存储在"sum1"变量中。"sum1"为新定义的变量；"data1['借方发生额']"表示选择"data1"数据中的"借方发生额"列数据；"sum()"方法用来对选择的数据进行求和，并默认是对所选数据的每一列进行求和，如果使用"axis=1"参数即"sum(axis=1)"，就变成对每一行数据进行求和；如果需要单独对某一列或某一行进行求和，则把求和的列或行索引出来即可。像本例中将"借方发生额"索引出来后，就只对"借方发生额"列进行求和。

第 21 行代码：对"贷方发生额"列求和，并将求和结果存在"sum2"变量中。"sum2"为新定义的变量，用来存储求和后的值。"data1['贷方发生额']"表示选择"data1"数据中的"贷方发生额"列数据。

第 22 行代码：向新建的"汇总"工作表中的"('A'+str(count))"单元格写入工作表名称。"sht"为之前新建的"汇总"工作表；"range('A'+str(count))"表示工作表中的单元格，"str(count)"的意思是将变量值转换为字符串格式（因为"range()"方法的参数要求必须为字符串），如果 count=3，则"'A'+str(count)"就等于 A3，"range('A'+str(count))"就变为"range('A3')"，表示"A3"单元格；"value"表示工作表数据，"range('A'+str(count)).value"表示向"A3"单元格数据。"="右侧为要向单元格写入的数据，这里"i.name"是要写入的数据，"i.name"的意思是"i"中存储的工作表的名称。比如第一个工作表，它的名称就为"1 月"。因此就向 A3 单元格写入"1 月"。

第 23 行代码：向相应单元格写入"sum1"中存储的求和结果。同第 22 行代码一样，这里"('B'+str(count))"也是单元格坐标。

第 24 行代码：与第 23 行代码类似，也是向相应单元格写入数据，写入"sum2"中存储的求和结果。

第五步：设置工作表中单元格格式。

由于提取的数据中有数值数据，直接复制数据会导致这些数据出现错误，因此在复制数据前，先将期末余额所在工作表中的列的单元格格式设置为会计格式。继续在程序中输入下面的代码：

```
25  sht.range('C:D').api.NumberFormat='#,##0.00'    # 设置工作表 C、D 列单元格格式
```

第 25 行代码：将新建的"借贷统计"工作表的 C 列、D 列单元格数字格式设置为千分位数字格式，保留两位小数点。"sht"为新建的"借贷统计"工作表，"range('C:D')"表示 C 列和 D 列。"api.NumberFormat='#,##0.00'"用来设置单元格格式为千分位保留两位小数的数字格式。注意："NumberFormat"方法中的字母 N 和 F 要大写。

第六步：保存后关闭工作簿并退出 Excel 程序。

在处理完数据后，保存工作簿，然后关闭工作簿，退出 Excel 程序。在程序中输入下面的代码：

```
26  sht.autofit()                                # 自动调整工作表的行高和列宽
27  wb.save('E:\\ 科目汇总表 \\ 近年的借贷统计 .xlsx')   # 保存工作簿
28  wb.close()                                   # 关闭新建的工作簿
29  wb2.close()                                  # 关闭打开的工作簿
30  app.quit()                                   # 退出 Excel 程序
```

第 26 行代码：根据数据内容自动调整新工作表的行高和列宽。"autofit()"方法用于自动调整整个工作表的列宽和行高。该方法的参数为 axis=None 或 rows、columns 等，其中，axis=None 或省略表示自动调整行高和列宽；axis=rows 或 axis=r 表示自动调整行高；axis=columns 或 axis=c 表示自动调整列宽。

第 27 行代码：将新建的工作簿保存为"E:\\ 科目汇总表 \\ 近年的借贷统计 .xlsx"。save() 方法用来保存工作簿，括号中的内容为要保存的工作簿的名称和路径。

第 28 行代码：关闭新建的"近年的借贷统计"工作簿。

第 29 行代码：关闭打开的工作簿。

第 30 行代码：退出 Excel 程序。

完成后的全部代码如下：

```
01  import xlwings as xw                          # 导入 xlwings 模块
02  import pandas as pd                           # 导入 Pandas 模块
03  import os                                     # 导入 os 模块
04  file_path='E:\\ 科目余额汇总 '                    # 指定要处理的文件所在文件夹的路径
05  file_list=os.listdir(file_path)              # 将所有文件和文件夹的名称以列表的形式保存
06  app=xw.App(visible=True,add_book=False)      # 启动 Excel 程序
07  wb=app.books.add()                           # 新建工作簿
08  sht=wb.sheets.add(' 借贷统计 ')                  # 在打开的工作簿中新建"借贷统计"工作表
09  sht.range('A2:D2').value=[' 年 ',' 月份 ',' 借方总额 ',' 贷方总额 ]
             # 向"借贷统计"工作表中分别写入"年""月份""借方总额""贷方总额"
10  count=2                                       # 新建 count 变量，并赋值 2
11  for x in file_list:                           # 遍历列表 file_list 中的元素
12      if x.startswith('~$'):                    # 判断文件名称是否有以"~$"开头的临时文件
13          continue                              # 跳过本次循环
14      wb2=app.books.open(file_path+'\\'+x)      # 打开文件夹中的工作簿
15      sht.range('A'+str(count+1)).value=x       # 向"借贷统计"工作表中分别写入数据
16      for i in wb2.sheets:                      # 遍历工作簿中的工作表
17          data1=i.range('A1').options(pd.DataFrame,header=1,index=False,expand='table')
            .value                                # 将当前工作表的数据读取为 DataFrame 形式
18          count=count+1                         # 变量 count 加 1
19          if ' 日期 ' in data1:                   # 判断工作表中是否包含"日期"
20              sum1=data1[' 借方发生额 '].sum()       # 对"借方发生额"求和
21              sum2=data1[' 贷方发生额 '].sum()       # 对"贷方发生额"求和
22              sht.range('B'+str(count)).value=i.name   # 向"汇总"工作表写入数据
23              sht.range('C'+str(count)).value=sum1     # 向"汇总"工作表写入求和数据
24              sht.range('D'+str(count)).value=sum2     # 将分组求和后的数据加到中
25  sht.range('C:D').api.NumberFormat='#,##0.00'             # 设置工作表 C、D 列单元格格式
```

```
26  sht.autofit()                                    # 自动调整新工作表的行高和列宽
27  wb.save('E:\\科目汇总表 \\ 近年的借贷统计 .xlsx')      # 保存新工作簿
28  wb.close()                                        # 关闭新建的工作簿
29  wb2.close()                                       # 关闭打开的工作簿
30  app.quit()                                        # 退出 Excel 程序
```

零基础代码套用：

（1）将案例中第 04 行代码中的"E:\\ 科目余额汇总"更换为其他文件夹，可以对其他文件夹中的工作簿进行处理。注意：须加上文件夹的路径。

（2）将第 08 行代码中的"借贷统计"修改为想要插入的新工作表的名称。

（3）将第 09 行代码中的"A2:D2"修改为想写内容的单元格坐标，将"年""月份""借方总额""贷方总额"修改为想写入单元格的内容。如果想在列中写入，可以修改为"A2:A5"等类似的形式。

（4）将第 19 行代码中的"日期"修改为你要处理的工作表中的其中一个列标题。

（5）将第 20 行代码中的"借方发生额"修改为要求和的列标题，可以对不同的列进行求和。

（6）将第 21 行代码中的"贷方发生额"修改为要求和的列标题，可以对不同的列进行求和。

（7）将案例中第 27 行代码中的"E:\\ 科目汇总表 \\ 近年的借贷统计 .xlsx"更换为其他名称，可以修改新建的工作簿的名称。注意：须加上文件的路径。

如果要对工作表中的数据进行其他运算，修改方法如下：

（1）将案例中第 18 行代码中 count 的计算公式进行修改，比如修改为 count=count+3 等，可以修改第 22~24 行代码中的单元格坐标。

（2）将案例中第 20 和第 21 行代码中的"sum()"修改为其他运算函数，可以对数据进行其他类型计算，比如修改为"max()"，可以返回列的最大值；修改为"count()"，可以计算非空单元格的个数。

<table>
<tr><td>第8章</td><td></td></tr>
</table>

批量处理运营数据实战案例

企业运营活动中，几乎每天都会产生很多的数据，如果将这些运营数据用 Python 进行挖掘、分析，会发现哪些客户最重要，哪些产品最畅销，会找到运营中存在的各种问题，得出适合企业的具有针对性的决议计划。本章将通过大量的运营数据分析案例，来讲解挖掘、分析处理运营数据的方法。

8.1 分类统计销售数据工作簿中多个工作表的明细数据

在对企业运营数据进行处理时，经常需要将数据进行统计分析，从中找出需要的数据。对于大量的运营数据，如果采用手动的方式进行统计分析，不仅费时费力，而且还不一定正确，如果结合 Python，就可以用很短的时间，自动完成对数据进行批量统计分析。

本案例中，我们将对工作簿的所有工作表中的所有运营数据进行统计分析，按"店名"列分类统计，并将同一店铺的销售数据复制到新工作簿中的以店铺名称命名的工作表中。

如图 8-1 所示的"销售明细表 .xlsx"工作簿中，包含各个月份的销售数据，首先按"店名"分别统计分析各个工作表中的数据，再将数据集合在一起，然后复制到一个新工作簿中的新工作表中。新工作表名称要以各个店铺的店名命名。经过统计分析后的效果如图 8-2 所示。

图 8-1 "销售明细表 .xlsx"工作簿

图 8-2　统计分析后的效果

下面我们来分析程序如何编写。

（1）打开 E 盘"店面销售"文件夹中"销售明细表 .xlsx"工作簿文件。

（2）利用 for 循环读取工作簿中每个工作表中的数据，并存储到 DataFrame 中。

（3）对存储到 DataFrame 中的数据按"店名"列进行分组。

（4）按要求新建一个工作簿，然后用 for 循环遍历分组后的数据，用店名新建一个工作表，并将店名对应的数据写入工作表。

（5）将新建的工作簿保存为"分店销售汇总"的工作簿，并关闭工作簿，退出 Excel 程序。

第一步：导入模块。

新建一个 Python 文件，然后输入下面的代码：

```
01  import xlwings as xw                                    # 导入 Xlwings 模块
02  import pandas as pd                                     # 导入 Pandas 模块
```

这两行代码的作用是导入要使用的两个模块。导入模块的代码一般要放在程序最前面。

第 01 行代码：导入 xlwings 模块，并指定模块的别名为"xw"。也就是在程序中"xw"就代表"xlwings"。在 Python 中导入模块要使用 import 函数，"as"用来指定模块的别名。

第 02 行代码：导入 Pandas 模块，并指定模块的别名为"pd"。

第二步：打开要处理的工作簿数据文件。

读取要处理的数据工作簿文件，在程序中输入以下代码：

```
03  app=xw.App(visible=True,add_book=False)                 # 启动 Excel 程序
04  wb=app.books.open('E:\\ 店面销售 \\ 销售明细表 .xlsx')   # 打开工作簿
```

第 03 行代码：启动 Excel 程序，并把程序存储在"app"变量中。这里小写的"app"是新定义的变量，用来存储打开的 Excel 程序。在 Python 中，一般在使用变量时直接定义即可，而不用提前定义。"xw"指的是 xlwings 模块，大写 A 开头的"App"是 xlwings 模块中的方法（即函数），用来启动 Excel 程序。它右侧括号中的内容为其参数，用来设置启动的 Excel 程序。其中，参数"visible"用来设置启动的 Excel 程序是否可见，如果设置为 True 就表示可见（默认），如果为 False，就表示不可见。参数"add_book"用来设置启动 Excel 时，是否自动创建新工作簿，如果设置为 True，就表示自动创建（默认），如果为 False，就表示不创建。

第 04 行代码：打开 E 盘"店面销售"文件夹中的"销售明细表 .xlsx"工作簿文件。"wb"为新定义的变量，用来存储打开的工作簿。"app"为启动的 Excel 程序，"books.open()"方法用来打开工作簿，括号中的内容为要打开的工作簿文件。这里要写全工作簿文件的详细路径。注意：路径用双反斜杠或利用转义符 r，如：r'E:\ 店面销售 \ 销售明细表 .xlsx '。

第三步：访问并读取每一个工作表。

首先创建一个空 DataFrame，用来存储处理后的数据，然后用 for 循环遍历所有的工作表，之后读取每个工作表中的数据，然后将读取的数据加入 DataFrame 中。在程序中继续输入如下代码：

```
05  data_pd=pd.DataFrame()                          # 新建空 DataFrame 用于存放数据
06  for i in wb.sheets:                             # 遍历工作簿中的工作表
07      data1=i.range('A1').options(pd.DataFrame,header=1,index=False,expand='table')
        .value                                      # 将当前工作表的数据读取为 DataFrame 形式
08      if '店名 ' in data1:                         # 判断工作表中是否包含"店名"
09        data_pd=data_pd.append(data1)             # 将 date1 的数据加到 DataFrame 中
```

第 05 行代码：新建一个名为"data_pd"的空的 DataFrame。空的 DataFrame 用来存储分组求和后的数据，由于有多个工作表需要处理，而且需要对所有工作表处理后的总数据再进行求和处理，因此每处理一个工作表的数据就将数据先加入 DataFrame 中，等所有工作表数据都处理完了，再将所有的数据再进行分组求和。"data_pd"为新定义的变量，用来存储 DataFrame，等号右侧"pd"表示 Pandas 模块，DataFrame() 方法用来创建 DataFrame 数据，括号中没有参数就表示是一个空的 DataFrame。

第 06 行代码：遍历所处理工作簿中的所有工作表，即要依次处理每个工作表，这里用 for 循环来实现。for 循环可以遍历工作簿中的所有工作表，并提取需要的数据。"for...in... :"为 for 循环的语法（注意：必须有冒号）。第 07~09 行缩进部分代码为 for 循环的循环体，每运行一次循环都会运行一遍循环体的代码。代码中的 i 为循环变量，用来存储遍历的列表中的元素。"wb.sheets"可以获得打开的工作簿中所有工作表名称的列表。如图 8-3 所示为"wb.sheets"方法获得的所有工作表名称的列表，列表中 1 月、2 月、3 月为工作表的名称。

[<Sheet [销售明细表.xlsx]1月>, <Sheet [销售明细表.xlsx]2月>, <Sheet [销售明细表.xlsx]3月>, ...]

图 8-3　wb.sheets 方法获得的所有工作表名称的列表

接下来我们来看一下这个 for 循环是如何运行的。第一次 for 循环时，访问列表的第一个元素（1月）并将其存储在"i"变量中，然后执行一遍缩进部分的代码（第 07~09 行代码）；执行完之后，返回再次执行第 06 行代码，开始第二次 for 循环，访问列表中第二个元素（2月），并将其存储在"i"变量中，然后再次执行缩进部分的代码。就这样一直循环，直到遍历完最后一个列表的元素，执行完缩进部分代码，for 循环结束，开始运行没有缩进部分的代码（即第 10 行代码）。

第 07 行代码：将工作表中的数据读取成 Pandas 模块的 DataFrame 形式。为何要读成 DataFrame 形式呢？因为这样就可以用 Pandas 模块中的方法对数据进行分析处理。"data1"为新定义的变量，用来保存读取的数据；"i"为本次循环时存储的对应的工作表的名称，指定工作表名称后，就可以对相应工作表进行处理了；"range('A1')"方法用来设置起始单元格，参数"'A1'"表示起始单元格为 A1 单元格；"options()"方法用来设置数据读取的类型。其参数"pd.DataFrame"作用是将数据内容读取成 DataFrame 形式。

下面我们来单独输出"data1"变量［可以在第 07 行代码下面增加"print(data1)"来输出］，存储的 DataFrame 形式的数据如图 8-4 所示。

图 8-4　读取的 DataFrame 形式的数据

接着看其他参数："header=1"参数设置使用原始数据集中的第一列作为列名，而不是使用自动列名；"index=False"参数的作用是取消索引，因为 DataFrame 数据形式会默认将表格的首列作为 DataFrame 的 index（索引），因此就需要在表格内容的首列固定一个序号列，如果表格中首列并不是序号，就需要在函数中设置参数来忽略 index；"expand='table'"参数用于扩展选择范围，还可以设置为 right 或 down，table 表示向整个表扩展，即选择整个表格，right 表示向表的右方扩展，即选择一行，down 表示向表的下方扩展，即选择一列；"value"方法表示工作表的数据。

第 08 行代码：用 if 条件语句来判断读取的工作表是否有数据，而不是空表。如果是空表，运行下面的两行代码程序就会出错，因此需要先判断一下访问的工作表是否有数据。

怎么判断呢？我们用 if 判断第 07 行代码读取的数据中（即判断 data1）是否包含"店名"列名（所有有数据的工作表都包含的文字，也可以换成"品种"）。如果"data1"中包含，就说明不是空工作表，就执行 if 语句缩进部分的代码（第 09 行代码）；如果"data1"中不包含，就跳过缩进部分代码。"' 店名 ' in data1"为 if 条件语句的条件，条件为真，就执行 if 语句中缩进部分代码；条件为假，则跳过 if 语句中缩进部分代码。注意：if 条件语句的语法为：if 条件:，必须有冒号。

第 09 行代码：将"data1"存储的 DataFrame 数据（第 07 行读取的数据）加入之前新建的空 DataFrame 中。"append()"函数的作用是向 DataFrame 中加入数据。每执行一次 for 循环就会将一个工作表中分组求和后的数据添加到 DataFrame 中，直到最后一次循环，所有工作表中的数据都会被加入 DataFrame 中。如图 8-5 所示为 data_pd 中存储的数据。

```
    店名  品种   数量   销售金额
0   1店  毛衣  10.0  1800.0
1   3店  西服  34.0  3400.0
2   3店  T恤  45.0  5760.0
3   总店  西裤  23.0  2944.0
4   2店  休闲裤 45.0  5760.0

..  ...  ...   ...   ...
10  1店  西裤  23.0  2944.0
11  3店  西裤  56.0  7168.0
12  总店  休闲裤 23.0  2944.0
13  1店  西服  54.0  6912.0
14  3店  西服  34.0  4352.0

[61 rows x 4 columns]
```

图 8-5　data_pd 中存储的数据

第四步：将 DataFrame 中的总数据分组。

上面步骤将每个工作表中的数据都加入到了 DataFrame 中存储起来，接下来将对读取的所有工作表的数据按"店名"列进行分组，然后新建一个工作簿，用于存储进一步处理后的数据。在程序中继续输入如下代码：

```
10  data_new=data_pd.groupby('店名')      # 将读取的数据按"店名"索引分组
11  new_wb=app.books.add()                # 新建一个工作簿
```

第 10 行代码：将加入"data_pd"中的所有工作表的 DataFrame 数据按"店名"列进行分组。代码中，"data_new"为新定义的变量，用来存储分组的总数据；"data_pd"为之前定义的 DataFrame 数据，现在存储着各个工作表读取的数据；"groupby()"方法用来根据 DataFrame 数据的某一列或多列内容进行分组聚合，其参数"('店名')"为分组时的索引。

第 11 行代码：新建一个工作簿，用于存储处理完的数据。"new_wb"为定义的新变量，用来存储新建的工作簿；"books.add()"方法用来新建一个工作簿。

第五步：将分组后的数据按店名和数据分开保存到工作表。

在第四步中，将工作簿中所有数据按"店名"进行了分组。接下来用 for 循环遍历分组后的数据，然后将"店名"存储在"n"变量中，对应的数据存储在"group"变量中。接着以"店名"为名称新建工作表，再将数据部分复制到此工作表。在程序中继续输入如下代码：

```
12  for n,group in data_new:
                # 遍历分组后的数据，店名存 n 中，对应的其他行数据存 group 中
13    new_sht=new_wb.sheets.add(n)
                       # 在新工作簿中新建工作表，名称为 n 中存的店名
14  new_sht.range('D:D').api.NumberFormat='#,##0.00'     # 设置 C 列单元格格式
15  new_sht.range('A1').options(index=False).value=group
                       # 在新工作表中存入当前店名的所有明细数据
16  new_sht.autofit()                       # 自动调整新工作表的行高和列宽
```

第 12 行代码：遍历分组后的数据（即 data_new 中存储的数据）。"n"和"group"为两个循环变量，分别用来存储店名和对应的数据；"data_new"中存储的为分组后的数据。如图 8-6 所示为其中一次循环时，n 中存储的数据和 group 中存储的部分数据。

```
1店
```

（a）n 中存储的数据

```
   店名 品种   数量   销售金额
0  1店 毛衣  10.0 1800.0
5  1店 西服  23.0 2944.0
7  1店 西裤  23.0 2944.0
16 1店 T恤  23.0 2944.0
22 1店 西裤  23.0 2944.0
26 1店 西服  34.0 4352.0
4  1店 西裤  23.0 2944.0
8  1店 西服  34.0 4352.0
13 1店 T恤  23.0 2944.0
4  1店 T恤  23.0 2944.0
10 1店 西裤  23.0 2944.0
13 1店 西服  54.0 6912.0
```

（b）group 中存储的部分数据

图 8-6 n 和 group 中存储的部分数据

第 13 行代码：在新工作簿中插入新工作表，名称为变量 "n" 中存储的店名。"new_sht" 为新定义的变量，用来存储新建的工作表；"new_wb" 为第 13 行代码中新建的工作簿；"sheets.add(n)" 为插入新工作表的方法，括号中为新工作表名称，如果 "n" 中存储的 "1 店"，新工作表的名称就为 "1 店"。

第 14 行代码：将此次循环新建的工作表的 D 列单元格数字格式设置为千分位数字格式，保留两位小数点。"new_sht" 为新建的 "产品汇总" 工作表；"range('D:D')" 表示 D 列；"api.NumberFormat='#,##0.00'" 用来设置单元格格式为千分位保留两位小数的数字格式。注意："NumberFormat" 方法中的字母 N 和 F 要大写。

第 15 行代码：将 "group" 循环变量中存储的当前店名对应的所有明细数据复制到新工作表中。"new_sht" 为第 13 行代码中新建的工作表；"range('A1')" 表示从 A1 单元格开始复制；"options(index=False)" 方法用来设置数据类型，其参数 "index=False" 的作用是取消索引，即不采用原来的索引。"=" 右侧为要复制的数据，"group" 变量中存储的是每个店的数据明细。

第 16 行代码：根据数据内容自动调整新工作表的行高和列宽。"autofit()" 方法用于自动调整整个工作表的列宽和行高。该方法的参数为 axis=None 或 rows、columns 等，其中 axis=None 或省略表示自动调整行高和列宽；axis=rows 或 axis=r 表示自动调整行高；axis=columns 或 axis=c 表示自动调整列宽。

第六步：保存后关闭工作簿并退出 Excel 程序。

在处理完数据后，保存工作簿，然后关闭工作簿，退出 Excel 程序。在程序中输入下面的代码：

```
17  new_wb.save('E:\\ 店面销售 \\ 分店销售汇总 .xlsx')       # 保存工作簿
18  new_wb.close()                                         # 关闭新建的工作簿
19  wb.close()                                             # 关闭工作簿
20  app.quit()                                             # 退出 Excel 程序
```

第 17 行代码：将新建的工作簿保存为 "E:\\ 店面销售 \\ 分店销售汇总 .xlsx"。"save()" 方法用来保存工作簿，括号中的内容为要保存的工作簿的名称和路径。

第 18 行代码：关闭新建的"分店销售汇总"工作簿。

第 19 行代码：关闭"销售明细表"工作簿。

第 20 行代码：退出 Excel 程序。

完成后的全部代码如下：

```
01  import xlwings as xw                              # 导入 xlwings 模块
02  import pandas as pd                               # 导入 Pandas 模块
03  app=xw.App(visible=True,add_book=False)           # 启动 Excel 程序
04  wb=app.books.open('E:\\ 店面销售 \\ 销售明细表 .xlsx')    # 打开工作簿
05  data_pd=pd.DataFrame()                            # 新建空 DataFrame 用于存放数据
06  for i in wb.sheets:                               # 遍历工作簿中的工作表
07      data1=i.range('A1').options(pd.DataFrame,header=1,index=False,expand='table')
        .value                                        # 将当前工作表的数据读取为 DataFrame 形式
08      if ' 店名 ' in data1:                           # 判断工作表中是否包含"店名"
09          data_pd=data_pd.append(data1)             # 将 data1 的数据加到 DataFrame 中
10  data_new=data_pd.groupby(' 店名 ')                  # 将读取的数据按"店名"索引分组
11  new_wb=app.books.add()                            # 新建一个工作簿
12  for n,group in data_new:
        # 遍历分组后的数据，店名存 n 中，对应的其他行数据存 group 中
13      new_sht=new_wb.sheets.add(n) # 在新工作簿中新建工作表，名称为 n 中存的店名
14      new_sht.range('D:D').api.NumberFormat='#,##0.00'  # 设置 C 列单元格格式
15      new_sht.range('A1'). options(index=False).value=group
        # 在新工作表中存入当前店名的所有明细数据
16  new_sht.autofit()                                 # 自动调整新工作表的行高和列宽
17  new_wb.save('E:\\ 店面销售 \\ 分店销售汇总 .xlsx')        # 保存工作簿
18  new_wb.close()                                    # 关闭新建的工作簿
19  wb.close()                                        # 关闭工作簿
20  app.quit()                                        # 退出 Excel 程序
```

零基础代码套用：

（1）将案例中第 04 行代码中的"E:\\ 店面销售 \\ 销售明细表 .xlsx"更换为其他文件名，可以对其他工作簿进行处理。注意：须加上文件的路径。

（2）将第 08 行代码中的"店名"修改为要处理的工作表的列标题。

（3）将第 10 行代码中的"店名"修改为要处理的列标题。

（4）案例中 14 行代码用来修改新建的工作簿单元格的数字格式。其中修改"range('D:D')"的参数可以对不同的单元格进行设置。如果将"range('D:D')"修改为"range('A:A')"，将对 A 列单元格进行设置。可以根据自己要处理数据的需要适当进行修改。

（5）将案例中第 17 行代码中的"E:\\ 店面销售 \\ 分店销售汇总 .xlsx"更换为其他名称，可以修改新建的工作簿的名称。注意：须加上文件的路径。

8.2　批量分类统计多个销售数据工作簿文件的明细数据

上一案例中，我们讲解了对运营数据工作簿中多个工作表的数据进行统计分析的方法，在本案例中，我们将对同一文件夹中的所有运营数据工作簿文件进行统计分析。按"店名"列分类统计，并将同一店铺的销售数据复制到新工作簿中的以店铺名称命名的工作表中。

如图 8-7 所示为"销售数据"文件夹中的工作簿文件和其中打开的一个工作簿。处理后的结果如图 8-8 所示。

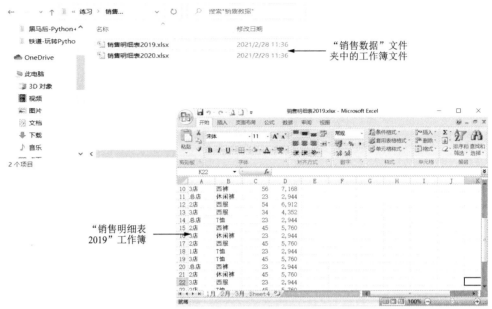

图 8-7 "销售数据"文件夹中的工作簿文件和其中打开的一个工作簿

图 8-8 处理后的结果

下面我们来分析程序如何编写。

（1）获取文件夹中所有工作簿文件名称的列表，然后启动 Excel 程序。

（2）利用 for 循环来遍历每一个工作簿文件，并打开遍历的工作簿文件。

（3）利用 for 循环读取工作簿中每个工作表中的数据，并存储到 DataFrame 中。

（4）对存储到 DataFrame 中的数据按"店名"列进行分组。

（5）按要求新建一个工作簿，然后用 for 循环遍历分组后的数据，用店名新建一个工作表，并将店名对应的数据写入工作表。

（6）将新建的工作簿保存为"分店销售汇总"的工作簿，并关闭工作簿，退出 Excel 程序。

第一步：导入模块。

新建一个 Python 文件，然后输入下面的代码：

```
01 import xlwings as xw                              # 导入 xlwings 模块
```

```
02  import pandas as pd                                    # 导入 Pandas 模块
03  import os                                              # 导入 OS 模块
```

这三行代码的作用是导入要使用的两个模块。导入模块的代码一般要放在程序最前面。

第 01 行代码：导入 xlwings 模块，并指定模块的别名为 "xw"。也就是在程序中，"xw" 就代表 "xlwings"。在 Python 中导入模块要使用 import 函数，"as" 用来指定模块的别名。

第 02 行代码：导入 Pandas 模块，并指定模块的别名为 "pd"。

第 03 行代码：导入 OS 模块。

第二步：获取要处理的工作簿名称列表并启动 Excel 程序。

获取要处理的数据文件夹中工作簿文件名称的列表，并启动 Excel 程序。在程序中输入以下代码：

```
04  file_path='E:\\ 销售数据 '                             # 指定要处理的文件所在文件夹的路径
05  file_list=os.listdir(file_path)                       # 将所有文件和文件夹的名称以列表的形式保存
06  app=xw.App(visible=True,add_book=False)               # 启动 Excel 程序
```

第 04 行代码：指定文件所在文件夹的路径。"file_path" 为新建的变量，用来存储路径；"=" 右侧为要处理的文件夹的路径。注意：为了避免使用单反斜杠产生歧义（单反斜杠有换行的功能），路径中用了双反斜杠；也可以用转义符 r，如果在 E 前面用了转义符 r，就可以使用单反斜杠。如：r'E:\ 销售数据 '。

第 05 行代码：将路径下所有文件和文件夹的名称以列表的形式存在 "file_list" 列表中。"file_list" 为新定义的变量，用来存储返回的名称列表；os 表示 OS 模块；"listdir()" 为 OS 模块中的函数，此函数用于返回指定的文件夹包含的文件或文件夹的名字的列表，括号中为此函数的参数，即要处理的文件夹的路径。如图 8-9 所示为程序执行后 "file_list" 列表中存储的数据。

['销售明细表2019.xlsx', '销售明细表2020.xlsx']

图 8-9　程序执行后 "file_list" 列表中存储的数据

第 06 行代码：启动 Excel 程序，并把程序存储在 "app" 变量中。这里小写的 "app" 是新定义的变量，用来存储打开的 Excel 程序。在 Python 中，一般在使用变量时直接定义即可，而不用提前定义。"xw" 指的是 xlwings 模块，大写 A 开头的 "App" 是 xlwings 模块中的方法（即函数），用来启动 Excel 程序。它右侧括号中的内容为其参数，用来设置启动的 Excel 程序。其中，"visible" 参数用来设置启动的 Excel 程序是否可见，如果设置为 True，就表示可见（默认），如果为 False，就表示不可见。"add_book" 参数用来设置启动 Excel 时，是否自动创建新工作簿，如果设置为 True，就表示自动创建（默认），如果为 False，就表示不创建。

第三步：访问并打开遍历每一个工作簿文件。

创建一个空 DataFrame，用来存储处理完的数据，然后用 for 循环遍历要处理的文件夹中每一个工作簿文件，并打开遍历的工作簿文件，如果是临时文件，就要跳过本次循环。在程序中继续输入如下代码：

```
07  data_pd=pd.DataFrame()                     # 新建空 DataFrame 用于存放数据
08  for x in file_list:                        # 遍历列表 file_list 中的元素
09      if x.startswith('~$'):                 # 判断文件名称是否有以 "~$" 开头的临时文件
10          continue                           # 跳过本次循环
11      wb=app.books.open(file_path+'\\'+x)    # 打开文件夹中的工作簿
```

第 07 行代码：新建一个名为"data_pd"的空的 DataFrame。空的 DataFrame 用来存储提取出来的数据，由于有多个工作簿需要处理，而且需要对每个工作簿中的每个工作表的数据分别进行提取，因此每提取一个工作表就将提取的数据先加入列表中，等所有工作表都提取完了，再将所有提取的数据一起复制到工作表。代码中，data_pd 为新定义的变量，用来存储 DataFrame；等号右侧的"pd"为 Pandas 模块；"DataFrame()"方法用来创建 DataFrame 数据，括号中若没有参数，则表示是一个空的 DataFrame。如果在"DataFrame()"的括号中加入一个列表形式的数据，就会创建一个有数据的 DataFrame。比如：data_pd=pd.DataFrame(['2','4','6','8','10'])。

第 08 行代码：遍历所处理文件夹中的所有工作簿文件，即要依次处理文件夹中的每个工作簿，用 for 循环来实现。for 循环可以遍历文件夹中的所有工作簿文件，并打开遍历的工作簿，然后对工作簿中工作表的数据进行处理。"for...in... :"为 for 循环的语法，注意，必须有冒号。第 09~15 行缩进部分代码为 for 循环的循环体（第 12~15 行代码在下一步骤中讲解），每运行一次循环都会运行一遍循环体的代码。代码中，的"x"为循环变量，用来存储遍历的列表中的元素。"file_list"为存储返回的名称列表。

接下来我们来看一下这个 for 循环是如何运行的。第一次 for 循环时，访问列表的第一个元素（销售明细表 2019.xlsx）并将其存储在"x"循环变量中，然后执行一遍缩进部分的代码（第 09~15 行代码）；执行完之后，返回再次执行第 08 行代码，开始第二次 for 循环，访问列表中第二个元素（销售明细表 2020.xlsx），并将其存储在"x"变量中，然后再次执行缩进部分的代码。就这样一直循环，直到遍历完最后一个列表的元素，执行完缩进部分代码，for 循环结束，开始运行没有缩进部分的代码（即第 16 行代码）。

第 09 行代码：用 if 条件语句判断文件夹下的文件名称是否有"~$"开头的（这样的文件是临时文件，不是我们要处理的文件）。如果有（即条件成立），就执行第 10 行代码。如果没有（即条件不成立），就执行第 11 行代码。x.startswith('~$') 为 if 条件语句的条件，"x.startswith(~$)"的意思就是判断 x 中存储的字符串是否以"~$"开头，如果是以"~$"开头，就输出 True。"startswith()"为一个字符串函数，用于判断字符串是否以参数中指定的字符串开头。

第 10 行代码：跳过当次 for 循环，直接进行下一次 for 循环。continue 语句的作用是跳过本次循环体中余下尚未执行的语句，返回到循环开头，重新执行下一次循环。

第 11 行代码：打开与 x 中存储的文件名相对应的工作簿文件。"wb"为新定义的变量，用来存储打开的工作簿；"app"为启动的 Excel 程序，"books.open()"方法用来打开工作簿，括号中为其参数，即要打开的工作簿文件。"file_path+'\\'+x"为要打开的工作簿文件的路径。其中，"file_path"为第 04 行代码中的"E:\\ 销售数据"，如果 x 中存储的为"销售明细表 2019.xlsx"时，要打开的文件就为"E:\\ 销售数据 \\ 销售明细表 2019.xlsx"，就会打开"销售明细表 2019.xlsx"工作簿文件。

第四步：访问并读取每一个工作表的数据。

创建一个空 DataFrame，用来存储处理后的数据，然后用 for 循环遍历所有的工作表，之后读取每个工作表中的数据，然后将读取的数据加入 DataFrame 中。在程序中继续输入如下代码：

```
12  for i in wb.sheets:                                      # 遍历工作簿中的工作表
13      data1=i.range('A1').options(pd.DataFrame,header=1,index=False,expand='table')
        .value                                                # 将当前工作表的数据读取为 DataFrame 形式
14      if '店名' in data1:                                    # 判断工作表中是否包含"店名"
15          data_pd=data_pd.append(data1)                     # 将 data1 的数据加到 DataFrame 中
```

第 12 行代码：遍历所处理工作簿中的所有工作表，即要依次处理每个工作表，这里用 for 循环来实现。for 循环可以遍历工作簿中的所有工作表，并提取需要的数据。

由于这个 for 循环在第 08 行代码的 for 循环的循环体中，因此这是一个嵌套 for 循环。为了好区分，我们称第 08 行的 for 循环为第一个 for 循环，第 12 行的 for 循环为第二个 for 循环。嵌套 for 循环的特点是：第一个 for 循环每循环一次，第二个 for 循环会运行一遍所有循环。代码中，"i"为循环变量，用来存储遍历的列表中的元素；"wb.sheets"可以获得打开的工作簿中所有工作表名称的列表。如图 8-10 所示为"wb.sheets"方法获得的所有工作表名称的列表，列表中 1 月、2 月、3 月为工作表的名称。

[<Sheet [销售明细表.xlsx]1月>, <Sheet [销售明细表.xlsx]2月>, <Sheet [销售明细表.xlsx]3月>, ...]

图 8-10　wb.sheets 方法获得的所有工作表名称的列表

接下来我们来看一下第二个 for 循环是如何运行的。第一次 for 循环时，访问列表的第一个元素（1 月），并将其存储在"i"变量中，然后执行一遍缩进部分的代码（第 13~15 行代码）；执行完之后，返回再次执行第 12 行代码，开始第二次 for 循环，访问列表中的第二个元素（2 月），并将其存储在"i"变量中，然后再次执行缩进部分的代码。就这样一直循环，直到遍历完最后一个列表的元素，执行完缩进部分代码，第二个 for 循环结束，这时返回到第 08 行代码，开始继续第一个 for 循环的下一次循环。

第 13 行代码：将工作表中的数据读取成 Pandas 模块的 DataFrame 形式。为何要读成 DataFrame 形式呢？因为这样就可以用 Pandas 模块中的方法对数据进行分析处理。"data1"为新定义的变量，用来保存读取的数据；"i"为本次循环时存储的对应的工作表的名称，指定工作表名称后，就可以对相应工作表进行处理了；"range('A1')"方法用来设置起始单元格，参数"'A1'"表示起始单元格为 A1 单元格；"options()"方法用来设置数据读取的类型，其参数"pd.DataFrame"用来将数据内容读取成 DataFrame 形式。如图 8-11 所示为"data1"中存储的所读取的数据。

接着看其他参数："header=1"参数用来设置使用原始数据集中的第一列作为列名，而不是使用自动列名；"index=False"参数的作用是取消索引，因为 DataFrame 数据形式会默认将表格的首列作为 DataFrame 的 index（索引），因此就需要在表格内容的首列固定一个序号列，如果表格中首列并不是序号，就需要在函数中设置参数忽略 index；"expand='table'"参数用于扩展选择范围，还可以

```
    店名  品种   数量   销售金额
0   1店  毛衣   10.0  1800.0
1   3店  西服   34.0  3400.0
2   3店  T恤   45.0  5760.0
3   总店  西裤   23.0  2944.0
4   2店  休闲裤  45.0  5760.0
5   1店  西服   23.0  2944.0
6   2店  T恤   45.0  5760.0
7   1店  西裤   23.0  2944.0
8   3店  西裤   56.0  7168.0
9   总店  休闲裤  23.0  2944.0
10  2店  西服   54.0  6912.0
11  3店  西服   34.0  4352.0
12  总店  T恤   23.0  2944.0
13  2店  西裤   45.0  5760.0
14  3店  休闲裤  23.0  2944.0
15  2店  西服   45.0  5760.0
16  1店  T恤   23.0  2944.0
17  3店  西服   45.0  5760.0
18  总店  西裤   23.0  2944.0
19  2店  休闲裤  45.0  5760.0
20  3店  西服   23.0  2944.0
21  2店  T恤   45.0  5760.0
22  1店  西服   23.0  2944.0
23  3店  西裤   56.0  7168.0
24  总店  休闲裤  23.0  2944.0
25  总店  西服   54.0  6912.0
26  1店  西服   34.0  4352.0
```

图 8-11　"data1"中存储的所读取的数据

设置为 right 或 down，table 表示向整个表扩展，即选择整个表格，right 表示向表的右方扩展，即选择一行，down 表示向表的下方扩展，即选择一列；"value"方法表示工作表的数据。总之，这一行代码的作用就是读取工作表中的数据。

第 14 行代码：用 if 条件语句来判断读取的工作表是否有数据，而不是空表。如果是空表，运行下面的两行代码程序就会出错，因此需要先判断一下访问的工作表是否有数据。

怎么判断呢？我们用 if 判断第 13 行代码读取的数据中（即判断 data1），是否包含"店名"列名（所有有数据工作表都包含的文字即可，也可以换成"品种"）。如果"data1"中包含，就说明不是空工作表，就执行 if 语句缩进部分的代码（第 15 行代码）；如果"data1"中不包含，就跳过缩进部分代码。"'店名' in data1"为 if 条件语句的条件，条件为真，就执行 if 语句中缩进部分代码；条件为假，则跳过 if 语句中缩进部分代码。注意，if 条件语句的语法为：if 条件：，必须有冒号。

第 15 行代码：将"data1"存储的 DataFrame 数据（第 13 行读取的数据）加入之前新建的空 DataFrame 中。"append()"函数的作用是向 DataFrame 中加入数据。每执行一次 for 循环就会将一个工作表中分组求和后的数据添加到 DataFrame 中，直到最后一次循环，所有工作表中的数据都会被加入 DataFrame 中。如图 8-12 所示为 data_pd 中存储的数据。

```
   店名  品种   数量   销售金额
0  1店  毛衣  10.0  1800.0
1  3店  西服  34.0  3400.0
2  3店  T恤  45.0  5760.0
3  总店  西裤  23.0  2944.0
4  2店  休闲裤 45.0  5760.0

10 1店  西裤  23.0  2944.0
11 3店  西裤  56.0  7168.0
12 总店  休闲裤 23.0  2944.0
13 1店  西服  54.0  6912.0
14 3店  西服  34.0  4352.0

[61 rows x 4 columns]
```

图 8-12　data_pd 中存储的数据

第五步：将 DataFrame 中的总数据分组。

上面步骤将每个工作表中的数据都加入到了 DataFrame 中存储起来，接下来对读取的所有工作表的数据按"店名"列进行分组，然后新建一个工作簿，准备存储进一步处理后的数据。

在程序中继续输入如下代码：

```
16  data_new=data_pd.groupby('店名')    # 将读取的数据按"店名"索引分组
17  new_wb=app.books.add()              # 新建一个工作簿
```

第 16 行代码：将加入"data_pd"中的所有工作表的 DataFrame 数据，按"店名"列进行分组。"data_new"为新定义的变量，用来存储分组的总数据；"data_pd"为之前定义的 DataFrame 数据，现在存储着各个工作表读取的数据；"groupby()"方法用来根据 DataFrame 数据的某一列或多列内容进行分组聚合，其参数"('店名')"为分组时的索引。

第 17 行代码：新建一个工作簿，新建的工作簿用于存储处理完的数据。"new_wb"为定义的新变量，用来存储新建的工作簿；"books.add()"方法用来新建一个工作簿。

第六步：将分组后的数据按店名和数据分开保存到工作表。

第五步中，将工作簿中所有数据按"店名"进行了分组。接下来用 for 循环遍历分组后的数据，然后将"店名"存储在"n"变量中，对应的数据存储在"group"变量中。接着以"店名"为名称新建工作表，再将数据部分复制到此工作表中。在程序中继续输入如下代码：

```
18  for n,group in data_new:
                # 遍历分组后的数据，店名存 n 中，对应的其他行数据存 group 中
19      new_sht=new_wb.sheets.add(n)
                # 在新工作簿中新建工作表，名称为 n 中存的店名
20  new_sht.range('D:D').api.NumberFormat='#,##0.00'    # 设置 C 列单元格格式
21  new_sht.range('A1').options(index=False).value=group
                # 在新工作表中存入当前店名的所有明细数据
```

```
22  new_sht.autofit()                          # 自动调整新工作表的行高和列宽
```

第 18 行代码：遍历分组后的数据（即 data_new 中存储的数据）。代码中，"n"和"group"
为两个循环变量，分别用来存储店名和对应的数据；"data_new"中存储的为分组后的数据。
如图 8-13 所示为 n 中和 group 中存储的部分数据。

3店

（a）n 中存储的数据

```
   店名  品种   数量  销售金额
1  3店  西服  34.0  3400.0
2  3店  T恤   45.0  5760.0
8  3店  西裤  56.0  7168.0
11 3店  西服  34.0  4352.0
14 3店  休闲裤 23.0  2944.0
17 3店  T恤   45.0  5760.0
20 3店  西服  23.0  2944.0
23 3店  西裤  56.0  7168.0
2  3店  西服  23.0  2944.0
5  3店  西裤  56.0  7168.0
11 3店  休闲裤 23.0  2944.0
14 3店  T恤   45.0  5760.0
17 3店  西服  23.0  2944.0
2  3店  休闲裤 23.0  2944.0
5  3店  T恤   45.0  5760.0
11 3店  西裤  56.0  7168.0
14 3店  西服  34.0  4352.0
1  3店  西服  34.0  3400.0
2  3店  T恤   45.0  5760.0
8  3店  西裤  56.0  7168.0
11 3店  西服  34.0  4352.0
14 3店  休闲裤 23.0  2944.0
17 3店  T恤   45.0  5760.0
20 3店  西服  23.0  2944.0
23 3店  西裤  56.0  7168.0
2  3店  西服  23.0  2944.0
5  3店  西裤  56.0  7168.0
11 3店  休闲裤 23.0  2944.0
14 3店  T恤   45.0  5760.0
17 3店  西服  23.0  2944.0
2  3店  休闲裤 23.0  2944.0
5  3店  T恤   45.0  5760.0
11 3店  西裤  56.0  7168.0
14 3店  西服  34.0  4352.0
```

（b）group 中存储的部分数据

图 8-13　n 和 group 中存储的部分数据

第 19 行代码：在新工作簿中插入新工作表，名称为变量"n"中存储的店名。"new_
sht"为新定义的变量，用来存储新建的工作表；"new_wb"为第 13 行代码中新建的工作簿；
"sheets.add(n)"为插入新工作表的方法，括号中为新工作表名称，如果"n"中存储的是"1
店"，新工作表的名称就为"1 店"。

第 20 行代码：将此次循环新建的工作表的 D 列单元格数字格式设置为千分位数字格式，
保留两位小数点。"new_sht"为新建的"产品汇总"工作表；"range('D:D')"表示 D 列；
"api.NumberFormat='#,##0.00'"用来设置单元格格式为千分位保留两位小数的数字格式。注
意："NumberFormat"方法中的字母 N 和 F 要大写。

第 21 行代码：将"group"循环变量中存储的当前店名对应的所有明细数据复制到新工
作表中。"new_sht"为第 13 行代码中新建的工作表；"range('A1')"表示从 A1 单元格开始
复制；"options(index=False)"方法用来设置数据类型，其参数"index=False"的作用是取
消索引，即不采用原来的索引；"="右侧为要复制的数据；"group"变量中存储的是每个
店的数据明细。

第 22 行代码：根据数据内容自动调整新工作表的行高和列宽。"autofit()"方法用于自动调整整个工作表的列宽和行高。该方法的参数为 axis=None 或 rows、columns 等，其中 axis=None 或省略表示自动调整行高和列宽；axis=rows 或 axis=r 表示自动调整行高；axis=columns 或 axis=c 表示自动调整列宽。

第七步：保存后关闭工作簿并退出 Excel 程序。

在处理完数据后，保存工作簿，然后关闭工作簿，退出 Excel 程序。在程序中输入下面的代码：

```
23  new_wb.save('E:\\ 销售数据 \\ 分店销售汇总 2019—2020.xlsx')    # 保存工作簿
24  new_wb.close()                    # 关闭新建的工作簿
25  wb.close()                        # 关闭工作簿
26  app.quit()                        # 退出 Excel 程序
```

第 23 行代码：将新建的工作簿保存为"E:\\ 销售数据 \\ 分店销售汇总 2019—2020.xlsx"。"save()"方法用来保存工作簿，括号中为要保存的工作簿的名称和路径。

第 24 行代码：关闭新建的"分店销售汇总 2019—2020"工作簿。

第 25 行代码：关闭前面打开的工作簿。

第 26 行代码：退出 Excel 程序。

完成后的全部代码如下：

```
01  import xlwings as xw              # 导入 xlwings 模块
02  import pandas as pd               # 导入 Pandas 模块
03  import os                         # 导入 os 模块
04  file_path='E:\\ 销售数据 '          # 指定要处理的文件所在文件夹的路径
05  file_list=os.listdir(file_path)   # 将所有文件和文件夹的名称以列表的形式保存
06  app=xw.App(visible=True,add_book=False)      # 启动 Excel 程序
07  data_pd=pd.DataFrame()            # 新建空 DataFrame 用于存放数据
08  for x in file_list:               # 遍历列表 file_list 中的元素
09      if x.startswith('~$'):        # 判断文件名称是否有以"~$"开头的临时文件
10          continue                  # 跳过本次循环
11      wb=app.books.open(file_path+'\\'+x)  # 打开文件夹中的工作簿
12      for i in wb.sheets:           # 遍历工作簿中的工作表
13          data1=i.range('A1').options(pd.DataFrame,header=1,index=False,expand='table')
            .value                    # 将当前工作表的数据读取为 DataFrame 形式
14          if ' 店名 ' in data1:      # 判断工作表中是否包含"店名"
15              data_pd=data_pd.append(data1)  # 将 data1 的数据加到 DataFrame 中
16  data_new=data_pd.groupby(' 店名 ')  # 将读取的数据按"店名"索引分组
17  new_wb=app.books.add()            # 新建一个工作簿
18  for n,group in data_new:
                # 遍历分组后的数据，店名存 n 中，对应的其他行数据存 group 中
19      new_sht=new_wb.sheets.add(n)  # 在新工作簿中新建工作表，名称为 n 中存的店名
20      new_sht.range('D:D').api.NumberFormat='#,##0.00'    # 设置 C 列单元格格式
21      new_sht.range('A1'). options(index=False).value=group
                # 在新工作表中存入当前店名的所有明细数据
22  new_sht.autofit()                 # 自动调整新工作表的行高和列宽
23  new_wb.save('E:\\ 销售数据 \\ 分店销售汇总 2019—2020.xlsx')    # 保存工作簿
24  new_wb.close()                    # 关闭新建的工作簿
25  wb.close()                        # 关闭工作簿
26  app.quit()                        # 退出 Excel 程序
```

零基础代码套用：

（1）将案例中第 04 行代码中的"E:\\ 销售数据"更换为其他文件夹，可以对其他文件夹中的所有工作簿进行处理。注意：须加上文件夹的路径。

（2）将第 14 行代码中的"店名"修改为要处理的列标题。

（3）将第 16 行代码中的"店名"修改为分组要作为索引的列标题。

（4）案例中第 20 行代码用来修改新建的工作簿单元格的数字格式。其中修改"range('D:D')"的参数可以对不同的单元格进行设置。如果将"range('D:D')"修改为"range('A:A')"，将对 A 列单元格进行设置。可以根据自己要处理数据的需要适当进行修改。

（5）将案例中第 23 行代码中的"E:\\ 销售数据 \\ 分店销售汇总 2019—2020.xlsx"更换为其他名称，可以修改新建的工作簿的名称。注意：须加上文件的路径。

8.3　分类统计销售数据工作簿中多个工作表的指定数据

前面两个案例对销售数据中各个店的数据进行了分类统计。在本案例中，我们将对同一工作簿中的所有工作表的数据按指定要求进行分类统计。

如图 8-14 所示为"销售明细表 .xlsx"工作簿，要求将其按"品种"列进行分类统计，然后统计出"西服"品种的所有明细数据，并将其复制到新工作簿中并以"西服"命名的工作表中。如图 8-15 所示为处理后的效果。

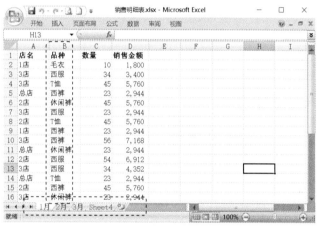

图 8-14　"销售明细表 .xlsx"工作簿数据

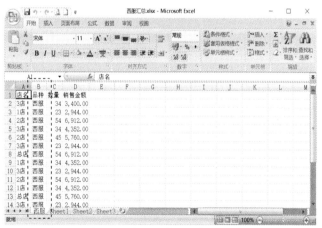

图 8-15　按"品种"列进行分类统计后的效果

下面我们来分析程序如何编写。

（1）打开 E 盘"店面销售"文件夹中的"销售明细表 .xlsx"工作簿文件。

（2）利用 for 循环读取工作簿中每个工作表中的数据，并存储到 DataFrame 中。

（3）对存储到 DataFrame 中的数据选择"品种"列为"西服"的数据。

（4）按要求新建一个工作簿，用"西服"新建一个工作表，然后将选择的"西服"数据复制到工作表。

（5）将新建的工作簿保存为"西服汇总"的工作簿后，关闭工作簿，退出 Excel 程序。

第一步：导入模块并打开要处理的工作簿数据文件。

按照 8.1 节介绍的方法关于导入模块，读取要处理的数据工作簿文件，再在程序中输入以下代码：

```
03  app=xw.App(visible=True,add_book=False)              # 启动 Excel 程序
04  wb=app.books.open('E:\\ 店面销售 \\ 销售明细表 .xlsx')    # 打开工作簿
```

第 03 行代码：启动 Excel 程序，并把程序存储在"app"变量中。这里小写的"app"是新定义的变量，用来存储打开的 Excel 程序。在 Python 中，一般在使用变量时直接定义即可，而不用提前定义。"xw"指的是 xlwings 模块，大写 A 开头的"App"是 xlwings 模块中的方法（即函数），用来启动 Excel 程序。它右侧括号中的内容为其参数，用来设置启动的 Excel 程序。其中，参数"visible"用来设置启动的 Excel 程序是否可见，如果设置为 True，就表示可见（默认），如果为 False，就表示不可见。"add_book"参数用来设置启动 Excel 时，是否自动创建新工作簿，如果设置为 True，就表示自动创建（默认），如果为 False，就表示不创建。

第 04 行代码：打开 E 盘"店面销售"文件夹中的"销售明细表 .xlsx"工作簿文件。"wb"为新定义的变量，用来存储打开的工作簿；"app"为启动的 Excel 程序；"books.open()"方法用来打开工作簿，括号中为要打开的工作簿文件。这里要写全工作簿文件的详细路径。注意：须用双反斜杠，或利用转义符 r，如：r'E:\ 店面销售 \ 销售明细表 .xlsx '。

第二步：访问并读取每一个工作表。

创建一个空 DataFrame，用来存储处理后的数据，然后用 for 循环遍历所有的工作表，之后读取每个工作表中的数据，然后将读取的数据加入 DataFrame 中。在程序中继续输入如下代码：

```
05  data_pd=pd.DataFrame()                 # 新建空 DataFrame 用于存放数据
06  for i in wb.sheets:                    # 遍历工作簿中的工作表
07    data1=i.range('A1').options(pd.DataFrame,header=1,index=False,expand='table')
      .value                               # 将当前工作表中的数据读取为 DataFrame 形式
08    if ' 店名 ' in data1:                  # 判断工作表中是否包含"店名"
09        data_pd=data_pd.append(data1)    # 将"data1"的数据加到 DataFrame 中
```

第 05 行代码：新建一个名为"data_pd"的空的 DataFrame。空的 DataFrame 用来存储分组求和后的数据，由于有多个工作表需要处理，而且需要对所有工作表处理后的总数据再进行求和处理，因此每处理一个工作表的数据就将数据先加入 DataFrame 中，等所有工作表数据都处理完了，再将所有的数据进行分组求和。"data_pd"为新定义的变量，用来存储 DataFrame；等号右侧的"pd"表示 Pandas 模块；DataFrame() 方法用来创建 DataFrame 数据，括号中若没有参数，则表示是一个空的 DataFrame。

第 06 行代码：遍历所处理工作簿中的所有工作表，即要依次处理每个工作表，这里用

for 循环来实现。for 循环可以遍历工作簿中的所有工作表，并提取需要的数据。"for...in... :"为 for 循环的语法，注意，必须有冒号。第 07~09 行缩进部分代码为 for 循环的循环体，每运行一次循环都会运行一遍循环体的代码。代码中的"i"为循环变量，用来存储遍历的列表中的元素；"wb.sheets"可以获得打开的工作簿中所有工作表名称的列表。如图 8-16 所示为"wb.sheets"方法获得的所有工作表名称的列表，列表中 1 月、2 月、3 月为工作表的名称。

[<Sheet [销售明细表.xlsx]1月>, <Sheet [销售明细表.xlsx]2月>, <Sheet [销售明细表.xlsx]3月>, ...]

图 8-16　wb.sheets 方法获得的所有工作表名称的列表

接下来我们来看一下这个 for 循环是如何运行的。第一次 for 循环时，访问列表的第一个元素（1 月）并将其存储在"i"变量中，然后执行一遍缩进部分的代码（第 07~09 行代码）；执行完之后，返回再次执行第 06 行代码，开始第二次 for 循环，访问列表中第二个元素（2 月），并将其存储在"i"变量中，然后再次执行缩进部分的代码。就这样一直循环，直到遍历完最后一个列表的元素，执行完缩进部分代码，for 循环结束，开始运行没有缩进部分的代码（即第 10 行代码）。

第 07 行代码：将工作表中的数据读取成 Pandas 模块的 DataFrame 形式。为何要读成 DataFrame 形式呢？因为这样就可以用 Pandas 模块中的方法对数据进行分析处理。"data1"为新定义的变量，用来保存读取的数据；"i"为本次循环时存储的对应的工作表的名称，指定工作表名称后，就可以对相应工作表进行处理了；"range('A1')"方法用来设置起始单元格，参数"'A1'"表示起始单元格为 A1 单元格；"options()"方法用来设置数据读取的类型。其参数"pd.DataFrame"用来将数据内容读取成 DataFrame 形式。

下面我们来单独输出"data1"变量（可以在第 07 行代码下面增加"print(data1)"来输出），其存储的 DataFrame 形式的数据如图 8-17 所示。

```
   店名  品种   数量   销售金额
0  1店   毛衣   10.0  1800.0
1  3店   西服   34.0  3400.0
2  3店   T恤   45.0  5760.0
3  总店   西裤   23.0  2944.0
4  2店   休闲裤  45.0  5760.0
5  1店   西服   23.0  2944.0
6  2店   T恤   45.0  5760.0
7  1店   西裤   23.0  2944.0
8  3店   西裤   56.0  7168.0
9  总店   休闲裤  23.0  2944.0
10 2店   西服   54.0  6912.0
11 3店   西服   34.0  4352.0
12 总店   T恤   23.0  2944.0
13 2店   西裤   45.0  5760.0
14 3店   休闲裤  23.0  2944.0
15 2店   西服   45.0  5760.0
16 1店   T恤   23.0  2944.0
17 3店   T恤   45.0  5760.0
18 总店   西裤   23.0  2944.0
19 2店   休闲裤  45.0  5760.0
20 3店   西服   23.0  2944.0
21 2店   T恤   45.0  5760.0
22 1店   西裤   23.0  2944.0
23 3店   西裤   56.0  7168.0
24 总店   休闲裤  23.0  2944.0
25 总店   西服   54.0  6912.0
26 1店   西服   34.0  4352.0
```

图 8-17　读取的 DataFrame 形式的数据

接着看其他参数："header=1"参数用于设置使用原始数据集中的第一列作为列名，而不是使用自动列名；"index=False"参数的作用是取消索引，因为 DataFrame 数据形式会默认将表格的首列作为 DataFrame 的 index（索引），因此就需要在表格内容的首列固定一个序号列，如果表格中首列并不是序号，则需要在函数中设置参数忽略 index；"expand='table'"参数用于扩展选择范围，还可以设置为 right 或 down，table 表示向整个表扩展，即选择整个表格，right 表示向表的右方扩展，即选择一行，down 表示向表的下方扩展，即选择一列；"value"方法表示工作表的数据。总之，这一行代码的作用就是读取工作表中的数据。

第 08 行代码：用 if 条件语句来判断读取的工作表是否有数据，而不是空表。如果是空表，运行下面的两行代码程序就会出错，因此需要先判断一下访问的工作表是否数据。

怎么判断呢？我们用 if 判断第 07 行代码读取的数据中（即判断 data1）是否包含"店名"列名（所有有数据的工作表都包含的文字，也可以换成"品种"）。如果"data1"中包含就说明不是空工作表，就执行 if 语句缩进部分的代码（第 09 行代码）；如果"data1"中不包含就跳过缩进部分代码。代码中，"'店名' in data1"为 if 条件语句的条件，条件为真，就执行 if 语句中缩进部分代码；条件为假，则跳过 if 语句中缩进部分代码。注意，if 条件语句的语法为 :if 条件:，必须有冒号。

第 09 行代码：将"data1"存储的 DataFrame 数据（第 07 行读取的数据）加入之前新建的空 DataFrame 中。"append()"函数的作用是向 DataFrame 中加入数据。每执行一次 for 循环就会将一个工作表中分组求和后的数据添加到 DataFrame 中，直到最后一次循环，所有工作表中的数据都会被加入 DataFrame 中。如图 8-18 所示为 data_pd 中存储的数据。

```
    店名  品种    数量   销售金额
0   1店   毛衣    10.0  1800.0
1   3店   西服    34.0  3400.0
2   3店   T恤    45.0  5760.0
3   总店   西裤    23.0  2944.0
4   2店   休闲裤  45.0  5760.0
..  ..   ...    ...   ...
10  1店   西裤    23.0  2944.0
11  3店   西裤    56.0  7168.0
12  总店   休闲裤  23.0  2944.0
13  1店   西服    54.0  6912.0
14  3店   西服    34.0  4352.0

[61 rows x 4 columns]
```

图 8-18　data_pd 中存储的数据

第三步：从 DataFrame 总数据中选择"西服"的数据。

上面步骤将每个工作表中的数据都加入到了 DataFrame 中存储起来，接下来从读取的所有工作表的数据中，选择"品种"列中为"西服"的行数据。在程序中继续输入如下代码：

```
10  data_new=data_pd[data_pd['品种']=='西服']          #选择"品种"列是"西服"的行数据
```

第 10 行代码：选择"品种"列中为"西服"的行数据。"data_pd[data_pd['品种']=='西

服 ']"是 Pandas 模块中按条件选择行数据的方法。这段代码表示选择"品种"列中为"西服"
的行数据。"data_row"为定义的新列表，用来存储选择的行数据。如图 8-19 所示为"data_
row"中存储的数据。

```
       店名 品种  数量   销售金额
1   3店  西服  34.0  3400.0
5   1店  西服  23.0  2944.0
10  2店  西服  54.0  6912.0
11  3店  西服  34.0  4352.0
15  2店  西服  45.0  5760.0
20  3店  西服  23.0  2944.0
25  总店 西服  54.0  6912.0
26  1店  西服  34.0  4352.0
2   3店  西服  23.0  2944.0
7   2店  西服  54.0  6912.0
8   1店  西服  34.0  4352.0
12  总店 西服  45.0  5760.0
17  3店  西服  23.0  2944.0
3   2店  西服  45.0  5760.0
8   总店 西服  23.0  2944.0
13  1店  西服  54.0  6912.0
14  3店  西服  34.0  4352.0
```

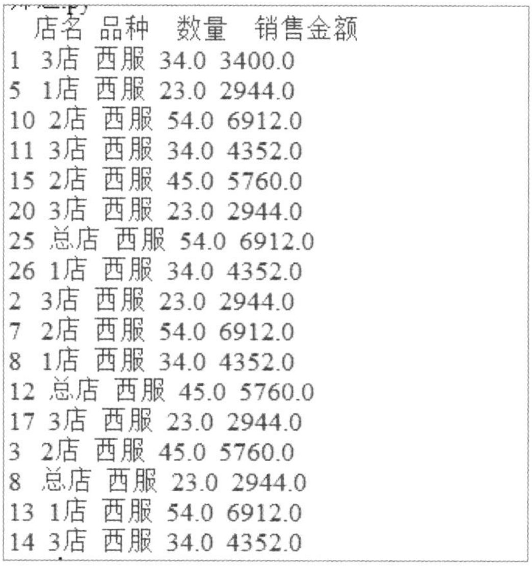

图 8-19　"data_row"中存储的数据

第四步：新建存储数据工作簿和工作表。

上面的步骤中将要处理的数据存放在了"data_new"中，接下来新建一个工作簿，并新
建"西服"工作表，用来存放提取的数据。接着在程序中输入下面的代码：

```
11  new_wb=xw.books.add()                        # 新建一个工作簿
12  new_sht=new_wb.sheets.add(' 西服 ')            # 插入名为"西服"的新工作表
```

第 11 行代码：新建一个工作簿。"new_wb"为定义的新变量，用来存储新建的工作簿；
"books.add()"方法用来新建一个工作簿。

第 12 行代码：在新建的工作簿中插入"西服"的新工作表。"new_sht"为新定义的变量，
用来存储新建的工作表；"new_wb"为上一行代码中新建的工作簿；"sheets.add(' 西服 ')"
为插入新工作表的方法，括号中为新工作表名称。

第五步：设置新建工作表中单元格的格式并复制"西服"数据。

由于处理后的数据中有数值数据，直接复制数据会导致这些数据出现错误，因此在复制
数据前，先将期末余额所在工作表中的列的单元格格式设置为会计格式。将处理后的数据复
制到新建的工作表中，并调整行高和列宽。继续在程序中输入下面的代码：

```
13  new_sht.range('D:D').api.NumberFormat='#,##0.00'        # 设置 C 列单元格格式
14  new_sht.range('A1'). options(index=False).value=data_new
                              # 在新工作表中存入 data_new 的所有明细数据
15  new_sht.autofit()                              # 自动调整新工作表的行高和列宽
```

第 13 行代码：将新建的"期末余额"工作表的 D 列单元格数字格式设置为千分位数
字格式，保留两位小数点。"new_sht"为新建的"西服"工作表；"range('D:D')"表示
D 列，如果是"range('1:1')"，就表示第一行；"api.NumberFormat='#,##0.00'"用来设
置单元格格式为千分位保留两位小数的数字格式。注意："NumberFormat"方法中的字

母 N 和 F 要大写。

第 14 行代码：将"data_new"中存储的分组数据复制到新建的"西服"工作表中。"new_sht"为新建的"西服"工作表；"range('A1')"表示从 A1 单元格开始复制；"options(index=False)"方法用来设置数据类型，其参数"index=False"的作用是取消索引，即不采用原来的索引；"value"表示工作表数据。"="右侧为要复制的数据；"data_new"为存储分组求和后数据的变量。

第 15 行代码：根据数据内容自动调整新工作表的行高和列宽。"autofit()"方法用于自动调整整个工作表的列宽和行高。该方法的参数为 axis=None 或 rows、columns 等，其中 axis=None 或省略表示自动调整行高和列宽；axis=rows 或 axis=r 表示自动调整行高；axis=columns 或 axis=c 表示自动调整列宽。

第六步：保存后关闭工作簿并退出 Excel 程序。

在处理完数据后，保存工作簿，然后关闭工作簿，退出 Excel 程序。在程序中写入下面的代码：

```
16  new_wb.save('E:\\ 店面销售 \\ 西服汇总 .xlsx')        # 保存工作簿
17  new_wb.close()                                    # 关闭新建的工作簿
18  wb.close()                                        # 关闭工作簿
19  app.quit()                                        # 退出 Excel 程序
```

第 16 行代码：将新建的工作簿保存为"E:\\ 店面销售 \\ 西服汇总 .xlsx"。"save()"方法用来保存工作簿，括号中的内容为要保存的工作簿的名称和路径。

第 17 行代码：关闭新建"西服汇总"工作簿。

第 18 行代码：关闭"销售明细表"工作簿。

第 19 行代码：退出 Excel 程序。

完成后的全部代码如下：

```
01  import xlwings as xw                              # 导入 xlwings 模块
02  import pandas as pd                               # 导入 Pandas 模块
03  app=xw.App(visible=True,add_book=False)           # 启动 Excel 程序
04  wb=app.books.open('E:\\ 店面销售 \\ 销售明细表 .xlsx')   # 打开工作簿
05  data_pd=pd.DataFrame()                            # 新建空 DataFrame 用于存放数据
06  for i in wb.sheets:                               # 遍历工作簿中的工作表
07    data1=i.range('A1').options(pd.DataFrame,header=1,index=False,expand='table')
      .value                                          # 将当前工作表的数据读取为 DataFrame 形式
08    if ' 店名 ' in data1:                            # 判断工作表中是否包含"店名"
09        data_pd=data_pd.append(data1)               # 将 data1 的数据加到 DataFrame 中
10  data_new=data_pd[data_pd[' 品种 ']==' 西服 ']        # 读取"品种"列是"西服"的数据
11  new_wb=app.books.add()                            # 新建一个工作簿
12  new_sht=new_wb.sheets.add(' 西服 ')                # 在新工作簿中新建名为"西服"的工作表
13  new_sht.range('D:D').api.NumberFormat='#,##0.00'  # 设置 C 列单元格格式
14  new_sht.range('A1'). options(index=False).value=data_new
                                                      # 在新工作表中存放 data_new 的所有明细数据
15  new_sht.autofit()                                 # 自动调整新工作表的行高和列宽
16  new_wb.save('E:\\ 店面销售 \\ 西服汇总 .xlsx')        # 保存工作簿
17  new_wb.close()                                    # 关闭新建的工作簿
18  wb.close()                                        # 关闭工作簿
19  app.quit()                                        # 退出 Excel 程序
```

零基础代码套用：

（1）将案例中第 04 行代码中的"E:\\ 店面销售 \\ 销售明细表 .xlsx"更换为其他文件名，可以对其他工作簿进行处理。注意：须加上文件的路径。

（2）将第 08 行代码中的"店名"修改为要处理的工作表的列标题。

（3）将第 10 行代码中的"品种"修改为要处理的列标题，"西服"修改为要提取的品种名称。

（4）将第 12 行代码中的"西服"修改为要新建的工作表的名称。

（5）将第 13 行代码中的"range('D:D')"参数进行修改，可以对不同的单元格进行设置。如果将"range('D:D')"修改为"range('A:A')"，将对 A 列单元格进行设置。可以根据自己要处理数据的需要适当进行修改。

（6）如果想对更多单元格进行设置，可以在第 13 行代码下面添加设置格式的一行代码即可。比如设置字号为 14 号，可以添加如下代码：

```
new_sht.range('A1:D1').api.Font.Size='14'
```

（7）将第 16 行代码中的"E:\\ 店面销售 \\ 西服汇总 .xlsx"更换为其他名称，可以修改新建的工作簿的名称。注意：须加上文件的路径。

8.4　批量统计多个销售数据工作簿文件中的指定数据

上一个案例中讲解了对同一工作簿中的所有工作表的数据按指定要求进行分类统计，本案例中我们将对同一文件夹中的所有工作簿的所有工作表中的数据按指定要求进行分类统计。

如图 8-20 所示为"销售数据"文件夹中的所有工作簿文件及其中一个工作簿，要求统计"销售数据"文件夹中的所有工作簿数据中的"品种"列，然后统计出"西服"品种的所有明细数据，并将其复制到"西服汇总 2019—2020"新工作簿中以"西服"命名的工作表中，如图 8-21 所示。

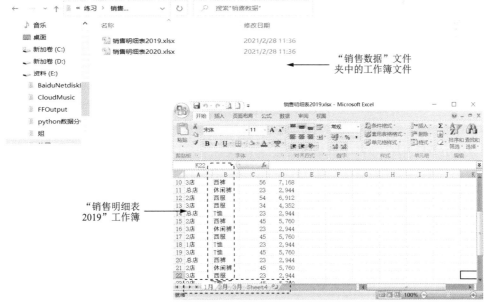

图 8-20　"销售数据"文件夹中的所有工作簿文件及其中一个工作簿

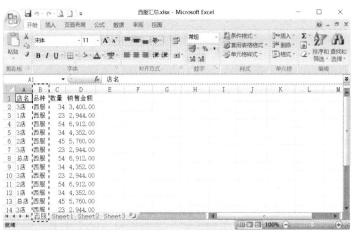

图 8-21　处理后的效果

下面我们来分析程序如何编写。

（1）获取文件夹中所有工作簿文件名称的列表，然后启动 Excel 程序。

（2）利用 for 循环来遍历每一个工作簿文件，并打开遍历的工作簿文件。

（3）利用 for 循环读取工作簿中每个工作表中的数据，并存储到 DataFrame 中。

（4）对存储到 DataFrame 中的数据选择"品种"列为"西服"的数据。

（5）按要求新建一个工作簿，用"西服汇总"新建一个工作表，然后将选择的"西服"数据复制到工作表中。

（6）将新建的工作簿保存为"西服汇总 2019—2020"的工作簿，并关闭工作簿，退出 Excel 程序。

第一步：导入模块并获取要处理的工作簿名称列表并启动 Excel 程序。

按照 8.2 节介绍的方法导入模块，获取要处理的数据文件夹中工作簿文件名称的列表，并启动 Excel 程序，再在程序中输入以下代码：

```
04  file_path='E:\\ 销售数据 '                    # 指定要处理的文件所在文件夹的路径
05  file_list=os.listdir(file_path)             # 将所有文件和文件夹的名称以列表的形式保存
06  app=xw.App(visible=True,add_book=False)     # 启动 Excel 程序
```

第 04 行代码：指定文件所在文件夹的路径。"file_path"为新建的变量，用来存储路径；"="右侧为要处理的文件夹的路径。注意：为了避免使用单反斜杠产生歧义（单反斜杠有换行的功能），路径中用了双反斜杠；也可以用转义符 r，如果在 E 前面用了转义符 r，就可以使用单反斜杠。如：r'E:\ 销售数据 '。

第 05 行代码：将路径下所有文件和文件夹的名称以列表的形式存储在"file_list"列表中。"file_list"为新定义的变量，用来存储返回的名称列表； os 表示 OS 模块；"listdir()"为 OS 模块中的函数，此函数用于返回指定的文件夹包含的文件或文件夹的名字的列表，括号中的内容为此函数的参数，即要处理的文件夹的路径。如图 8-22 所示为程序执行后"file_list"列表中存储的数据。

['销售明细表2019.xlsx', '销售明细表2020.xlsx']

图 8-22　在程序被执行后，在"file_list"列表中存储的数据

第 06 行代码：启动 Excel 程序，并把程序存储在"app"变量中。这里小写的"app"

是新定义的变量，用来存储打开的 Excel 程序。在 Python 中，一般在使用变量时直接定义即可，而不用提前定义。"xw"指的是 xlwings 模块，大写 A 开头的"App"是 xlwings 模块中的方法（即函数），用来启动 Excel 程序。它右侧括号中的内容为其参数，用来设置启动的 Excel 程序。其中，"visible"参数用来设置启动的 Excel 程序是否可见，如果设置为 True，就表示可见（默认），如果为 False，就表示不可见；"add_book"参数用来设置在启动 Excel 时，是否自动创建新工作簿，如果设置为 True，就表示自动创建（默认），如果为 False，就表示不创建。

第二步：访问并打开遍历每一个工作簿文件。

创建一个空 DataFrame，用来存储处理完的数据，然后用 for 循环遍历要处理的文件夹中每一个工作簿文件，并打开遍历的工作簿文件，如果是临时文件，就要跳过本次循环。在程序中继续输入如下代码：

```
07  data_pd=pd.DataFrame()                    # 新建空 DataFrame 用于存放数据
08  for x in file_list:                        # 遍历列表 file_list 中的元素
09      if x.startswith('~$'):                # 判断文件名称是否有以 "~$" 开头的临时文件
10          continue                           # 跳过本次循环
11      wb=app.books.open(file_path+'\\'+x)   # 打开文件夹中的工作簿
```

第 07 行代码：新建一个名为"data_pd"的空的 DataFrame。空的 DataFrame 用来存储提取出来的数据，由于有多个工作簿需要处理，而且需要对每个工作簿中的每个工作表的数据分别进行提取，因此每提取一个工作表就将提取的数据先加入列表中，等所有工作表都提取完了，再将所有提取的数据一起复制到工作表。"data_pd"为新定义的变量，用来存储 DataFrame；等号右侧的"pd"为 Pandas 模块；"DataFrame()"方法用来创建 DataFrame 数据，括号中没有参数表示是一个空的 DataFrame。

第 08 行代码：遍历所处理文件夹中的所有工作簿文件，即要依次处理文件夹中的每个工作簿，用 for 循环来实现。for 循环可以遍历文件夹中的所有工作簿文件，并打开遍历的工作簿，然后对工作簿中工作表的数据进行处理。"for...in... :"为 for 循环的语法，注意，必须有冒号。第 09~15 行缩进部分代码为 for 循环的循环体（第 12~15 行代码在下一节讲），每运行一次循环都会运行一遍循环体的代码；的"x"为循环变量，用来存储遍历的列表中的元素；"file_list"为存储返回的名称列表。

接下来我们来看一下这个 for 循环是如何运行的。第一次 for 循环时，访问列表的第一个元素（销售明细表 2019.xlsx）并将其存储在"x"循环变量中，然后执行一遍缩进部分的代码（第 09~15 行代码）；执行完之后，返回再次执行第 08 行代码，开始第二次 for 循环，访问列表中第二个元素（销售明细表 2020.xlsx），并将其存储在"x"变量中，然后再次执行缩进部分的代码。就这样一直循环，直到遍历完最后一个列表的元素，执行完缩进部分代码，for 循环结束，开始运行没有缩进部分的代码（即第 16 行代码）。

第 09 行代码：用 if 条件语句判断文件夹下的文件名称是否有"~$"开头的（这样的文件是临时文件，不是我们要处理的文件）。如果有（即条件成立），就执行第 10 行代码。如果没有（即条件不成立），就执行第 11 行代码。"x.startswith('~$')"为 if 条件语句的条件；"x.startswith(~$)"的意思就是判断"x"中存储的字符串是否以"~$"开头，如果是以"~$"开头，则输出 True；"startswith()"为一个字符串函数，用于判断字符串是否以参数中指定的字符串开头。

第 10 行代码：跳过当次 for 循环，直接进行下一次 for 循环。continue 语句的作用是跳过本次循环体中余下尚未执行的语句，返回到循环开头，重新执行下一次循环。

第 11 行代码：打开与 "x" 中存储的文件名相对应的工作簿文件。"wb" 为新定义的变量，用来存储打开的工作簿；"app" 为启动的 Excel 程序；"books.open()" 方法用来打开工作簿，括号中为其参数，即要打开的工作簿文件。"file_path+'\\'+x" 为要打开的工作簿文件的路径。其中，"file_path" 为第 04 行代码中的 "E:\\ 销售数据"，如果 x 中存储的为 "销售明细表 2019.xlsx" 时，要打开的文件就为 "E:\\ 销售数据 \\ 销售明细表 2019.xlsx"，就会打开 "销售明细表 2019.xlsx" 工作簿文件。

第三步：访问并读取每一个工作表的数据。

创建一个空 DataFrame，用来存储处理后的数据，然后用 for 循环遍历所有的工作表，之后读取每个工作表中的数据，然后将读取的数据加入 DataFrame 中。在程序中继续输入如下代码：

```
12  for i in wb.sheets:                          # 遍历工作簿中的工作表
13      data1=i.range('A1').options(pd.DataFrame,header=1,index=False,expand='table')
        .value                                   # 将当前工作表的数据读取为 DataFrame 形式
14      if '店名' in data1:                      # 判断工作表中是否包含 "店名"
15          data_pd=data_pd.append(data1)        # 将 data1 的数据加到 DataFrame 中
```

第 12 行代码：遍历所处理工作簿中的所有工作表，即要依次处理每个工作表，这里用 for 循环来实现。for 循环可以遍历工作簿中的所有工作表，并提取需要的数据。

由于这个 for 循环在第 08 行代码的 for 循环的循环体中，因此这是一个嵌套 for 循环。为了好区分，我们称第 08 行的 for 循环为第一个 for 循环，第 12 行的 for 循环为第二个 for 循环。嵌套 for 循环的特点是：第一个 for 循环每循环一次，第二个 for 循环会运行一遍所有循环。代码中，"i" 为循环变量，用来存储遍历的列表中的元素；"wb.sheets" 可以获得打开的工作簿中所有工作表名称的列表。如图 8-23 所示为 "wb.sheets" 方法获得的所有工作表名称的列表，列表中的 1 月、2 月、3 月为工作表的名称。

[<Sheet [销售明细表.xlsx]1月>, <Sheet [销售明细表.xlsx]2月>, <Sheet [销售明细表.xlsx]3月>, ...]

图 8-23　使用 wb.sheets 方法获得的所有工作表名称的列表

接下来我们来看一下第二个 for 循环是如何运行的。第一次 for 循环时，访问列表的第一个元素（1 月），并将其存储在 "i" 变量中，然后执行一遍缩进部分的代码（第 13~15 行代码）；执行完之后，返回再次执行第 12 行代码，开始第二次 for 循环，访问列表中的第二个元素（2 月），并将其存储在 "i" 变量中，然后再次执行缩进部分的代码。就这样一直循环，直到遍历完最后一个列表的元素，执行完缩进部分代码，第二个 for 循环结束，这时返回到第 08 行代码，开始继续第一个 for 循环的下一次循环。

第 13 行代码：将工作表中的数据读取成 Pandas 模块的 DataFrame 形式。为何要读成 DataFrame 形式呢？因为这样就可以用 Pandas 模块中的方法对数据进行分析处理。"data1" 为新定义的变量，用来保存读取的数据；"i" 为本次循环时存储的对应的工作表的名称，指定工作表名称后，就可以对相应工作表进行处理了；"range('A1')" 方法用来设置起始单元格，参数 "'A1'" 表示起始单元格为 A1 单元格；"options()" 方法用来设置数据读取的类型。其参数 "pd.DataFrame" 作用是将数据内容读取成 DataFrame 形式。如图 8-24 所示为 "data1"

中存储的所读取的数据。

图 8-24　读取的 DataFrame 形式的数据

　　接着看其他参数："header=1"参数用于设置使用原始数据集中的第一列作为列名，而不是使用自动列名；"index=False"参数的作用是取消索引，因为 DataFrame 数据形式会默认将表格的首列作为 DataFrame 的 index（索引），因此就需要在表格内容的首列固定一个序号列，如果表格中首列并不是序号，就需要在函数中设置参数忽略 index；"expand='table'"参数用于扩展选择范围，还可以设置为 right 或 down，table 表示向整个表扩展，即选择整个表格，right 表示向表的右方扩展，即选择一行，down 表示向表的下方扩展，即选择一列；"value"方法表示工作表的数据。

　　第 14 行代码：用 if 条件语句来判断读取的工作表是否有数据，而不是空表。如果是空表，运行下面的两行代码程序就会出错，因此需要先判断访问的工作表是否有数据。

　　怎么判断呢？我们用 if 判断第 13 行代码读取的数据中（即判断 data1）是否包含"店名"列名（所有有数据的工作表都包含的文字，也可以换成"品种"）。如果"data1"中包含，就说明不是空工作表，就执行 if 语句缩进部分的代码（第 15 行代码）；如果"data1"中不包含，就跳过缩进部分代码。代码中，"'店名' in data1"为 if 条件语句的条件，条件为真，就执行 if 语句中缩进部分代码；条件为假，则跳过 if 语句中缩进部分代码。注意，if 条件语句的语法为：if 条件：，必须有冒号。

　　第 15 行代码：将"data1"存储的 DataFrame 数据（第 13 行读取的数据）加入之前新建的空 DataFrame 中。"append()"函数的作用是向 DataFrame 中加入数据。每执行一次 for 循环就会将一个工作表中分组求和后的数据添加到 DataFrame 中，直到最后一次循环，所有工作表中的数据都会被加入 DataFrame 中。如图 8-25 所示为 data_pd 中存储的数据。

```
   店名  品种   数量   销售金额
0  1店  毛衣  10.0 1800.0
1  3店  西服  34.0 3400.0
2  3店  T恤  45.0 5760.0
3  总店  西裤  23.0 2944.0
4  2店  休闲裤 45.0 5760.0
.. ..  ...  ...   ...
10 1店  西裤  23.0 2944.0
11 3店  西裤  56.0 7168.0
12 总店  休闲裤 23.0 2944.0
13 1店  西服  54.0 6912.0
14 3店  西服  34.0 4352.0

[61 rows x 4 columns]
```

图 8-25　data_pd 中存储的数据

第四步：从 DataFrame 总数据中选择"西服"的数据。

上面步骤将每个工作表中的数据都加入到了 DataFrame 中存储起来，接下来从读取的所有工作表的数据中选择"品种"列中为"西服"的行数据。在程序中继续输入如下代码：

```
16  data_new=data_pd[data_pd['品种']=='西服']      # 读取"品种"列是"西服"的行数据
```

第 16 行代码：选择"品种"列中为"西服"的行数据。"data_pd[data_pd[' 品种 ']==' 西服 ']"是 Pandas 模块中按条件选择行数据的方法。这段代码表示选择"品种"列中为"西服"的行数据。"data_row"为定义的新列表，用来存储选择的行数据。如图 8-26 所示为"data_row"中存储的数据。

```
   店名 品种   数量   销售金额
1  3店  西服  34.0 3400.0
5  1店  西服  23.0 2944.0
10 2店  西服  54.0 6912.0
11 3店  西服  34.0 4352.0
15 2店  西服  45.0 5760.0
20 3店  西服  23.0 2944.0
25 总店  西服  54.0 6912.0
26 1店  西服  34.0 4352.0
2  3店  西服  23.0 2944.0
7  2店  西服  54.0 6912.0
8  1店  西服  34.0 4352.0
12 总店  西服  45.0 5760.0
17 3店  西服  23.0 2944.0
3  2店  西服  45.0 5760.0
8  总店  西服  23.0 2944.0
13 1店  西服  54.0 6912.0
14 3店  西服  34.0 4352.0
1  3店  西服  34.0 3400.0
5  1店  西服  23.0 2944.0
10 2店  西服  54.0 6912.0
11 3店  西服  34.0 4352.0
15 2店  西服  45.0 5760.0
20 3店  西服  23.0 2944.0
25 总店  西服  54.0 6912.0
26 1店  西服  34.0 4352.0
2  3店  西服  23.0 2944.0
7  2店  西服  54.0 6912.0
8  1店  西服  34.0 4352.0
12 总店  西服  45.0 5760.0
17 3店  西服  23.0 2944.0
3  2店  西服  45.0 5760.0
8  总店  西服  23.0 2944.0
13 1店  西服  54.0 6912.0
14 3店  西服  34.0 4352.0
```

图 8-26　"data_row"中存储的数据

第五步：新建存储数据工作簿和工作表。

上面的步骤中将要处理的数据存放在了"data_new"中，接下来新建一个工作簿，并新建"西服"工作表，用来存放提取的数据。在程序中输入下面的代码：

```
17 new_wb=app.books.add()                # 新建一个工作簿
18 new_sht=new_wb.sheets.add('西服')      # 在新工作簿中新建名为"西服"的工作表
```

第 17 行代码：新建一个工作簿。"new_wb"为定义的新变量，用来存储新建的工作簿；"books.add()"方法用来新建一个工作簿。

第 18 行代码：在新建的工作簿中插入"西服"的新工作表。"new_sht"为新定义的变量，用来存储新建的工作表；"new_wb"为上一行代码中新建的工作簿；"sheets.add('西服')"为插入新工作表的方法，括号中为新工作表名称。

第六步：设置新建工作表中单元格格式并复制"西服"数据。

由于处理后的数据中有数值数据，直接复制数据会导致这些数据出现错误，因此在复制数据前，先将期末余额所在工作表中的列的单元格格式设置为会计格式。将处理后的数据复制到新建的工作表中，并调整行高和列宽。继续在程序中输入下面的代码：

```
19 new_sht.range('D:D').api.NumberFormat='#,##0.00'   # 设置 C 列单元格格式
20 new_sht.range('A1'). options(index=False).value=data_new
                               # 在新工作表中存入 data_new 的所有明细数据
21 new_sht.autofit()           # 自动调整新工作表的行高和列宽
```

第 19 行代码：将新建的"期末余额"工作表的 D 列单元格数字格式设置为千分位数字格式，保留两位小数点。"new_sht"为新建的"西服"工作表，"range('D:D')"表示 D 列，如果是"range('1:1')"，就表示第一行；"api.NumberFormat='#,##0.00'"用来设置单元格格式为千分位保留两位小数的数字格式。注意："NumberFormat"方法中的字母 N 和 F 要大写。

第 20 行代码：将"data_new"中存储的分组数据复制到新建的"西服"工作表中。"new_sht"为新建的"西服"工作表；"range('A1')"表示从 A1 单元格开始复制；"options(index=False)"方法用来设置数据类型，其参数"index=False"的作用是取消索引，即不采用原来的索引；"value"表示工作表数据。"="右侧为要复制的数据，"data_new"为存储分组求和后数据的变量。

第 21 行代码：根据数据内容自动调整新工作表的行高和列宽。"autofit()"方法用于自动调整整个工作表的列宽和行高。该方法的参数为 axis=None 或 rows、columns 等，其中 axis=None 或省略表示自动调整行高和列宽；axis=rows 或 axis=r 表示自动调整行高；axis=columns 或 axis=c 表示自动调整列宽。

第七步：保存后关闭工作簿并退出 Excel 程序。

在处理完数据后，保存工作簿，然后关闭工作簿，退出 Excel 程序。在程序中写入下面的代码：

```
22 new_wb.save('E:\\销售数据\\西服汇总2019—2020.xlsx')   # 保存工作簿
23 new_wb.close()              # 关闭新建的工作簿
24 wb.close()                  # 关闭工作簿
25 app.quit()                  # 退出 Excel 程序
```

第 22 行代码：将新建的工作簿保存为"E:\\销售数据\\西服汇总2019—2020.xlsx"。"save()"方法用来保存工作簿，括号中的内容为要保存的工作簿的名称和路径。

第 23 行代码：关闭新建的"西服汇总2019—2020"工作簿。

第 24 行代码：关闭"销售明细表"工作簿。

第 25 行代码：退出 Excel 程序。

完成后的全部代码如下：

```
01  import xlwings as xw                            # 导入 xlwings 模块
02  import pandas as pd                             # 导入 Pandas 模块
03  import os                                       # 导入 os 模块
04  file_path='E:\\ 销售数据 '                       # 指定要处理的文件所在文件夹的路径
05  file_list=os.listdir(file_path)                 # 将所有文件和文件夹的名称以列表的形式保存
06  app=xw.App(visible=True,add_book=False)         # 启动 Excel 程序
07  data_pd=pd.DataFrame()                          # 新建空 DataFrame 用于存放数据
08  for x in file_list:                             # 遍历列表 file_list 中的元素
09      if x.startswith('~$'):                      # 判断文件名称是否有以 "~$" 开头的临时文件
10          continue                                # 跳过本次循环
11      wb=app.books.open(file_path+'\\'+x)         # 打开文件夹中的工作簿
12      for i in wb.sheets:                         # 遍历工作簿中的工作表
13          data1=i.range('A1').options(pd.DataFrame,header=1,index=False,expand='table')
            .value                                  # 将当前工作表的数据读取为 DataFrame 形式
14          if ' 店名 ' in data1:                     # 判断工作表中是否包含 "店名"
15              data_pd=data_pd.append(data1)       # 将 data1 的数据加到 DataFrame 中
16  data_new=data_pd[data_pd[' 品种 ']==' 西服 ']      # 读取 "品种" 列是 "西服" 的行数据
17  new_wb=app.books.add()                          # 新建一个工作簿
18  new_sht=new_wb.sheets.add(' 西服 ')              # 在新工作簿中新建名为 "西服" 的工作表
19  new_sht.range('D:D').api.NumberFormat='#,##0.00'  # 设置 C 列单元格格式
20  new_sht.range('A1'). options(index=False).value=data_new
                                                    # 在新工作表中存入 data_new 的所有明细数据
21  new_sht.autofit()                               # 自动调整新工作表的行高和列宽
22  new_wb.save('E:\\ 销售数据 \\ 西服汇总 2019—2020.xlsx')  # 保存工作簿
23  new_wb.close()                                  # 关闭新建的工作簿
24  wb.close()                                      # 关闭工作簿
25  app.quit()                                      # 退出 Excel 程序
```

零基础代码套用：

（1）将第 04 行代码中的"E:\ 销售数据"更换为其他文件夹，可以对其他文件夹中的所有工作簿进行处理。注意：须加上文件夹的路径。

（2）将第 14 行代码中的"店名"修改为要筛选的列标题。

（3）将第 16 行代码中的"品种"修改为要筛选的列标题，"西服"修改为要提取的品种名称。

（4）将第 18 行代码中的"西服"修改为要新建的工作表的名称。

（5）案例中第 19 行代码用来修改新建的工作簿单元格的数字格式。其中，修改"range('D:D')"的参数可以对不同的单元格进行设置。如果将"range('D:D')"修改为"range('A:A')"，将对 A 列单元格进行设置。可以根据自己要处理数据的需要适当进行修改。

（6）将案例中第 22 行代码中的"E:\\ 销售数据 \\ 西服汇总 2019—2020.xlsx"更换为其他名称，可以修改新建的工作簿的名称。注意：须加上文件的路径。

8.5 统计运营数据多个工作表中复购次数最高的客户

复购分析是运营数据分析中重要的一个部分，通过复购分析可以轻松找出重要客户。在本案例中，我们将对运营数据进行统计分析，然后找出复购率最高的客户，同时统计出此客

户的购买次数和消费总金额。

如图 8-27 所示为"产品销售明细 2020.xlsx"工作簿，要求统计分析此工作簿中所有工作表的数据，然后从各个工作表中的所有数据中找出"客户名称"出现次数最多的客户，接着再统计此客户复购的次数，并将其所有消费金额进行求和计算出总消费额。最后将统计出来的客户名称、复购次数、消费总金额等，复制到新建的"客户统计"工作表中。如图 8-28 所示为统计分析后的效果。

图 8-27　"产品销售明细 2020.xlsx"工作簿

图 8-28　统计分析后的效果

下面我们来分析程序如何编写。

（1）打开 E 盘"运营"文件夹中"产品销售明细 2020.xlsx"工作簿文件。

（2）利用 for 循环读取工作簿中每个工作表中的数据，并存储到 DataFrame 中。

（3）对存储到 DataFrame 中的数据中的"明细金额"列类型转换为浮点数，然后对"客户名称"列求众数，并读取数据中众数部分的行数据。

（4）按要求新建"客户统计"的工作表，然后在工作表中写入"最佳客户名称""购买总次数""消费总数"。

（5）向"客户统计"的工作表中写入对众数的计数值，及对"明细金额"的求和值。

（6）保存"产品销售明细 2020"的工作簿，并关闭工作簿，退出 Excel 程序。

第一步：导入模块并打开要处理的工作簿数据文件。

按照 8.1 节介绍的方法导入模块，读取要处理的数据工作簿文件，在程序中输入以下代码：

```
03  app=xw.App(visible=True,add_book=False)           # 启动 Excel 程序
04  wb=app.books.open('E:\\ 运营 \\ 产品销售明细 2020.xlsx')   # 打开工作簿
```

第 03 行代码：启动 Excel 程序，并把程序存储在"app"变量中。这里小写的"app"是新定义的变量，用来存储打开的 Excel 程序。在 Python 中，一般在使用变量时直接定义即可，而不用提前定义。"xw"指的是 xlwings 模块，大写 A 开头的"App"是 xlwings 模块中的方法（即函数），用来启动 Excel 程序。它右侧括号中的内容为其参数，用来设置启动的 Excel 程序。其中"visible"参数用来设置启动的 Excel 程序是否可见，如果设置为 True，就表示可见（默认），如果为 False，就表示不可见。参数"add_book"用来设置启动 Excel 时，是否自动创建新工作簿，如果设置为 True，就表示自动创建（默认），False，就表示不创建。

第 04 行代码：打开 E 盘"运营"文件夹中的"产品销售明细 2020.xlsx"工作簿文件。"wb"为新定义的变量，用来存储打开的工作簿；"app"为启动的 Excel 程序；"books.open()"方法用来打开工作簿，括号中的内容为要打开的工作簿文件。这里要写全工作簿文件的详细路径。注意：须用双反斜杠，或利用转义符 r，如：r'E:\ 运营 \ 产品销售明细 2020.xlsx '。

第二步：访问并读取每一个工作表。

创建一个空 DataFrame，用来存储读取的数据，用 for 循环遍历所有的工作表，之后读取每个工作表中的数据，然后将读取的数据加入到 DataFrame 中。在程序中继续输入如下代码：

```
05  data_pd=pd.DataFrame()                    # 新建空 DataFrame 用于存放数据
06  for i in wb.sheets:                        # 遍历工作簿中的工作表
07      data1=i.range('A1').options(pd.DataFrame,header=1,index=False,expand='table')
        .value                                 # 将当前工作表中的数据读取为 DataFrame 形式
08      if ' 日期 ' in data1:                   # 判断工作表中是否包含"日期"
09          data_pd=data_pd.append(data1)      # 将 data1 的数据加到 DataFrame 中
```

第 05 行代码：新建一个名为"data_pd"的空的 DataFrame。空的 DataFrame 用来存储分组求和后的数据，由于有多个工作表需要处理，而且需要对所有工作表处理后的总数据再进行求和处理，因此每处理一个工作表的数据就将数据先加入 DataFrame 中，等所有工作表数据都处理完了，再将所有的数据进行分组求和。代码中，"data_pd"为新定义的变量，用来存储 DataFrame；等号右侧的"pd"表示 Pandas 模块；DataFrame() 方法用来创建 DataFrame 数据，括号中若没有参数，则表示是一个空的 DataFrame。

第 06 行代码：遍历所处理工作簿中的所有工作表，即要依次处理每个工作表，这里用 for 循环来实现。for 循环可以遍历工作簿中的所有工作表，并提取需要的数据。"for...in...:"为 for 循环的语法（注意：必须有冒号）。第 07~09 行缩进部分代码为 for 循环的循环体，每运行一次循环都会运行一遍循环体的代码。代码中的 i 为循环变量，用来存储遍历的列表中的元素。"wb.sheets"可以获得打开的工作簿中所有工作表名称的列表。如图 8-29 所示为"wb.sheets"方法获得的所有工作表名称的列表，列表中 1 月、2 月、3 月为工作表的名称。

[产品销售明细2020.xlsx]1月>, <Sheet [产品销售明细2020.xlsx]2月>, <Sheet [产品销售明细2020.xlsx]3月>, ...]

图 8-29 wb.sheets 方法获得的所有工作表名称的列表

接下来我们来看一下这个 for 循环是如何运行的。第一次 for 循环时，访问列表的第一

个元素（1月），并将其存储在"i"变量中，然后执行一遍缩进部分的代码（第07~09行代码）；执行完之后，返回再次执行第06行代码，开始第二次 for 循环，访问列表中第二个元素（2月），并将其存储在"i"变量中，然后再次执行缩进部分的代码。就这样一直循环，直到遍历完最后一个列表的元素，执行完缩进部分代码，for 循环结束，开始运行没有缩进部分的代码（即第 10 行代码）。

第 07 行代码：将工作表中的数据读取成 Pandas 模块的 DataFrame 形式。为何要读成 DataFrame 形式呢？因为这样就可以用 Pandas 模块中的方法对数据进行分析处理。"data1"为新定义的变量，用来保存读取的数据；"i"为本次循环时存储的对应的工作表的名称，指定工作表名称后，就可以对相应工作表进行处理了；"range('A1')"方法用来设置起始单元格，参数"'A1'"表示起始单元格为 A1 单元格；"options()"方法用来设置数据读取的类型。其参数"pd.DataFrame"作用是将数据内容读取成 DataFrame 形式。"header=1"参数用于设置使用原始数据集中的第一列作为列名，而不是使用自动列名；"index=False"参数的作用是取消索引，因为 DataFrame 数据形式会默认将表格的首列作为 DataFrame 的 index（索引），因此就需要在表格内容的首列固定一个序号列，如果表格中首列并不是序号，就需要在函数中设置参数忽略 index；"expand='table'"参数用于扩展选择范围，还可以设置为 right 或 down，table 表示向整个表扩展，即选择整个表格，right 表示向表的右方扩展，即选择一行，down 表示向表的下方扩展，即选择一列；"value"方法表示工作表的数据。总之，这一行代码的作用就是读取工作表中的数据。

第 08 行代码：用 if 条件语句来判断读取的工作表是否有数据，而不是空表。如果是空表，运行下面的两行代码程序就会出错，因此需要先判断一下访问的工作表是否有数据。

怎么判断呢？我们用 if 判断第 07 行代码读取的数据中（即判断 data1）是否包含"店名"列名（所有有数据的工作表都包含的文字，也可以换成"品种"）。如果"data1"中包含就说明不是空工作表，就执行 if 语句缩进部分的代码（第 09 行代码）；如果"data1"中不包含就跳过缩进部分代码。

代码中，"'店名' in data1"为 if 条件语句的条件，条件为真，就执行 if 语句中缩进部分代码；条件为假，则跳过 if 语句中缩进部分代码。注意，if 条件语句的语法为"if 条件："（必须有冒号）。

第 09 行代码：将"data1"存储的 DataFrame 数据（第 07 行读取的数据）加入之前新建的空 DataFrame 中。"append()"函数的作用是向 DataFrame 中加入数据。每执行一次 for 循环就会将一个工作表中分组求和后的数据添加到 DataFrame 中，直到最后一次循环，所有工作表中的数据都会被加入 DataFrame 中。

第三步：计算复购次数最高的客户并提取其数据。

将工作簿中各个工作表中的数据都加入"data_pd"中后，接下来对读取的总数据（data_pd 中的数据）进行处理，计算出复购次数最高的客户，并提取其行数据。在程序中继续输入如下代码：

```
10  data_pd['明细金额']=data_pd['明细金额'].astype('float')     # 转换指定列的数据类型
11  data_mode=data_pd['客户名称'].mode()              # 求"客户名称"列众数（出现次数最多）
12  data_sift=data_pd[data_pd['客户名称']==data_mode[0]]
                                          # 读取"客户名称"列是众数的行数据
```

第 10 行代码：将"明细金额"列的数据类型转换为浮点数。"data_pd"为存储所有工作表数据的 DataFrame 对象；"data_pd[' 明细金额 ']"表示选择"data_pd"数据中的"明细金额"列。"astype()"函数是 Pandas 模块中的函数，用于转换指定列的数据类型。该函数的参数可以设置为"int"（整数类型）、"float"（浮点数类型）或"str"（字符串类型）。

第 11 行代码：求"客户名称"列众数（如图 8-30 所示为求出的众数的值）众数就是一组数据中出现次数最多的数；求众数就是返回这组数据中出现次数最多的那个数。mode() 为众数的函数。

```
0    壶关县宏安建材有限公司
dtype: object
```

图 8-30　求出的众数的值

求众数的格式为：

```
df.mode()                    # 求 df 数组各列的众数（df 为一个 DataFrame 对象）
df.mode(axis=1)              # 求各行的众数
df[' 名称 '].mode()          # 求"名称"列众数
```

代码中，"data_mode"为新定义的变量，用来存储计算众数的结果；"data_pd[' 客户名称 ']"表示选择"data_pd"数据中的"客户名称"列；"data_pd[' 客户名称 '].mode()"表示计算"客户名称"列众数。

第 12 行代码：读取"客户名称"列中出现次数最多的项目的行数据。"data_sift"为新定义的变量，用来存储提取的众数行数据；"data_mode[0]"的意思是众数值中的第一项（即众数），如图 8-30 所示，在众数的值中，0 为索引，"壶关县宏安建材有限公司"为众数，"data_mode[0]"就会输出 0 索引对应的值"壶关县宏安建材有限公司"。这样"data_pd[data_pd[' 客户名称 ']==data_mode[0]]"代码就变为："data_pd[data_pd[' 客户名称 ']== ' 壶关县宏安建材有限公司 ']"，它的意思就是读取"客户名称"列中值为"壶关县宏安建材有限公司"的行数据。如图 8-31 所示为"data_sift"中存储的众数的行数据。

```
           日期        商品名称      单价    数量   客户名称      明细金额
193 2020-12-20 09:09:48 95号车用汽油（VIA）  5.91           壶关县宏安建材有限公司  -30.0
194 2020-12-20 09:09:51 92号车用汽油（VIA）  5.48           壶关县宏安建材有限公司  -30.0
195 2020-12-20 09:09:51 92号车用汽油（VIA）  5.48 36.50      壶关县宏安建材有限公司  200.0
196 2020-12-20 09:09:50 92号车用汽油（VIA）  5.48 36.50      壶关县宏安建材有限公司  200.0
197 2020-12-20 09:09:50 92号车用汽油（VIA）  5.48           壶关县宏安建材有限公司  -30.0
...
998 2020-12-19 20:09:10 加油IC卡充值款  700.00  1.00  壶关县宏安建材有限公司  700.0
999 2020-12-19 20:09:10 加油IC卡充值款 1000.00  1.00  壶关县宏安建材有限公司 1000.0
2663 2020-12-19 09:46:32 加油IC卡充值款  100.00  1.00  壶关县宏安建材有限公司  100.0
2685 2020-12-19 09:39:03 加油IC卡充值款 4000.00  1.00  壶关县宏安建材有限公司 4000.0
2782 2020-12-19 09:06:56 加油IC卡充值款  900.00  1.00  壶关县宏安建材有限公司  900.0

[421 rows x 6 columns]
```

图 8-31　"data_sift"中存储的众数的行数据

第四步：新建工作表并写入复购次数最高客户的数据。

在分析统计出复购次数最高客户的数据后，接下来新建"客户统计"工作表，并向工作表中写入"最佳客户名称""购买总次数""消费总数"，之后写入众数值、"客户名称"计数值、"明细金额"求和值。在程序中继续输入如下代码：

```
13 sht=wb.sheets.add(' 客户统计 ')                    # 新建名为"客户统计"的工作表
14 sht.range('A2:C2').value=[' 最佳客户名称 ',' 购买总次数 ',' 消费总数 ']
                                # 在 A2:C2 单元格中写入"最佳客户名称""购买总次数""消费总数"
```

```
15  sht.range('A3').value=data_mode[0]                    # 在 A3 单元格中写入众数的值
16  sht.range('B3').value=data_sift[' 客户名称 '].count()   # 在 B3 单元格写入计数的值
17  sht.range('C3').value=data_sift[' 明细金额 '].sum()      # 在 C3 单元格写入求和后的值
```

第 13 行代码：在"产品销售明细 2020.xlsx"工作簿中插入"客户统计"新工作表。"sht"为新定义的变量，用来存储新建的工作表；"wb"为第 04 行代码中打开的"产品销售明细 2020.xlsx"工作簿；"sheets.add(' 客户统计 ')"为插入新工作表的方法，括号中的内容为新工作表名称。

第 14 行代码：在新建的"客户统计"工作表的 A2:C2 单元格中写入"最佳客户名称""购买总次数""消费总数"数据。"sht"为新建的"客户统计"工作表；"range('A2:C2')"表示 A2~C2 区域单元格；"value"表示工作表数据。"="右侧内容为要写入的数据列表，"[' 最佳客户名称 ',' 购买总次数 ',' 消费总数 ']"为要写入工作表的数据，数据以列表的形式提供。

第 15 行代码：在新建的"客户统计"工作表中的 A3 单元格中写入众数的值。"sht"为新建的"客户统计"工作表；"range('A3')"表示 A3 单元格；"value"表示工作表数据；"="右侧为要写入单元格的数据；"data_mode[0]"为要写入单元格的值，即众数中 0 索引对应的值，即"壶关县宏安建材有限公司"（参考第 12 行代码解释）。

第 16 行代码：在新建的"客户统计"工作表中的 B3 单元格中写入"客户名称"列的非空单元格的个数（即计数）。"sht"为新建的"客户统计"工作表；"range('B3')"表示 B3 单元格；"value"表示工作表数据；"="右侧为要写入单元格的数据："data_sift[' 客户名称 '].count()"表示对"data_sift"数据中的"客户名称"列求非空单元格个数；"data_sift"中存储的数据为第 12 行代码中读取的"客户名称"列中出现次数最多的项目的行数据；"count()"为非空值计数函数，此函数用于计算某区域中非空单元格的个数。

第 17 行代码：在新建的"客户统计"工作表中的 C3 单元格中写入"明细金额"列求和的值。"sht"为新建的"客户统计"工作表；"range('C3')"表示 C3 单元格；"value"表示工作表数据；"="右侧为要写入单元格的数据："data_sift[' 明细金额 '].sum()"表示对"data_sift"数据中的"明细金额"列求和。"data_sift"为第 12 行代码读取的"客户名称"列中出现次数最多的项目的行数据。"sum()"为求和函数。

第五步：保存后关闭工作簿并退出 Excel 程序。

在处理完数据后，保存工作簿，然后关闭工作簿，退出 Excel 程序。在程序中输入下面的代码：

```
18  sht.autofit()   # 自动调整新工作表的行高和列宽
19  wb.save()       # 保存工作簿
20  wb.close()      # 关闭工作簿
21  app.quit()      # 退出 Excel 程序
```

第 18 行代码：根据数据内容自动调整新工作表的行高和列宽。"autofit()"方法用于自动调整整个工作表的列宽和行高。该方法的参数为 axis=None 或 rows、columns 等。其中，axis=None 或省略表示自动调整行高和列宽；axis=rows 或 axis=r 表示自动调整行高；axis=columns 或 axis=c 表示自动调整列宽。

第 19 行代码：保存"产品销售明细 2020.xlsx"工作簿。"save()"方法用来保存工作簿。

第 20 行代码：关闭"产品销售明细 2020.xlsx"工作簿。

第 21 行代码：退出 Excel 程序。

完成后的全部代码如下：

```
01  import xlwings as xw                              # 导入 xlwings 模块
02  import pandas as pd                               # 导入 Pandas 模块
03  app=xw.App(visible=True,add_book=False)           # 启动 Excel 程序
04  wb=app.books.open('E:\\ 运营 \\ 产品销售明细 2020.xlsx')    # 打开工作簿
05  data_pd=pd.DataFrame()                            # 新建空 DataFrame 用于存放数据
06  for i in wb.sheets:                               # 遍历工作簿中的工作表
07      data1=i.range('A1').options(pd.DataFrame,header=1,index=False,expand='table')
        .value                                        # 将当前工作表中的数据读取为 DataFrame 形式
08      if ' 日期 ' in data1:                          # 判断工作表中是否包含"日期"
09          data_pd=data_pd.append(data1)             # 将 data1 的数据加到 DataFrame 中
10  data_pd[' 明细金额 ']=data_pd[' 明细金额 '].astype('float')   # 转换指定列的数据类型
11  data_mode=data_pd[' 客户名称 '].mode()            # 求"客户名称"列众数（出现次数最多）
12  data_sift=data_pd[data_pd[' 客户名称 ']==data_mode[0]]
                                                      # 读取"客户名称"列是众数的行数据
13  sht=wb.sheets.add(' 客户统计 ')                   # 新建名为"客户统计"的工作表
14  sht.range('A2:C2').value=[' 最佳客户名称 ',' 购买总次数 ',' 消费总数 ']
                                # 在 A2:C2 单元格中写入"最佳客户名称""购买总次数""消费总数"
15  sht.range('A3').value=data_mode[0]                # 在 A3 单元格中写入众数的值
16  sht.range('B3').value=data_sift[' 客户名称 '].count()     # 在 B3 单元格写入计数的值
17  sht.range('C3').value=data_sift[' 明细金额 '].sum()       # 在 C3 单元格写入求和后的值
18  sht.autofit()                                     # 自动调整新工作表的行高和列宽
19  wb.save()                                         # 保存工作簿
20  wb.close()                                        # 关闭工作簿
21  app.quit()                                        # 退出 Excel 程序
```

零基础代码套用：

（1）将案例中第 04 行代码中的"E:\\ 运营 \\产品销售明细 2020.xlsx"，更换为其他工作簿，可以对其他工作簿中所有工作表数据进行统计处理。注意：须加上工作簿的路径。

（2）将案例中第 08 行代码中的"日期"修改为工作表中包含的列标题。

（3）将案例中第 10 行代码中的"明细金额"修改为要进行求和的列的列标题。

（4）将案例中第 11 行代码中的"客户名称"修改为要统计的列标题（统计出现次数最多的客户）。

（5）将案例中第 12 行代码中的"客户名称"修改为要提取行数据的列标题。

（6）将案例中第 13 行代码中的"客户统计"修改为想要新建的工作表的名称。

（7）将案例中第 14 行代码中的"A2:C2"修改为想要写内容的单元格坐标，将"最佳客户名称""购买总次数""消费总数"修改为想要写入单元格的内容。如果想在列中写入，就可以修改为"A2:A5"等。

（8）将案例中第 16 行代码中的"客户名称"修改为要统计数量的列的列标题，将"B3"修改为想要写入统计的次数的单元格坐标。

（9）将案例中第 17 行代码中的"明细金额"修改为要求和的列的列标题，将"C3"修改为想要写入求和的结果的单元格坐标。

8.6 批量统计多个运营数据工作簿文件中复购次数最高的客户

上一案例中，我们讲解了对运营数据工作簿中多个工作表的数据进行统计分析获得最高复购次数的方法。在本案例中，我们对同一文件夹中的所有工作簿文件的所有工作表中的"客

户名称"列的数据进行统计，然后找出复购率最高的客户（即购买次数最多的），同时统计出此客户的购买次数和消费总金额。

如图 8-32 所示为"销售明细一"文件夹中的工作簿数据文件及其中一个打开的工作簿。本案例要求，批量统计文件夹中所有工作簿数据文件，从各个工作簿中所有工作表数据中统计"客户名称"出现次数最多的客户，以及此客户复购的次数，并将其所有消费金额进行求和计算出总消费额。最后将统计出来的客户名称、复购次数、消费总金额等数据复制到新建的"客户统计表"工作簿中的"客户统计"工作表中。如图 8-33 所示为处理后的结果。

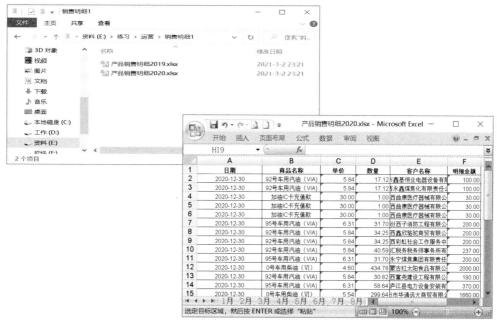

图 8-32　"销售明细"文件夹中的工作簿数据文件及其中一个打开的工作簿

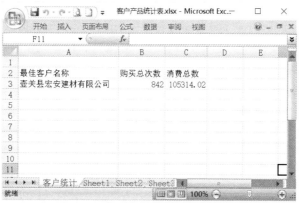

图 8-33　处理后的结果

下面我们来分析程序如何编写。

（1）获取文件夹中所有工作簿文件名称的列表，然后启动 Excel 程序。

（2）利用 for 循环来遍历每一个工作簿文件，并打开遍历的工作簿文件。

（3）利用 for 循环读取工作簿中每个工作表中的数据，并存储到 DataFrame 中。

（4）对存储到 DataFrame 中的数据中的"明细金额"列类型转换为浮点数，然后对"客户名称"列求众数，并读取数据中众数部分的行数据。

（5）按要求新建一个工作簿，并新建"客户统计"的工作表，然后在工作表中写入"最佳客户名称""购买总次数""消费总数"。

（6）向"客户统计"的工作表中写入对众数的计数值，及对"明细金额"的求和值。

（7）保存"客户产品统计表"的工作簿，并关闭工作簿，退出 Excel 程序。

第一步：导入模块并获取要处理的工作簿名称列表并启动 Excel 程序。

按照 8.2 节介绍的方法导入模块，获取要处理的数据文件夹中的工作簿文件名称的列表，并启动 Excel 程序。在程序中输入以下代码：

```
04  file_path='E:\\运营\\销售明细一'          # 指定要处理的文件所在文件夹的路径
05  file_list=os.listdir(file_path)        # 将所有文件和文件夹的名称以列表的形式保存
06  app=xw.App(visible=True,add_book=False)  # 启动 Excel 程序
```

第 04 行代码：指定文件所在文件夹的路径。"file_path"为新建的变量，用来存储路径；"="右侧为要处理的文件夹的路径。注意：为了避免使用单反斜杠产生歧义（单反斜杠有换行的功能），路径中用了双反斜杠；也可以用转义符 r，如果在 E 前面用了转义符 r，就可以使用单反斜杠。如：r'E:\运营\销售明细一'。

第 05 行代码：将路径下所有文件和文件夹的名称以列表的形式存在"file_list"列表中。"file_list"为新定义的变量，用来存储返回的名称列表；os 表示 OS 模块；"listdir()"为OS 模块中的函数，此函数用于返回指定的文件夹包含的文件或文件夹的名字的列表，括号中的内容为此函数的参数，即要处理的文件夹的路径。

第 06 行代码：启动 Excel 程序，并把程序存储在"app"变量中。这里小写的"app"是新定义的变量，用来存储打开的 Excel 程序。在 Python 中，一般在使用变量时直接定义即可，而不用提前定义。"xw"指的是 xlwings 模块，大写 A 开头的"App"是 xlwings 模块中的方法（即函数），用来启动 Excel 程序。它右侧括号中的内容为其参数，用来设置启动的 Excel 程序。其中，"visible"参数用来设置启动的 Excel 程序是否可见，如果设置为 True，就表示可见（默认），如果为 False，就表示不可见。"add_book"参数用来设置启动 Excel 时，是否自动创建新工作簿，如果设置为 True，就表示自动创建（默认），如果为 False，就表示不创建。

第二步：访问并打开遍历每一个工作簿文件。

创建一个空 DataFrame，用来存储处理完的数据，然后用 for 循环遍历要处理的文件夹中每一个工作簿文件，并打开遍历的工作簿文件，如果是临时文件，就要跳过不处理。在程序中继续输入如下代码：

```
07  data_pd=pd.DataFrame()              # 新建空的 DataFrame，用于存放数据
08  for x in file_list:                 # 遍历列表 file_list 中的元素
09      if x.startswith('~$'):          # 判断文件名称是否有以"~$"开头的临时文件
10          continue                    # 跳过本次循环
11      wb2=app.books.open(file_path+'\\'+x) # 打开文件夹中的工作簿
```

第 07 行代码：新建一个名为"data_pd"的空的 DataFrame。空的 DataFrame 用来存储提取出来的数据，由于有多个工作簿需要处理，而且需要对每个工作簿中的每个工作表的数据分别进行提取，因此每提取一个工作表就将提取的数据先加入列表中，等所有工作表都提取完了，再将所有提取的数据一起复制到工作表。代码中，data_pd 为新定义的变量，用来存储 DataFrame；等号右侧的"pd"为 Pandas 模块；"DataFrame()"方法用来创建 DataFrame

数据，括号中若没有参数，就表示是一个空的 DataFrame。

第 08 行代码：遍历所处理文件夹中的所有工作簿文件，即要依次处理文件夹中的每个工作簿，用 for 循环来实现。for 循环可以遍历文件夹中的所有工作簿文件，并打开遍历的工作簿，然后对工作簿中工作表的数据进行处理。

代码中，"for...in... :"为 for 循环的语法。注意：必须有冒号。第 09~15 行缩进部分代码为 for 循环的循环体（第 12~15 行代码在下一步骤中讲解），每运行一次循环都会运行一遍循环体的代码。代码中的"x"为循环变量，用来存储遍历的列表中的元素；"file_list"为存储返回的名称列表。

接下来我们来看一下这个 for 循环是如何运行的。第一次 for 循环时，访问列表的第一个元素（产品销售明细 2019.xlsx）并将其存储在"x"循环变量中，然后执行一遍缩进部分的代码（第 09~15 行代码）；执行完之后，返回再次执行第 08 行代码，开始第二次 for 循环，访问列表中第二个元素（产品销售明细 2020.xlsx），并将其存储在"x"变量中，然后再次执行缩进部分的代码。就这样一直循环，直到遍历完最后一个列表的元素，执行完缩进部分代码，for 循环结束，开始运行没有缩进部分的代码（即第 16 行代码）。

第 09 行代码：用 if 条件语句判断文件夹下的文件名称是否有"~$"开头的（这样的文件是临时文件，不是我们要处理的文件）。如果有（即条件成立），就执行第 10 行代码。如果没有（即条件不成立），就执行第 11 行代码。

代码中，x.startswith('~$') 为 if 条件语句的条件；"x.startswith(~$)"的意思就是判断 x 中存储的字符串是否以"~$"开头，如果是以"~$"开头，则输出 True。"startswith()"为一个字符串函数，用于判断字符串是否以参数中指定的字符串开头。

第 10 行代码：跳过当次 for 循环，直接进行下一次 for 循环。continue 语句的作用是跳过本次循环体中余下尚未执行的语句，返回到循环开头，重新执行下一次循环。

第 11 行代码：打开与 x 中存储的文件名相对应的工作簿文件。"wb2"为新定义的变量，用来存储打开的工作簿；"app"为启动的 Excel 程序；"books.open()"方法用来打开工作簿，括号中的内容为其参数，即要打开的工作簿文件。"file_path+'\\'+x"为要打开的工作簿文件的路径。其中，"file_path"为第 04 行代码中的"E:\\ 销售数据一"，如果 x 中存储的为"产品销售明细 2019.xlsx"时，要打开的文件就为"E:\\ 销售数据一 \\ 产品销售明细 2019.xlsx"，就会打开"产品销售明细 2019.xlsx"工作簿文件。

第三步：访问并读取每一个工作表的数据。

创建一个空的 DataFrame，用来存储处理后的数据，用 for 循环遍历所有的工作表，之后读取每个工作表中的数据，然后将读取的数据加入 DataFrame 中。在程序中继续输入如下代码：

```
12  for i in wb2.sheets:                              # 遍历工作簿中的工作表
13      data1=i.range('A1').options(pd.DataFrame,header=1,index=False,expand='table')
        .value                                        # 将当前工作表的数据读取为 DataFrame 形式
14      if ' 日期 ' in data1:                          # 判断工作表中是否包含"日期"
15          data_pd=data_pd.append(data1)             # 将 data1 的数据加到 DataFrame 中
```

第 12 行代码：遍历所处理工作簿中的所有工作表，即要依次处理每个工作表，这里用 for 循环来实现。for 循环可以遍历工作簿中的所有工作表，并提取需要的数据。

由于这个 for 循环在第 08 行代码的 for 循环的循环体中，因此这是一个嵌套 for 循环。

为了好区分，我们称第 08 行的 for 循环为第一个 for 循环，第 12 行的 for 循环为第二个 for 循环。嵌套 for 循环的特点是：第一个 for 循环每循环一次，第二个 for 循环会运行一遍所有循环。

代码中，"i"为循环变量，用来存储遍历的列表中的元素；"wb2.sheets"可以获得打开的工作簿中所有工作表名称的列表。如图 8-34 所示为"wb2.sheets"方法获得的所有工作表名称的列表，列表中 1 月、2 月、3 月为工作表的名称。

[产品销售明细2020.xlsx]1月>, <Sheet [产品销售明细2020.xlsx]2月>, <Sheet [产品销售明细2020.xlsx]3月>, ...]

图 8-34 wb2.sheets 方法获得的所有工作表名称的列表

接下来我们来看一下第二个 for 循环是如何运行的。第一次 for 循环时，访问列表的第一个元素（1 月），并将其存储在"i"变量中，然后执行一遍缩进部分的代码（第 13~15 行代码）；执行完之后，返回再次执行第 12 行代码，开始第二次 for 循环，访问列表中第二个元素（2 月），并将其存储在"i"变量中，再次执行缩进部分的代码。就这样一直循环，直到遍历完最后一个列表的元素，执行完缩进部分代码，第二个 for 循环结束，这时返回到第 08 行代码，开始继续第一个 for 循环的下一次循环。

第 13 行代码：将工作表中的数据读取成 Pandas 模块的 DataFrame 形式。为何要读成 DataFrame 形式呢？因为这样就可以用 Pandas 模块中的方法对数据进行分析处理。代码中，"data1"为新定义的变量，用来保存读取的数据；"i"为本次循环时存储的对应的工作表的名称，指定工作表名称后，就可以对相应工作表进行处理了；"range('A1')"方法用来设置起始单元格，参数"'A1'"表示起始单元格为 A1 的单元格；"options()"方法用来设置数据读取的类型。其参数"pd.DataFrame"表示将数据内容读取成 DataFrame 形式；"header=1"参数用于设置使用原始数据集中的第一列作为列名，而不是使用自动列名；"index=False"参数的作用是取消索引，因为 DataFrame 数据形式会默认将表格的首列作为 DataFrame 的 index（索引），因此就需要在表格内容的首列固定一个序号列，如果表格中首列并不是序号，就需要在函数中设置参数来忽略 index；"expand='table'"参数用于扩展选择范围，还可以设置为 right 或 down，table 表示向整个表扩展，即选择整个表格，right 表示向表的右方扩展，即选择一行，down 表示向表的下方扩展，即选择一列；"value"方法表示工作表的数据。

第 14 行代码：用 if 条件语句来判断读取的工作表是否有数据，而不是空表。如果是空表，运行下面的两行代码程序就会出错，因此需要先判断一下访问的工作表是否有数据。

怎么判断呢？我们用 if 判断第 13 行代码读取的数据中（即判断 data1）是否包含"日期"列名（所有有数据的工作表都包含的文字，也可以换成"商品名称"）。如果"data1"中包含，就说明不是空工作表，就执行 if 语句缩进部分的代码（第 15 行代码）；如果"data1"中不包含，就跳过缩进部分代码。

代码中，"'日期' in data1"为 if 条件语句的条件，条件为真，就执行 if 语句中缩进部分代码；条件为假，就跳过 if 语句中缩进部分代码。注意：if 条件语句的语法为：if 条件:，必须有冒号。

第 15 行代码：将"data1"存储的 DataFrame 数据（第 13 行读取的数据）加入之前新建的空 DataFrame 中。"append()"函数的作用是向 DataFrame 中加入数据。每执行一次 for 循环就会将一个工作表中分组求和后的数据添加到 DataFrame 中，直到最后一次循环，所有工作表中的数据都会被加入 DataFrame 中。

第四步：计算复购次数最高的客户并提取其数据。

将工作簿中各个工作表中的数据都加入"data_pd"中后，接下来对读取的总数据（data_pd 中的数据）进行处理，计算出复购次数最高的客户，并提取其行数据。在程序中继续输入如下代码：

```
16  data_pd['明细金额']=data_pd['明细金额'].astype('float')    #转换指定列的数据类型
17  data_mode=data_pd['客户名称'].mode()   #求"客户名称"列众数（出现次数最多）
18  data_sift=data_pd[data_pd['客户名称']==data_mode[0]]
                                          #读取"客户名称"列是众数的行数据
```

第 16 行代码：将"明细金额"列的数据类型转换为浮点数。"data_pd"为存储所有工作表数据的 DataFrame；"data_pd['明细金额']"表示选择"data_pd"数据中的"明细金额"列；"astype()"函数是 Pandas 模块中的函数，用于转换指定列的数据类型。该函数的参数可以设置为"int"（整数类型）、"float"（浮点数类型）、"str"（字符串类型）。

第 17 行代码：求"客户名称"列众数（如图 8-35 所示为求出的众数的值）。代码中的 mode() 为众数的函数。

```
0    壶关县宏安建材有限公司
dtype: object
```

图 8-35　求出的众数的值

求众数的格式为：

```
df.mode()                  #求 df 数组各列的众数（df 为一个 DataFrame 对象）
df.mode(axis=1)            #求各行的众数
df['名称'].mode()           #求"名称"列众数
```

代码中，"data_mode"为新定义的变量，用来存储计算众数的结果；"data_pd['客户名称']"表示选择"data_pd"数据中的"客户名称"列；"data_pd['客户名称'].mode()"表示计算"客户名称"列众数。

第 18 行代码：读取"客户名称"列中出现次数最多的项目的行数据。"data_sift"为新定义的变量，用来存储提取的众数行数据；"data_mode[0]"的意思是众数值中的第一项（即众数），如图 8-35 所示，众数的值中 0 为索引，"壶关县宏安建材有限公司"为众数；"data_mode[0]"就会输出 0 索引对应的值"壶关县宏安建材有限公司"。这样"data_pd[data_pd['客户名称']==data_mode[0]]"代码就变为："data_pd[data_pd['客户名称']=='壶关县宏安建材有限公司']"，它的意思就是读取"客户名称"列中值为"壶关县宏安建材有限公司"的行数据。如图 8-36 所示为"data_sift"中存储的众数的行数据。

```
            日期         商品名称          单价    数量    客户名称      明细金额
193 2020-12-20 09:09:48 95号车用汽油（VIA）  5.91         壶关县宏安建材有限公司  -30.0
194 2020-12-20 09:09:51 92号车用汽油（VIA）  5.48         壶关县宏安建材有限公司  -30.0
195 2020-12-20 09:09:51 92号车用汽油（VIA）  5.48  36.50  壶关县宏安建材有限公司  200.0
196 2020-12-20 09:09:50 92号车用汽油（VIA）  5.48  36.50  壶关县宏安建材有限公司  200.0
197 2020-12-20 09:09:50 92号车用汽油（VIA）  5.48         壶关县宏安建材有限公司  -30.0
...                                                   ...
998  2020-12-19 20:09:10  加油IC卡充值款   700.00  1.00 壶关县宏安建材有限公司  700.0
999  2020-12-19 20:09:10  加油IC卡充值款  1000.00  1.00 壶关县宏安建材有限公司  1000.0
2663 2020-12-19 09:46:32  加油IC卡充值款   100.00  1.00 壶关县宏安建材有限公司  100.0
2685 2020-12-19 09:39:03  加油IC卡充值款  4000.00  1.00 壶关县宏安建材有限公司  4000.0
2782 2020-12-19 09:06:56  加油IC卡充值款   900.00  1.00 壶关县宏安建材有限公司  900.0

[842 rows x 6 columns]
```

图 8-36　"data_sift"中存储的众数的行数据

第五步：新建工作簿和工作表并写入复购次数最高客户的数据。

在分析统计出复购次数最高客户的数据后，接下来新建"客户统计"工作表，向工作表中写入"最佳客户名称""购买总次数""消费总数"，之后写入众数值、"客户名称"计数值、"明细金额"求和值。在程序中继续输入如下代码：

```
19  wb=app.books.add()                                        # 新建工作簿
20  sht=wb.sheets.add('客户统计')                              # 新建名为"客户统计"的工作表
21  sht.range('A2:C2').value=['最佳客户名称','购买总次数','消费总数']
                    # 在A2:C2单元格中写入"最佳客户名称""购买总次数""消费总数"
22  sht.range('A3').value=data_mode[0]                        # 在A3单元格中写入众数的值
23  sht.range('B3').value=data_sift['客户名称'].count()        # 在B3单元格写入计数的值
24  sht.range('C3').value=data_sift['明细金额'].sum()          # 在C3单元格写入求和后的值
```

第19行代码：新建一个工作簿。"wb"为定义的新变量，用来存储新建的工作簿；"app"为启动的 Excel 程序；"books.add()"方法用来新建一个工作簿。

第20行代码：在新建的工作簿中插入"客户统计"新工作表。"sht"为新定义的变量，用来存储新建的工作表；"wb"为上一行代码中新建的工作簿；"sheets.add('客户统计')"为插入新工作表的方法，括号中的内容为新工作表名称。

第21行代码：在新建的"客户统计"工作表的 A2:C2 单元格中，写入"最佳客户名称""购买总次数""消费总数"数据。"sht"为新建的"客户统计"工作表；"range('A2:C2')"表示 A2~C2 区域的单元格；"value"表示工作表数据；"="右侧内容为要写入的数据列表："['最佳客户名称','购买总次数','消费总数']"为要写入工作表的数据，数据以列表的形式提供。

第22行代码：在新建的"客户统计"工作表中的 A3 单元格中写入众数的值。"sht"为新建的"客户统计"工作表；"range('A3')"表示 A3 单元格；"value"表示工作表数据；"="右侧为要写入单元格的数据："data_mode[0]"为要写入单元格的值，即众数中 0 索引对应的值，即"壶关县宏安建材有限公司"。

第23行代码：在新建的"客户统计"工作表中的 B3 单元格中写入"客户名称"列的非空单元格的个数（即计数）。"sht"为新建的"客户统计"工作表；"range('B3')"表示 B3 单元格；"value"表示工作表数据；"="右侧为要写入单元格的数据："data_sift['客户名称'].count()"表示对"data_sift"数据中的"客户名称"列求非空单元格个数；"data_sift"中存储的数据为之前读取的"客户名称"列中出现次数最多的项目的行数据；"count()"为非空值计数函数，此函数用于计算某区域中非空单元格的个数。

第24行代码：在新建的"客户统计"工作表中的 C3 单元格中写入"明细金额"列求和的值。"sht"为新建的"客户统计"工作表；"range('C3')"表示 C3 单元格；"value"表示工作表数据；"="右侧为要写入单元格的数据："data_sift['明细金额'].sum()"表示对"data_sift"数据中的"明细金额"列求和；"data_sift"为之前代码读取的"客户名称"列中出现次数最多的项目的行数据；"sum()"为求和函数。

第六步：保存后关闭工作簿并退出 Excel 程序。

在处理完数据后，保存工作簿，然后关闭工作簿，退出 Excel 程序。在程序中输入下面的代码：

```
25  sht.autofit()                                            # 自动调整新工作表的行高和列宽
26  wb.save('E:\\运营\\销售明细一\\客户产品统计表.xlsx')        # 保存工作簿
```

```
27  wb.close()                                        # 关闭新建的工作簿
28  wb2.close()                                       # 关闭打开的工作簿
29  app.quit()                                        # 退出 Excel 程序
```

第 25 行代码：根据数据内容自动调整新工作表的行高和列宽。"autofit()"方法用于
自动调整整个工作表的列宽和行高。该方法的参数为 axis=None 或 rows、columns 等，其
中，axis=None 或省略表示自动调整行高和列宽；axis=rows 或 axis=r 表示自动调整行高；
axis=columns 或 axis=c 表示自动调整列宽。

第 26 行代码：将新建的工作簿保存为"客户产品统计表 .xlsx"工作簿。"save()"方法
用来保存工作簿。

第 27 行代码：关闭"客户产品统计表 .xlsx"工作簿。

第 28 行代码：关闭之前打开的工作簿。

第 29 行代码：退出 Excel 程序。

完成后的全部代码如下：

```
01  import xlwings as xw                     # 导入 xlwings 模块
02  import pandas as pd                      # 导入 Pandas 模块
03  import os                                # 导入 os 模块
04  file_path='E:\\ 运营 \\ 销售明细一 '       # 指定要处理的文件所在文件夹的路径
05  file_list=os.listdir(file_path)          # 将所有文件和文件夹的名称以列表的形式保存
06  app=xw.App(visible=True,add_book=False)  # 启动 Excel 程序
07  data_pd=pd.DataFrame()                   # 新建空的 DataFrame，用于存放数据
08  for x in file_list:                      # 遍历列表 file_list 中的元素
09      if x.startswith('~$'):               # 判断文件名称是否有以 "~$" 开头的临时文件
10          continue                         # 跳过本次循环
11      wb2=app.books.open(file_path+'\\'+x) # 打开文件夹中的工作簿
12      for i in wb2.sheets:                 # 遍历工作簿中的工作表
13          data1=i.range('A1').options(pd.DataFrame,header=1,index=False,expand='table')
            .value                           # 将当前工作表的数据读取为 DataFrame 形式
14          if ' 日期 ' in data1:             # 判断工作表中是否包含 "日期"
15              data_pd=data_pd.append(data1) # 将 data1 的数据加到 DataFrame 中
16  data_pd[' 明细金额 ']=data_pd[' 明细金额 '].astype('float')  # 转换指定列的数据类型
17  data_mode=data_pd[' 客户名称 '].mode()   # 求 "客户名称" 列众数（出现次数最多）
18  data_sift=data_pd[data_pd[' 客户名称 ']==data_mode[0]]
                                             # 读取 "客户名称" 列是众数的行数据
19  wb=app.books.add()                       # 新建工作簿
20  sht=wb.sheets.add(' 客户统计 ')           # 新建名为 "客户统计" 的工作表
21  sht.range('A2:C2').value=[' 最佳客户名称 ',' 购买总次数 ',' 消费总数 ']
                    # 在 A2:C2 单元格中写入 "最佳客户名称" "购买总次数" "消费总数"
22  sht.range('A3').value=data_mode[0]       # 在 A3 单元格中写入众数的值
23  sht.range('B3').value=data_sift[' 客户名称 '].count()  # 在 B3 单元格写入计数的值
24  sht.range('C3').value=data_sift[' 明细金额 '].sum()    # 在 C3 单元格写入求和后的值
25  sht.autofit()                            # 自动调整新工作表的行高和列宽
26  wb.save('E:\\ 运营 \\ 销售明细一 \\ 客户产品统计表 .xlsx')  # 保存工作簿
27  wb.close()                               # 关闭新建的工作簿
28  wb2.close()                              # 关闭打开的工作簿
29  app.quit()                               # 退出 Excel 程序
```

零基础代码套用：

（1）将案例中第 04 行代码中的"E:\\ 运营 \\ 销售明细一"更换为其他文件夹，可以对
其他文件夹中的所有工作簿文件进行统计处理。注意：须加上文件夹的路径。

（2）将案例中第 14 行代码中的"日期"修改为工作表中包含的列标题。

（3）将案例中第 16 行代码中的"明细金额"修改为要进行求和的列的列标题。

（4）将案例中第 17 行代码中的"客户名称"修改为要统计的列标题（统计出现次数最
多的客户）。

（5）将案例中第 18 行代码中的"客户名称"修改为要提取行数据的列标题。

（6）将案例中第 21 行代码中的"A2:C2"修改为要写入内容的单元格坐标，将"最佳客户名称""购买总次数""消费总数"，修改为要写入单元格的内容。如果想在列中写入，就可以修改为"A2:A5"等类似的形式。可以根据自己要处理数据的需要适当进行修改。

（7）将案例中第 23 行代码中的"客户名称"修改为要统计数量的列的列标题，将"B3"修改为想要写入统计的次数的单元格坐标。

（8）将案例中第 24 行代码中的"明细金额"修改为要求和的列的列标题，将"C3"修改为想要写入求和的结果的单元格坐标。

（9）将案例中第 26 行代码中的"E:\\ 运营 \\ 销售明细一 \\ 客户产品统计表 .xlsx"更换为其他名称，可以修改新建的工作簿的名称。注意：须加上文件的路径。

8.7　统计运营数据多个工作表中的最畅销产品

畅销品统计是企业在运营过程中了解客户需求的一个方法，运营人员可以根据畅销品的数据，制作促销计划。在本案例中，我们将对运营数据进行统计分析，统计出企业在一段时间内的畅销品数据。

如图 8-37 所示为"销售明细表 2020.xlsx"工作簿数据文件。本例中要求对"销售明细表 2020.xlsx"工作簿中的所有工作表"数量"列的数据进行统计，从各个工作表中的所有数据中找出销量最好的产品，即找出同一品种中销量最高的产品。接着统计此产品的总销量和总销售额。最后将统计出来的产品名称、总销量、总销售额等复制到新建的"产品统计"工作表中。如图 8-38 所示为统计后的效果。

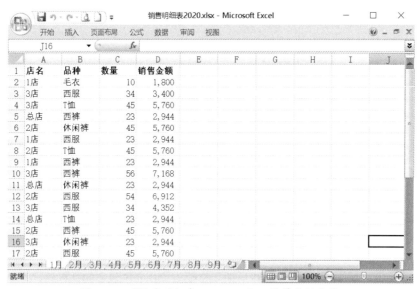

图 8-37　"销售明细表 2020.xlsx"工作簿数据文件

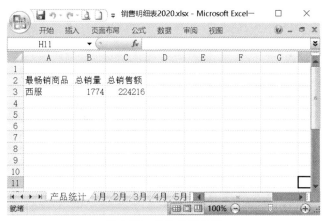

图 8-38　统计后的效果

下面我们来分析程序如何编写。

（1）打开 E 盘"运营"文件夹中的"销售明细 2020.xlsx"工作簿文件。

（2）利用 for 循环读取工作簿中每个工作表中的数据，并存储到 DataFrame 中。

（3）对存储到 DataFrame 中的数据，按"品种"列分组求和。

（4）对分组求和后的数据中的"数量"列求最大值，并读取数据中最大值部分的行数据。

（5）按要求新建"产品统计"的工作表，然后在工作表中写入"最畅销商品""总销量""总销售额"。

（6）向"产品统计"的工作表中写入最畅销产品的名称、数量、销售金额等值。

（7）保存"销售明细 2020"的工作簿，并关闭工作簿，退出 Excel 程序。

第一步：导入模块并打开要处理的工作簿数据文件。

按照 8.1 节介绍的方法导入模块，读取要处理的数据工作簿文件，在程序中输入以下代码：

```
03  app=xw.App(visible=True,add_book=False)              # 启动 Excel 程序
04  wb=app.books.open('E:\\ 运营 \\ 销售明细表 2020.xlsx')   # 打开工作簿
```

第 03 行代码：启动 Excel 程序，并把程序存储在"app"变量中。这里小写的"app"是新定义的变量，用来存储打开的 Excel 程序。在 Python 中，一般在使用变量时直接定义即可，而不用提前定义。"xw"指的是 xlwings 模块，大写 A 开头的"App"是 xlwings 模块中的方法（即函数），用来启动 Excel 程序。它右侧括号中的内容为其参数，用来设置启动的 Excel 程序。其中，"visible"参数用来设置启动的 Excel 程序是否可见，如果设置为 True，就表示可见（默认），如果为 False，就表示不可见；"add_book"参数用来设置启动 Excel 时，是否自动创建新工作簿，如果设置为 True，就表示自动创建（默认），如果为 False，就表示不创建。

第 04 行代码：打开 E 盘"运营"文件夹中的"销售明细表 2020.xlsx"工作簿文件。"wb"为新定义的变量，用来存储打开的工作簿；"app"为启动的 Excel 程序，"books.open()"方法用来打开工作簿，括号中的内容为要打开的工作簿文件。这里要写全工作簿文件的详细路径。注意：须用双反斜杠，或利用转义符 r，如：r'E:\ 运营 \ 销售明细表 2020.xlsx '。

第二步：访问并读取每一个工作表。

创建一个空 DataFrame，用来存储处理后的数据，用 for 循环遍历所有的工作表，之后

读取每个工作表中的数据，然后将读取的数据加入 DataFrame 中。在程序中继续输入如下代码：

```
05  data_pd=pd.DataFrame()              # 新建空 DataFrame 用于存放数据
06  for i in wb.sheets:                 # 遍历工作簿中的工作表
07      data1=i.range('A1').options(pd.DataFrame,header=1,index=False,expand='table')
        .value                          # 将当前工作表中的数据读取为 DataFrame 形式
08      if '店名' in data1:              # 判断工作表中是否包含"店名"
09          data_pd=data_pd.append(data1)  # 将 data1 的数据加到 DataFrame 中
```

第 05 行代码：新建一个名为"data_pd"的空的 DataFrame。空的 DataFrame 用来存储分组求和后的数据，由于有多个工作表需要处理，而且需要对所有工作表处理后的总数据再进行求和处理，因此每处理一个工作表的数据就将数据先加入 DataFrame 中，等所有工作表数据都处理完了，再将所有的数据进行分组求和。

代码中，"data_pd"为新定义的变量，用来存储 DataFrame；等号右侧"pd"表示 Pandas 模块；DataFrame() 方法用来创建 DataFrame 数据，括号中若没有参数，则表示是一个空的 DataFrame。

第 06 行代码：遍历所处理工作簿中的所有工作表。即要依次处理每个工作表，这里用 for 循环来实现。for 循环可以遍历工作簿中的所有工作表，并提取需要的数据。

代码中，"for...in... :"为 for 循环的语法（注意：必须有冒号）。第 07~09 行缩进部分代码为 for 循环的循环体，每运行一次循环都会运行一遍循环体的代码。代码中的 i 为循环变量，用来存储遍历的列表中的元素；"wb.sheets"可以获得打开的工作簿中所有工作表名称的列表。如图 8-39 所示为"wb.sheets"方法获得的所有工作表名称的列表，列表中 1 月、2 月、3 月为工作表的名称。

[<Sheet [销售明细表.xlsx]1月>, <Sheet [销售明细表.xlsx]2月>, <Sheet [销售明细表.xlsx]3月>, ...]

图 8-39　wb.sheets 方法获得的所有工作表名称的列表

接下来我们来看一下这个 for 循环是如何运行的。第一次 for 循环时，访问列表的第一个元素（1 月）并将其存储在"i"变量中，然后执行一遍缩进部分的代码（第 07~09 行代码）；执行完之后，返回再次执行第 06 行代码，开始第二次 for 循环，访问列表中第二个元素（2 月），并将其存储在"i"变量中，然后再次执行缩进部分的代码。就这样一直循环，直到遍历完最后一个列表的元素，执行完缩进部分代码，for 循环结束，开始运行没有缩进部分的代码（即第 10 行代码）。

第 07 行代码：将工作表中的数据读取成 Pandas 模块的 DataFrame 形式。为何要读成 DataFrame 形式呢？为这样就可以用 Pandas 模块中的方法对数据进行分析处理。代码中，"data1"为新定义的变量，用来保存读取的数据；"i"为本次循环时存储的对应的工作表的名称，指定工作表名称后，就可以对相应工作表进行处理了；"range('A1')"方法用来设置起始单元格，参数"'A1'"表示起始单元格为 A1 单元格；"options()"方法用来设置数据读取的类型。其参数"pd.DataFrame"用于将数据内容读取成 DataFrame 形式。

下面我们来单独输出"data1"变量（可以在第 07 行代码下面增加"print(data1)"来输出），其存储的 DataFrame 形式的数据如图 8-40 所示。

```
   店名  品种   数量   销售金额
0   1店  毛衣  10.0  1800.0
1   3店  西服  34.0  3400.0
2   3店  T恤  45.0  5760.0
3   总店  西裤  23.0  2944.0
4   2店  休闲裤 45.0  5760.0
5   1店  西服  23.0  2944.0
6   2店  T恤  45.0  5760.0
7   1店  西裤  23.0  2944.0
8   3店  西裤  56.0  7168.0
9   总店  休闲裤 23.0  2944.0
10  2店  西服  54.0  6912.0
11  3店  西服  34.0  4352.0
12  总店  T恤  23.0  2944.0
13  2店  西裤  45.0  5760.0
14  3店  休闲裤 23.0  2944.0
15  2店  西服  45.0  5760.0
16  1店  T恤  23.0  2944.0
17  3店  T恤  45.0  5760.0
18  总店  西裤  23.0  2944.0
19  2店  休闲裤 45.0  5760.0
20  3店  西服  23.0  2944.0
21  2店  T恤  45.0  5760.0
22  1店  西裤  23.0  2944.0
23  3店  西裤  56.0  7168.0
24  总店  休闲裤 23.0  2944.0
25  总店  西服  54.0  6912.0
26  1店  西服  34.0  4352.0
```

图 8-40　读取的 DataFrame 形式的数据

接着看其他参数："header=1"参数用于设置使用原始数据集中的第一列作为列名，而不是使用自动列名；"index=False"参数的作用是取消索引，因为 DataFrame 数据形式会默认将表格的首列作为 DataFrame 的 index（索引），因此就需要在表格内容的首列固定一个序号列，如果表格中首列并不是序号，就需要在函数中设置参数来忽略 index；"expand='table'"参数用于扩展选择范围，还可以设置为 right 或 down，table 表示向整个表扩展，即选择整个表格，right 表示向表的右方扩展，即选择一行，down 表示向表的下方扩展，即选择一列；"value"方法表示工作表的数据。

第 08 行代码：用 if 条件语句来判断读取的工作表是否有数据，而不是空表。如果是空表，运行下面的两行代码程序就会出错，因此需要先判断一下访问的工作表是否有数据。

怎么判断呢？我们用 if 判断第 07 行代码读取的数据中（即判断 data1），是否包含"店名"列名（所有有数据的工作表都包含的文字，也可以换成"品种"）。如果"data1"中包含，就说明不是空工作表，就执行 if 语句缩进部分的代码（第 09 行代码）；如果"data1"中不包含，就跳过缩进部分代码。

代码中，"'店名' in data1"为 if 条件语句的条件，条件为真，就执行 if 语句中缩进部分代码；条件为假，则跳过 if 语句中缩进部分代码。注意，if 条件语句的语法为：if 条件:，必须有冒号。

第 09 行代码：将"data1"存储的 DataFrame 数据（第 07 行读取的数据）加入之前新建的空 DataFrame 中。"append()"函数的作用是向 DataFrame 中加入数据。每执行一次 for 循环就会将一个工作表中分组求和后的数据添加到 DataFrame 中，直到最后一次循环，所有工作表中的数据都会被加入 DataFrame 中。如图 8-41 所示为 data_pd 中存储的数据。

```
    店名  品种  数量   销售金额
0   1店   毛衣  10.0  1800.0
1   3店   西服  34.0  3400.0
2   3店   T恤   45.0  5760.0
3   总店   西裤  23.0  2944.0
4   2店   休闲裤 45.0  5760.0
..  ...  ...   ...     ...
10  1店   西裤  23.0  2944.0
11  3店   西裤  56.0  7168.0
12  总店   休闲裤 23.0  2944.0
13  1店   西服  54.0  6912.0
14  3店   西服  34.0  4352.0

[61 rows x 4 columns]
```

图 8-41　data_pd 中存储的数据

第三步：计算"数量"列最大值并提取其数据。

在各个工作表中的数据都被加入"data_pd"中后，对"data_pd"中存储的总的数据按"品种"列进行分组求和处理，然后对分组后的数据计算最大值，并提取其行数据。在程序中继续输入如下代码：

```
10  data_sift=data_pd.groupby('品种').aggregate({'数量':'sum','销售金额':'sum'})
                                            # 将读取的数据按"品种"索引分组并求和
11  data_max=data_sift['数量'].max()          # 求"数量"列最大值
12  data_name=data_sift[data_sift['数量']==data_max]
                                            # 读取"数据"列是最大值的行数据
```

第 10 行代码：将"data_pd"中存储的数据按指定的"品种"列进行分组，并对"数量"和"销售金额"列求和。"data_sift"为新定义的变量，用来存储分组求和后的数据；"groupby()"方法用来根据 DataFrame 本身的某一列或多列内容进行分组聚合，其参数"'品种'"为分组时的索引；"data_pd.groupby('品种')"表示对"data_pd"数据按"品种"列进行分组。"aggregate()"方法可以对分组后的数据进行多种方式的统计汇总，比如对多个指定的列进行不同的运算（如求和，求最小值等）。本例中分别对"数量"和"销售金额"列进行了求和运算。分组求和后的数据如图 8-42 所示。

```
        数量     销售金额
品种
T恤    1584.0  202752.0
休闲裤  1068.0  136704.0
毛衣      20.0    3600.0
西服    1774.0  224216.0
西裤    1629.0  208512.0
```

图 8-42　分组求和后的数据

第 11 行代码：对第 10 行代码中的分组求和得到的数据中的"数量"列求最大值。"data_max"为新定义的变量，用来存储计算的最大值；"data_sift['数量']"表示选择"data_sift"数据中的"数量"列；"data_sift['数量'].max()"意思是求"数量"列最大值。

第 12 行代码：读取第 10 行代码中的分组数据中，"数量"列中最大值所在的行数据。"data_name"为新定义的变量，用来存储提取的最大值的行数据；"data_sift[data_sift['数量']==data_max]"的意思是提取"数量"列为"最大值"的行数据。如图 8-43 所示为"data_name"中存储的数据

```
        数量     销售金额
品种
西服  1774.0  224216.0
```

图 8-43　"data_name"中存储的数据

第四步：新建工作表并写入最畅销产品相关数据。

在分析统计出最畅销产品的数据后，新建"产品统计"工作表，向工作表中写入"最畅销商品""总销量""总销售额"，之后写入畅销品名称、畅销品数量、销售金额等值。在程序中继续输入如下代码：

```
13  sht=wb.sheets.add('产品统计')                      # 新建名为"产品统计"的工作表
14  sht.range('A2:C2').value=['最畅销商品','总销量','总销售额']
                             # 在 A2:C2 单元格中写入"最畅销商品""总销量""总销售额"
15  sht.range('A3').value=data_name.index              # 在 A3 单元格中写入最畅销产品名称
16  sht.range('B3').value=data_max                     # 在 B3 单元格写入畅销产品数量的值
17  sht.range('C3').value=data_name['销售金额'][0]     # 在 C3 单元格写入畅销产品销售金额
```

第 13 行代码：作用是在"销售明细表 2020.xlsx"工作簿中插入"产品统计"新工作表。"sht"为新定义的变量，用来存储新建的工作表；"wb"为第 04 行代码中打开的"产品销售明细 2020.xlsx"工作簿；"sheets.add('产品统计')"为插入新工作表的方法，括号中的内容为新工作表名称。

第 14 行代码：在新建的"产品统计"工作表的 A2:C2 单元格中，写入"最畅销商品""总销量""总销售额"数据。"sht"为新建的"产品统计"工作表；"range('A2:C2')"表示 A2~C2 区域单元格；"value"表示工作表数据；"="右侧内容为要写入的数据列表，"['最畅销商品','总销量','总销售额']"为要写入工作表的数据，数据以列表的形式提供。

第 15 行代码：在新建的"产品统计"工作表中的 A3 单元格中写入最畅销产品的名称。"sht"为新建的"产品统计"工作表；"range('A3')"表示 A3 单元格；"value"表示工作表数据；"="右侧为要写入单元格的数据："data_name.index"为要写入单元格的值，即"data_name"数据的索引，"index"方法用来获得索引。参考第 12 行代码中的图可知，"西服"为索引，因此要写入单元格的数据为"西服"。

第 16 行代码：在新建的"产品统计"工作表中的 B3 单元格中写入最畅销产品数量的数据。"sht"为新建的"产品统计"工作表；"range('B3')"表示 B3 单元格；"value"表示工作表数据；"="右侧为要写入单元格的数据："data_max"为第 11 行代码中计算的数量最大值，因此此最大值就为最畅销产品的数量。

第 17 行代码：在新建的"产品统计"工作表中的 C3 单元格中写入畅销产品销售金额。"sht"为新建的"产品统计"工作表；"range('C3')"表示 C3 单元格；"value"表示工作表数据；"="右侧为要写入单元格的数据："data_name['销售金额'][0]"的意思是获取"data_name"中数据的"销售金额"列，第 1 行的值（0 表示第 1 行）。参考第 12 行代码中的图片。

第五步：保存后关闭工作簿并退出 Excel 程序。

在处理完数据后，保存工作簿，然后关闭工作簿，退出 Excel 程序。在程序中写入下面的代码：

```
18  sht.autofit()                                      # 自动调整新工作表的行高和列宽
19  wb.save()                                          # 保存工作簿
20  wb.close()                                         # 关闭工作簿
21  app.quit()                                         # 退出 Excel 程序
```

第 18 行代码：根据数据内容自动调整新工作表的行高和列宽。"autofit()"方法用于自动调整整个工作表的列宽和行高。该方法的参数为 axis=None 或 rows、columns 等，其中 axis=None 或省略表示自动调整行高和列宽；axis=rows 或 axis=r 表示自动调整行高；axis=columns 或 axis=c 表示自动调整列宽。

第 19 行代码：保存"销售明细表 2020.xlsx"工作簿。"save()"方法用来保存工作簿。

第 20 行代码：关闭"销售明细表 2020.xlsx"工作簿。

第 21 行代码：退出 Excel 程序。

完成后的全部代码如下：

```
01  import xlwings as xw                                    # 导入 xlwings 模块
02  import pandas as pd                                     # 导入 Pandas 模块
03  app=xw.App(visible=True,add_book=False)                 # 启动 Excel 程序
04  wb=app.books.open('E:\\ 运营 \\ 销售明细表 2020.xlsx')    # 打开工作簿
05  data_pd=pd.DataFrame()                         # 新建空 DataFrame 用于存放数据
06  for i in wb.sheets:                            # 遍历工作簿中的工作表
07      data1=i.range('A1').options(pd.DataFrame,header=1,index=False,expand='table')
        .value                         # 将当前工作表中的数据读取为 DataFrame 形式
08      if ' 店名 ' in data1:                       # 判断工作表中是否包含"店名"
09          data_pd=data_pd.append(data1)      # 将 data1 的数据加到 DataFrame 中
10  data_sift=data_pd.groupby(' 品种 ').aggregate({' 数量 ':'sum',' 销售金额 ':'sum'})
                                       # 将读取的数据按"品种"索引分组并求和
11  data_max=data_sift[' 数量 '].max()              # 求"数量"列最大值
12  data_name=data_sift[data_sift[' 数量 ']==data_max]
                                       # 读取"数据"列是最大值的行数据
13  sht=wb.sheets.add(' 产品统计 ')                  # 新建名为"产品统计"的工作表
14  sht.range('A2:C2').value=[' 最畅销商品 ',' 总销量 ',' 总销售额 ']
                          # 在 A2:C2 单元格中写入"最畅销商品""总销量""总销售额"
15  sht.range('A3').value=data_name.index          # 在 A3 单元格中写入最畅销产品名称
16  sht.range('B3').value=data_max                 # 在 B3 单元格写入畅销产品数量的值
17  sht.range('C3').value=data_name[' 销售金额 '][0] # 在 C3 单元格写入畅销产品销售金额
18  sht.autofit()                                  # 自动调整新工作表的行高和列宽
19  wb.save()                                      # 保存工作簿
20  wb.close()                                     # 关闭工作簿
21  app.quit()                                     # 退出 Excel 程序
```

零基础代码套用：

（1）将案例中第 04 行代码中的"E:\\ 运营 \\ 销售明细表 2020.xlsx"，更换为其他工作簿，可以对其他工作簿中所有工作表数据进行统计处理。注意：须加上工作簿的路径。

（2）将案例中第 08 行代码中的"店名"修改为工作表中包含的列标题。

（3）将第 10 行代码中的"品种""数量""销售金额"修改为要统计汇总的列的名称，同时，将"sum"等运算函数修改为你要进行运算的函数。

（4）将案例中第 11 行代码中的"数量"修改为要统计最大值的列标题。

（5）将案例中第 12 行代码中的"数量"修改为要统计最大值的行标题。

（6）将案例中第 13 行代码中的"产品统计"修改为要新建的工作表的名称。

（7）将案例中第 14 行代码中的"A2:C2"修改为要写入内容的单元格坐标，将"最畅销商品""总销量""总销售额"修改为要写入单元格的内容。如果想在列中写入，可以修改为"A2:A5"等类似的单元格格式。可以根据自己要处理数据的需要适当进行修改。

（8）将案例中第 17 行代码中的"销售金额"修改为要提取的列的列标题，将"C3"修改为要写入最畅销产品对应的"销售金额"的单元格坐标。

8.8　批量统计多个运营数据工作簿文件中最畅销的产品

上一案例中，我们讲解了对运营数据工作簿中多个工作表的数据进行统计分析获得最高复购次数的方法。在本案例中，我们将对同一文件夹中的所有工作簿的所有工作表中的数据，

按"数量"列进行统计，然后找出所有数据中销量最好的产品，并统计出总销量及总金额。

如图 8-44 所示为"销售明细二"文件夹中的工作簿数据文件及其中一个打开的工作簿。本案例要求批量统计文件夹中所有工作簿数据文件，然后从各个工作簿中所有工作表数据中统计出销量最好的产品，即找出同一品种销量最高的产品。接着统计此产品的总销量和总销售额。最后将统计出来的产品名称、总销量、总销售额等复制到新建的"产品统计表"工作簿中的"产品统计"工作表中。如图 8-45 所示为处理后的结果。

图 8-44 "销售明细二"文件夹中的工作簿数据文件及其中一个打开的工作簿

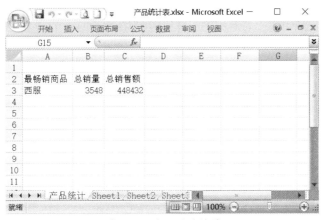

图 8-45 处理后的效果

下面我们来分析程序如何编写。

（1）获取文件夹中所有工作簿文件名称的列表，然后启动 Excel 程序。

（2）利用 for 循环来遍历每一个工作簿文件，并打开遍历的工作簿文件。

（3）利用 for 循环读取工作簿中每个工作表中的数据，并存储到 DataFrame 中。

（4）对存储到 DataFrame 中的数据按"品种"列分组求和。

（5）对分组求和后数据中的"数量"列求最大值，并读取数据中最大值部分的行数据。

（6）按要求新建"产品统计"的工作表，然后在工作表中写入"最畅销商品""总销量""总销售额"。

（7）向"产品统计"的工作表中写入最畅销产品的名称、数量、销售金额等值。

（8）保存"产品统计表"的工作簿，并关闭工作簿，退出 Excel 程序。

第一步：导入模块并获取要处理的工作簿名称列表并启动 Excel 程序。

导入模块，获取要处理的数据文件夹中工作簿文件名称的列表，并启动 Excel 程序，在程序中输入以下代码：

```
04  file_path='E:\\运营\\销售明细二'        # 指定要处理的文件所在文件夹的路径
05  file_list=os.listdir(file_path)          # 将所有文件和文件夹的名称以列表的形式保存
06  app=xw.App(visible=True,add_book=False)  # 启动 Excel 程序
```

第 04 行代码：指定文件所在文件夹的路径。"file_path"为新建的变量，用来存储路径；"="右侧为要处理的文件夹的路径。注意：为了避免使用单反斜杠产生歧义（单反斜杠有换行的功能），路径中用了双反斜杠；也可以用转义符 r，如果在 E 前面用了转义符 r，就可以使用单反斜杠。如：r'E:\运营\销售明细二'。

第 05 行代码：将路径下所有文件和文件夹的名称以列表的形式存在"file_list"列表中。"file_list"为新定义的变量，用来存储返回的名称列表； os 表示 OS 模块；"listdir()"为 OS 模块中的函数，此函数用于返回指定的文件夹包含的文件或文件夹的名字的列表，括号中的内容为此函数的参数，即要处理的文件夹的路径。

第 06 行代码：启动 Excel 程序，并把程序存储在"app"变量中。这里小写的"app"是新定义的变量，用来存储打开的 Excel 程序。在 Python 中，一般在使用变量时直接定义即可，而不用提前定义。"xw"指的是 xlwings 模块，大写 A 开头的"App"是 xlwings 模块中的方法（即函数），用来启动 Excel 程序。它右侧括号中的内容为其参数，用来设置启动的 Excel 程序。其中，"visible"参数用来设置启动的 Excel 程序是否可见，如果设置为 True，就表示可见（默认），如果为 False，就表示不可见。"add_book"参数用来设置启动 Excel 时，是否自动创建新工作簿，如果设置为 True，就表示自动创建（默认），如果为 False，就表示不创建。

第二步：访问并打开遍历每一个工作簿文件。

创建一个空的 DataFrame，用来存储处理完的数据，用 for 循环遍历要处理的文件夹中每一个工作簿文件，并打开遍历的工作簿文件，如果是临时文件要跳过不处理。在程序中继续输入如下代码：

```
07  data_pd=pd.DataFrame()              # 新建空的 DataFrame 用于存放数据
08  for x in file_list:                 # 遍历列表 file_list 中的元素
09      if x.startswith('~$'):          # 判断文件名称是否有以 "~$" 开头的临时文件
10          continue                    # 跳过本次循环
11      wb2=app.books.open(file_path+'\\'+x) # 打开文件夹中的工作簿
```

第 07 行代码：新建一个名为"data_pd"的空的 DataFrame。空的 DataFrame 用来存储提取出来的数据，由于有多个工作簿需要处理，而且需要对每个工作簿中的每个工作表的数据分别进行提取，因此每提取一个工作表就将提取的数据先加入列表中，等所有工作表都提取完了，再将所有提取的数据一起复制到工作表。data_pd 为新定义的变量，用来存储 DataFrame；等号右侧的"pd"为 Pandas 模块，"DataFrame()"方法用来创建 DataFrame 数据，

括号中若没有参数，则表示是一个空的 DataFrame。

第 08 行代码：遍历所处理文件夹中的所有工作簿文件，即要依次处理文件夹中的每个工作簿，用 for 循环来实现。for 循环可以遍历文件夹中的所有工作簿文件，并打开遍历的工作簿，然后对工作簿中工作表的数据进行处理。"for...in... :"为 for 循环的语法（注意：必须有冒号）。第 09~15 行缩进部分代码为 for 循环的循环体（第 12~15 行代码在下一步骤中讲），每运行一次循环都会运行一遍循环体的代码。"x"为循环变量，用来存储遍历的列表中的元素；"file_list"为存储返回的名称列表。

接下来我们来看一下这个 for 循环是如何运行的。第一次 for 循环时，访问列表的第一个元素（销售明细表 2019.xlsx）并将其存储在"x"循环变量中，然后执行一遍缩进部分的代码（第 09~15 行代码）；执行完之后，返回再次执行第 08 行代码，开始第二次 for 循环，访问列表中第二个元素（销售明细表 2020.xlsx），并将其存储在"x"变量中，然后再次执行缩进部分的代码。就这样一直循环，直到遍历完最后一个列表的元素，执行完缩进部分代码，for 循环结束，开始运行没有缩进部分的代码（即第 16 行代码）。

第 09 行代码：用 if 条件语句判断文件夹下的文件名称是否有"~$"开头的（这样的文件是临时文件，不是我们要处理的文件）。如果有（即条件成立），就执行第 10 行代码。如果没有（即条件不成立），就执行第 11 行代码。x.startswith('~$') 为 if 条件语句的条件，"x.startswith(~$)"的意思就是判断 x 中存储的字符串是否以"~$"开头，如果是以"~$"开头，则输出 True。"startswith()"为一个字符串函数，用于判断字符串是否以参数中指定的字符串开头。

第 10 行代码：跳过当次 for 循环，直接进行下一次 for 循环。continue 语句的作用是跳过本次循环体中余下尚未执行的语句，返回到循环开头，重新执行下一次循环。

第 11 行代码：打开与 x 中存储的文件名相对应的工作簿文件。"wb2"为新定义的变量，用来存储打开的工作簿；"app"为启动的 Excel 程序；"books.open()"方法用来打开工作簿，括号中的内容为其参数，即要打开的工作簿文件。"file_path+'\\'+x"为要打开的工作簿文件的路径，其中，"file_path"为第 04 行代码中的"E:\\ 销售数据二"，如果 x 中存储的为"销售明细表 2019.xlsx"时，要打开的文件就为"E:\\ 销售数据二 \\ 销售明细表 2019.xlsx"，就会打开"销售明细表 2019.xlsx"工作簿文件。

第三步：访问并读取每一个工作表的数据。

创建一个空的 DataFrame，用来存储处理后的数据，然后用 for 循环遍历所有的工作表，之后读取每个工作表中的数据，然后将读取的数据加入 DataFrame 中。在程序中继续输入如下代码：

```
12  for i in wb2.sheets:                               # 遍历打开的工作簿中的工作表
13      data1=i.range('A1').options(pd.DataFrame,header=1,index=False,expand='table')
        .value                                          # 将当前工作表的数据读取为 DataFrame 形式
14      if ' 店名 ' in data1:                            # 判断工作表中是否包含"店名"
15          data_pd=data_pd.append(data1)  # 将 data1 的数据加到 DataFrame 中
```

第 12 行代码：遍历所处理工作簿中的所有工作表，即要依次处理每个工作表，这里用 for 循环来实现。for 循环可以遍历工作簿中的所有工作表，并提取需要的数据。

由于这个 for 循环在第 08 行代码的 for 循环的循环体中，因此这是一个嵌套 for 循环。为了好区分，我们称第 08 行的 for 循环为第一个 for 循环，第 12 行的 for 循环为第二个 for

循环。嵌套 for 循环的特点是：第一个 for 循环每循环一次，第二个 for 循环会运行一遍所有循环。

代码中，"i" 为循环变量，用来存储遍历的列表中的元素；"wb2.sheets" 可以获得打开的工作簿中所有工作表名称的列表。如图 8-46 所示为 "wb2.sheets" 方法获得的所有工作表名称的列表，列表中 1 月、2 月、3 月为工作表的名称。

[<Sheet [销售明细表2020.xlsx]1月>, <Sheet [销售明细表2020.xlsx]2月>, <Sheet [销售明细表2020.xlsx]3月>, ...]

图 8-46　wb2.sheets 方法获得的所有工作表名称的列表

接下来我们来看一下第二个 for 循环是如何运行的。第一次 for 循环时，访问列表的第一个元素（1 月），并将其存储在 "i" 变量中，然后执行一遍缩进部分的代码（第 13~15 行代码）；执行完之后，返回再次执行第 12 行代码，开始第二次 for 循环，访问列表中第二个元素（2 月），并将其存储在 "i" 变量中，然后再次执行缩进部分的代码。就这样一直循环，直到遍历完最后一个列表的元素，执行完缩进部分代码，第二个 for 循环结束，这时返回到第 08 行代码，开始继续第一个 for 循环的下一次循环。

第 13 行代码：将工作表中的数据读取成 Pandas 模块的 DataFrame 形式。为何要读成 DataFrame 形式呢？因为这样就可以用 Pandas 模块中的方法对数据进行分析处理。"data1" 为新定义的变量，用来保存读取的数据；"i" 为本次循环时存储的对应的工作表的名称，指定工作表名称后，就可以对相应工作表进行处理了；"range('A1')" 方法用来设置起始单元格，参数 "'A1'" 表示起始单元格为 A1 单元格；"options()" 方法用来设置数据读取的类型，其参数 "pd.DataFrame" 的作用是将数据内容读取成 DataFrame 形式；"header=1" 参数设置使用原始数据集中的第一列作为列名，而不是使用自动列名；"index=False" 参数的作用是取消索引，因为 DataFrame 数据形式会默认将表格的首列作为 DataFrame 的 index（索引），因此就需要在表格内容的首列固定一个序号列，如果表格中首列并不是序号，就需要在函数中设置参数忽略 index；"expand='table'" 参数的作用是扩展选择范围，还可以设置为 right 或 down，table 表示向整个表扩展，即选择整个表格，right 表示向表的右方扩展，即选择一行，down 表示向表的下方扩展，即选择一列；"value" 方法表示工作表的数据。

如图 8-47 所示为读取的 DataFrame 形式的数据。

第 14 行代码：用 if 条件语句来判断读取的工作表是否有数据，而不是空表。如果是空表，运行下面的两行代码程序就会出错，因此需要先判断一下访问的工作表是否有数据。

怎么判断呢？我们用 if 判断第 13 行代码读取的数据中（即判断 data1）是否包含 "店名" 列名（所有有数据的工作表都包含的文字，也可以换成 "数量"）。如果 "data1" 中包含，就说明不是空工作表，就执行 if 语句缩进部分的代码（第 15 行代

```
      店名  品种  数量  销售金额
0    1店  毛衣  10.0  1800.0
1    3店  西服  34.0  3400.0
2    3店  T恤  45.0  5760.0
3    总店  西裤  23.0  2944.0
4    2店  休闲裤  45.0  5760.0
5    1店  西服  23.0  2944.0
6    2店  T恤  45.0  5760.0
7    1店  西裤  23.0  2944.0
8    3店  西裤  56.0  7168.0
9    总店  休闲裤  23.0  2944.0
10   2店  西服  54.0  6912.0
11   3店  西服  34.0  4352.0
12   总店  T恤  23.0  2944.0
13   2店  西裤  45.0  5760.0
14   3店  休闲裤  23.0  2944.0
15   2店  西服  45.0  5760.0
16   1店  T恤  23.0  2944.0
17   3店  T恤  45.0  5760.0
18   总店  西裤  23.0  2944.0
19   2店  休闲裤  45.0  5760.0
20   3店  西服  23.0  2944.0
21   2店  T恤  45.0  5760.0
22   1店  西服  23.0  2944.0
23   3店  西裤  56.0  7168.0
24   总店  休闲裤  23.0  2944.0
25   2店  西服  54.0  6912.0
26   1店  西服  34.0  4352.0
```

图 8-47　读取的 DataFrame 形式的数据

码）；如果"data1"中不包含，就跳过缩进部分代码。"'店名' in data1"为 if 条件语句的条件，条件为真，就执行 if 语句中缩进部分代码；条件为假，则跳过 if 语句中缩进部分代码。注意，if 条件语句的语法为：if 条件：，必须有冒号。

第 15 行代码：将"data1"存储的 DataFrame 数据（第 13 行读取的数据）加入之前新建的空的 DataFrame 中。"append()"函数的作用是向 DataFrame 中加入数据。每执行一次 for 循环就会将一个工作表中分组求和后的数据添加到 DataFrame 中，直到最后一次循环，所有工作表中的数据都会被加入 DataFrame 中。如图 8-48 所示为 data_pd 中存储的数据。

```
     店名  品种   数量  销售金额
0   1店  毛衣  10.0  1800.0
1   3店  西服  34.0  3400.0
2   3店  T恤  45.0  5760.0
3   总店  西裤  23.0  2944.0
4   2店  休闲裤 45.0  5760.0
..   ..  ..    ...    ...
10  1店  西裤  23.0  2944.0
11  3店  西裤  56.0  7168.0
12  总店 休闲裤 23.0  2944.0
13  1店  西服  54.0  6912.0
14  3店  西服  34.0  4352.0

[61 rows x 4 columns]
```

图 8-48　data_pd 中存储的数据

第四步：计算"数量"列中最大值并提取其数据。

在各个工作表中的数据都被加入"data_pd"中后，再对"data_pd"中存储的总的数据按"品种"列进行分组求和处理，然后对分组后的数据计算最大值，并提取其行数据。在程序中继续输入如下代码：

```
16  data_sift=data_pd.groupby('品种').aggregate({'数量':'sum','销售金额':'sum'})
                                        # 将读取的数据按"品种"索引分组并求和
17  data_max=data_sift['数量'].max()       # 求"数量"列最大值
18  data_name=data_sift[data_sift['数量']==data_max]
                                        # 读取"数据"列是最大值的行数据
```

第 16 行代码：将"data_pd"中存储的数据按指定的"品种"列进行分组，并对"数量"和"销售金额"列求和。"data_sift"为新定义的变量，用来存储分组求和后的数据；"groupby()"方法用来根据 DataFrame 本身的某一列或多列内容进行分组聚合，其参数"'品种'"为分组时的索引；"data_pd.groupby('品种')"表示对"data_pd"数据按"品种"列进行分组；"aggregate()"方法可以对分组后的数据进行多种方式的统计汇总，比如对多个指定的列进行不同的运算（如求和、求最小值等）。本例中分别对"数量"和"销售金额"列进行了求和运算。分组求和后的数据如图 8-49 所示。

第 17 行代码：对第 10 行代码中的分组求和得到的数据中的"数量"列求最大值。"data_max"为新定义的变量，用来存储计算的最大值；"data_sift['数量']"表示选择"data_sift"数据中的"数量"列；"data_sift['数量'].max()"意思是求"数量"列最大值。

```
       数量    销售金额
品种
T恤   3168.0  405504.0
休闲裤 2136.0  273408.0
毛衣    40.0    7200.0
西服  3548.0  448432.0
西裤  3258.0  417024.0
```

图 8-49　分组求和后的数据

第 18 行代码：读取第 10 行代码中的分组数据中，"数量"列中最大值所在的行的行数据。"data_name"为新定义的变量，用来存储提取的最大值的行数据；"data_sift[data_sift[' 数量 ']==data_max]"的意思是提取"数量"列为"最大值"的行的行数据。如图 8-50 所示为"data_name"中存储的数据。

	数量	销售金额
品种		
西服	3548.0	448432.0

图 8-50　"data_name"中存储的数据

第五步：新建工作表并写入最畅销产品相关数据。

在分析统计出最畅销产品的数据后，新建"产品统计"工作表，并向工作表中写入"最畅销商品""总销量""总销售额"，再写入畅销品名称、畅销品数量、销售金额等值。在程序中继续输入如下代码：

```
19  wb=app.books.add()                              # 新建工作簿
20  sht=wb.sheets.add(' 产品统计 ')                 # 新建名为"产品统计"的工作表
21  sht.range('A2:C2').value=[' 最畅销商品 ',' 总销量 ',' 总销售额 ']
                            # 在A2:C2单元格中写入"最畅销商品""总销量""总销售额"
22  sht.range('A3').value=data_name.index           # 在A3单元格中写入最畅销产品名称
23  sht.range('B3').value=data_max                   # 在B3单元格写入畅销产品数量的值
24  sht.range('C3').value=data_name[' 销售金额 '][0] # 在C3单元格写入畅销产品销售金额
```

第 19 行代码：新建一个工作簿。"wb"为定义的新变量，用来存储新建的工作簿；"app"为启动的 Excel 程序；"books.add()"方法用来新建一个工作簿。

第 20 行代码：在新建的工作簿中插入"产品统计"新工作表。"sht"为新定义的变量，用来存储新建的工作表；"wb"为上一行代码新建的工作簿；"sheets.add(' 产品统计 ')"为插入新工作表的方法，括号中的内容为新工作表名称。

第 21 行代码：在新建的"产品统计"工作表的 A2:C2 单元格中，写入"最畅销商品""总销量""总销售额"数据。"sht"为新建的"产品统计"工作表；"range('A2:C2')"表示 A2~C2 区间单元格；"value"表示工作表数据。"="右侧内容为要写入的数据列表："[' 最畅销商品 ',' 总销量 ',' 总销售额 ']"为要写入工作表的数据，数据以列表的形式提供。

第 22 行代码：在新建的"产品统计"工作表中的 A3 单元格中写入最畅销产品的名称。"sht"为新建的"产品统计"工作表；"range('A3')"表示 A3 单元格；"value"表示工作表数据；"="右侧为要写入单元格的数据："data_name.index"为要写入单元格的值，即"data_name"数据的索引，"index"方法用来获得索引。由图 8-50 所示可知，"西服"为索引，因此要写入单元格的数据为"西服"。

第 23 行代码：在新建的"产品统计"工作表中的 B3 单元格中写入最畅销产品数量的数据。"sht"为新建的"产品统计"工作表；"range('B3')"表示 B3 单元格；"value"表示工作表数据；"="右侧为要写入单元格的数据："data_max"为第 17 行代码中计算的数量最大值，因此此最大值就为最畅销产品的数量。

第 24 行代码：在新建的"产品统计"工作表中的 C3 单元格中写入畅销产品销售金额。"sht"为新建的"产品统计"工作表；"range('C3')"表示 C3 单元格；"value"表示工作表数据；"="右侧为要写入单元格的数据："data_name[' 销售金额 '][0]"的意思是获取"data_name"中数据的"销售金额"列，第 1 行的值（0 表示第 1 行）见图 8-50。

第六步：保存后关闭工作簿并退出 Excel 程序。

在处理完数据后，保存工作簿，然后关闭工作簿，退出 Excel 程序。在程序中输入下面的代码：

```
25  sht.autofit()                                    # 自动调整新工作表的行高和列宽
26  wb.save('E:\\ 运营 \\ 销售明细二 \\ 产品统计表 .xlsx')  # 保存工作簿
27  wb.close()                                       # 关闭新建的工作簿
28  wb2.close()                                      # 关闭打开的工作簿
29  app.quit()                                       # 退出 Excel 程序
```

第 25 行代码：根据数据内容自动调整新工作表的行高和列宽。"autofit()"方法用于
自动调整整个工作表的列宽和行高。该方法的参数为 axis=None 或 rows、columns 等。其
中，axis=None 或省略表示自动调整行高和列宽；axis=rows 或 axis=r 表示自动调整行高；
axis=columns 或 axis=c 表示自动调整列宽。

第 26 行代码：将新建的工作簿保存为"产品统计表 .xlsx"工作簿。"save()"方法用来
保存工作簿。

第 27 行代码：关闭"产品统计表 .xlsx"工作簿。

第 28 行代码：关闭之前打开的工作簿。

第 29 行代码：退出 Excel 程序。

完成后的全部代码如下：

```
01  import xlwings as xw                             # 导入 xlwings 模块
02  import pandas as pd                              # 导入 Pandas 模块
03  import os                                        # 导入 os 模块
04  file_path='E:\\ 运营 \\ 销售明细二 '               # 指定要处理的文件所在文件夹的路径
05  file_list=os.listdir(file_path)                  # 将所有文件和文件夹的名称以列表的形式保存
06  app=xw.App(visible=True,add_book=False)          # 启动 Excel 程序
07  data_pd=pd.DataFrame()                           # 新建空的 DataFrame 用于存放数据
08  for x in file_list:                              # 遍历列表 file_list 中的元素
09      if x.startswith('~$'):                       # 判断文件名称是否有以"~$"开头的临时文件
10          continue                                 # 跳过本次循环
11      wb2=app.books.open(file_path+'\\'+x)          # 打开文件夹中的工作簿
12      for i in wb2.sheets:                         # 遍历打开的工作簿中的工作表
13          data1=i.range('A1').options(pd.DataFrame,header=1,index=False,expand='table')
            .value                                   # 将当前工作表的数据读取为 DataFrame 形式
14          if ' 店名 ' in data1:                     # 判断工作表中是否包含"店名"
15              data_pd=data_pd.append(data1)         # 将 data1 的数据加到 DataFrame 中
16  data_sift=data_pd.groupby(' 品种 ').aggregate({' 数量 ':'sum',' 销售金额 ':'sum'})
                                                     # 将读取的数据按"品种"索引分组并求和
17  data_max=data_sift[' 数量 '].max()                # 求"数量"列最大值
18  data_name=data_sift[data_sift[' 数量 ']==data_max]
                                                     # 读取"数据"列是最大值的行数据
19  wb=app.books.add()                               # 新建工作簿
20  sht=wb.sheets.add(' 产品统计 ')                    # 新建名为"产品统计"的工作表
21  sht.range('A2:C2').value=[' 最畅销商品 ',' 总销量 ',' 总销售额 ']
                                                     # 在 A2:C2 单元格中写入"最畅销商品""总销量""总销售额"
22  sht.range('A3').value=data_name.index            # 在 A3 单元格中写入最畅销产品名称
23  sht.range('B3').value=data_max                   # 在 B3 单元格写入畅销产品数量的值
24  sht.range('C3').value=data_name[' 销售金额 '][0]  # 在 C3 单元格写入畅销产品销售金额
25  sht.autofit()                                    # 自动调整新工作表的行高和列宽
26  wb.save('E:\\ 运营 \\ 销售明细二 \\ 产品统计表 .xlsx')  # 保存工作簿
27  wb.close()                                       # 关闭新建的工作簿
28  wb2.close()                                      # 关闭打开的工作簿
29  app.quit()                                       # 退出 Excel 程序
```

零基础代码套用：

（1）将案例中第 04 行代码中的"E:\\ 运营 \\ 销售明细二"更换为其他文件夹，可以对
其他文件夹中的所有工作簿文件进行统计处理。注意：要加上文件夹的路径。

（2）将案例中第 14 行代码中的"店名"修改为工作表中包含的列标题。

（3）将第 16 行代码中的"品种""数量""销售金额"修改为要统计汇总的列的名称，

同时，将"sum"等运算函数修改为你要进行运算的函数。

（4）将案例中第 17 行代码中的"数量"修改为要统计最大值的列标题。

（5）将案例中第 18 行代码中的"数量"修改为要统计最大值的列标题。

（6）将案例中第 21 行代码中的"A2:C2"修改为要写入内容的单元格坐标，将"最畅销商品""总销量""总销售额"修改为要写入单元格的内容。如果要在列中写入，可以修改为"A2:A5"等类似的单元格坐标。可以根据自己要处理数据的需要适当进行修改。

（7）将案例中第 24 行代码中的"销售金额"修改为要提取的列的列标题，将"C3"修改为要写入最畅销产品对应的"销售金额"的单元格坐标。

（8）将案例中第 26 行代码中的"E:\\ 运营 \\ 销售明细 2\\ 产品统计表 .xlsx"更换为其他名称，可以修改新建的工作簿的名称。注意：要加上文件的路径。

第9章

批量处理连锁超市数据实战案例

连锁超市的销售数据量很大，通过分析一定时期内的销售数据，可以调查在一段时期内的零售行业市场变化，并从不同角度发掘提高超市销量的销售策略，利用数据找到新的增长点，找到客户消费规律，客户对产品的喜好，发掘客户复购潜力等。

本章将通过大量的连锁超市数据分析案例，来总结一些连锁超市销售数据分析的方法和基本技巧。

9.1 统计分析超市畅销商品前 10 名

作为商场或超市的管理人员，需要清楚了解近一段时间里哪些商品比较畅销，这样在做促销活动时，可以有针对性地对畅销品做一些宣传活动，吸引老客户，提高复购率。在本案例中，我们将对超市的销售数据进行处理分析，找出 2020 年 9 月畅销的前 10 名商品。然后将畅销商品的商品码、商品名称及销售量等数据写入新工作表中。

如图 9-1 所示为"超市销售数据 2020.xlsx"工作簿销售数据文件，要求按"商品码""商品名称"进行分组，并对"数量"进行求和。然后将分组后的数据按"数量"列进行排序，并取排序的前十名。接着复制排序前十的数据到一个新工作表中，将新工作表命名为"商品分析"。处理后的效果如图 9-2 所示。

图 9-1　"超市销售数据 2020.xlsx"工作簿数据文件

233

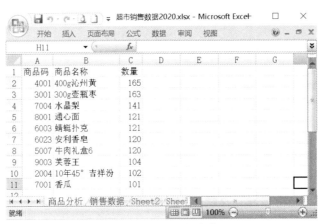

图 9-2　处理后的效果

下面我们来分析程序如何编写。

（1）打开 E 盘"超市数据"文件夹中"超市销售数据 2020.xlsx"工作簿中"销售数据"工作表。

（2）将工作表中的数据读取为 DataFrame 对象形式。

（3）对读取的数据按"商品码""商品名称"列分组并求和，再对分组后的数据按"数量"降序排序，并取前十行数据。

（4）按要求新建"商品分析"工作表。然后将排序后的前十行数据复制到"商品分析"工作表中。

（5）保存工作簿，并关闭工作簿，退出 Excel 程序。

第一步：导入模块。

新建一个 Python 文件，然后输入下面的代码：

```
01  import xlwings as xw                              # 导入 xlwings 模块
02  import pandas as pd                               # 导入 Pandas 模块
```

这两行代码的作用是导入要使用的两个模块。导入模块的代码一般要放在程序的最前面。

第 01 行代码：导入 xlwings 模块，并指定模块的别名为"xw"。也就是在程序中"xw"就代表"xlwings"。在 Python 中导入模块要使用 import 函数，"as"用来指定模块的别名。

第 02 行代码：导入 Pandas 模块，并指定模块的别名为"pd"。

第二步：打开要处理的工作簿数据文件。

打开要处理的工作簿数据文件，打开"销售数据"工作表。在程序中输入以下代码：

```
03  app=xw.App(visible=True,add_book=False)           # 启动 Excel 程序
04  wb=app.books.open('E:\\ 超市数据 \\ 超市销售数据 2020.xlsx')  # 打开工作簿
05  sht=wb.sheets(' 销售数据 ')                        # 打开"销售数据"工作表
```

第 03 行代码：启动 Excel 程序，并把程序存储在"app"变量中。这里小写的"app"是新定义的变量，用来存储打开的 Excel 程序。在 Python 中，一般在使用变量时直接定义即可，而不用提前定义。"xw"指的是 xlwings 模块，大写 A 开头的"App"是 xlwings 模块中的方法（即函数），用来启动 Excel 程序。它右侧括号中的内容为其参数，用来设置启动的 Excel 程序。"visible"参数用来设置启动的 Excel 程序是否可见，如果设置为 True，就表示可见（默认），如果为 False，就表示不可见。"add_book"参数用来设置启动 Excel 时，是

否自动创建新工作簿，如果设置为 True，就表示自动创建（默认），如果为 False，就表示不创建。

第 04 行代码：打开 E 盘"超市数据"文件夹中的"超市销售数据 2020.xlsx"工作簿文件。"wb"为新定义的变量，用来存储打开的工作簿。"app"为启动的 Excel 程序，"books. open()"方法用来打开工作簿，括号中的内容为要打开的工作簿文件。这里要写全工作簿文件的详细路径。注意：用双反斜杠，或利用转义符 r，如：r'E:\ 超市数据 \ 超市销售数据 2020.xlsx '。

第 05 行代码：打开"销售数据"工作表。"sht"为新定义的变量；"wb"表示打开的"超市销售数据 2020.xlsx"工作簿；"sheets(' 销售数据 ')"方法用来打开工作表，括号中的"销售数据"参数为要打开的工作表名称。

第三步：读取工作表数据并进行分组求和、排序处理。

将"销售数据"工作表的数据读取为 DataFrame 对象形式，然后对读取的数据按"商品码""商品名称"列分组并求和，之后将分组后的数据按"数量"降序排序，并取前十行。在程序中输入以下代码：

```
06  data_pd=sht.range('A1').options(pd.DataFrame,header=1,index=False,expand='table')
    .value                        # 将当前工作表的数据读取为 DataFrame 形式
07  data_sift=data_pd.groupby([' 商品码 ',' 商品名称 ']).aggregate({' 数量 ':'sum'})
                                  # 将读取的数据按"商品码""商品名称"列分组并求和
08  data_sort=data_sift.sort_values(by=[' 数量 '],ascending=False).head(10)
                                  # 将分组后的数据按"数量"降序排序，并取前十行
```

第 06 行代码：将"销售数据"工作表中的数据读取成 Pandas 模块的 DataFrame 形式。为何要读成 DataFrame 形式呢？因为这样就可以用 Pandas 模块中的方法对数据进行分析处理。"data_pd"为新定义的变量，用来保存读取的数据；"sht"为"销售数据"工作表；"range('A1')"方法用来设置起始单元格，参数"'A1'"表示起始单元格为 A1 单元格；"options()"方法用来设置数据读取的类型，参数"pd.DataFrame"作用是将数据内容读取成 DataFrame 形式。如图 9-3 所示为读取的 DataFrame 形式的数据。"header=1"参数设置使用原始数据集中的第一列作为列名，而不是使用自动列名；"index=False"参数的作用是取消索引，因为 DataFrame 数据形式会默认将表格的首列作为 DataFrame 的 index（索引），因此就需要在表格内容的首列固定一个序号列，如果表格中首列并不是序号，就需要在函数中设置参数来忽略 index；"expand='table'"参数的作用是扩展选择范围，它的参数可以设置为 table、right 或 down，table 表示向整个表扩展，即选择整个表格，right 表示向表的右方扩展，即选择一行，down 表示向表的下方扩展，即选择一列；"value"方法表示工作表的数据。

	行	款台	收款员	销售日期	销售时间	...	售价金额	销售金额	进价	折扣率	销售模式
0	1.0	22.0	102.王小吴	2020-09-01	0.335035	...	20.0	20.0	13.2	1.0	零售
1	2.0	22.0	102.王小吴	2020-09-01	0.335035	...	425.0	425.0	51.0	1.0	零售
2	3.0	22.0	102.王小吴	2020-09-01	0.335035	...	16.0	16.0	5.0	1.0	零售
3	4.0	22.0	102.王小吴	2020-09-01	0.335035	...	8.0	8.0	5.5	1.0	零售
4	5.0	22.0	102.王小吴	2020-09-01	0.338148	...	5.0	5.0	3.0	1.0	零售
...	...	...	...	...	...	...	...	...	...	...	...
4041	4042.0	22.0	102.王小吴	2020-09-18	0.361782	...	3.0	3.0	0.8	1.0	零售
4042	4043.0	22.0	102.王小吴	2020-09-18	0.361782	...	28.0	28.0	20.0	1.0	零售
4043	4044.0	22.0	102.王小吴	2020-09-18	0.362025	...	20.0	20.0	15.0	1.0	零售
4044	4045.0	22.0	102.王小吴	2020-09-18	0.362025	...	35.0	35.0	22.0	1.0	零售
4045	4046.0	22.0	102.王小吴	2020-09-18	0.362025	...	98.0	98.0	53.0	1.0	零售

[4046 rows x 17 columns]

图 9-3 读取的 DataFrame 形式的数据

第 07 行代码：将第 06 行代码中读取的数据按指定的"商品码""商品名称"列进行分组并求和。"data_sift"为新定义的变量，用来存储分组求和后的数据；"data_pd"为上一行读取的数据；"groupby()"方法用来根据 DataFrame 的某一列或多列内容进行分组聚合。若按某一列聚合，则新 DataFrame 将根据某一列的内容分为不同的维度进行拆解，同时将同一维度的再进行聚合；若按某多列聚合，则新 DataFrame 具有一个层次化索引（由唯一的键对组成）。"[' 商品码 ',' 商品名称 ']"为"groupby()"方法的参数，用于指定分组的索引。"aggregate()"方法可以对分组后的数据进行多种方式的统计汇总，比如对多个指定的列进行不同的运算（如求和、求最小值等）。本例中对"数量"列进行了求和运算。"{' 数量 ':'sum'}"为"aggregate()"方法的参数，参数需要用字典的形式提供，参数为列名称和需要的计算函数。分组求和后的数据如图 9-4 所示。

```
                数量
商品码  商品名称
01001 宁化府名产    20.0
01002 宁化府降脂醋   21.0
01003 宁化府降糖醋   80.0
01004 宁化府十二珍醋  40.0
01007 宁化府小瓶保健醋 20.0

...            ...
09006 中南海0.8    101.0
10001 散中核桃     40.0
10002 散大核桃     61.0
10003 散核桃仁     41.0
10004 礼盒        20.0

[80 rows x 1 columns]
```

图 9-4 "data_sift"中存储的分组求和后的数据

第 08 行代码：对分组数据中的"数量"列进行降序排序，然后取前十行数据。"data_sort"为新定义的变量，用来存储排序后的数据，如图 9-5 所示为"data_sort"中存储的排序后的数据；"sort_values()"方法是 Pandas 模块的方法，用于将数据区域按照某个字段的数据进行排序，这个字段可以是列数据，"by=[' 数量 '],ascending=False"为其参数，"by"用来设置排序的列，"ascending=False"用来设置排序方式，False 表示降序排序，True 表示升序排序；"head(10)"的作用是选择指定的行数据。

```
                数量
商品码  商品名称
04001 400g沁州黄    165.0
03001 300g壶瓶枣    163.0
07004 水晶梨       141.0
08001 通心面       121.0
06003 蜻蜓扑克      121.0
06023 安利香皂      120.0
05007 牛肉礼盒6     120.0
09003 芙蓉王       104.0
02004 10年45°吉祥汾 102.0
07001 香瓜        101.0
```

图 9-5 "data_sort"中存储的排序后的数据

sort_values() 方法的格式为：

```
sort_values(by='##',axis=0,ascending=True,inplace=False,na_position='last')
```

sort_values() 方法参数的功能见表 9-1。

表 9-1　sort_values() 方法参数

参数	功能
by	要排序的列名或索引值
axis	如果省略或 =00 或 'index'，就按参数 by 指定的列中的数据排序；如果 =1 或 'columns'，就按照参数 by 指定的索引中的数据排序
ascending	排序方式。如果省略或为 True，就做升序排序；如果为 False，就做降序排序
inplace	如果省略或为 False，就不用将排序后的数据替换原来的数据；如果为 True，就将排序后的数据替换原来的数据
na_position	空值的显示位置。如果为 'first'，就表示将空值放在列的首位；如果为 'last'，就表示将空值放在列的末尾

第四步：新建工作表并写入排序数据。

上面的步骤中通过计算获得了客单价和客单量的值，接下来新建一个工作簿，并新建"营销分析"工作表，用来存放提取的数据。在程序中输入下面的代码：

```
09 new_sht=wb.sheets.add(' 商品分析 ')        # 新建一个 "商品分析" 工作表
10 new_sht.range('A1').value=data_sort         # 在新工作表中存入排序数据
```

第 09 行代码：在"超市销售数据 2020.xlsx"工作簿中新建一个"商品分析"工作表。"new_sht"为定义的新变量，用来存储新建的工作表；"wb"为打开的"超市销售数据 2020.xlsx"工作簿；"sheets.add(' 商品分析 ')"方法为 xlwings 模块中的方法，用来插入新工作表，括号中的内容为其参数，用来设置新工作表名称。

第 10 行代码：将排序数据写入"商品分析"工作表中。"new_sht"为新建的"商品分析"工作表；"range('A1')"表示从 A1 单元格开始复制；"value"表示工作表数据；"="右侧的为要写入的数据，"data_sort"为第 08 行代码中排序后的数据。

第五步：保存后关闭工作簿并退出 Excel 程序。

在处理完数据后，保存工作簿，然后关闭工作簿，退出 Excel 程序。在程序中输入下面的代码：

```
11 new_sht.autofit()     # 自动调整 "商品分析" 工作表的行高和列宽
12 wb.save()             # 保存工作簿
13 wb.close()            # 关闭工作簿
14 app.quit()            # 退出 Excel 程序
```

第 11 行代码：作用是根据数据内容自动调整"商品分析"工作表行高和列宽。"autofit()"方法用于自动调整整个工作表的列宽和行高。该方法的参数为 axis=None 或 rows、columns 等，其中 axis=None 或省略表示自动调整行高和列宽；axis=rows 或 axis=r 表示自动调整行高；axis=columns 或 axis=c 表示自动调整列宽。

第 12 行代码：作用是保存"超市销售数据 2020.xlsx"工作簿。"save()"方法用来保存工作簿。

第 13 行代码：作用是关闭"超市销售数据 2020.xlsx"工作簿。

第 14 行代码：作用是退出 Excel 程序。

完成后的全部代码如下：

```
01  import xlwings as xw                                          # 导入 xlwings 模块
02  import pandas as pd                                           # 导入 Pandas 模块
03  app=xw.App(visible=True,add_book=False)                       # 启动 Excel 程序
04  wb=app.books.open('E:\\ 超市数据 \\ 超市销售数据 2020.xlsx')        # 打开工作簿
05  sht=wb.sheets(' 销售数据 ')                                      # 打开"销售数据"工作表
06  data_pd=sht.range('A1').options(pd.DataFrame,header=1,index=False,expand='table').value
                            # 将当前工作表的数据读取为 DataFrame 形式
07  data_sift=data_pd.groupby([' 商品码 ',' 商品名称 ']).aggregate({' 数量 ':'sum'})
                            # 将读取的数据按"商品码""商品名称"列分组并求和
08  data_sort=data_sift.sort_values(by=[' 数量 '],ascending=False).head(10)
                            # 将分组后的数据按"数量"降序排序，并取前 10 行
09  new_sht=wb.sheets.add(' 商品分析 ')                              # 新建一个"商品分析"工作表
10  new_sht.range('A1').value=data_sort                           # 在新工作表中存入排序数据
11  new_sht.autofit()                                             # 自动调整"商品分析"工作表的行高和列宽
12  wb.save()                                                     # 保存工作簿
13  wb.close()                                                    # 关闭工作簿
14  app.quit()                                                    # 退出 Excel 程序
```

零基础代码套用：

（1）将案例中第 04 行代码中的"E:\\ 超市数据 \\ 超市销售数据 2020.xlsx"更换为其他文件名，可以对其他工作簿进行处理。注意：要加上文件的路径。

（2）将案例中第 05 行代码中的"销售数据"修改为数据所在的工作表的名称。

（3）将案例中第 07 行代码中的"商品码""商品名称"修改为要作为分组索引的列标题，将"数量"修改为要汇总的列标题。

（4）将案例中第 08 行代码中的"数量"修改为要排序的类标题。

如果需要处理 CSV 格式的数据，可做以下修改：

（1）如果要处理的超市销售数据为 CSV 格式，就将案例中第 04 行的代码修改为：

```
wb=app.books.add()
```

（2）删除案例中的第 05 行代码。

（3）将案例中第 06 行代码修改为（如果文件格式是 CSV）：

```
data_pd=pd.read_csv(r'E:\ 超市数据 \ 超市销售数据 2020-9.csv',engine='Python',encoding='gbk')
```

如果文件格式是 CSV UTF-8，就将 encoding='gbk' 修改为 encoding='utf-9-sig'.

（4）将案例中第 12 行代码修改为

```
wb.save('E:\\ 超市数据 \\ 客户分析 .xlsx')
```

9.2 批量处理并统计多个超市数据文件中畅销前十名的商品

上一个案例讲解了从一个工作簿数据文件中统计分析出畅销前十名的商品。在本案例中主要对同一文件夹中的所有工作簿中的数据进行处理分析，找出所有数据中畅销前十名的商品。然后将畅销商品的商品码、商品名称及销售量等数据写入新工作簿中。

如图 9-6 所示为"商品分析"文件夹中工作簿数据文件及其中一个工作簿数据文件。要求批量处理"商品分析"文件夹中的所有工作簿销售数据文件，分析统计出销售数量前十名的商品。然后将统计出的数据复制到新建的工作簿中。如图 9-7 所示为处理后的效果。

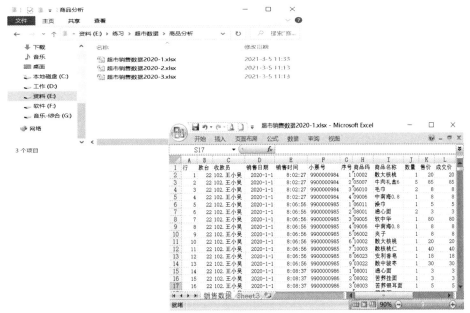

图 9-6　"商品分析"文件夹中工作簿数据文件及其中一个工作簿数据文件

图 9-7　处理后的效果

下面我们来分析程序如何编写。

（1）获取文件夹中所有工作簿文件名称的列表，然后启动 Excel 程序。

（2）利用 for 循环来遍历每一个工作簿文件，并打开遍历的工作簿文件。

（3）打开工作簿中的"销售数据"工作表，并将工作表中的数据读取为 DataFrame 对象形式，之后将读取中的数据输入到之前新建的 data_pd 中。

（4）对 data_pd 中存储的总数据按"商品码""商品名称"列分组并求和，再对分组后的数据按"数量"降序排序，并取前十行数据。

（5）按要求新建一个工作簿，再新建一个"商品分析"工作表，然后将排序后的前十行数据复制到"商品分析"工作表中。

（6）将新建的工作簿保存为名为"商品分析"的工作簿，并关闭工作簿，退出 Excel 程序。

第一步：导入模块。

新建一个 Python 文件，然后输入下面的代码：

```
01  import xlwings as xw              #  导入 xlwings 模块
02  import pandas as pd               #  导入 Pandas 模块
03  import os                         #  导入 OS 模块
```

这三行代码的作用是导入要使用的两个模块。导入模块的代码一般要放在程序最前面。

第 01 行代码：导入 xlwings 模块，并指定模块的别名为"xw"。也就是在程序中"xw"就代表"xlwings"。在 Python 中导入模块要使用 import 函数，"as"用来指定模块的别名。

第 02 行代码：导入 Pandas 模块，并指定模块的别名为"pd"。

第 03 行代码：导入 OS 模块。

第二步：获取要处理的工作簿名称列表并启动 Excel 程序。

获取要处理的数据文件夹中工作簿文件名称的列表，并启动 Excel 程序，在程序中输入以下代码：

```
04  file_path='E:\\ 超市数据 \\ 商品分析 '     # 指定要处理的文件所在文件夹的路径
05  file_list=os.listdir(file_path)           # 将所有文件和文件夹的名称以列表的形式保存
06  app=xw.App(visible=True,add_book=False)   # 启动 Excel 程序
```

第 04 行代码：指定文件所在文件夹的路径。"file_path"为新建的变量，用来存储路径；"="右侧为要处理的文件夹的路径。注意：为了避免使用单反斜杠产生歧义（单反斜杠有换行的功能），路径中用了双反斜杠；也可以用转义符 r，如果在 E 前面用了转义符 r，就可以使用单反斜杠。如：r'E:\ 超市数据 \ 商品分析 '。

第 05 行代码：将路径下所有文件和文件夹的名称以列表的形式存在"file_list"列表中。"file_list"为新定义的变量，用来存储返回的名称列表；os 表示 OS 模块；"listdir()"为 OS 模块中的函数，此函数用于返回指定的文件夹包含的文件或文件夹的名字的列表，括号中的内容为此函数的参数，即要处理的文件夹的路径。如图 9-8 所示为程序执行后"file_list"列表中存储的数据。

['超市销售数据2020-1.xlsx', '超市销售数据2020-2.xlsx', '超市销售数据2020-3.xlsx']

图 9-8　程序执行后"file_list"列表中存储的数据

第 06 行代码：启动 Excel 程序，并把程序存储在"app"变量中。这里小写的"app"是新定义的变量，用来存储打开的 Excel 程序。在 Python 中，一般在使用变量时直接定义即可，而不用提前定义。"xw"指的是 xlwings 模块，大写 A 开头的"App"是 xlwings 模块中的方法（即函数），用来启动 Excel 程序。它右侧括号中的内容为其参数，用来设置启动的 Excel 程序。其中，参数"visible"用来设置启动的 Excel 程序是否可见，如果设置为 True，就表示可见（默认），如果为 False，就表示不可见。参数"add_book"用来设置启动 Excel 时，是否自动创建新工作簿，如果设置为 True，就表示自动创建（默认），如果为 False，就表示不创建。

第三步：访问并打开每一个工作簿文件及工作表。

创建一个空的 DataFrame，用来存储处理完的数据，然后用 for 循环遍历要处理的文件夹中的每一个工作簿文件，并打开遍历的工作簿文件，如果是临时文件，就要跳过不处理。之后打开工作簿中的"销售数据"工作表。在程序中继续输入如下代码：

```
07  data_pd=pd.DataFrame()            # 新建空的 DataFrame 用于存放数据
08  for x in file_list:               # 遍历列表 file_list 中的元素
09      if x.startswith('~$'):        # 判断文件名称是否有以"~$"开头的临时文件
```

```
10          continue                              # 跳过本次循环
11          wb=app.books.open(file_path+'\\'+x)   # 打开文件夹中的工作簿
12          sht=wb.sheets(' 销售数据 ')           # 打开"销售数据"工作表
```

第 07 行代码：新建一个名为"data_pd"的空的 DataFrame，用来存储提取出来的数据。由于有多个工作簿需要处理，而且需要对每个工作簿中的每个工作表的数据分别进行提取，因此每提取一个工作表就将提取的数据先输入到列表中，等所有工作表都提取完了，再将所有提取的数据一起复制到工作表。data_pd 为新定义的变量，用来存储 DataFrame；等号右侧的"pd"为 Pandas 模块；"DataFrame()"方法用来创建 DataFrame 数据，括号中若没有参数，就表示是一个空的 DataFrame。

第 08 行代码：遍历所处理文件夹中的所有工作簿文件，即要依次处理文件夹中的每个工作簿，用 for 循环来实现。for 循环可以遍历文件夹中的所有工作簿文件，并打开遍历的工作簿，然后对工作簿中工作表的数据进行处理。"for...in... :"为 for 循环的语法（注意，必须有冒号）。第 09~14 行缩进部分代码为 for 循环的循环体（第 12~14 行代码在下一步骤中讲），每运行一次循环都会运行一遍循环体的代码。"x"为循环变量，用来存储遍历的列表中的元素；"file_list"为存储返回的名称列表。

接下来我们来看一下这个 for 循环是如何运行的。第一次 for 循环时，访问列表的第一个元素（超市销售数据 2020-1.xlsx）并将其存储在"x"循环变量中，然后执行一遍缩进部分的代码（第 09~15 行代码）；执行完之后，返回再次执行第 08 行代码，开始第二次 for 循环，访问列表中第二个元素（超市销售数据 2020-2.xlsx），并将其存储在"x"变量中，然后再次执行缩进部分的代码。就这样一直循环，直到遍历完最后一个列表的元素，执行完缩进部分代码，for 循环结束，开始运行没有缩进部分的代码（即第 15 行代码）。

第 09 行代码：用 if 条件语句判断文件夹下的文件名称是否有"~$"开头的（这样的文件是临时文件，不是我们要处理的文件）。如果有（即条件成立），就执行第 10 行代码。如果没有（即条件不成立），就执行第 11 行代码。x.startswith('~$') 为 if 条件语句的条件，"x.startswith(~$)"的意思就是判断 x 中存储的字符串是否以"~$"开头，如果是以"~$"开头，就输出 True。"startswith()"为一个字符串函数，用于判断字符串是否以参数中指定的字符串开头。

第 10 行代码：跳过当次 for 循环，直接进行下一次 for 循环。continue 语句的作用是跳过本次循环体中余下尚未执行的语句，返回到循环开头，重新执行下一次循环。

第 11 行代码：打开与 x 中存储的文件名相对应的工作簿文件。"wb"为新定义的变量，用来存储打开的工作簿；"app"为启动的 Excel 程序，"books.open()"方法用来打开工作簿，括号中的内容为其参数，即要打开的工作簿文件；"file_path+'\\'+x"为要打开的工作簿文件的路径。其中，"file_path"为第 04 行代码中的"E:\\ 超市数据 \\ 商品分析"，如果 x 中存储的为"超市销售数据 2020-1.xlsx"时，要打开的文件就为"E:\\ 超市数据 \\ 商品分析 \\ 超市销售数据 2020-1.xlsx"，就会打开"超市销售数据 2020-1.xlsx"工作簿文件。

第 12 行代码：打开当前工作簿中的"销售数据"工作表（注意：所有工作簿文件数据所在的工作表名称必须相同）。如果工作簿数据所在工作表名称不一样，就需要增加访问遍历工作表的代码（for 循环遍历所有工作表的代码）。

第四步：读取当前工作簿中"销售数据"工作表的数据。

将当前工作簿中"销售数据"工作表中的数据读取为 DataFrame 对象形式，然后将读取的数据输入到“data_pd”的 DataFrame 对象中。在程序中继续输入如下代码：

```
13 data1=i.range('A1').options(pd.DataFrame,header=1,index=False,expand='table')
   .value                                      # 将当前工作表的数据读取为 DataFrame 形式
14  data_pd=data_pd.append(data1)              # 将 data1 的数据加到 DataFrame 中
```

第 13 行代码：将工作表中的数据读取成 Pandas 模块的 DataFrame 形式。为何要读成 DataFrame 形式呢？因为这样就可以用 Pandas 模块中的方法对数据进行分析处理。“data1”为新定义的变量，用来保存读取的数据；“i”为本次循环时存储的对应的工作表的名称，指定工作表名称后，就可以对相应工作表进行处理了；“range('A1')”方法用来设置起始单元格，“'A1'”参数表示起始单元格为 A1 单元格；“options()”方法用来设置数据读取的类型。“pd.DataFrame”参数的作用是将数据内容读取成 DataFrame 形式，如图 9-9 所示为读取的 DataFrame 形式的数据；“header=1”参数用于设置原始数据集中的第一列作为列名，而不是使用自动列名；“index=False”参数的作用是取消索引，因为 DataFrame 数据形式会默认将表格的首列作为 DataFrame 的 index（索引），因此就需要在表格内容的首列固定一个序号列，如果表格中首列并不是序号，就需要在函数中设置参数忽略 index；“expand='table'”参数的作用是扩展选择范围，还可以设置为 right 或 down，table 表示向整个表扩展，即选择整个表格，right 表示向表的右方扩展，即选择一行，down 表示向表的下方扩展，即选择一列；“value”方法表示工作表的数据。

```
        行    款台     收款员      销售日期      销售时间  ...  售价金额  销售金额  进价  折扣率  销售模式
0       1.0  22.0  102.王小吴  2020-01-01  0.335035  ...   20.0   20.0  13.2  1.0   零售
1       2.0  22.0  102.王小吴  2020-01-01  0.335035  ...  425.0  425.0  51.0  1.0   零售
2       3.0  22.0  102.王小吴  2020-01-01  0.335035  ...   16.0   16.0   5.0  1.0   零售
3       4.0  22.0  102.王小吴  2020-01-01  0.335035  ...    8.0    8.0   5.5  1.0   零售
4       5.0  22.0  102.王小吴  2020-01-01  0.338148  ...    5.0    5.0   3.0  1.0   零售
...     ...   ...        ...         ...       ...  ...    ...    ...   ...  ...   ...
4041 4042.0  22.0  102.王小吴  2020-09-07  0.361782  ...    3.0    3.0   0.8  1.0   零售
4042 4043.0  22.0  102.王小吴  2020-09-07  0.361782  ...   28.0   28.0  20.0  1.0   零售
4043 4044.0  22.0  102.王小吴  2020-09-07  0.362025  ...   20.0   20.0  15.0  1.0   零售
4044 4045.0  22.0  102.王小吴  2020-09-07  0.362025  ...   35.0   35.0  22.0  1.0   零售
4045 4046.0  22.0  102.王小吴  2020-09-07  0.362025  ...   98.0   98.0  53.0  1.0   零售

[4046 rows x 17 columns]
```

图 9-9 读取的 DataFrame 形式的数据

第 14 行代码：将“data1”存储的 DataFrame 数据（第 13 行读取的数据）输入到之前新建的空的 DataFrame 中。“append()”函数的作用是向 DataFrame 中输入数据。每执行一次 for 循环就会将一个工作表中分组求和后的数据添加到 DataFrame 中，直到最后一次循环，所有工作表中的数据都会被输入到 DataFrame 中。如图 9-10 所示为 data_pd 中存储的数据。

```
        行    款台     收款员      销售日期      销售时间  ...  售价金额  销售金额  进价  折扣率  销售模式
0       1.0  22.0  102.王小吴  2020-01-01  0.335035  ...   20.0   20.0  13.2  1.0   零售
1       2.0  22.0  102.王小吴  2020-01-01  0.335035  ...  425.0  425.0  51.0  1.0   零售
2       3.0  22.0  102.王小吴  2020-01-01  0.335035  ...   16.0   16.0   5.0  1.0   零售
3       4.0  22.0  102.王小吴  2020-01-01  0.335035  ...    8.0    8.0   5.5  1.0   零售
4       5.0  22.0  102.王小吴  2020-01-01  0.338148  ...    5.0    5.0   3.0  1.0   零售
...     ...   ...        ...         ...       ...  ...    ...    ...   ...  ...   ...
4041 4042.0  22.0  102.王小吴  2020-09-07  0.361782  ...    3.0    3.0   0.8  1.0   零售
4042 4043.0  22.0  102.王小吴  2020-09-07  0.361782  ...   28.0   28.0  20.0  1.0   零售
4043 4044.0  22.0  102.王小吴  2020-09-07  0.362025  ...   20.0   20.0  15.0  1.0   零售
4044 4045.0  22.0  102.王小吴  2020-09-07  0.362025  ...   35.0   35.0  22.0  1.0   零售
4045 4046.0  22.0  102.王小吴  2020-09-07  0.362025  ...   98.0   98.0  53.0  1.0   零售

[12138 rows x 17 columns]
```

图 9-10 data_pd 中存储的数据

第五步：将数据分组求和运算后进行排序。

将"data_pd"中存储的数据按"商品码""商品名称"列分组并求和后，将分组后的数据按"数量"降序排序，并取前十行。在程序中输入以下代码。

```
15 data_sift=data_pd.groupby(['商品码','商品名称']).aggregate({'数量':'sum'})
                                      # 将读取的数据按"商品码""商品名称"列分组并求和
16 data_sort=data_sift.sort_values(by=['数量'],ascending=False).head(10)
                                      # 将分组后的数据按"数量"降序排序，并取前十行
```

第 15 行代码：将"data_pd"存储的数据，按指定的"商品码"列和"商品名称"列进行分组并求和。"data_sift"为新定义的变量，用来存储分组求和后的数据；"data_pd"为上一行读取的数据；"groupby()"方法用来根据 DataFrame 的某一列或多列内容进行分组聚合。若按某一列聚合，则新 DataFrame 将根据某一列的内容分为不同的维度进行拆解，同时将同一维度的再进行聚合；若按某多列聚合，则新 DataFrame 具有一个层次化索引（由唯一的键对组成）。"['商品码','商品名称']"为"groupby()"方法的参数，用于指定分组的索引。"aggregate()"方法可以对分组后的数据进行多种方式的统计汇总，比如对多个指定的列进行不同的运算（如求和、求最小值等）。本案例中对"数量"列进行了求和运算。"{'数量':'sum'}"为"aggregate()"方法的参数，其中，"数量"参数需要用字典的形式提供，"'sum'"参数为列名称和需要的计算函数。分组求和后的数据如图 9-11 所示。

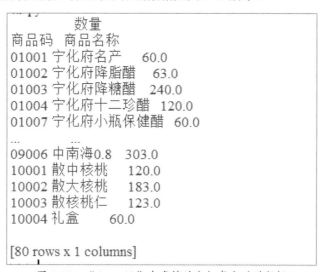

图 9-11　"data_sift"中存储的分组求和后的数据

第 16 行代码：对分组数据中的"数量"列进行降序排序，然后取前十行数据。"data_sort"为新定义的变量，用来存储排序后的数据，如图 9-12 所示为"data_sort"中存储的排序后的数据。"sort_values()"方法是 Pandas 模块的方法，用于将数据区域按照某个字段的数据进行排序，这个字段可以是列数据，"by=['数量'],ascending=False"为其参数，"by"用来设置排序的列，"ascending=False"用来设置排序方式，False 表示降序排序，True 表示升序排序；"head(10)"的作用是选择指定的行数据。

```
              数量
商品码 商品名称
04001 400g沁州黄    495.0
03001 300g壶瓶枣    489.0
07004 水晶梨        423.0
08001 通心面        363.0
06003 蜻蜓扑克      363.0
06023 安利香皂      360.0
05007 牛肉礼盒6     360.0
09003 芙蓉王        312.0
02004 10年45°吉祥汾  306.0
07001 香瓜         303.0
```

图 9-12 "data_sort"中存储的排序后的数据

第六步：新建工作簿和工作表并写入排序的数据。

上一步骤中获得了排序的数据，接下来新建一个工作簿，并新建"商品分析"工作表，用来存放排序的数据。在程序中输入下面的代码：

```
17  new_wb=app.books.add()                          # 新建一个工作簿
18  new_sht=new_wb.sheets.add(' 商品分析 ')            # 新建一个"商品分析"工作表
19  new_sht.range('A1').value=data_sort              # 在新工作表中存入排序数据
```

第 17 行代码：新建一个工作簿。"new_wb"为定义的新变量，用来存储新建的工作簿；"app"为启动的 Excel 程序；"books.add()"方法用来新建一个工作簿。

第 18 行代码：在新建的工作簿中插入"商品分析"的新工作表。"new_sht"为新定义的变量，用来存储新建的工作表；"new_wb"为上一行代码中新建的工作簿；"sheets.add(' 商品分析 ')"为插入新工作表的方法，括号中的内容为新工作表名称。

第 19 行代码：将排序后的数据写入新工作表中。"new_sht"为新建的"商品分析"工作表；"range('A1')"表示从 A1 单元格开始复制；"value"表示工作表数据。"="右侧的为要写入的数据，"data_sort"为存储的排序的数据。

第七步：保存后关闭工作簿并退出 Excel 程序。

在处理完数据后，保存工作簿，然后关闭工作簿，退出 Excel 程序。在程序中输入下面的代码：

```
20  new_sht.autofit()                                # 自动调整新工作表的行高和列宽
21  new_wb.save(' E:\\ 超市数据 \\ 商品分析 \\ 商品分析 .xlsx ')    # 保存工作簿
22  new_wb.close()                                   # 关闭新建的工作簿
23  wb.close()                                       # 关闭打开的工作簿
24  app.quit()                                       # 退出 Excel 程序
```

第 20 行代码：根据数据内容自动调整"商品分析"新工作表的行高和列宽。"autofit()"方法用于自动调整整个工作表的列宽和行高。该方法的参数为 axis=None 或 rows、columns等。其中，axis=None 或省略表示自动调整行高和列宽；axis=rows 或 axis=r 表示自动调整行高；axis=columns 或 axis=c 表示自动调整列宽。

第 21 行代码：将新建的工作簿保存为"商品分析 .xlsx"工作簿。"save()"方法用来保存工作簿。

第 22 行代码：关闭"商品分析 .xlsx"工作簿。

第 23 行代码：关闭之前打开的工作簿。

第 24 行代码：退出 Excel 程序。

完成后的全部代码如下：

```
01  import xlwings as xw                                    # 导入 xlwings 模块
02  import pandas as pd                                     # 导入 Pandas 模块
03  import os                                               # 导入 os 模块
04  file_path='E:\\\ 超市数据 \\ 商品分析 '                   # 指定要处理的文件所在文件夹的路径
05  file_list=os.listdir(file_path)                         # 将所有文件和文件夹的名称以列表的形式保存
06  app=xw.App(visible=True,add_book=False)                 # 启动 Excel 程序
07  data_pd=pd.DataFrame()                                  # 新建空的 DataFrame，用于存放数据
08  for x in file_list:                                     # 遍历列表 file_list 中的元素
09      if x.startswith('~$'):                              # 判断文件名称是否有以 "~$" 开头的临时文件
10          continue                                        # 跳过本次循环
11      wb=app.books.open(file_path+'\\'+x)                 # 打开文件夹中的工作簿
12      sht=wb.sheets(' 销售数据 ')                          # 打开 "销售数据" 工作表
13      data1=i.range('A1').options(pd.DataFrame,header=1,index=False,expand='table')
        .value                                              # 将当前工作表的数据读取为 DataFrame 形式
14      data_pd=data_pd.append(data1)                       # 将 data1 的数据加到 DataFrame 中
15  data_sift=data_pd.groupby([' 商品码 ',' 商品名称 ']).aggregate({' 数量 ':'sum'})
                                                            # 将读取的数据按 "商品码" "商品名称" 列分组并求和
16  data_sort=data_sift.sort_values(by=[' 数量 '],ascending=False).head(10)
                                                            # 将分组后的数据按 "数量" 降序排序，并取前 10 行
17  new_wb=app.books.add()                                  # 新建一个工作簿
18  new_sht=new_wb.sheets.add(' 商品分析 ')                  # 新建一个 "商品分析" 工作表
19  new_sht.range('A1').value=data_sort                     # 在新工作表中存入排序数据
20  new_sht.autofit()                                       # 自动调整新工作表的行高和列宽
21  new_wb.save(' E:\\ 超市数据 \\ 商品分析 \\ 商品分析 .xlsx ')  # 保存工作簿
22  new_wb.close()                                          # 关闭新建的工作簿
23  wb.close()                                              # 关闭打开的工作簿
24  app.quit()                                              # 退出 Excel 程序
```

零基础代码套用：

（1）将案例中第 04 行代码中的 "E:\\ 超市数据 \\ 商品分析" 更换为其他文件夹，可以对其他文件夹中的所有工作簿进行处理。注意：要加上文件夹的路径。

（2）将案例中第 12 行代码中的 "销售数据" 修改为要统计的工作表名称。

（3）将案例中第 15 行代码中的 "商品码" "商品名称" 修改为要作为分组索引的列标题，将 "数量" 修改为要汇总的列标题。

（4）将案例中第 16 行代码中的 "数量" 修改为要排序的类标题。

（5）将案例中第 21 行代码中的 "E:\\ 超市数据 \\ 商品分析 \\ 商品分析 .xlsx" 更换为其他名称，可以修改新建的工作簿的名称。注意：要加上文件的路径。

如果需要处理多个 CSV 格式的数据文件，就按以下方法修改。

（1）删除案例中第 11、12 行和第 23 行代码。

（2）将案例中第 13 行代码修改为（如果文件格式是 CSV）：

```
data_pd=pd.read_csv(file_path+'\\'+x,engine='Python',encoding='gbk')，如果文件格式是
CSV UTF-8，则将 encoding='gbk' 修改为 encoding='utf-9-sig'
```

9.3　统计分析超市每天的客流高峰时段

通常超市在客流高峰时，会出现收银拥堵，超市工作人员短缺的问题，如果能及时了解超市每天的客流高峰数据，就可以根据每时段的客流情况合理排班。在本案例中，我们将对超市销售数据进行分析处理，统计出一天中各小时的客流量。

如图 9-13 所示为 "超市销售数据 2020-9.xlsx" 工作簿数据文件，要求对此数据进行分

析处理，去掉重复的订单（同一客户会购买多个商品，出现多个订单），然后按"销售时间"对"小票号"进行计数运算，统计出客流情况。最后将统计结果复制到新的工作簿的新工作表中，并命名为"客流分析"。处理后的效果如图 9-14 所示。

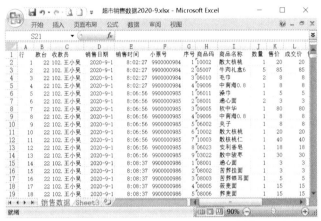

图 9-13 "超市销售数据 2020-9.xlsx"工作簿数据文件

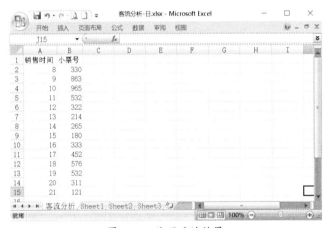

图 9-14 处理后的效果

下面我们来分析程序如何编写。

（1）打开 E 盘"超市数据"文件夹中"超市销售数据 2020-9.xlsx"工作簿中"销售数据"工作表。

（2）将时间列的单元格格式设置为"小时"格式，接着将工作表中的数据读取为 DataFrame 对象形式。

（3）选择数据中指定日的数据，并对数据进行去重，然后将"销售时间"转换为整数时间格式。

（4）对读取的数据按"销售时间"列分组并对"小票号"列计数。

（5）按要求新建一个工作簿，再新建一个"客流分析"工作表。然后将分组计数后的数据复制到"客流分析"工作表中。

（6）将新建的工作簿保存为"客流分析 - 日"的工作簿，并关闭工作簿，退出 Excel 程序。

第一步：导入模块。

新建一个 Python 文件，然后输入下面的代码：

```
01  import xlwings as xw                              # 导入 xlwings 模块
02  import pandas as pd                               # 导入 Pandas 模块
03  from datetime import datetime                     # 导入 datetime 模块的 datetime 类
```

这三行代码的作用是导入要使用的两个模块。导入模块的代码一般要放在程序的最前面。

第 01 行代码：导入 xlwings 模块，并指定模块的别名为"xw"。也就是在程序中"xw"就代表"xlwings"。在 Python 中导入模块要使用 import 函数，"as"用来指定模块的别名。

第 02 行代码：导入 Pandas 模块，并指定模块的别名为"pd"。

第 03 行代码：导入 datetime 模块中的 datetime 类。datetime 模块提供用于处理日期和时间的类，支持日期和时间的数学运算。

第二步：打开要处理的工作簿数据文件。

打开要处理的工作簿数据文件，然后打开"销售数据"工作表。在程序中输入以下代码：

```
04  app=xw.App(visible=True,add_book=False)                              # 启动 Excel 程序
05  wb=app.books.open('E:\\ 超市数据 \\ 超市销售数据 2020-9.xlsx')        # 打开工作簿
06  sht=wb.sheets(' 销售数据 ')                                          # 打开"销售数据"工作表
```

第 04 行代码：启动 Excel 程序，并把程序存储在"app"变量中。这里小写的"app"是新定义的变量，用来存储打开的 Excel 程序。在 Python 中，一般在使用变量时直接定义即可，而不用提前定义。"xw"指的是 xlwings 模块，大写 A 开头的"App"是 xlwings 模块中的方法（即函数），用来启动 Excel 程序。它右侧括号中的内容为其参数，用来设置启动的 Excel 程序。其中，"visible"参数用来设置启动的 Excel 程序是否可见，如果设置为 True，就表示可见（默认），如果为 False，就表示不可见。"add_book"参数用来设置启动 Excel 时，是否自动创建新工作簿，如果设置为 True，就表示自动创建（默认），如果为 False，就表示不创建。

第 05 行代码：打开 E 盘"超市数据"文件夹中的"超市销售数据 2020-9.xlsx"工作簿文件。"wb"为新定义的变量，用来存储打开的工作簿；"app"为启动的 Excel 程序；"books.open()"方法用来打开工作簿，括号中的内容为要打开的工作簿文件。这里要写全工作簿文件的详细路径，注意：须用双反斜杠，或利用转义符 r，如：r'E:\ 超市数据 \ 超市销售数据 2020-9.xlsx '。

第 06 行代码：打开"销售数据"工作表。"sht"为新定义的变量；"wb"表示打开的"超市销售数据 2020-9.xlsx"工作簿；"sheets('销售数据')"方法用来打开工作表，括号中的"销售数据"参数为要打开的工作表名称。

第三步：读取工作表数据。

将"销售时间"列单元格格式设置为"小时"格式，再将"销售数据"工作表的数据读取为 DataFrame 对象形式。在程序中输入以下代码：

```
07  sht.range('E:E').api.NumberFormat='h'    # 将 E 列单元格格式设置为"小时"格式
08  data_pd=sht.range('A1').options(pd.DataFrame,header=1,index=False,expand='table')
    .value                                   # 将当前工作表的数据读取为 DataFrame 形式
```

第 07 行代码：将"销售数据"工作表的 E 列（"销售时间"列）单元格数字格式设置为"时间"格式："h"，即只显示小时。因为后面代码中要以小时为单位对数据进行统计分析，

因此去掉分钟和秒，只显示小时。"sht"为之前打开的"销售数据"工作表；"range('E:E')"表示 E 列，如"range('1:1')"表示第一行。注意："NumberFormat"方法中的字母 N 和 F 要大写。"="右侧为要设置的格式，"'h'"表示小时。

第 08 行代码：将"销售数据"工作表中的数据读取成 Pandas 模块的 DataFrame 形式。为何要读成 DataFrame 形式呢？因为这样就可以用 Pandas 模块中的方法对数据进行分析处理。"data_pd"为新定义的变量，用来保存读取的数据；"sht"为"销售数据"工作表；"range('A1')"方法用来设置起始单元格，参数"'A1'"表示起始单元格为 A1 单元格；"options()"方法用来设置数据读取的类型。其参数"pd.DataFrame"的作用是将数据内容读取成 DataFrame 形式。如图 9-15 所示为"data_pd"中存储的所读取的数据。"header=1"参数用于设置使用原始数据集中的第一列作为列名，而不是使用自动列名；"index=False"参数的作用是取消索引，因为 DataFrame 数据形式会默认将表格的首列作为 DataFrame 的 index（索引），因此就需要在表格内容的首列固定一个序号列，如果表格中首列并不是序号，就需要在函数中设置参数忽略 index；"expand='table'"参数的作用是扩展选择范围，其参数可以设置为 table、right 或 down，table 表示向整个表扩展，即选择整个表格，right 表示向表的右方扩展，即选择一行，down 表示向表的下方扩展，即选择一列；"value"方法表示工作表的数据。

```
     行   款台   收款员  销售日期    销售时间   ...  售价金额  销售金额  进价   折扣率  销售模式
0    1.0  22.0  102.王小吴  2020-09-01  0.335035  ...  20.0  20.0  13.2  1.0  零售
1    2.0  22.0  102.王小吴  2020-09-01  0.335035  ...  425.0 425.0 51.0  1.0  零售
2    3.0  22.0  102.王小吴  2020-09-01  0.335035  ...  16.0  16.0  5.0   1.0  零售
3    4.0  22.0  102.王小吴  2020-09-01  0.335035  ...  8.0   8.0   5.5   1.0  零售
4    5.0  22.0  102.王小吴  2020-09-01  0.338148  ...  5.0   5.0   3.0   1.0  零售
...
4041 4042.0 22.0 102.王小吴  2020-09-18  0.361782  ...  3.0   3.0   0.8   1.0  零售
4042 4043.0 22.0 102.王小吴  2020-09-18  0.361782  ...  28.0  28.0  20.0  1.0  零售
4043 4044.0 22.0 102.王小吴  2020-09-18  0.362025  ...  20.0  20.0  15.0  1.0  零售
4044 4045.0 22.0 102.王小吴  2020-09-18  0.362025  ...  35.0  35.0  22.0  1.0  零售
4045 4046.0 22.0 102.王小吴  2020-09-18  0.362025  ...  98.0  98.0  53.0  1.0  零售

[4046 rows x 17 columns]
```

图 9-15　读取的 DataFrame 形式的数据

第四步：对数据进行去重处理后再进行分组计数运算。

从读取的数据中选择某一天的数据，并对选择的数据中的"销售时间"和"小票号"列进行去重复项操作，再将"销售时间"列的小数时间格式转换为整数时间格式，最后将读取的数据按"销售时间"列分组并对"小票号"列计数。在程序中输入以下代码：

```
09 data_pd1=data_pd[data_pd['销售日期']==datetime(2020,9,2)]
                            # 选取 2020 年 9 月 2 日的销售数据
10 data_pd2=data_pd1[['销售时间','小票号']].drop_duplicates()
                            # 对"销售时间"和"小票号"列进行去重复项
11 data_pd2['销售时间']=[int(x*24) for x in data_pd2['销售时间']]
                            # 将"销售时间"列的小数时间格式转换为整数时间格式
12 data_sort=data_pd2.groupby('销售时间').aggregate({'小票号':'count'})
                            # 将读取的数据按"销售时间"列分组并对"小票号"列计数
```

第 09 行代码：选取 2020 年 9 月 2 日的销售数据。"data_pd1"为新定义的变量，用来存储选择的数据；"data_pd[data_pd['销售日期']==datetime(2020,9,2)]"的意思是选择"data_pd"中存储的数据的"销售日期"列为 2020 年 9 月 2 日的数据；"datetime()"方法是 datetime 模块的方法，用来选择日期，它的参数"2020,9,2"为具体日期 2020 年 9 月 2 日。

如图 9-16 所示为"data_pd1"中存储的 9 月 2 日的数据。

图 9-16 "data_pd1"中存储的 9 月 2 日的数据

第 10 行代码：对"销售时间"和"小票号"列进行重复值处理，然后保留第一个（行）值（默认）。"data_pd2"为新定义的变量，用来存储去重后的数据；"data_pd1[[' 销售时间 ',' 小票号 ']]"表示选择"data_pd1"数据中的"销售时间"列和"小票号"列；"drop_duplicates()"方法是 Pandas 模块中的方法，用于对所有值进行重复值判断，且默认保留第一个（行）值。如图 9-17 所示为"data_pd2"中存储的去重后的数据。drop_duplicates() 方法的格式为：

```
drop_duplicates(subset=None, keep='first', inplace=False)
```

其有 3 个参数，见表 9-2。

第 11 行代码：将"销售时间"列的小数时间格式转换为整数时间格式。Excel 中的数据在读取为 DataFrame 对象的数据时，原先表格中的时间（如 8:06:56）会转换为"0.338148"（见图 9-15）。要统计以小时为单位的客户数据，就需要将"销售时间"列转换为整数时间格式中的小时，方法是乘以 24 然后取整数。如 $0.338148 \times 24 = 8.115552$，取整数就是 8，即 8 点。"data_pd2[' 销售时间 ']"表示选择"销售时间"列数据；int() 函数作用就是取整数；"for x in data_pd2[' 销售时间 ']"的意思是遍历"data_pd2"数据中的"销售时间"列，此列数据以列表形式存储，用 for 循环遍历此列表，可以在每循环一次，就将"销售时间"列中的一项存储在 x 变量中，同时，执行"int(x*24)"代码的运行，即将 x 中存储的项乘以 24 后取整数部分，然后再将运算后的结果存回列表中。

	销售时间	小票号
374	8	9.900001e+09
378	10	9.900001e+09
385	10	9.900001e+09
388	11	9.900001e+09
389	11	9.900001e+09
393	11	9.900001e+09
397	11	9.900001e+09
400	11	9.900001e+09
404	11	9.900001e+09
413	8	9.900001e+09
420	11	9.900001e+09
427	11	9.900001e+09
436	11	9.900001e+09
444	11	9.900001e+09
445	11	9.900001e+09
451	11	9.900001e+09
455	11	9.900001e+09
464	8	9.900001e+09
468	8	9.900001e+09
475	8	9.900001e+09
480	12	9.900001e+09
484	12	9.900001e+09
492	12	9.900001e+09
495	12	9.900001e+09
498	12	9.900001e+09
505	12	9.900001e+09
511	12	9.900001e+09

图 9-17 "data_pd2"中存储的去重后的数据

表 9-2 drop_duplicates() 方法的 3 个参数

参数	功能
subset	用来选择去重复判断的列标签，默认情况下是对所有列进行去重复判断。也可以指定去重复判断的列，如 subset=' 小票号 ' 表示对"小票号"列去重复判断，或 subset=[' 销售时间 ',' 小票号 '] 表示对"销售时间"和"小票号"列去重复判断
keep	用于设置删除重复项时保留哪个，默认为保留第一个。keep='first' 表示保留第一个，keep='last' 表示保留最后一个，keep=False 表示全部不保留，即删除全部重复项
inplace	布尔值，默认为 False。表示是否直接在原数据上删除重复项或在删除重复项后返回副本

第 12 行代码：将转换时间格式后的数据按指定的"销售时间"列进行分组并对"小票号"列计数。"data_sort"为新定义的变量，用来存储分组后的数据；"data_pd2"为之前去重

后的数据；"groupby(' 销售时间 ')"作用是按"销售时间"分组，"groupby()"方法用来根据 DataFrame 的某一列或多列内容进行分组聚合。若按某一列聚合，则新 DataFrame 将根据某一列的内容分为不同的维度进行拆解，同时将同一维度的再进行聚合；若按某多列聚合，则新 DataFrame 具有一个层次化索引（由唯一的键对组成）；"aggregate({' 小票号 ':'count'})"

作用是对"小票号"列进行计数运算，"aggregate()"方法可以对分组后的数据进行多种方式的统计汇总，比如对多个指定的列进行不同的运算（如求和、求最小值等）。本案例中对"小票号"列进行了计数运算。

小票号	
销售时间	
8	5
10	2
11	14
12	7

如图 9-18 所示为"data_sort"中存储的分组计数运算后的数据。

图 9-18 "data_sort"中存储的分组计数运算后的数据

第五步：新建工作簿和工作表并写入客流统计数据。

上面的步骤中通过计算获得了一天中各个时段客流数据，接下来新建一个工作簿，并新建"客流分析"工作表，然后将客流统计数据写入新建的工作表中。在程序中输入下面的代码：

```
13  new_wb=app.books.add()                              # 新建一个工作簿
14  new_sht=new_wb.sheets.add(' 客流分析 ')              # 在新工作簿中新建"客流分析"工作表
15  new_sht.range('A1').options(transform= True).value=data_sort
                                                         # 在新工作表中写入 data_sort 中存储的数据
```

第 13 行代码：新建一个工作簿。"new_wb"为定义的新变量，用来存储新建的工作簿；"app"为启动的 Excel 程序；"books.add()"方法用来新建一个工作簿。

第 14 行代码：在新建的工作簿中插入"客流分析"的新工作表。"new_sht"为新定义的变量，用来存储新建的工作表；"new_wb"为上一行代码中新建的工作簿；"sheets.add(' 客流分析 ')"为插入新工作表的方法，括号中为新工作表名称。

第 15 行代码：将客单价和客单量数据写入新工作表中。"new_sht"为新建的"客流分析"工作表；"range('A1')"表示从 A1 单元格开始复制；"options(transform= True)"方法的作用是设置数据，其参数"transform= True"用来转变写入数据的排列方式；"value"表示工作表数据；"="右侧的为要写入的数据；"data_sort"为第 12 行代码中获得的数据。如图 9-19 所示为写入工作表中的数据。

	A	B	C	D
1	销售时间	小票号		
2	8	330		
3	9	863		
4	10	965		
5	11	532		
6	12	322		
7	13	214		
8	14	265		
9	15	180		
10	16	333		
11	17	452		
12	18	576		
13	19	532		
14	20	311		
15	21	121		
16				

客流分析 Sheet1 Sheet2

就绪

图 9-19 写入工作表中的数据

第六步：保存后关闭工作簿并退出 Excel 程序。

在处理完数据后，保存工作簿，然后关闭工作簿，退出 Excel 程序。在程序中输入下面的代码：

```
16  new_sht.autofit()                                # 自动调整新工作表的行高和列宽
17  new_wb.save('E:\\ 超市数据 \\ 客流分析 - 日 .xlsx')   # 保存工作簿
18  new_wb.close()                                   # 关闭新建的工作簿
19  wb.close()                                       # 关闭打开的工作簿
20  app.quit()                                       # 退出 Excel 程序
```

第 16 行代码：根据数据内容自动调整"客流分析"新工作表的行高和列宽。"autofit()"方法用于自动调整整个工作表的列宽和行高。该方法的参数为 axis=None 或 rows、columns 等。

其中，axis=None 或省略表示自动调整行高和列宽；axis=rows 或 axis=r 表示自动调整行高；axis=columns 或 axis=c 表示自动调整列宽。

第 17 行代码：将新建的工作簿保存为"客流分析 - 日 .xlsx"工作簿。"save()"方法用来保存工作簿。

第 18 行代码：关闭"客流分析 - 日 .xlsx"工作簿。

第 19 行代码：关闭之前打开的工作簿。

第 20 行代码：退出 Excel 程序。

完成后的全部代码如下：

```
01  import xlwings as xw                                    # 导入 xlwings 模块
02  import pandas as pd                                     # 导入 Pandas 模块
03  from datetime import datetime                           # 导入 datetime 模块的 datetime 类
04  app=xw.App(visible=True,add_book=False)                 # 启动 Excel 程序
05  wb=app.books.open('E:\\ 超市数据 \\ 超市销售数据 2020-9.xlsx')  # 打开工作簿
06  sht=wb.sheets(' 销售数据 ')                              # 打开"销售数据"工作表
07  sht.range('E:E').api.NumberFormat='h'                   # 将 E 列单元格格式设置为自定义小时
08  data_pd=sht.range('A1').options(pd.DataFrame,header=1,index=False,expand='table')
    .value                                                  # 将当前工作表的数据读取为 DataFrame 形式
09  data_pd1=data_pd[data_pd[' 销售日期 ']==datetime(2020,9,2)]
                                                            # 选取 2020 年 9 月 2 日的销售数据
10  data_pd2=data_pd1[[' 销售时间 ',' 小票号 ']].drop_duplicates()
                                                            # 对"销售时间"和"小票号"列进行去重项
11  data_pd2[' 销售时间 ']=[int(x*24) for x in data_pd2[' 销售时间 ']]
                                                            # 将"销售时间"列的小数时间格式转换为整数时间格式
12  data_sort=data_pd2.groupby(' 销售时间 ').aggregate({' 小票号 ':'count'})
                                                            # 将读取的数据按"销售时间"列分组并对"小票号"列计数
13  new_wb=app.books.add()                                  # 新建一个工作簿
14  new_sht=new_wb.sheets.add(' 客流分析 ')                  # 在新工作簿中新建"客流分析"工作表
15  new_sht.range('A1').options(transform= True).value=data_sort
                                                            # 在新工作表中写入 data_sort 中存储的数据
16  new_sht.autofit()                                       # 自动调整新工作表的行高和列宽
17  new_wb.save('E:\\ 超市数据 \\ 客流分析 - 日 .xlsx')       # 保存工作簿
18  new_wb.close()                                          # 关闭新建的工作簿
19  wb.close()                                              # 关闭打开的工作簿
20  app.quit()                                              # 退出 Excel 程序
```

零基础代码套用：

（1）将案例中第 05 行代码中的"E:\\ 超市数据 \\ 超市销售数据 2020-9.xlsx"更换为其他文件名，可以对其他工作簿进行处理。注意：要加上文件的路径。

（2）将案例中第 06 行代码中的"销售数据"修改为要处理的工作表的列标题。

（3）将案例中第 07 行代码中的"E:E"修改为时间列的列号。

（4）将案例中第 09 行代码中的"销售日期"修改为日期列标题，代码中的时间根据需要来设置。注意：2020,9,2 表示 2020 年 9 月 2 日。

（5）将案例中第 10 行代码中的"销售时间"和"小票号"修改为要去重复项的列的列标题。

（6）将案例中第 11 行代码中的"销售时间"修改为时间列的列标题。

（7）将案例中第 12 行代码中的"销售时间"和"小票号"修改为需要处理的数据的时间列标题和客户代号的列标题。

（8）将案例中第 17 行代码中的"E:\\ 超市数据 \\ 客流分析 - 日 .xlsx"更换为其他名称，可以修改新建的工作簿的名称。注意：要加上文件的路径。

如果需要处理 CSV 格式数据，就按以下方法进行修改：

（1）删除案例中第 05~07 行、第 11 行、第 19 行代码。

（2）如果文件格式是 CSV，就将案例中第 08 行代码修改为：

```
data_pd=pd.read_csv(r'E:\超市数据\超市销售数据2020-9.csv',engine='Python',encoding='gbk')
```

如果文件格式是 CSV UTF-8，就将 encoding='gbk' 修改为 encoding='utf-9-sig'

（3）在案例中原第 08 行代码下面插入下面三行代码，可转换日期时间格式，提取小时数：

```
data_pd['销售时间']=pd.to_datetime(data_pd['销售时间'])
data_pd['销售日期']=pd.to_datetime(data_pd['销售日期'])
data_pd['销售时间']=data_pd['销售时间'].map(lambda x:int(x.strftime('%H')))
```

注意：前两行代码将"销售时间"和"销售日期"列的格式从字符串格式转换为日期格式，最后一行作用是从时分秒的时间格式中提取小时数。如从 8:02:16 中提取小时数 8。因为统计客流量时，是以小时为单位统计的。

9.4　统计分析超市每周的客流高峰日

上一节的案例中，我们讲解了如何对超市数据进行分析处理，统计出一天中各小时的客流情况。在本案例中，将从超市销售数据中选择 7 天，然后分析统计出客流高峰日。

如图 9-20 所示为"超市销售周数据 .xlsx"工作簿数据文件，要求从数据文件中选择 7 天的销量数据，然后对数据进行处理，去掉重复的订单（同一客户会购买多个商品，出现多个订单），然后按"销售时间"对"小票号"进行计数运算，统计出客流情况。最后将统计结果复制到新的工作簿的新工作表中，并将新工作表命名为"客流分析"。处理后的效果如图 9-21 所示。

图 9-20　"超市销售周数据 .xlsx"工作簿数据

下面我们来分析程序如何编写。

（1）打开 E 盘"超市数据"文件夹中"超市销售周数据 .xlsx"工作簿中"销售数据"工作表。

（2）将工作表中的数据读取为 DataFrame 对象形式。

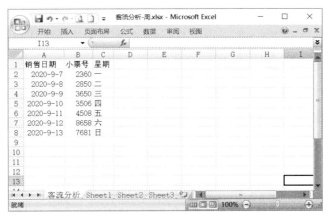

图 9-21　处理后的效果

（3）选择数据中一周的数据，并对数据进行去重，然后对读取的数据按"销售时间"列分组并对"小票号"列计数。

（4）向分组后的数据添加"星期"列。

（5）按要求新建一个工作簿，再新建一个"客流分析"工作表。然后将分组计数后的数据复制到"客流分析"工作表中。

（6）将新建的工作簿保存为"客流分析 - 周"的工作簿，并关闭工作簿，退出 Excel 程序。

第一步：导入模块并打开要处理的工作簿数据文件。

按照 9.3 节介绍的方法导入模块，打开要处理的工作簿数据文件，然后打开"销售数据"工作表。在程序中输入以下代码：

```
04  app=xw.App(visible=True,add_book=False)              # 启动 Excel 程序
05  wb=app.books.open('E:\\ 超市数据 \\ 超市销售周数据 .xlsx')   # 打开工作簿
06  sht=wb.sheets(' 销售数据 ')                            # 打开"销售数据"工作表
```

第 04 行代码：启动 Excel 程序，并把程序存储在"app"变量中。这里小写的"app"是新定义的变量，用来存储打开的 Excel 程序。在 Python 中，一般在使用变量时直接定义即可，而不用提前定义。"xw"指的是 xlwings 模块，大写 A 开头的"App"是 xlwings 模块中的方法（即函数），用来启动 Excel 程序。它右侧括号中的内容为其参数，用来设置启动的 Excel 程序。"visible"参数用来设置启动的 Excel 程序是否可见，如果设置为 True，就表示可见（默认），如果为 False，就表示不可见。"add_book"参数用来设置启动 Excel 时，是否自动创建新工作簿，如果设置为 True，就表示自动创建（默认），如果为 False，就表示不创建。

第 05 行代码：打开 E 盘"超市数据"文件夹中的"超市销售周数据 .xlsx"工作簿文件。"wb"为新定义的变量，用来存储打开的工作簿。"app"为启动的 Excel 程序，"books.open()"方法用来打开工作簿，括号中的内容为要打开的工作簿文件。这里要写全工作簿文件的详细路径。注意：须用双反斜杠，或利用转义符 r，如：r'E:\ 超市数据 \ 超市销售数据 .xlsx '。

第 06 行代码：打开"销售数据"工作表。"sht"为新定义的变量；"wb"表示打开的"超市销售周数据 .xlsx"工作簿，"sheets(' 销售数据 ')"方法用来打开工作表，括号中的"销售数据"参数为要打开的工作表名称。

第二步：读取工作表数据。

将"销售数据"工作表的数据读取为 DataFrame 对象形式。在程序中输入以下代码：

```
07  data_pd=sht.range('A1').options(pd.DataFrame,header=1,index=False,expand='table')
    .value                            # 将当前工作表的数据读取为 DataFrame 形式
```

第 07 行代码：将"销售数据"工作表中的数据读取成 Pandas 模块的 DataFrame 形式。为何要读成 DataFrame 形式呢？因为这样就可以用 Pandas 模块中的方法对数据进行分析处理。"data_pd"为新定义的变量，用来保存读取的数据；"sht"为"销售数据"工作表；"range('A1')"方法用来设置起始单元格，参数"'A1'"表示起始单元格为 A1 的单元格；"options()"方法用来设置数据读取的类型。其参数"pd.DataFrame"的作用是将数据内容读取成 DataFrame 形式。如图 9-22 所示为读取的 DataFrame 形式数据。"header=1"参数用于设置使用原始数据集中的第一列作为列名，而不是使用自动列名；"index=False"参数的作用是取消索引，因为 DataFrame 数据形式会默认将表格的首列作为 DataFrame 的 index（索引），因此就需要在表格内容的首列固定一个序号列，如果表格中首列并不是序号，就需要在函数中设置参数来忽略 index；"expand='table'"参数的作用是扩展选择范围，其参数可以设置为 table、right 或 down。其中，table 表示向整个表扩展，即选择整个表格，right 表示向表的右方扩展，即选择一行，down 表示向表的下方扩展，即选择一列；"value"方法表示工作表的数据。

```
      行    款台  收款员   销售日期      销售时间  ... 售价金额 销售金额 进价 折扣率 销售模式
0    1.0  22.0 102 王小吴 2020-09-01 0.335035 ... 20.0  20.0 13.2 1.0  零售
1    2.0  22.0 102 王小吴 2020-09-01 0.335035 ... 425.0 425.0 51.0 1.0  零售
2    3.0  22.0 102 王小吴 2020-09-01 0.335035 ... 16.0  16.0 5.0  1.0  零售
3    4.0  22.0 102 王小吴 2020-09-01 0.335035 ... 8.0   8.0  5.5  1.0  零售
4    5.0  22.0 102 王小吴 2020-09-01 0.338148 ... 5.0   5.0  3.0  1.0  零售
        ...                                    ...
4041 4042.0 22.0 102 王小吴 2020-09-18 0.361782 ... 3.0   3.0  0.8  1.0  零售
4042 4043.0 22.0 102 王小吴 2020-09-18 0.361782 ... 28.0  28.0 20.0 1.0  零售
4043 4044.0 22.0 102 王小吴 2020-09-18 0.362025 ... 20.0  20.0 15.0 1.0  零售
4044 4045.0 22.0 102 王小吴 2020-09-18 0.362025 ... 35.0  35.0 22.0 1.0  零售
4045 4046.0 22.0 102 王小吴 2020-09-18 0.362025 ... 98.0  98.0 53.0 1.0  零售

[4046 rows x 17 columns]
```

图 9-22　读取的 DataFrame 形式的数据

第三步：对数据进行去重处理后再进行分组计数运算。

从读取的数据中选择一周的数据，并对选择的数据中的"销售时间"和"小票号"列进行去重复项处理，然后将数据按"销售时间"列分组并对"小票号"列计数，最后向分组后的数据中添加"星期"列。在程序中输入以下代码：

```
08  data_pd1=data_pd[(data_pd['销售日期']>=datetime(2020,9,7))&(data_pd['销售日期']
    <=datetime(2020,9,13))]            # 选取销售日期在 2020.9.7~13 之间的数据
09  data_pd2=data_pd1[['销售日期','小票号']].drop_duplicates()
                                      # 对"销售日期"和"小票号"进行去重复项
10  data_sort=data_pd2.groupby('销售时间').aggregate({'小票号':'count'})
                                      # 将读取的数据按"销售日期"列分组并对"小票号"列计数
```

第 08 行代码：选取销售日期在 2020 年 9 月 7 日—13 日的数据。"data_pd1"为新定义的变量，用来存储选择的数据；"data_pd['销售日期']>=datetime(2020,9,7)"表示数据的"销售日期"列中的日期大于或等于 2020 年 9 月 7 日。"datetime()"是 datetime 模块的方法，它的参数"2020,9,7"为具体日期 2020 年 9 月 7 日。如图 9-23 所示为程序运行后 data_pd1 中存储的数据。

```
      行   款台    收款员      销售日期     销售时间 ... 售价金额 销售金额   进价 折扣率 销售模式
1429  1430.0  22.0  102.王小吴 2020-09-07  0.340625  ...  22.0  22.0  14.500  1.0  零售
1430  1431.0  22.0  102.王小吴 2020-09-07  0.340625  ...  10.0  10.0   6.800  1.0  零售
1431  1432.0  22.0  102.王小吴 2020-09-07  0.340625  ...   2.0   2.0   0.675  1.0  零售
1432  1433.0  22.0  102.王小吴 2020-09-07  0.340625  ...  35.0  35.0  22.000  1.0  零售
1433  1434.0  22.0  102.王小吴 2020-09-07  0.340625  ...  35.0  35.0  22.000  1.0  零售
...     ...    ...       ...        ...   ...    ...   ...   ...
2831  2832.0   6.0  110.韩信 2020-09-13  0.340625  ...   2.0   2.0   0.675  1.0  零售
2832  2833.0   6.0  110.韩信 2020-09-13  0.340625  ...  35.0  35.0  22.000  1.0  零售
2833  2834.0   6.0  110.韩信 2020-09-13  0.340625  ...  35.0  35.0  22.000  1.0  零售
2834  2835.0   6.0  110.韩信 2020-09-13  0.340625  ...   3.5   3.5   1.700  1.0  零售
2835  2836.0   6.0  110.韩信 2020-09-13  0.340625  ...   2.0   2.0   0.862  1.0  零售
```

图 9-23　data_pd1 中存储的数据

第 09 行代码：对“销售时间”和“小票号”列进行重复值处理，然后保留第一个（行）值（默认）。“data_pd2”为新定义的变量，用来存储去重后的数据；“data_pd1[['销售时间','小票号']]”表示选择“data_pd1”数据中的“销售时间”列和“小票号”列；“drop_duplicates()”方法是 Pandas 模块中的方法，用于对所有值进行重复值判断，且默认保留第一个（行）值。如图 9-24 所示为“data_pd2”中存储的去重后的数据。

```
         销售日期        小票号
1429 2020-09-07  9.900001e+09
1436 2020-09-07  9.900001e+09
1444 2020-09-07  9.900001e+09
1445 2020-09-07  9.900001e+09
1451 2020-09-07  9.900001e+09
...         ...           ...
2800 2020-09-13  9.900001e+09
2804 2020-09-13  9.900001e+09
2813 2020-09-13  9.900001e+09
2820 2020-09-13  9.900001e+09
2827 2020-09-13  9.900001e+09

[266 rows x 2 columns]
```

图 9-24　“data_pd2”中存储的去重后的数据

第 10 行代码：对去重后的数据按指定的“销售时间”列进行分组并对“小票号”列计数。“data_sort”为新定义的变量，用来存储分组后的数据；“data_pd2”为之前去重后的数据；“groupby('销售时间')”的作用是按“销售时间”分组；“groupby()”方法用来根据 DataFrame 的某一列或多列内容进行分组聚合。若按某一列聚合，则新 DataFrame 将根据某一列的内容分为不同的维度进行拆解，同时将同一维度的再进行聚合；若按某多列聚合，则新 DataFrame 具有一个层次化索引（由唯一的键对组成）；“aggregate({'小票号':'count'})”的作用是对“小票号”列进行计数运算，“aggregate()”方法可以对分组后的数据进行多种方式的统计汇总，比如对多个指定的列进行不同的运算（如求和、求最小值等）。本案例中对“小票号”列进行了计数运算。

```
            小票号
销售日期
2020-09-07   36
2020-09-08   34
2020-09-09   40
2020-09-10   40
2020-09-11   40
2020-09-12   38
2020-09-13   38
```

图 9-25　“data_sort”中存储的分组计数运算后的数据

如图 9-25 所示为“data_sort”中存储的分组计数运算后的数据。

第四步：向分组运算后的数据中插入“星期”列数据。

在对数据进行分组运算后，向数据中插入“星期”列数据，这样可以更直观地观察处理后的数据。在程序中输入以下代码。

```
11  data_sort['星期']=['一','二','三','四','五','六','日']     #向分组后的数据插入"星期"列
```

第 11 行代码：向"data_sort"中存储的分组后的数据添加"星期"列数据。"data_sort['星期']"表示在"data_sort"数据中以索引的方式插入"星期"列数据；"="右侧的"['一','二','三','四','五','六','日']"为要插入的"星期"列的数据，数据以列表的形式提供。也可以用"insert()"方法来插入列数据，插入方法如下：

```
data_sort.insert(1,'星期',['一','二','三','四','五','六','日'])
```

其中，参数中的"1"为插入的列在数据中的索引（即位置），"1"表示插入为第 2 列。

如图 9-26 所示为插入"星期"列后的数据。

第五步：新建工作簿和工作表并写入客流统计数据。

上面的步骤中通过计算获得了一天中各个时段的客流数据，接下来新建一个工作簿，并新建"客流分析"工作表，然后将客流统计数据写入新建的工作表中。接着在程序中输入下面的代码。

	小票号	星期
销售日期		
2020-09-07	36	一
2020-09-08	34	二
2020-09-09	40	三
2020-09-10	40	四
2020-09-11	40	五
2020-09-12	38	六
2020-09-13	38	日

图 9-26 插入"星期"列后的数据

```
12  new_wb=app.books.add()                               # 新建一个工作簿
13  new_sht=new_wb.sheets.add('客流分析')                 # 在新工作簿中新建"客流分析"工作表
14  new_sht.range('A1').options(transform= True).value=data_sort
                                                          # 在新工作表中写入 data_sort 中存储的数据
```

第 12 行代码：新建一个工作簿。"new_wb"为定义的新变量，用来存储新建的工作簿；"app"为启动的 Excel 程序；"books.add()"方法用来新建一个工作簿。

第 13 行代码：在新建的工作簿中插入"客流分析"的新工作表。"new_sht"为新定义的变量，用来存储新建的工作表；"new_wb"为上一行代码中新建的工作簿；"sheets.add('客流分析')"为插入新工作表的方法，括号中为新工作表名称。

第 14 行代码：将客单价和客单量数据写入新工作表中。"new_sht"为新建的"客流分析"工作表；"range('A1')"表示从 A1 单元格开始复制；"options(transform= True)"方法的作用是设置数据，其参数"transform= True"用来转变写入数据的排列方式；"value"表示工作表数据；"="右侧的内容为要写入的数据；"data_sort"为第 10 行代码中获得的数据。

第六步：保存后关闭工作簿并退出 Excel 程序。

在处理完数据后，保存工作簿，然后关闭工作簿，退出 Excel 程序。在程序中输入下面的代码：

```
15  new_sht.autofit()                                    # 自动调整新工作表的行高和列宽
16  new_wb.save('E:\\超市数据\\客流分析-周.xlsx')           # 保存工作簿
17  new_wb.close()                                        # 关闭新建的工作簿
18  wb.close()                                            # 关闭打开的工作簿
19  app.quit()                                            # 退出 Excel 程序
```

第 15 行代码：根据数据内容自动调整"客流分析"新工作表的行高和列宽。"autofit()"方法用于自动调整整个工作表的列宽和行高。该方法的参数为 axis=None 或 rows、columns 等。其中，axis=None 或省略表示自动调整行高和列宽；axis=rows 或 axis=r 表示自动调整行高；axis=columns 或 axis=c 表示自动调整列宽。

第 16 行代码：将新建的工作簿保存为"客流分析 - 周 .xlsx"工作簿。"save()"方法用来保存工作簿。

第 17 行代码：关闭"客流分析 - 周 .xlsx"工作簿。

第 18 行代码：关闭之前打开的工作簿。

第 19 行代码：退出 Excel 程序。

完成后的全部代码如下：

```
01  import xlwings as xw                                    # 导入 xlwings 模块
02  import pandas as pd                                     # 导入 Pandas 模块
03  from datetime import datetime                           # 导入 datetime 模块的类
04  app=xw.App(visible=True,add_book=False)                 # 启动 Excel 程序
05  wb=app.books.open('E:\\ 超市数据 \\ 超市销售周数据 2020.xlsx')   # 打开工作簿
06  sht=wb.sheets(' 销售数据 ')                              # 打开"销售数据"工作表
07  data_pd=sht.range('A1').options(pd.DataFrame,header=1,index=False,expand='table')
    .value                                                  # 将当前工作表的数据读取为 DataFrame 形式
08  data_pd1=data_pd[(data_pd[' 销售日期 ']>=datetime(2020,9,7))&(data_pd[' 销售日期 ']
    <=datetime(2020,9,13))]                                 # 选取销售日期在 2020.9.7~2020.9.13 之间的数据
09  data_pd2=data_pd1[[' 销售日期 ',' 小票号 ']].drop_duplicates()
                                                            # 对"销售日期"和"小票号"列进行去重复项
10  data_sort=data_pd2.groupby(' 销售日期 ').aggregate({' 小票号 ':'count'})
                                                            # 将读取的数据按"销售日期"列分组并对"小票号"列计数
11  data_sort[' 星期 ']=[' 一 ',' 二 ',' 三 ',' 四 ',' 五 ',' 六 ',' 日 ']
                                                            # 向分组后的数据插入"星期"列
12  new_wb=app.books.add()                                  # 新建一个工作簿
13  new_sht=new_wb.sheets.add(' 客流分析 ')                  # 在新工作簿中新建"客流分析"工作表
14  new_sht.range('A1').options(transform= True).value=data_sort
                                                            # 在新工作表中写入 data_sort 中存储的数据
15  new_sht.autofit()                                       # 自动调整新工作表的行高和列宽
16  new_wb.save('E:\\ 超市数据 \\ 客流分析 - 周 .xlsx')       # 保存工作簿
17  new_wb.close()                                          # 关闭新建的工作簿
18  wb.close()                                              # 关闭打开的工作簿
19  app.quit()                                              # 退出 Excel 程序
```

零基础代码套用：

（1）将案例中第 05 行代码中的"E:\\ 超市数据 \\ 超市销售周数据 2020.xlsx"更换为其他文件名，可以对其他工作簿进行处理。注意：要加上文件的路径。

（2）将案例中第 06 行代码中的"销售数据"修改为要处理的工作表的列标题。

（3）将案例中第 08 行代码中的"销售日期"修改为日期列标题，代码中的时间根据需要来设置。注意：2020,9,7 表示 2020 年 9 月 7 日。

（4）将案例中第 09 行代码中的"销售日期"和"小票号"修改为要处理的数据中去重复项的列的列标题。

（5）将案例中第 10 行代码中的"销售日期"和"小票号"修改为需要处理的数据的时间列标题和客户代号的列标题。

（6）将案例中第 16 行代码中的"E:\\ 超市数据 \\ 客流分析 - 周 .xlsx"更换为其他名称，可以修改新建的工作簿的名称。注意：要加上文件的路径。

如果需要处理 CSV 格式数据，就按下面方法进行修改：

（1）删除案例中第 05、第 06、第 18 行代码。

（2）如果文件格式是 CSV，就将案例中第 07 行代码修改为：

```
data_pd=pd.read_csv(r'E:\ 超市数据 \ 超市销售数据 2020-9.csv',engine='Python',encoding='gbk')
```

如果文件格式是 CSV UTF-8，就将 encoding='gbk' 修改为 encoding='utf-9-sig'。

（3）在案例中第 07 行代码下面新增下面代码（将"销售日期"列格式从字符串转换为日期格式）：

```
data_pd['销售日期']=pd.to_datetime(data_pd['销售日期'])
```

注意：将上行代码中的"销售日期"修改为你要处理的数据中日期列的列标题。

9.5 统计分析 CSV 格式超市数据

由于很多超市的销售数据用 .csv 格式存储，.csv 格式的数据一般用逗号作为分隔符，它的导入方法与 Excel 不同。本案例将讲解 CSV 格式超市数据的处理方法。

如图 9-27 所示为"超市销售数据 2020-6.csv"CSV 格式数据文件。要求对此数据文件中的数据进行处理（注意：之前章节处理的数据中，"销售日期"和"销售时间"是分为两个单独的列的，此数据文件中的"销售日期"和"时间"是合在一列的，处理时需要先将日期和时间分离），去掉重复的订单，然后对销售日期和小票号分组计数，统计出日客流量。最后将处理的结果复制到新的工作簿的"客流分析"新工作表中。如图 9-28 所示为处理后的效果。

图 9-27 "超市销售数据 2020-6.csv"CSV 格式数据文件

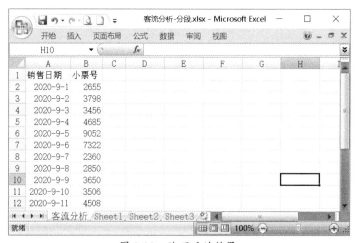

图 9-28 处理后的效果

下面我们来分析程序如何编写。

（1）打开 E 盘下的"超市数据"文件夹中"超市销售数据 2020-6.csv"数据文件。

（2）将"消费时间"列中的时间格式由字符串格式转换为时间格式，将日期格式由字符串格式转换为日期格式。

（3）选择数据中指定时间段的数据，并对数据进行去重，然后对数据按"销售时间"列分组并对"小票号"列计数。

（4）按要求新建一个工作簿，再新建一个"客流分析"工作表，然后将分组计数后的数据复制到"客流分析"工作表中。

（5）将新建的工作簿保存为"客流分析 - 分段"的工作簿后，关闭工作簿，退出 Excel 程序。

第一步：导入模块并读取 CSV 数据文件。

按照 9.3 节介绍的方法导入模块，读取"超市销售数据 2020-6.csv"CSV 数据文件，在程序中继续输入如下代码：

```
04 data_pd=pd.read_csv(r'E:\超市数据\超市销售数据2020-6.csv',engine='python',
   encoding='gbk')                      # 读取超市销售数据2020-6.csv中的数据
```

第 04 行代码：读取"超市销售数据 2020-6.csv"文件中的数据。"'E:\ 超市数据 \ 超市销售数据 2020-6.csv'"为数据文件及路径，前面的"r"为非转义字符，表示 r 后面的字符为普通字符，比如，"\"表示斜杠，而不是换行。

导入 CSV 格式的数据时，用"pd.read_csv()"方法来读取，CSV 格式的数据通常使用逗号隔开，有的也用空格，制表符（\t）等。"engine='Python'"是它的参数，设置文件的名称或路径中包含中文时，用于消除错误。"encoding='gbk'"参数用来设置编码格式，如果文件格式是 CSV，就设置为"encoding='gbk'"，如果编码格式为 CSV UTF-8，就设置为"encoding='utf-9-sig'"。另外，还有其他参数，如"sep"用来设置分隔符；CSV 数据的分隔符为空格，参数可设置为"sep=' '"。

第二步：对读取的数据转换格式和去重处理后再分组运算。

将"消费时间"列中的时间格式由字符串格式转换为时间格式，将日期格式由字符串格式转换为日期格式；然后选择指定时间段的数据，并对数据进行去重处理，然后再对数据按"销售时间"列分组并对"小票号"列计数。在程序中输入以下代码：

```
05 data_pd['消费时间']=pd.to_datetime(data_pd['消费时间'])
                           # 将"消费时间"列由字符串格式转换为时间格式
06 data_pd['消费时间']=data_pd['消费时间'].dt.strftime('%y-%m-%d')
                           # 重新定义"消费时间"列中的日期时间格式为日期格式
07 data_pd['消费时间']=pd.to_datetime(data_pd['消费时间'])
                           # 将"消费时间"列由字符串格式转换为时间格式
08 data_pd1=data_pd[(data_pd['消费时间']>=datetime(2020,9,1))&(data_pd['消费时间']
   <=datetime(2020,9,30))]    # 选取消费时间在2020年9月1日~2020年9月30日的数据
09 data_pd2=data_pd1[['消费时间','小票号']].drop_duplicates()
                           # 对"消费时间"和"小票号"列进行去重复项
10 data_sort=data_pd2.groupby('消费时间').aggregate({'小票号':'count'})
                           # 将读取的数据按"消费时间"列分组并对"小票号"列计数
```

第 05 行代码：将"消费时间"列由字符串格式转换为时间格式。"data_pd['消费时间']"表示选择"data_pd"数据中的"消费时间"列，如果要对此列数据进行修改，就在"="右侧输入修改的数据；"pd"表示 Pandas 模块；"to_datetime()"方法的作用是将字符串型的

时间数据转换为时间型数据。括号中的参数 "data_pd[' 消费时间 ']"表示对"消费时间"列格式进行转换。

第 06 行代码：重新定义"消费时间"列中的日期时间格式为日期格式。原先的格式为"2020.12.20 8:11:23"，重新定义为只有日期的格式，即重新定义后变为 2020.12.20。"data_pd[' 消费时间 '].dt.strftime('%y-%m-%d')"代码中，"data_pd[' 消费时间 ']"为要调整格式的列；"dt.strftime()"方法为 datetime 模块中的方法，用来设置日期时间格式，"'%y-%m-%d'"为其参数，即调整后的格式为"年 - 月 - 日"格式。

第 07 行代码：与第 05 行代码相同，重新转换"消费时间"列为时间格式，以进行下面的操作。

第 08 行代码：选取消费时间在 2020 年 9 月 1 日—30 日的数据。"data_pd1"为新定义的变量，用来存储选择的数据；"data_pd[' 消费时间 ']>=datetime(2020,9,1)"表示数据的"消费时间"列中的日期大于或等于 2020 年 9 月 1 日，"datetime()"方法是 datetime 模块中的方法，它的参数"2020,9,1"指具体日期 2020 年 9 月 1 日；"data_pd[' 消费时间 ']<=datetime(2020,9,30)"表示数据的"消费时间"列中的日期小于或等于 2020 年 9 月 30 日。

第 09 行代码：对"消费时间"和"小票号"列进行重复值处理，然后保留第一个（行）值（默认）。"data_pd2"为新定义的变量，用来存储去重后的数据；"data_pd1[[' 消费时间 ',' 小票号 ']]"表示选择"data_pd1"数据中的"消费时间"列和"小票号"列；"drop_duplicates()"方法是 Pandas 模块中的方法，用于对所有值进行重复值判断，且默认保留第一个（行）值。

第 10 行代码：将转换时间格式后的数据按指定的"消费时间"列进行分组并对"小票号"列计数。"data_sort"为新定义的变量，用来存储分组后的数据；"data_pd2"为之前去重后的数据；"groupby(' 消费时间 ')"表示按"消费时间"分组，"groupby()"方法用来根据 DataFrame 的某一列或多列内容进行分组聚合。若按某一列聚合，则新 DataFrame 将根据某一列的内容分为不同的维度进行拆解，同时将同一维度的再进行聚合；若按某多列聚合，则新 DataFrame 具有一个层次化索引（由唯一的键对组成）；"aggregate({' 小票号 ':'count'})"作用是对"小票号"列进行计数运算，"aggregate()"方法可以对分组后的数据进行多种方式的统计汇总，比如对多个指定的列进行不同的运算（如求和、求最小值等）。本案例中对"小票号"列进行了计数运算。

第三步：新建工作簿和工作表并写入客流统计数据。

上面的步骤中通过计算获得了一天中各个时段的客流数据，新建一个工作簿，并新建"客流分析"工作表，然后将客流统计数据写入新建的工作表中。接着在程序中输入下面的代码：

```
11  app=xw.App(visible=True,add_book=False)          # 启动 Excel 程序
12  new_wb=app.books.add()                            # 新建一个工作簿
13  new_sht=new_wb.sheets.add(' 客流分析 ')          # 在新工作簿中新建"客流分析"工作表
14  new_sht.range('A1').options(transform= True).value=data_sort
                                                      # 在新工作表中写入 data_sort 中存储的数据
```

第 11 行代码：启动 Excel 程序，并把程序存储在"app"变量中。这里小写的"app"是新定义的变量，用来存储打开的 Excel 程序。在 Python 中，一般在使用变量时直接定义即

可，而不用提前定义。"xw"指的是 xlwings 模块，大写 A 开头的"App"是 xlwings 模块中的方法（即函数），用来启动 Excel 程序。它右侧括号中的内容为其参数，用来设置启动的 Excel 程序。

其中，"visible"参数用来设置启动的 Excel 程序是否可见，如果设置为 True，就表示可见（默认），如果为 False，就表示不可见。"add_book"参数用来设置启动 Excel 时，是否自动创建新工作簿，如果设置为 True，就表示自动创建（默认），如果为 False，就表示不创建。

第 12 行代码：新建一个工作簿。"new_wb"为定义的新变量，用来存储新建的工作簿；"app"为启动的 Excel 程序；"books.add()"方法用来新建一个工作簿。

第 13 行代码：在新建的工作簿中插入"客流分析"的新工作表。"new_sht"为新定义的变量，用来存储新建的工作表；"new_wb"为上一行代码中新建的工作簿；"sheets.add(' 客流分析 ')"为插入新工作表的方法，括号中为新工作表名称。

第 14 行代码：将"data_sort"存储的分组计数运算后的数据写入新工作表中。"new_sht"为新建的"客流分析"工作表；"range('A1')"表示从 A1 单元格开始复制；"options(transform= True)"方法的作用是设置数据，其参数"transform= True"用来转变写入数据的排列方式；"value"表示工作表数据。"="右侧的内容为要写入的数据，"data_sort"为第 10 行代码中获得的数据。写入工作的数据如图 9-29 所示。

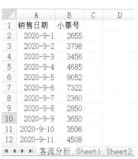

图 9-29　写入工作的数据

第四步：保存后关闭工作簿并退出 Excel 程序。

在处理完数据后，保存并关闭工作簿，退出 Excel 程序。在程序中输入下面的代码：

```
15  new_sht.autofit()                              # 自动调整新工作表的行高和列宽
16  new_wb.save('E:\\ 超市数据 \\ 客流分析 - 分段 .xlsx')   # 保存工作簿
17  new_wb.close()                                 # 关闭新建的工作簿
18  app.quit()                                     # 退出 Excel 程序
```

第 15 行代码：根据数据内容自动调整"客流分析"新工作表的行高和列宽。"autofit()"方法用于自动调整整个工作表的列宽和行高。该方法的参数为 axis=None 或 rows、columns 等。其中，axis=None 或省略表示自动调整行高和列宽；axis=rows 或 axis=r 表示自动调整行高；axis=columns 或 axis=c 表示自动调整列宽。

第 16 行代码：将新建的工作簿保存为"客流分析 - 分段 .xlsx"工作簿。"save()"方法用来保存工作簿。

第 17 行代码：关闭"客流分析 - 分段 .xlsx"工作簿。

第 18 行代码：退出 Excel 程序。

完成后的全部代码如下：

```
01  import xlwings as xw                           # 导入 xlwings 模块
02  import pandas as pd                            # 导入 Pandas 模块
03  from datetime import datetime                  # 导入 datetime 模块的 datetime 类
04  data_pd=pd.read_csv(r'E:\ 超市数据 \ 超市销售数据 2020-6.csv',engine='python',
    encoding='gbk')                                # 读取超市销售数据 2020-6.csv 中的数据
05  data_pd[' 消费时间 ']=pd.to_datetime(data_pd[' 消费时间 '])
                                                   # 将"消费时间"列由字符串格式转换为时间格式
```

```
06  data_pd['消费时间']=data_pd['消费时间'].dt.strftime('%y-%m-%d')
                                    # 重新定义"消费时间"列中的日期时间格式为日期格式
07  data_pd['消费时间']=pd.to_datetime(data_pd['消费时间'])
                                    # 将"消费时间"列由字符串格式转换为时间格式
08  data_pd1=data_pd[(data_pd['消费时间']>=datetime(2020,9,1))&(data_pd['消费时间']
    <=datetime(2020,9,30))]          # 选取消费时间在2020.9.1~2020.9.30之间的数据
09  data_pd2=data_pd1[['消费时间','小票号']].drop_duplicates()
                                    # 对"消费时间"和"小票号"列进行去重复项
10  data_sort=data_pd2.groupby('消费时间').aggregate({'小票号':'count'})
                                    # 将读取的数据按"消费时间"列分组并对"小票号"列计数
11  app=xw.App(visible=True,add_book=False)      # 启动 Excel 程序
12  new_wb=app.books.add()                        # 新建一个工作簿
13  new_sht=new_wb.sheets.add('客流分析')         # 在新工作簿中新建"客流分析"工作表
14  new_sht.range('A1').options(transform= True).value=data_sort
                                    # 在新工作表中写入data_sort中存储的数据
15  new_sht.autofit()                            # 自动调整新工作表的行高和列宽
16  new_wb.save('E:\\超市数据\\客流分析-分段.xlsx')   # 保存工作簿
17  new_wb.close()                               # 关闭新建的工作簿
18  app.quit()                                   # 退出 Excel 程序
```

零基础代码套用：

（1）将案例中第 04 行代码中的"E:\\ 超市数据 \\ 超市销售数据 2020-6.csv"更换为其他文件名，可以对其他数据文件进行处理。注意：要加上文件的路径。

（2）将案例中第 05~07 行代码中的"消费时间"修改为要处理的数据中的日期时间的列标题。

（3）将案例中第 08 行代码中的"消费时间"修改为日期列标题，代码中的时间根据需要来设置。注意：2020,9,18 表示 2020 年 9 月 18 日。

（4）将案例中第 09 行代码中的"消费时间"和"小票号"修改为要处理的数据中去重复项的列的列标题。

（5）将案例中第 10 行代码中的"消费时间"和"小票号"修改为需要处理的数据的时间列标题和客户代号的列标题。

（6）将案例中第 16 行代码中的"E:\\ 超市数据 \\ 客流分析 - 分段 .xlsx"更换为其他名称，可以修改新建的工作簿的名称。注意：要加上文件的路径。

9.6　统计分析复购前 100 名的客户

复购率是数据分析时常常采用的一个指标，它可以帮助企业分析客户。在本案例中，我们将对超市在一年来的销售数据进行分析处理，统计出复购前 100 名的客户。

如图 9-30 所示为"超市销售数据 2020.xlsx"工作簿数据文件，要求分析处理所有工作表中的数据，对数据中的"销售时间""小票号""会员卡号"列进行去重复操作。然后对"小票号"列进行计数计算，并进行排序处理，取前 100 行数据。最后将处理后的数据复制到新的工作簿的"复购分析"新工作表中。如图 9-31 所示为处理后的效果。

下面我们来分析程序如何编写。

（1）打开 E 盘中的"超市数据"文件夹中的"超市销售数据 2020.xlsx"工作簿中"销售数据"工作表。

（2）将工作表中的数据读取为 DataFrame 对象形式。

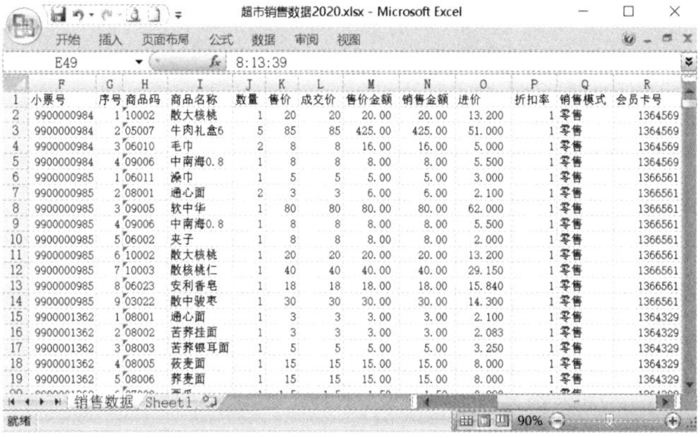

	F	G	H	I	J	K	L	M	N	O	P	Q	R
1	小票号	序号	商品码	商品名称	数量	售价	成交价	售价金额	销售金额	进价	折扣率	销售模式	会员卡号
2	9900000984	1	10002	散大核桃	1	20	20	20.00	20.00	13.200	1	零售	1364569
3	9900000984	2	05007	牛肉礼盒6	5	85	85	425.00	425.00	51.000	1	零售	1364569
4	9900000984	3	06010	毛巾	2	8	8	16.00	16.00	5.000	1	零售	1364569
5	9900000984	4	09006	中南海0.8	1	8	8	8.00	8.00	5.500	1	零售	1364569
6	9900000985	1	06011	澡巾	1	5	5	5.00	5.00	3.000	1	零售	1366561
7	9900000985	2	08001	通心面	2	3	3	6.00	6.00	2.100	1	零售	1366561
8	9900000985	3	09005	软中华	1	80	80	80.00	80.00	62.000	1	零售	1366561
9	9900000985	4	09006	中南海0.8	1	8	8	8.00	8.00	5.500	1	零售	1366561
10	9900000985	5	06002	夹子	1	8	8	8.00	8.00	2.000	1	零售	1366561
11	9900000985	6	10002	散大核桃	1	20	20	20.00	20.00	13.200	1	零售	1366561
12	9900000985	7	10003	散核桃仁	1	40	40	40.00	40.00	29.150	1	零售	1366561
13	9900000985	8	06023	安利香皂	1	18	18	18.00	18.00	15.840	1	零售	1366561
14	9900000985	9	03022	散中骏枣	1	30	30	30.00	30.00	14.300	1	零售	1366561
15	9900001362	1	08001	通心面	1	3	3	3.00	3.00	2.100	1	零售	1364329
16	9900001362	2	08002	苦荞挂面	1	3	3	3.00	3.00	2.083	1	零售	1364329
17	9900001362	3	08003	苦荞银耳面	1	5	5	5.00	5.00	3.250	1	零售	1364329
18	9900001362	4	08005	莜麦面	1	15	15	15.00	15.00	8.000	1	零售	1364329
19	9900001362	5	08006	荞麦面	1	15	15	15.00	15.00	8.000	1	零售	1364329

图 9-30　“超市销售数据 2020.xlsx”工作簿数据文件

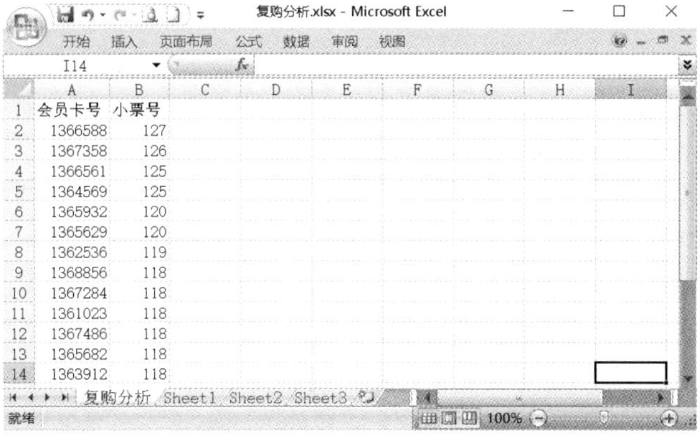

	A	B
1	会员卡号	小票号
2	1366588	127
3	1367358	126
4	1366561	125
5	1364569	125
6	1365932	120
7	1365629	120
8	1362536	119
9	1368856	118
10	1367284	118
11	1361023	118
12	1367486	118
13	1365682	118
14	1363912	118

图 9-31　处理后的效果

（3）对读取的数据中的“销售时间”“小票号”和“会员卡号”列进行去重复项，然后按“会员卡号”列分组并对“小票号”列计数，之后按“小票号”降序排序，并取前 100 行数据。

（4）按要求新建一个工作簿，再新建一个“复购分析”工作表。然后将排序后的前 100 行数据复制到“复购分析”工作表中。

（5）将新建的工作簿保存为“复购分析 - 周”的工作簿，并关闭工作簿，退出 Excel 程序。

第一步：导入模块并打开要处理的工作簿数据文件。

按照 9.1 节介绍的方法导入模块，打开要处理的工作簿数据文件，然后打开“销售数据”工作表。在程序中输入以下代码：

```
03  app=xw.App(visible=True,add_book=False)                  # 启动 Excel 程序
04  wb=app.books.open('E:\\ 超市数据 \\ 超市销售数据 2020.xlsx')  # 打开工作簿
05  sht=wb.sheets(' 销售数据 ')                                # 打开“销售数据”工作表
```

第 03 行代码：启动 Excel 程序，并把程序存储在“app”变量中。这里小写的“app”是新定义的变量，用来存储打开的 Excel 程序。在 Python 中，一般在使用变量时直接定义即可，而不用提前定义。“xw”指的是 xlwings 模块，大写 A 开头的“App”是 xlwings 模块中的方法（即函数），用来启动 Excel 程序。它右侧括号中的内容为其参数，用来设置启动的 Excel 程序。其中，“visible”参数用来设置启动的 Excel 程序是否可见，如果设置为 True，

就表示可见（默认），如果为 False，就表示不可见。"add_book"参数用来设置启动 Excel 时，是否自动创建新工作簿，如果设置为 True，就表示自动创建（默认），如果为 False，就表示不创建。

第 04 行代码：打开 E 盘"超市数据"文件夹中的"超市销售数据 2020.xlsx"工作簿文件。"wb"为新定义的变量，用来存储打开的工作簿；"app"为启动的 Excel 程序；"books. open()"方法用来打开工作簿，括号中的内容为要打开的工作簿文件。这里要写全工作簿文件的详细路径。注意：须用双反斜杠，或利用转义符 r，如：r'E:\ 超市数据 \ 超市销售数据 2020.xlsx '。

第 05 行代码：打开"销售数据"工作表。"sht"为新定义的变量；"wb"表示打开的"超市销售数据 2020.xlsx"工作簿；"sheets(' 销售数据 ')"方法用来打开工作表，括号中的参数"销售数据"为要打开的工作表名称。

第二步：读取工作表数据。

将"销售数据"工作表中的数据读取为 DataFrame 对象形式。在程序中输入以下代码：

```
06  data_pd=sht.range('A1').options(pd.DataFrame,header=1,index=False,expand='table')
    .value                            # 将当前工作表的数据读取为 DataFrame 形式
```

第 06 行代码：将"销售数据"工作表中的数据读取成 Pandas 模块的 DataFrame 形式。为何要读成 DataFrame 形式呢？因为这样就可以用 Pandas 模块中的方法对数据进行分析处理。"data_pd"为新定义的变量，用来保存读取的数据；"sht"为"销售数据"工作表；"range('A1')"方法用来设置起始单元格，参数"'A1'"表示起始单元格为 A1 单元格；"options()"方法用来设置数据读取的类型。其"pd.DataFrame"参数的作用是将数据内容读取成 DataFrame 形式，如图 9-32 所示为读取的 DataFrame 形式的数据。"header=1"参数表示使用原始数据集中的第一列作为列名，而不是使用自动列名；"index=False"参数的作用是取消索引，因为 DataFrame 数据形式会默认将表格的首列作为 DataFrame 的 index（索引），因此就需要在表格内容的首列固定一个序号列，如果表格中首列并不是序号，就需要在函数中设置参数忽略 index；"expand='table'"参数的作用是扩展选择范围，它的参数可以设置为 table、right 或 down。其中，table 表示向整个表扩展，即选择整个表格，right 表示向表的右方扩展，即选择一行，down 表示向表的下方扩展，即选择一列；"value"方法表示工作表的数据。

```
      行    款台   收款员      销售日期   ...   进价  折扣率  销售模式     会员卡号
0     1.0  22.0  102.王小吴  2020-09-01  ...  13.2  1.0    零售     1364569.0
1     2.0  22.0  102.王小吴  2020-09-01  ...  51.0  1.0    零售     1364569.0
2     3.0  22.0  102.王小吴  2020-09-01  ...   5.0  1.0    零售     1364569.0
3     4.0  22.0  102.王小吴  2020-09-01  ...   5.5  1.0    零售     1364569.0
4     5.0  22.0  102.王小吴  2020-09-01  ...   3.0  1.0    零售     1366561.0
...   ...   ...       ...         ...  ...   ...  ...    ...           ...
4041  4042.0  22.0  102.王小吴  2020-09-18  ...  0.8  1.0    零售     1365689.0
4042  4043.0  22.0  102.王小吴  2020-09-18  ...  20.0  1.0    零售     1365689.0
4043  4044.0  22.0  102.王小吴  2020-09-18  ...  15.0  1.0    零售     1367512.0
4044  4045.0  22.0  102.王小吴  2020-09-18  ...  22.0  1.0    零售     1367512.0
4045  4046.0  22.0  102.王小吴  2020-09-18  ...  53.0  1.0    零售     1367512.0

[4046 rows x 18 columns]
```

图 9-32　读取的 DataFrame 形式的数据

第三步：对数据进行去重处理后再进行分组运算和排序。

将选择的数据中的"销售时间"列、"小票号"列和"会员卡号"列进行去重复项处理，然后将数据按"会员卡号"列分组并对"小票号"列计数，最后向分组后的数据按"小票号"降序排序，并取前 100 行。在程序中输入以下代码：

```
07  data_pd1=data_pd[['销售时间','小票号','会员卡号']].drop_duplicates()
                          # 对"销售时间""小票号"和"会员卡号"列进行去重复项
08  data2=data_pd1.groupby('会员卡号').aggregate({'小票号':'count'})
                          # 将读取的数据按"会员卡号"列分组并对"小票号"列计数
09  data_sort=data2.sort_values(by=['小票号'],ascending=False).head(100)
                          # 将分组后的数据按"小票号"降序排序，并取前 100 行
```

第 07 行代码：对"销售时间""小票号"和"会员卡号"列进行重复值处理，然后保留第一个（行）值（默认）。"data_pd1"为新定义的变量，用来存储去重后的数据；"data_pd[['销售时间','小票号','会员卡号']]"表示选择"data_pd"数据中的"销售时间"列、"小票号"列和"会员卡号"列；"drop_duplicates()"方法是 Pandas 模块中的方法，用于对所有值进行重复值判断，且默认保留第一个（行）值。如图 9-33 所示为"data_pd1"中存储的去重后的数据。

```
     销售时间        小票号          会员卡号
0    0.335035  9.900001e+09   1364569.0
4    0.338148  9.900001e+09   1366561.0
13   0.339317  9.900001e+09   1364329.0
20   0.339919  9.900003e+09   1366588.0
27   0.340625  9.900010e+09   1367358.0
...    ...        ...           ...
3445 0.342812  9.900005e+09   1367284.0
3600 0.335035  9.900002e+09   1364569.0
3645 0.342812  9.900008e+09   1367284.0
3800 0.335035  9.900006e+09   1364569.0
3845 0.342812  9.900002e+09   1367284.0

[600 rows x 3 columns]
```

图 9-33　"data_pd1"中存储的去重后的数据

第 08 行代码：对去重后的数据按指定的"会员卡号"列进行分组并对"小票号"列计数。"data2"为新定义的变量，用来存储分组后的数据；"data_pd1"为之前去重后的数据；"groupby('会员卡号')"作用是按"销售时间"分组；"groupby()"方法用来根据 DataFrame 的某一列或多列内容进行分组聚合。若按某一列聚合，则新 DataFrame 将根据某一列的内容分为不同的维度进行拆解，同时将同一维度的再进行聚合；若按某多列聚合，则新 DataFrame 具有一个层次化索引（由唯一的键对组成）；"aggregate({'小票号':'count'})"的作用是对"小票号"列进行计数运算，"aggregate()"方法可以对分组后的数据进行多种方式的统计汇总，比如对多个指定的列进行不同的运算（如求和、求最小值等）。本案例中对"小票号"列进行了计数运算。

如图 9-34 所示为"data2"中存储的分组计数运算后的数据。

第 09 行代码：对分组数据中的"小票号"列进行降序排序，然后取前 100 行数据。"data_sort"为新定义的变量，用来存储排序后的数据；"data2"为分组运算后的数据；"sort_values()"方法是 Pandas 模块的方法，用于将数据区域按照某个字段的数据进行排序，这个字段可以是列数据，"by=['小票号'],ascending=False"为其参数，"by"用来设置排序的列，"ascending=False"用来设置排序方式，False 表示降序排序，True 表示升序排序；"head(100)"

的作用是选择指定的行数据。如图 9-35 所示为 "data_sort" 中存储的排序数据。

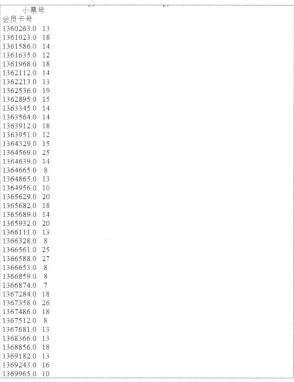

```
                小票号
会员卡号
1360263.0  13
1361023.0  18
1361586.0  14
1361635.0  12
1361968.0  18
1362112.0  14
1362213.0  13
1362536.0  19
1362895.0  15
1363345.0  14
1363564.0  14
1363912.0  18
1363951.0  12
1364329.0  15
1364569.0  25
1364639.0  14
1364665.0   8
1364865.0  13
1364956.0  10
1365629.0  20
1365682.0  18
1365689.0  14
1365932.0  20
1366111.0  13
1366328.0   8
1366561.0  25
1366588.0  27
1366653.0   8
1366859.0   8
1366874.0   7
1367284.0  18
1367358.0  26
1367486.0  18
1367512.0   8
1367681.0  13
1368366.0  13
1368856.0  18
1369182.0  13
1369243.0  16
1369965.0  10
```

图 9-34　"data2" 中存储的分组计数运算后的数据

```
                小票号
会员卡号
1366588.0  27
1367358.0  26
1366561.0  25
1364569.0  25
1365932.0  20
1365629.0  20
1362536.0  19
1368856.0  18
1367284.0  18
1361023.0  18
1367486.0  18
1365682.0  18
1363912.0  18
1361968.0  18
1369243.0  16
1362895.0  15
1364329.0  15
1363564.0  14
1363345.0  14
1364639.0  14
1362112.0  14
1365689.0  14
1361586.0  14
1368366.0  13
1367681.0  13
1369182.0  13
1360263.0  13
1366111.0  13
1364865.0  13
1362213.0  13
1363951.0  12
1361635.0  12
1364956.0  10
1369965.0  10
1366653.0   8
1366859.0   8
1366328.0   8
1367512.0   8
1364665.0   8
1366874.0   7
```

图 9-35　"data_sort" 中存储的排序数据

第四步：新建工作簿和工作表并写入排序的数据。

上一步骤中获得了排序的数据，接下来新建一个工作簿，并新建"复购分析"工作表，用来存放排序的数据。接着在程序中输入下面的代码：

```
10  new_wb=app.books.add()                          # 新建一个工作簿
11  new_sht=new_wb.sheets.add(' 复购分析 ')         # 在新工作簿中新建"复购分析"工作表
12  new_sht.range('A1').options(transform= True).value=data_sort
                                                      # 在新工作表中写入 data_sort 中存储的数据
```

第 10 行代码：新建一个工作簿。"new_wb"为定义的新变量，用来存储新建的工作簿；"app"为启动的 Excel 程序；"books.add()"方法用来新建一个工作簿。

第 11 行代码：在新建的工作簿中插入"复购分析"的新工作表。"new_sht"为新定义的变量，用来存储新建的工作表；"new_wb"为上一行代码中新建的工作簿；"sheets.add('复购分析 ')"为插入新工作表的方法，括号中的内容为新工作表名称。

第 12 行代码：将排序后的数据写入新工作表中。"new_sht"为新建的"复购分析"工作表；"range('A1')"表示从 A1 单元格开始复制；"options(transform= True)"方法的作用是设置数据，其参数"transform= True"用来转变写入数据的排列方式；"value"表示工作表数据；"="右侧的为要写入的数据，"data_sort"为存储的排序的数据。

第五步：保存后关闭工作簿并退出 Excel 程序。

在处理完数据后，保存工作簿，然后关闭工作簿，退出 Excel 程序。在程序中输入下面的代码：

```
13  new_sht.autofit()                    # 自动调整新工作表的行高和列宽
14  new_wb.save('E:\\ 超市数据 \\ 复购分析 .xlsx')    # 保存工作簿
15  new_wb.close()                       # 关闭新建的工作簿
16  wb.close()                           # 关闭打开的工作簿
17  app.quit()                           # 退出 Excel 程序
```

第 13 行代码：根据数据内容自动调整"复购分析"新工作表的行高和列宽。"autofit()"方法用于自动调整整个工作表的列宽和行高。该方法的参数为 axis=None 或 rows、columns 等。其中，axis=None 或省略表示自动调整行高和列宽；axis=rows 或 axis=r 表示自动调整行高；axis=columns 或 axis=c 表示自动调整列宽。

第 14 行代码：将新建的工作簿保存为"复购分析 .xlsx"工作簿。"save()"方法用来保存工作簿。

第 15 行代码：关闭"复购分析 .xlsx"工作簿。

第 16 行代码：关闭之前打开的工作簿。

第 17 行代码：退出 Excel 程序。

完成后的全部代码如下：

```
01  import xlwings as xw                          # 导入 xlwings 模块
02  import pandas as pd                           # 导入 Pandas 模块
03  app=xw.App(visible=True,add_book=False)       # 启动 Excel 程序
04  wb=app.books.open('E:\\ 超市数据 \\ 超市销售数据 2020.xlsx')   # 打开工作簿
05  sht=wb.sheets(' 销售数据 ')                   # 打开"销售数据"工作表
06  data_pd=sht.range('A1').options(pd.DataFrame,header=1,index=False,expand='table')
    .value                               # 将当前工作表的数据读取为 DataFrame 形式
07  data_pd1=data_pd[[' 销售时间 ',' 小票号 ',' 会员卡号 ']].drop_duplicates()
                                         # 对"销售时间""小票号"和"会员卡号"列进行去重复项
08  data2=data_pd1.groupby(' 会员卡号 ').aggregate({' 小票号 ':'count'})
                                         # 将读取的数据按"会员卡号"列分组并对"小票号"列计数
```

```
09  data_sort=data2.sort_values(by=[' 小票号 '],ascending=False).head(100)
                                    # 将分组后的数据按 "小票号" 降序排序，并取前 100 行
10  new_wb=app.books.add()                      # 新建一个工作簿
11  new_sht=new_wb.sheets.add(' 复购分析 ')        # 在新工作簿中新建 "复购分析" 工作表
12  new_sht.range('A1').options(transform= True).value=data_sort
                                    # 在新工作表中写入 data_sort 中存储的数据
13  new_sht.autofit()                           # 自动调整新工作表的行高和列宽
14  new_wb.save('E:\\ 超市数据 \\ 复购分析 .xlsx')    # 保存工作簿
15  new_wb.close()                              # 关闭新建的工作簿
16  wb.close()                                  # 关闭打开的工作簿
17  app.quit()                                  # 退出 Excel 程序
```

零基础代码套用：

（1）将案例中第 04 行代码中的 "E:\\ 超市数据 \\ 超市销售数据 2020.xlsx" 更换为其他文件名，可以对其他工作簿进行处理。注意：要加上文件的路径。

（2）将案例中第 05 行代码中的 "销售数据" 修改为要处理的工作表的列标题。

（3）将案例中第 07 行代码中的 "销售时间""小票号""会员卡号" 修改为要处理的数据中的去重复项的列的列标题。

（4）将案例中第 08 行代码中的 "会员卡号" 和 "小票号" 修改为需要处理的数据的时间列标题和客户代号的列标题。

（5）将案例中第 09 行代码中的 "小票号" 修改为要处理的数据中要排序的列标题。

（6）将案例中第 14 行代码中的 "E:\\ 超市数据 \\ 复购分析 .xlsx" 更换为其他名称，可以修改新建的工作簿的名称。注意：要加上文件的路径。

如果需要处理 CSV 格式数据，就按下面方法进行修改：

（1）删除案例中第 04、05 和第 16 行代码。

（2）如果文件格式是 CSV，就将案例中第 06 行代码修改为：

```
data_pd=pd.read_csv(r'E:\ 超市数据 \ 超市销售数据 2020.csv',engine='Python',encoding='gbk')
```

如果文件格式是 CSV UTF-8，就将 encoding='gbk' 修改为 encoding='utf-9-sig'。

9.7 统计分析超市的客单价和客单量

客单价和客单量是超市数据分析的两个重要指标，客单价 = 销售总额 / 成交客户总数，客单价是指商场（超市）每一个顾客平均购买商品的金额，也即是平均消费金额。客单量 = 销售商品总数 / 成交笔数。客单量是指商场或超市平均每个客户购买货品的数量，是店铺运营的重要衡量指标。在本案例中，我们将对超市销售数据文件中的所有数据处理计算出客单价和客单量。

如图 9-36 所示为 "超市销售数据 2020.xlsx" 工作簿数据文件。要求对超市数据中的 "销售金额" 列、"数量" 列进行求和计算、去重处理，之后对 "会员卡号" 列进行计数运算。按照客单价和客单量的计算公式，计算出客单价和客单量，最后将客单价和客单量计算结果复制到新的工作簿的 "营销分析" 新工作表中。如图 9-37 所示为处理后的效果。

下面我们来分析程序如何编写。

（1）打开 E 盘 "超市数据" 文件夹中 "超市销售数据 2020.xlsx" 工作簿中 "销售数据" 工作表。

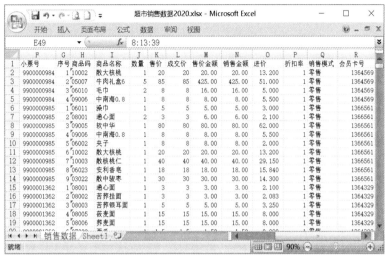

图 9-36 "超市销售数据 2020.xlsx" 工作簿数据文件

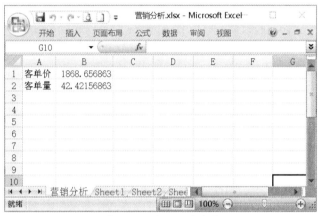

图 9-37 处理后的效果

（2）将工作表中的数据读取为 DataFrame 对象形式。

（3）对"销售金额"列和"数量"列分别进行求和计算，然后对"小票号"和"会员卡号"列进行去重操作，之后对去重后的"会员卡号"列计数。

（4）计算客单价和客单量。

（5）按要求新建一个工作簿，并新建一个"营销分析"工作表。然后将计算的客单价和客单量数值复制到"营销分析"工作表中。

（6）将新建的工作簿保存为"营销分析"的工作簿，并关闭工作簿，退出 Excel 程序。

第一步：导入模块并打开要处理的工作簿数据文件。

按照 9.1 节介绍的方法导入模块，打开要处理的工作簿数据文件，然后打开"销售数据"工作表。再在程序中输入以下代码：

```
03  app=xw.App(visible=True,add_book=False)              # 启动 Excel 程序
04  wb=app.books.open('E:\\ 超市数据 \\ 超市销售数据 2020.xlsx')   # 打开工作簿
05  sht=wb.sheets(' 销售数据 ')                            # 打开"销售数据"工作表
```

第 03 行代码：启动 Excel 程序，并把程序存储在"app"变量中。这里小写的"app"是新定义的变量，用来存储打开的 Excel 程序。在 Python 中，一般在使用变量时直接定义即可，

269

而不用提前定义。"xw"指的是 xlwings 模块，大写 A 开头的"App"是 xlwings 模块中的方法（即函数），用来启动 Excel 程序。它右侧括号中的内容为其参数，用来设置启动的 Excel 程序。"visible"参数用来设置启动的 Excel 程序是否可见，如果设置为 True，就表示可见（默认），如果为 False，就表示不可见。"add_book"参数用来设置启动 Excel 时，是否自动创建新工作簿，如果设置为 True，就表示自动创建（默认），如果为 False，就表示不创建。

第 04 行代码：打开 E 盘"超市数据"文件夹中的"超市销售数据 2020.xlsx"工作簿文件。"wb"为新定义的变量，用来存储打开的工作簿；"app"为启动的 Excel 程序；"books.open()"方法用来打开工作簿，括号中的内容为要打开的工作簿文件。这里要写全工作簿文件的详细路径。注意：须用双反斜杠，或利用转义符 r，如：r'E:\ 超市数据 \ 超市销售数据 2020.xlsx '。

第 05 行代码：打开"销售数据"工作表。"sht"为新定义的变量；"wb"表示打开的"超市销售数据 2020.xlsx"工作簿；"sheets(' 销售数据 ')"方法用来打开工作表，括号中的参数"销售数据"为要打开的工作表名称。

第二步：读取工作表数据。

将"销售数据"工作表的数据读取为 DataFrame 对象形式。在程序中输入以下代码：

```
06 data_pd=sht.range('A1').options(pd.DataFrame,header=1,index=False,expand='table')
   .value                              # 将当前工作表的数据读取为 DataFrame 形式
```

第 06 行代码：将"销售数据"工作表中的数据读取成 Pandas 模块的 DataFrame 形式。为何要读成 DataFrame 形式呢？因为这样就可以用 Pandas 模块中的方法对数据进行分析处理。"data_pd"为新定义的变量，用来保存读取的数据；"sht"为"销售数据"工作表；"range('A1')"方法用来设置起始单元格，参数"'A1'"表示起始单元格为 A1 单元格；"options()"方法用来设置数据读取的类型。其参数"pd.DataFrame"的作用是将数据内容读取成 DataFrame 形式，如图 9-38 所示为读取的 DataFrame 形式的数据。"header=1"参数表示使用原始数据集中的第一列作为列名，而不是使用自动列名；"index=False"参数的作用是取消索引，因为 DataFrame 数据形式会默认将表格的首列作为 DataFrame 的 index（索引），因此就需要在表格内容的首列固定一个序号列，如果表格中首列并不是序号，就需要在函数中设置参数来忽略 index；"expand='table'"参数的作用是扩展选择范围，它的参数可以设置为 table、right 或 down。其中，table 表示向整个表扩展，即选择整个表格，right 表示向表的右方扩展，即选择一行，down 表示向表的下方扩展，即选择一列；"value"方法表示工作表的数据。

图 9-38　读取的 DataFrame 形式的数据

第三步：先对数据求和再进行去重处理。

将选择的数据中的"销售金额"和"数量"列进行求和运算，然后对"小票号"和"会员卡号"列进行去重复项处理。在程序中输入以下代码：

```
07  data_sum1=data_pd['销售金额'].sum()      #对"销售金额"列求和
08  data_sum2=data_pd['数量'].sum()          #对"数量"列求和
09  data1=data_pd[['小票号','会员卡号']].drop_duplicates()
                                   #对"小票号"和"会员卡号"列进行去重复项
```

第 07 行代码：对之前读取的数据中的"销售金额"列进行求和运算。"data_sum1"为新定义的变量，用来存储求和的结果；"data_pd['销售金额']"为 Pandas 模块中选择列数据的方法，此代码表示选择了"data_pd"数据中的"销售金额"列的数据；"sum()"函数的功能是对数据进行求和，默认是对所选数据的每一列进行求和。如果使用"axis=1"参数即"sum(axis=1)"，就变成对每一行数据进行求和。如果需要单独对某一列或某一行进行求和，就把求和的列或行索引出来即可，像本例中将"销售金额"索引出来后，就只对"销售金额"列进行求和。

第 08 行代码：对之前读取的数据中的"数量"列进行求和运算。"data_sum2"为新定义的变量，用来存储求和的结果；"data_pd['数量'].sum()"表示对"数量"列进行求和运算。

第 09 行代码：对"小票号"和"会员卡号"列进行去重复值处理，然后保留第一个（行）值（默认）。"data_pd1"为新定义的变量，用来存储去重后的数据；"data_pd[['小票号','会员卡号']]"表示选择"data_pd"数据中的"小票号"列和"会员卡号"列；"drop_duplicates()"方法是 Pandas 模块中的方法，用于对所有值进行重复值判断，且默认保留第一个（行）值。如图 9-39 所示为"data_pd1"中存储的去重后的数据。

	小票号	会员卡号
0	9.900001e+09	1364569.0
4	9.900001e+09	1366561.0
13	9.900001e+09	1364329.0
20	9.900003e+09	1366588.0
27	9.900010e+09	1367358.0
...	...	...
3445	9.900005e+09	1367284.0
3600	9.900002e+09	1364569.0
3645	9.900008e+09	1367284.0
3800	9.900006e+09	1364569.0
3845	9.900002e+09	1367284.0

[102 rows x 2 columns]

图 9-39　"data_pd1"中存储的去重后的数据

第四步：计算客单价和客单量。

对去重后的数据中的"会员卡号"列进行计数运算，然后计算出客单价和客单量。在程序中输入以下代码：

```
10  data_count=data1['会员卡号'].count()     #对去重后的"会员卡号"列计数
11  data_sort1=data_sum1/data_count          #计算客单价
12  data_sort2=data_sum2/data_count          #计算客单量
```

第 10 行代码：对去重复项后数据中的"会员卡号"列进行计数运算，统计出超市的购物客户数量。"data_count"为新定义的变量，用来存储计数的结果；"data1['会员卡号']"为 Pandas 模块中选择列数据的方法，此代码表示选择了"data1"数据中的"会员卡号"列的数据；"count()"函数的功能是对数据进行计数，默认是计算某一区域（列）中非空单元格数值的个数。如果使用"axis=1"参数即"count(axis=1)"，就表示对每一行数据进行计数。

第 11 行代码：计算客单价。客单价 = 销售总额 / 成交客户总数。"data_sort1"为新定义的变量，用来存储客单价值；"data_sum1"为"销售金额"列求和值（即销售总额）；"data_ count"为客户计数值（即客户总数）。

第 12 行代码：计算客单量。客单量 = 销售商品总数/成交笔数。"data_sort2"为新定义的变量，用来存储客单量值；"data_sum2"为"数量"列求和值（即商品总数）。

第五步：新建工作簿和工作表并写入客单价和客单量数值。

上面的步骤中通过计算获得了客单价和客单量的值，接下来新建一个工作簿，并新建"营销分析"工作表，用来存放提取的数据。接着在程序中输入下面的代码：

```
13  new_wb=app.books.add()                                    # 新建一个工作簿
14  new_sht=new_wb.sheets.add(' 营销分析 ')                    # 在新工作簿中新建"营销分析"工作表
15  new_sht.range('A1').options(transform= True).value= [[' 客单价 ',data_sort1],[' 客单量 ',data_sort2]]
                                                               # 在新工作表中写入客单价和客单量数据
```

第 13 行代码：新建一个工作簿。"new_wb"为定义的新变量，用来存储新建的工作簿；"app"为启动的 Excel 程序；"books.add()"方法用来新建一个工作簿。

第 14 行代码：在新建的工作簿中插入"营销分析"的新工作表。"new_sht"为新定义的变量，用来存储新建的工作表；"new_wb"为上一行代码中新建的工作簿；"sheets.add(' 营销分析 ')"为插入新工作表的方法，括号中的内容为新工作表名称。

第 15 行代码：将客单价和客单量数据写入新工作表中。"new_sht"为新建的"营销分析"工作表；"range('A1')"表示从 A1 单元格开始复制；"options(transform= True)"方法的作用是设置数据，其参数"transform= True"用来转变写入数据的排列方式；"value"表示工作表数据。"="右侧的"[[' 客单价 ',data_sort1],[' 客单量 ',data_sort2]]"为要写入的数据（数据以列表形式提供）。

第六步：保存后关闭工作簿并退出 Excel 程序。

在处理完数据后，保存工作簿，然后关闭工作簿，退出 Excel 程序。在程序中输入下面的代码：

```
16  new_sht.autofit()                                # 自动调整新工作表的行高和列宽
17  new_wb.save('E:\\ 超市数据 \\ 营销分析 .xlsx')    # 保存工作簿
18  new_wb.close()                                   # 关闭新建的工作簿
19  wb.close()                                       # 关闭打开的工作簿
20  app.quit()                                       # 退出 Excel 程序
```

第 16 行代码：作用是根据数据内容自动调整"营销分析"新工作表行高和列宽。"autofit()"方法用于自动调整整个工作表的列宽和行高。该方法的参数为 axis=None 或 rows、columns 等，其中 axis=None 或省略表示自动调整行高和列宽；axis=rows 或 axis=r 表示自动调整行高；axis=columns 或 axis=c 表示自动调整列宽。

第 17 行代码：作用是将新建的工作簿保存为"营销分析 .xlsx"工作簿。"save()"方法用来保存工作簿。

第 18 行代码：作用是关闭"营销分析 .xlsx"工作簿。

第 19 行代码：作用是关闭之前打开的工作簿。

第 20 行代码：作用是退出 Excel 程序。

完成后的全部代码如下：

```
01  import xlwings as xw                                      # 导入 xlwings 模块
02  import pandas as pd                                       # 导入 Pandas 模块
03  app=xw.App(visible=True,add_book=False)                   # 启动 Excel 程序
04  wb=app.books.open('E:\\ 超市数据 \\ 超市销售数据 2020.xlsx')   # 打开工作簿
```

```
05  sht=wb.sheets(' 销售数据 ')                              # 打开"销售数据"工作表
06  data_pd=sht.range('A1').options(pd.DataFrame,header=1,index=False,expand='table')
    .value                                              # 将当前工作表的数据读取为 DataFrame 形式
07  data_sum1=data_pd[' 销售金额 '].sum()                  # 对"销售金额"列求和
08  data_sum2=data_pd[' 数量 '].sum()                     # 对"数量"列求和
09  data1=data_pd[[' 小票号 ',' 会员卡号 ']].drop_duplicates()
                                                        # 对"小票号"和"会员卡号"列进行去重复项
10  data_count=data1[' 会员卡号 '].count()                # 对去重后的"会员卡号"列计数
11  data_sort1=data_sum1/data_count                     # 计算客单价
12  data_sort2=data_sum2/data_count                     # 计算客单量
13  new_wb=app.books.add()                              # 新建一个工作簿
14  new_sht=new_wb.sheets.add(' 营销分析 ')  # 在新工作簿中新建"营销分析"工作表
15  new_sht.range('A1').options(transform= True).value = [[' 客单价 ',data_sort1],
    [' 客单量 ',data_sort2]]                               # 在新工作表中写入客单价和客单量数据
16  new_sht.autofit()                                   # 自动调整新工作表的行高和列宽
17  new_wb.save('E:\\ 超市数据 \\ 营销分析 .xlsx')           # 保存工作簿
18  new_wb.close()                                      # 关闭新建的工作簿
19  wb.close()                                          # 关闭打开的工作簿
20  app.quit()                                          # 退出 Excel 程序
```

零基础代码套用：

（1）将案例中第 04 行代码中的"E:\\ 超市数据 \\ 超市销售数据 2020.xlsx"更换为其他文件名，可以对其他工作簿进行处理。注意：要加上文件的路径。

（2）将案例中第 05 行代码中的"销售数据"修改为要处理的工作表的列标题。

（3）将案例中第 07 行代码中的"销售金额"修改为要处理的数据中的求和的销售数据列的列标题。

（4）将案例中第 08 行代码中的"数量"修改为需要处理的数据的销量列标题。

（5）将案例中第 09 行代码中的 "小票号""会员卡号"修改为要处理的数据中的去重复项的列的列标题。

（6）将案例中第 10 行代码中的"会员卡号"修改为要处理的数据中要统计数量的客户 ID 列的列标题

（7）将案例中第 17 行代码中的"E:\\ 超市数据 \\ 营销分析 .xlsx"更换为其他名称，可以修改新建的工作簿的名称。注意：要加上文件的路径。

如果需要处理 CSV 格式数据，就按下面方法进行修改：

（1）删除案例中第 04、05 和第 20 行代码。

（2）将案例中第 06 行代码修改为：

```
data_pd=pd.read_csv(r'E:\ 超市数据 \ 超市销售数据 2020.csv',engine='Python',encoding='gbk')
```

如果文件格式是 CSV UTF-8，就将 encoding='gbk' 修改为 encoding='utf-9-sig'。

9.8　统计分析在指定日期内超市的客单价和客单量

上一节案例中对数据表格中的所有数据进行了分析处理，统计的是所有数据的客单价和客单量。而日常工作中可能需要统计一段时期内的客单价和客单量，因此在本案例中将根据需要选择需要统计的时间段，然后计算客单价和客单量。

如图 9-40 所示为"超市销售数据 2020.xlsx"工作簿数据文件。要求对选择的时间段内的销售数据进行分析，先对数据中的"销售金额"列、"数量"列进行求和计算和去重复操

作，之后对"会员卡号"列进行计数运算。按照客单价和客单量的计算公式，计算出客单价和客单量，最后将客单价和客单量的计算结果复制到新的工作簿的"营销分析"新工作表中。如图 9-41 所示处理后的效果。

图 9-40 "超市销售数据 2020.xlsx"工作簿数据文件

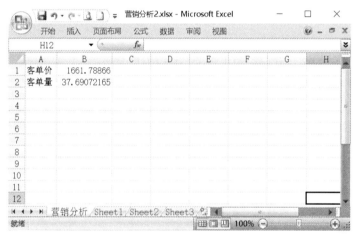

图 9-41 处理后的效果

下面我们来分析程序如何编写。

（1）打开 E 盘下的"超市数据"文件夹中的"超市销售数据 2020.xlsx"工作簿中的"销售数据"工作表。

（2）将工作表中的数据读取为 DataFrame 对象形式。

（3）先选择一段时间的数据进行分析，然后对"销售金额"列和"数量"列分别进行求和计算，然后对"小票号"和"会员卡号"列进行去重操作，之后对去重后的"会员卡号"列计数。

（4）计算客单价和客单量。

（5）按要求新建一个工作簿，并新建一个"营销分析"工作表。然后将计算的客单价和客单量数值复制到"营销分析"工作表中。

（6）将新建的工作簿保存为"营销分析"的工作簿，并关闭工作簿，退出 Excel 程序。

第一步：导入模块并打开要处理的工作簿数据文件。

导入模块，打开要处理的工作簿数据文件，然后打开"销售数据"工作表。在程序中输入以下代码。

```
04  app=xw.App(visible=True,add_book=False)                        # 启动 Excel 程序
05  wb=app.books.open('E:\\ 超市数据 \\ 超市销售数据 2020.xlsx')   # 打开工作簿
06  sht=wb.sheets(' 销售数据 ')                                     # 打开"销售数据"工作表
```

第 04 行代码：启动 Excel 程序，并把程序存储在"app"变量中。这里小写的"app"是新定义的变量，用来存储打开的 Excel 程序。在 Python 中，一般在使用变量时直接定义即可，而不用提前定义。"xw"指的是 xlwings 模块，大写 A 开头的"App"是 xlwings 模块中的方法（即函数），用来启动 Excel 程序。它右侧括号中的内容为其参数，用来设置启动的 Excel 程序。其中，"visible"参数用来设置启动的 Excel 程序是否可见，如果设置为 True，就表示可见（默认），如果为 False，就表示不可见。"add_book"参数用来设置启动 Excel 时，是否自动创建新工作簿，如果设置为 True，就表示自动创建（默认），如果为 False，就表示不创建。

第 05 行代码：打开 E 盘"超市数据"文件夹中的"超市销售数据 2020.xlsx"工作簿文件。"wb"为新定义的变量，用来存储打开的工作簿；"app"为启动的 Excel 程序；"books.open()"方法用来打开工作簿，括号中的内容为要打开的工作簿文件。这里要写全工作簿文件的详细路径。注意：须用双反斜杠，或利用转义符 r，如：r'E:\ 超市数据 \ 超市销售数据 2020.xlsx '。

第 06 行代码：打开"销售数据"工作表。"sht"为新定义的变量；"wb"表示打开的"超市销售数据 2020.xlsx"工作簿；"sheets(' 销售数据 ')"方法用来打开工作表，括号中的"销售数据"参数为要打开的工作表名称。

第二步：读取工作表数据。

将"销售数据"工作表的数据读取为 DataFrame 对象形式。在程序中输入以下代码。

```
07  data_pd=sht.range('A1').options(pd.DataFrame,header=1,index=False,expand='table')
    .value                      # 将当前工作表的数据读取为 DataFrame 形式
```

第 07 行代码：将"销售数据"工作表中的数据读取成 Pandas 模块的 DataFrame 形式。为何要读成 DataFrame 形式呢？因为这样就可以用 Pandas 模块中的方法对数据进行分析处理。"data_pd"为新定义的变量，用来保存读取的数据；"sht"为"销售数据"工作表；"range('A1')"方法用来设置起始单元格，参数"'A1'"表示起始单元格为 A1 单元格；"options()"方法用来设置数据读取的类型。其参数"pd.DataFrame"的作用是将数据内容读取成 DataFrame 形式，如图 9-42 所示为读取的 DataFrame 形式的数据；"header=1"参数表示使用原始数据集中的第一列作为列名，而不是使用自动列名；"index=False"参数的作用是取消索引，因为 DataFrame 数据形式会默认将表格的首列作为 DataFrame 的 index（索引），因此就需要在表格内容的首列固定一个序号列，如果表格中首列并不是序号，就需要在函数中设置参数来忽略 index；"expand='table'"参数的作用是扩展选择范围，它的参数可以设置为 table、right 或 down。其中，table 表示向整个表扩展，即选择整个表格，right 表示向表的右方扩展，即选择一行，down 表示向表的下方扩展，即选择一列；"value"方法表示工作表的数据。

```
       行    款台   收款员   销售日期  ... 进价 折扣率 销售模式    会员卡号
0    1.0   22.0  102.王小吴 2020-09-01 ... 13.2  1.0   零售  1364569.0
1    2.0   22.0  102.王小吴 2020-09-01 ... 51.0  1.0   零售  1364569.0
2    3.0   22.0  102.王小吴 2020-09-01 ...  5.0  1.0   零售  1364569.0
3    4.0   22.0  102.王小吴 2020-09-01 ...  5.5  1.0   零售  1364569.0
4    5.0   22.0  102.王小吴 2020-09-01 ...  3.0  1.0   零售  1366561.0
...  ...    ...      ...        ... ...  ...  ...  ...       ...
4041 4042.0 22.0 102.王小吴 2020-09-18 ...  0.8  1.0   零售  1365689.0
4042 4043.0 22.0 102.王小吴 2020-09-18 ... 20.0  1.0   零售  1365689.0
4043 4044.0 22.0 102.王小吴 2020-09-18 ... 15.0  1.0   零售  1367512.0
4044 4045.0 22.0 102.王小吴 2020-09-18 ... 22.0  1.0   零售  1367512.0
4045 4046.0 22.0 102.王小吴 2020-09-18 ... 53.0  1.0   零售  1367512.0

[4046 rows x 18 columns]
```

图 9-42　读取的 DataFrame 形式的数据

第三步：先对数据求和，再进行去重处理。

从读取的数据中选择指定时段的数据，对选择的数据中的"销售金额"列和"数量"列进行求和运算，之后对"小票号"和"会员卡号"列进行去重复项处理。在程序中输入以下代码。

```
08  data_pd1=data_pd[(data_pd['销售日期']>=datetime(2020,9,1))&(data_pd['销售日期']
    <=datetime(2020,9,30))]    #选取销售日期在 2020 年 9 月 1 日~2020 年 9 月 30 日之间的数据
09  data_sum1=data_pd1['销售金额'].sum()                #对"销售金额"列求和
10  data_sum2=data_pd1['数量'].sum()                    #对"数量"列求和
11  data1=data_pd1[['小票号','会员卡号']].drop_duplicates()
                                 #对"小票号"和"会员卡号"列进行去重复项
```

第 08 行代码：选取销售日期在 2020 年 9 月 1 日—30 日的数据。"data_pd1"为新定义的变量，用来存储选择的数据；"data_pd['销售日期']>=datetime(2020,9,1)"的意思是数据的"销售日期"列中的日期大于或等于 2020 年 9 月 1 日，"datetime()"方法是 datetime 模块中的方法，它的参数"2020,9,1"指具体日期 2020 年 9 月 1 日；"data_pd['销售日期']<=datetime(2020,9,30)"的意思是数据的"销售日期"列中的日期小于或等于 2020 年 9 月 30 日。

第 09 行代码：对之前读取的数据中的"销售金额"列进行求和运算。"data_sum1"为新定义的变量，用来存储求和的结果；"data_pd['销售金额']"为 Pandas 模块中选择列数据的方法，此代码表示选择了"data_pd"数据中的"销售金额"列的数据；"sum()"函数的功能是对数据进行求和，默认是对所选数据的每一列进行求和。如果使用"axis=1"参数即"sum(axis=1)"，就变成对每一行数据进行求和。如果需要单独对某一列或某一行进行求和，就把求和的列或行索引出来即可，像本例中将"销售金额"索引出来后，就只对"销售金额"列进行求和。

第 10 行代码：对之前读取的数据中的"数量"列进行求和运算。"data_sum2"为新定义的变量，用来存储求和的结果；"data_pd['数量'].sum()"表示对"数量"列进行求和运算。

第 11 行代码：对"小票号"和"会员卡号"列进行去重复值处理，然后保留第一个（行）值（默认）。"data1"为新定义的变量，用来存储去重后的数据；"data_pd1[['小票号','会员卡号']]"表示选择"data_pd1"数据中的"小票号"列和"会员卡号"列；"drop_duplicates()"方法是 Pandas 模块中的方法，用于对所有值进行重复值判断，且默认保留第一

个（行）值。如图 9-43 所示为“data1”中存储的去重后的数据。

```
        小票号      会员卡号
0     9.900001e+09  1364569.0
4     9.900001e+09  1366561.0
13    9.900001e+09  1364329.0
20    9.900003e+09  1366588.0
27    9.900010e+09  1367358.0
...            ...        ...
3000  9.900003e+09  1364569.0
3044  9.900004e+09  1369243.0
3200  9.900003e+09  1364569.0
3245  9.900005e+09  1367284.0
3400  9.900003e+09  1364569.0

[97 rows x 2 columns]
```

图 9-43　“data_pd1”中存储的去重后的数据

第四步：计算客单价和客单量。

对去重后的数据中的“会员卡号”列进行计数运算，并计算出客单价和客单量。在程序中输入以下代码：

```
12 data_count=data1['会员卡号'].count()         #对去重后的“会员卡号”列计数
13 data_sort1=data_sum1/data_count              #计算客单价
14 data_sort2=data_sum2/data_count              #计算客单量
```

第 12 行代码：对去重复项后数据中的“会员卡号”列进行计数运算，统计出超市的购物客户数量。“data_count”为新定义的变量，用来存储计数的结果；“data1['会员卡号']”为 Pandas 模块中选择列数据的方法，此代码表示选择了“data1”数据中的“会员卡号”列的数据；“count()”函数的功能是对数据进行计数，默认是计算某一区域（列）中非空单元格数值的个数。如果使用“axis=1”参数即“count(axis=1)”，就表示对每一行数据进行计数。

第 13 行代码：计算客单价。客单价 = 销售总额 / 成交客户总数。“data_sort1”为新定义的变量，用来存储客单价值；“data_sum1”为“销售金额”列求和值（即销售总额）；“data_count”为客户计数值（即客户总数）。

第 14 行代码：计算客单量。客单量 = 销售商品总数 / 成交笔数。“data_sort2”为新定义的变量，用来存储客单量值；“data_sum2”为“数量”列求和值（即商品总数）。

第五步：新建工作簿和工作表并写入客单价和客单量数值。

上面的步骤中通过计算获得了客单价和客单量的值，接下来新建一个工作簿，并新建“营销分析”工作表，用来存放提取的数据。接着在程序中输入下面的代码：

```
15 new_wb=app.books.add()                       #新建一个工作簿
16 new_sht=new_wb.sheets.add('营销分析')        #在新工作簿中新建“营销分析”工作表
17 new_sht.range('A1').options(transform= True).value= [['客单价',data_sort1],['客单量',
   data_sort2]]                             #在新工作表中写入客单价和客单量数据
```

第 15 行代码：新建一个工作簿。“new_wb”为定义的新变量，用来存储新建的工作簿；“app”为启动的 Excel 程序；“books.add()”方法用来新建一个工作簿。

第 16 行代码：在新建的工作簿中插入“营销分析”的新工作表。“new_sht”为新定义的变量，用来存储新建的工作表；“new_wb”为上一行代码中新建的工作簿；“sheets.add('营销分析')”为插入新工作表的方法，括号中的内容为新工作表名称。

第 17 行代码：将客单价和客单量数据写入新工作表中。“new_sht”为新建的“营销分析”

工作表；"range('A1')"表示从 A1 单元格开始复制；"options(transform= True)"方法的作用是设置数据，其参数"transform= True"用来转变写入数据的排列方式；"value"表示工作表数据。"="右侧的"[[' 客单价',data_sort1],[' 客单量 ',data_sort2]]"为要写入的数据（数据以列表形式提供）。如图 9-44 所示为写入工作表的数据。

图 9-44　写入工作表的数据

第六步：保存后关闭工作簿并退出 Excel 程序。

在处理完数据后，保存工作簿，然后关闭工作簿，退出 Excel 程序。在程序中输入下面的代码：

```
18  new_sht.autofit()                          # 自动调整新工作表的行高和列宽
19  new_wb.save('E:\\ 超市数据 \\ 营销分析 .xlsx')      # 保存工作簿
20  new_wb.close()                             # 关闭新建的工作簿
21  wb.close()                                 # 关闭打开的工作簿
22  app.quit()                                 # 退出 Excel 程序
```

第 18 行代码：根据数据内容自动调整"营销分析"新工作表的行高和列宽。"autofit()"方法用于自动调整整个工作表的列宽和行高。该方法的参数为 axis=None 或 rows、columns 等。其中，axis=None 或省略表示自动调整行高和列宽；axis=rows 或 axis=r 表示自动调整行高；axis=columns 或 axis=c 表示自动调整列宽。

第 19 行代码：将新建的工作簿保存为"营销分析 .xlsx"工作簿。"save()"方法用来保存工作簿。

第 20 行代码：关闭"营销分析 .xlsx"工作簿。

第 21 行代码：关闭之前打开的工作簿。

第 22 行代码：退出 Excel 程序。

完成后的全部代码如下：

```
01  import xlwings as xw                        # 导入 xlwings 模块
02  import pandas as pd                         # 导入 Pandas 模块
03  from datetime import datetime               # 导入 datetime 模块的 datetime 类
04  app=xw.App(visible=True,add_book=False)     # 启动 Excel 程序
05  wb=app.books.open('E:\\ 超市数据 \\ 超市销售数据 2020.xlsx')    # 打开工作簿
06  sht=wb.sheets(' 销售数据 ')                    # 打开"销售数据"工作表
07  data_pd=sht.range('A1').options(pd.DataFrame,header=1,index=False,expand='table')
    .value                                      # 将当前工作表的数据读取为 DataFrame 形式
08  data_pd1=data_pd[(data_pd[' 销售日期 ']>=datetime(2020,9,1))&(data_pd[' 销售日期 ']
    <=datetime(2020,9,30))]            # 选取销售日期在 2020.9.1~2020.9.30 之间的数据
09  data_sum1=data_pd1[' 销售金额 '].sum()          # 对"销售金额"列求和
10  data_sum2=data_pd1[' 数量 '].sum()             # 对"数量"列求和
11  data1=data_pd1[[' 小票号 ',' 会员卡号 ']].drop_duplicates()
                                    # 对"小票号"和"会员卡号"列进行去重复项
12  data_count=data1[' 会员卡号 '].count()          # 对去重后的"会员卡号"列计数
13  data_sort1=data_sum1/data_count             # 计算客单价
14  data_sort2=data_sum2/data_count             # 计算客单量
15  new_wb=app.books.add()                      # 新建一个工作簿
16  new_sht=new_wb.sheets.add(' 营销分析 ')         # 在新工作簿中新建"营销分析"工作表
17  new_sht.range('A1').options(transform= True).value= [[' 客单价',data_sort1],[' 客单量',
    data_sort2]]
                                    # 在新工作表中写入客单价和客单量数据
18  new_sht.autofit()                           # 自动调整新工作表的行高和列宽
19  new_wb.save('E:\\ 超市数据 \\ 营销分析 .xlsx')      # 保存工作簿
20  new_wb.close()                              # 关闭新建的工作簿
21  wb.close()                                  # 关闭打开的工作簿
22  app.quit()                                  # 退出 Excel 程序
```

零基础代码套用：

（1）将案例中第 05 行代码中的"E:\\超市数据 \\ 超市销售数据 2020.xlsx"更换为其他文件名，可以对其他工作簿进行处理。注意：要加上文件的路径。

（2）将案例中第 06 行代码中的"销售数据"修改为要处理的工作表的列标题。

（3）将案例中第 08 行代码中的"销售日期"修改为日期列标题，代码中的时间根据需要来设置。注意：2020,9,1 表示 2020 年 9 月 1 日。

（4）将案例中第 09 行代码中的"销售金额"修改为要处理的数据中的求和的销售数据列的列标题。

（5）将案例中第 10 行代码中的"数量"修改为需要处理的数据的销量列标题。

（6）将案例中第 11 行代码中的 "小票号""会员卡号"修改为要处理的数据中的去重复项的列的列标题。

（7）将案例中第 12 行代码中的"会员卡号"修改为要处理的数据中要统计数量的客户 ID 列的列标题。

（8）将案例中第 19 行代码中的"E:\\超市数据 \\ 营销分析 .xlsx"更换为其他名称，可以修改新建的工作簿的名称。注意：要加上文件的路径。

如果需要处理 CSV 格式数据，就按下面方法进行修改：

（1）删除案例中第 05、第 06、第 22 行代码。

（2）将案例中第 07 行代码修改为：

```
data_pd=pd.read_csv(r'E:\ 超市数据 \ 超市销售数据 2020.csv',engine='Python',encoding='gbk')
```

如果文件格式是 CSV UTF-8，就将 encoding='gbk' 修改为 encoding='utf-9-sig'。